现代数学基础丛书 163

偏微分方程引论

韩丕功 刘朝霞 著

科 学 出 版 社

北 京

内 容 简 介

本书系统介绍现代偏微分方程的基本理论和方法. 偏微分方程是数学学科的一个重要分支, 主要来源于物理学、化学、力学、几何学及泛函分析理论的研究, 它与其他数学分支均有广泛的联系, 而且在自然科学与工程技术中有广泛的应用. 本书内容主要包括广义函数理论, Sobolev 空间的基本性质和技巧, 二阶线性椭圆型方程、双曲型方程、抛物型方程与半群理论. 本书的特点是循序渐进, 强调基础理论的同时, 注意具体应用. 书中内容深入浅出, 文字通俗易懂, 并配有适量难易兼顾的习题.

本书可作为偏微分方程、动力系统、计算数学、控制论和泛函分析及相关理工科方向研究生的教材和教学参考书, 也可作为工程等领域的教师和科研人员的参考书.

图书在版编目(CIP)数据

偏微分方程引论/韩丕功, 刘朝霞著. —北京：科学出版社, 2016.3

(现代数学基础丛书；163)

ISBN 978-7-03-047732-3

Ⅰ. ①偏…　Ⅱ. ①韩…②刘…　Ⅲ. ①偏微分方程　Ⅳ. ①O175.2

中国版本图书馆 CIP 数据核字(2016) 第 050565 号

责任编辑: 李　欣／责任校对: 张凤琴
责任印制: 赵　博／封面设计: 陈　敬

科学出版社出版
北京东黄城根北街 16 号
邮政编码: 100717
http://www.sciencep.com

北京厚诚则铭印刷科技有限公司印刷

科学出版社发行　各地新华书店经销

*

2016 年 3 月第　一　版　开本: 720 × 1000 1/16
2025 年 1 月第六次印刷　印张: 19 3/4
字数: 400 000

定价: 118.00 元

(如有印装质量问题, 我社负责调换)

《现代数学基础丛书》序

对于数学研究与培养青年数学人才而言，书籍与期刊起着特殊重要的作用. 许多成就卓越的数学家在青年时代都曾钻研或参考过一些优秀书籍，从中汲取营养，获得教益.

20 世纪 70 年代后期，我国的数学研究与数学书刊的出版由于文化大革命的浩劫已经破坏与中断了 10 余年，而在这期间国际上数学研究却在迅猛地发展着. 1978 年以后，我国青年学子重新获得了学习、钻研与深造的机会. 当时他们的参考书籍大多还是 50 年代甚至更早期的著述. 据此，科学出版社陆续推出了多套数学丛书，其中《纯粹数学与应用数学专著》丛书与《现代数学基础丛书》更为突出，前者出版约 40 卷，后者则逾 80 卷. 它们质量甚高，影响颇大，对我国数学研究、交流与人才培养发挥了显著效用.

《现代数学基础丛书》的宗旨是面向大学数学专业的高年级学生、研究生以及青年学者，针对一些重要的数学领域与研究方向，作较系统的介绍. 既注意该领域的基础知识，又反映其新发展，力求深入浅出，简明扼要，注重创新.

近年来，数学在各门科学、高新技术、经济、管理等方面取得了更加广泛与深入的应用，还形成了一些交叉学科. 我们希望这套丛书的内容由基础数学拓展到应用数学、计算数学以及数学交叉学科的各个领域.

这套丛书得到了许多数学家长期的大力支持，编辑人员也为其付出了艰辛的劳动. 它获得了广大读者的喜爱. 我们诚挚地希望大家更加关心与支持它的发展，使它越办越好，为我国数学研究与教育水平的进一步提高做出贡献.

杨 乐

2003 年 8 月

前　　言

本书系统讲述偏微分方程一般理论的主要结果和研究方法. 主要内容包括广义函数理论, 如广义函数的支集、极限、导数、广义函数的 Fourier 变换和广义函数的卷积等, 拟微分算子的概念和基本性质等, 特别是系统介绍了广义函数的严格数学定义及其基本性质和应用; 线性微分方程基本解的定义、性质; 实分析与泛函分析在 Sobolev 空间中的应用, Sobolev 空间的基本性质和基本技巧, 如逼近理论、紧嵌入理论、迹定理、函数的延拓等基本理论以及局部化、光滑化和旋转、平直等技巧; 二阶线性椭圆方程的边值问题弱解的存在性、唯一性、正则性理论等方面的主要结果, 以及差商方法、特征值问题等; 二阶线性抛物方程和二阶线性双曲方程的基本理论, 包括弱解的存在唯一性、正则性, 能量方法, Galerkin 方法, (解析) 算子半群理论及其在发展方程的应用等. 为提高读者的整体数学素质提供必要的材料, 也为部分读者进一步学习与研究偏微分方程理论做了准备.

偏微分方程是数学学科的一个重要分支, 与其他数学分支均有广泛的联系, 而且在自然科学与工程技术中有广泛的应用.

本书特别强调可读性, 强调直观对理解问题实质的重要作用. 我们尽可能用通俗易懂的语言和方法来给出系统严谨的论述和证明. 本书共分七章, 可作为读者进入一个新的理论领域的起点.

第 1 章介绍一些基本的不等式、常用的数学符号、实变函数论和泛函分析中的一些基本结论 (例如, Lebesgue 控制收敛定理、闭图像定理和弱收敛方法等) 和本书的结构安排等.

第 2 章主要介绍广义函数理论, 给出三类基本空间及相应的三类广义函数空间; 进一步介绍广义函数的基本性质, 包括支集概念、广义收敛极限、广义导数、乘子、广义卷积和广义 Fourier 变换等.

第 3 章主要研究 Sobolev 空间及其相关性质, 包括非负整数、负整数和实指数 Sobolev 空间, Sobolev (紧) 嵌入定理, 延拓定理, 迹定理等.

第 4 章介绍偏微分方程的一般理论, 包括一般概念以及基本解等, 特别是研究了 δ 广义函数的基本性质及其应用.

第 5 章考虑二阶线性椭圆型偏微分方程, 包括初边值问题的可解性和弱解的正则性等.

第 6 章研究二阶线性双曲型偏微分方程, 重点介绍能量不等式和唯一性、初边值问题解的存在性以及对称双曲组的可解性.

第 7 章研究二阶线性抛物型偏微分方程, 主要介绍弱解的定义及其能量不等式, 解析算子半群与无穷小生成元的关系, 以及算子半群理论的应用.

本书作为现代偏微分方程理论的入门书, 适合作为数学专业人员的阅读材料和研究生教材, 也可作为偏微分方程、动力系统、泛函分析、计算数学、数学物理、控制论、大气海洋物理等方向的高年级研究生、青年教师及科研人员进行深入研究的参考书. 本书在写作过程中, 参阅了国内外同一主题的一些著作, 简化了许多证明, 发现并纠正了一些错误, 相信这些对读者有所帮助. 本书的讲义, 作者在中国科学院大学为研究生讲授过多年, 并被列为中国科学院大学数字精品课程.

本书的出版, 得到中国科学院随机复杂结构与数据科学重点实验室 (No.2008 DP173182), 中国科学院青年创新促进会, 中国科学院大学数字精品课程, 国家自然科学基金 (No. 11471322) 的资助. 在编写讲义和成书的过程中, 中国科学院数学与系统科学研究院和中央民族大学的很多同行和广大研究生, 都提出了许多宝贵的意见和建议, 在此一并致谢.

由于作者学识水平所限, 书中难免有不足之处, 欢迎读者予以批评指正.

作 者

2015 年 10 月于北京

目　　录

第1章　预 备 知 识

作为全书的预备知识, 本章主要介绍一些基础知识和常用的不等式. 为了紧缩篇幅, 这些不等式都没有给出证明, 但会指出有详细证明的参考文献. 此外, 我们假定读者了解实变函数理论和泛函分析的基本知识. 某些需要用到的结果将在各章适当的地方加以介绍.

1.1　基础知识和常用不等式

本节介绍偏微分方程理论中一些常用的不等式、Sobolev 空间的基本知识等.

1.1.1　几个常用不等式

(1) 设 $1 \leqslant p < \infty$, 则成立

$$(a+b)^p \leqslant 2^{p-1}(a^p + b^p), \quad \forall a, b \geqslant 0.$$

更一般的形式: 设 $1 \leqslant p < \infty$, 对任意的 $m \in \mathbb{N}$, $a_j \geqslant 0$, $j = 1, 2, \cdots, m$ 成立

$$(a_1 + a_2 + \cdots + a_m)^p \leqslant m^{p-1}(a_1^p + a_2^p + \cdots + a_m^p).$$

(2) **Young 不等式**　设 $\varepsilon > 0$, $p > 1, q > 1$, 且 $\dfrac{1}{p} + \dfrac{1}{q} = 1$. 成立

$$|a||b| \leqslant \frac{\varepsilon|a|^p}{p} + \frac{\varepsilon^{-\frac{q}{p}}|b|^q}{q} \leqslant \varepsilon|a|^p + \varepsilon^{-\frac{q}{p}}|b|^q.$$

特别地, 当 $p = q = 2$ 时, 称为 Cauchy 不等式.

设 $\Omega \subseteq \mathbb{R}^N (N \geqslant 1)$ 为一可测集.

(3) **Hölder 不等式**　设 $1 \leqslant p, q \leqslant \infty$, 且 $\dfrac{1}{p} + \dfrac{1}{q} = 1$. 对任意 $f \in L^p(\Omega)$, $g \in L^q(\Omega)$, 成立

$$\|fg\|_{L^1(\Omega)} \leqslant \|f\|_{L^p(\Omega)} \|g\|_{L^q(\Omega)}.$$

特别地, 当 $p = q = 2$ 时, 称为 Schwarz 不等式.

离散的 Hölder 不等式　对于任意的正整数 m, 以及上述 p, q, 成立

$$\left|\sum_{k=1}^m a_k b_k\right| \leqslant \left(\sum_{k=1}^m |a_k|^p\right)^{\frac{1}{p}} \left(\sum_{k=1}^m |b_k|^q\right)^{\frac{1}{q}},$$

其中, 当 $p=\infty$ 时, $\left(\sum_{k=1}^{m}|a_k|^p\right)^{\frac{1}{p}}=\max_k|a_k|$.

Hölder 不等式还可以推广到一般形式: 设 $1\leqslant p\leqslant p_j\leqslant\infty$, $j=1,2,\cdots,m$ 满足

$$\frac{1}{p_1}+\frac{1}{p_2}+\cdots+\frac{1}{p_m}=\frac{1}{p},\quad m\in\mathbb{N},$$

则对任意的 $u_j\in L^{p_j}(\Omega)$, 成立

$$\|u_1u_2\cdots u_m\|_{L^p(\Omega)}\leqslant\|u_1\|_{L^{p_1}(\Omega)}\|u_2\|_{L^{p_2}(\Omega)}\cdots\|u_m\|_{L^{p_m}(\Omega)}.$$

(4) **内插不等式**　设 $1\leqslant q\leqslant r\leqslant p\leqslant\infty$, 且 $\theta\in[0,1]$ 满足 $\frac{1}{r}=\frac{\theta}{q}+\frac{1-\theta}{p}$, 则对任意 $u\in L^p(\Omega)\cap L^q(\Omega)$, 成立

$$\|u\|_{L^r(\Omega)}\leqslant\|u\|_{L^q(\Omega)}^{\theta}\|u\|_{L^p(\Omega)}^{1-\theta}.$$

(5) **Minkowski 不等式**　设 $1\leqslant p\leqslant\infty$, 对任意 $f,g\in L^p(\Omega)$. 成立

$$\|f+g\|_{L^p(\Omega)}\leqslant\|f\|_{L^p(\Omega)}+\|g\|_{L^p(\Omega)}.$$

离散的 Minkowski 不等式　对于任意的正整数 m, 以及上述 p, 成立

$$\left(\sum_{k=1}^{m}|a_k+b_k|^p\right)^{\frac{1}{p}}\leqslant\left(\sum_{k=1}^{m}|a_k|^p\right)^{\frac{1}{p}}+\left(\sum_{k=1}^{m}|b_k|^p\right)^{\frac{1}{p}}.$$

设 $I\subseteq\mathbb{R}^1$, 称 f 为 I 上的 (实值) 凸函数. 如果对任意的 $\lambda\in(0,1)$, $x,y\in I$, 成立

$$f(\lambda x+(1-\lambda)y)\leqslant\lambda f(x)+(1-\lambda)f(y).$$

容易验证: 如果 f'' 存在, 则 $f''(t)\geqslant 0$, $t\in I$. 关于凸函数, 成立如下不等式.

(6) **Jensen 不等式**　设 $u\in L^1(a,b)$, a,b 为有限实数, 以及 $f:\ \mathbb{R}^1\longrightarrow\mathbb{R}^1$ 为凸函数, 则下述不等式成立:

$$f\left(\frac{1}{b-a}\int_a^b u(x)\mathrm{d}x\right)\leqslant\frac{1}{b-a}\int_a^b f(u(y))\mathrm{d}y.$$

或简写为: $f(\overline{u})\leqslant\overline{f(u)}$. 这里 $\overline{g}=\dfrac{1}{b-a}\displaystyle\int_a^b g(t)\mathrm{d}t$.

(7) **加权不等式**　设 $1\leqslant q<n$, $x_0\in\Omega$, 则成立

$$\int_\Omega\frac{|u(x)|^q}{|x-x_0|^q}\mathrm{d}x\leqslant\left(\frac{q}{n-q}\right)^q\int_\Omega|\nabla u(x)|^q\mathrm{d}x,\quad\forall\,u\in C_c^\infty(\Omega).$$

(8) **Jordan 不等式**　对任意的 $0\leqslant\theta\leqslant\frac{\pi}{2}$, 成立: $\frac{2\theta}{\pi}\leqslant\sin\theta\leqslant\theta$.

1.1.2 常用符号和定义

为了对本书中的叙述进行准确的说明, 引进一些符号和定义. 例如, $\mathbb{C}$ 表示平面复数域, $\mathbb{R}^n$ 表示 n 维欧氏空间, $x=(x_1,x_2,\cdots,x_n)$ 表示 $\mathbb{R}^n$ 中的点, 它的范数记为: $|x|=\left(\sum\limits_{j=1}^{n}x_j^2\right)^{\frac{1}{2}}$, 两个点 x,y 的内积记为: $x\cdot y=\sum\limits_{j=1}^{n}x_jy_j$. $\mathbb{N}$ 表示自然数集合.

如果 $\alpha=(\alpha_1,\alpha_2,\cdots,\alpha_n)$ 是非负整数 α_j 的一个 n 重组, 则把 α 称为一个多重指标, 且用 x^α 来表示次数为 $|\alpha|=\sum\limits_{j=1}^{n}\alpha_j$ 的单项式, 即 $x^\alpha=x_1^{\alpha_1}x_2^{\alpha_2}\cdots x_n^{\alpha_n}$. 此外, 记 $\partial^\alpha=\partial_1^{\alpha_1}\partial_2^{\alpha_2}\cdots\partial_n^{\alpha_n}$, 其中 $\partial_j^{\alpha_j}=\dfrac{\partial^{\alpha_j}}{\partial x_j^{\alpha_j}}$. 设 α,β 为两个多重指标, 如果 $\beta_j\leqslant\alpha_j$, $1\leqslant j\leqslant n$, 则称 $\beta\leqslant\alpha$, 此时不难验证: $|\alpha-\beta|+|\beta|=|\alpha|$; 还记 $\alpha!=\alpha_1!\alpha_2!\cdots\alpha_n!$.

给定一个集合 $\Omega\subset\mathbb{R}^n$, 用 $\partial\Omega$ 表示 Ω 的边界, $\overline{\Omega}=\partial\Omega\cup\Omega$ 表示 Ω 的闭包. 对于给定的另一集合 $Q\subset\mathbb{R}^n$ 以及点 $x\in\mathbb{R}^n$, 用 $\mathrm{dist}(x,Q)$ 和 $\mathrm{dist}(\Omega,Q)$ 分别表示点 x 到集合 Q, 集合 Ω 和集合 Q 之间的距离:

$$\mathrm{dist}\,(x,Q)=\inf_{y\in Q}|y-x|,\quad \mathrm{dist}\,(\Omega,Q)=\inf_{x\in\Omega}\mathrm{dist}\,(x,Q).$$

对于给定的 $r>0$ 以及点 $x\in\mathbb{R}^n$, 记 $B_r(x)$ 是以 x 为球心, r 为半径的球. 始终用 C (有时也用 $C_1,C_2,\cdots$) 表示正常数, 它们在不同的地方可以不同. $L^p(\Omega)$ $(1\leqslant p\leqslant\infty)$ 表示通常的 L^p 空间, 其范数的定义为

$$\|u\|_{L^p(\Omega)}=\left(\int_\Omega|u|^p\mathrm{d}x\right)^{\frac{1}{p}}\ (1\leqslant p<\infty);\quad \|u\|_{L^\infty(\Omega)}=\mathrm{ess}\sup_{x\in\Omega}|u(x)|.$$

1.1.3 一些基础知识

本节不加证明地罗列本书中关于实变函数与泛函分析的若干基本结论, 这些基础性的结论都能在通常的实变函数论与泛函分析教材中找到, 如可参见文献 [1],[21].

书中经常用到紧集的概念. 赋范空间 X 的子集 A 称为紧的, 如果 A 中的每个点列包含一个子序列, 该子序列在 X 中收敛到 A 中的一个元素. 紧集是闭的有界集, 但闭的有界集不一定是紧集, 除非 X 是有限维的. A 称为准紧的, 如果其闭包 $\overline{A}$(在范数拓扑下) 是紧的. A 称为弱序列紧的, 如果 A 中的每个序列包含一个子序列, 该子序列在 X 中弱收敛到 A 中的一个元素.

需要指出的是, 集合 $K\subset\mathbb{R}^n$ 是紧集, 当且仅当 K 是有界闭集. 该结论仅在有穷维距离空间上成立, 在无穷维空间上不成立.

弱紧定理 Banach 空间 X 是自反的当且仅当 X 中的闭单位球 $\overline{B_1(0)}=\{x\in X|\ \|x\|_X\leqslant 1\}$ 是弱序列紧的.

Lusin 定理 假定 f 是 $\mathbb{R}^n$ 上的可测函数, $A \subset \mathbb{R}^n$ 是一可测集合, 且 $|A| < \infty$. 如果对任意的 $x \in \mathbb{R}^n \backslash A$, $f(x) = 0$, 则对任意的 $\varepsilon > 0$, 存在 $g \in C_c(A)$, 使得

$$\sup_{x\in\mathbb{R}^n} |g(x)| \leqslant \sup_{x\in\mathbb{R}^n} |f(x)| \quad \text{并且} \quad |\{x \in \mathbb{R}^n |\ f(x) \neq g(x)\}| < \varepsilon,$$

这里 $C_c(A)$ 表示所有在 A 上的连续函数构成的线性空间, 并且对任意的 $g \in C_c(A)$, 具有性质: $\operatorname{supp} g \subset\subset A$, 其中 “ $\subset\subset$ ” 表示严格包含于; $\operatorname{supp} g = \overline{\{x \in A |\ g(x) \neq 0\}}$.

如果 $\mathbb{R}^n$ 上的实值函数 $s(x)$ 的值域是有限个实数, 则称 $s(x)$ 为简单函数. 下面是关于简单函数的逼近定理, 这在积分论中是一个非常有用的工具.

逼近定理 设 A 为 $\mathbb{R}^n$ 中的一个集合, f 为定义在 A 上的实值函数, 则存在一个简单函数列 $s_k(x)$, 使得

$$\lim_{k\to\infty} s_k(x) = f(x), \quad x \in A.$$

如果 f 是有界的, 则上述点点收敛可以改为一致收敛; 如果 f 是可测函数, 上述每个 s_k 都可以选为可测函数; 如果 f 是非负的, 上述每个 $s_k(x)$ 都可以选为在每一点 $x \in A$ 上都是单调增加的.

Lebesgue 控制收敛定理 设 Ω 是 $\mathbb{R}^n$ $(n \geqslant 1)$ 中的可测集合, $\{f_k\}_{k\in\mathbb{N}} \subset L^1(\Omega)$ 是一个实值的可测函数列. 如果 f_k 逐点收敛于一个函数 f, 且存在一个 Lebesgue 非负可积函数 $g \in L^1(\Omega)$, 使得对每个 $k \in \mathbb{N}$, 以及几乎处处的 $x \in \Omega$, 都有

$$|f_k(x)| \leqslant g(x),$$

则 $f \in L^1(\Omega)$, 且成立

$$\lim_{k\to\infty} \int_\Omega f_k(x)\mathrm{d}x = \int_\Omega \lim_{k\to\infty} f_k(x)\mathrm{d}x = \int_\Omega f(x)\mathrm{d}x.$$

Arzelà-Ascoli 定理 设 Ω 是 $\mathbb{R}^n$ ($n \in \mathbb{N}$) 中的有界开集, M 是 $C(\overline{\Omega})$ 中的子集合. 如果 M 是一致有界和等度连续的, 则 M 在 $C(\overline{\Omega})$ 中是准紧的. 这里 M 的有界性:

$$\max_{x\in\overline{\Omega}} |f(x)| \leqslant C, \quad \forall\, f \in M$$

和等度连续: 对任意的 $\varepsilon > 0$, 存在 $\delta > 0$, 使得

$$\max_{\substack{x,y\in\overline{\Omega} \\ |x-y|<\delta}} |f(x) - f(y)| < \varepsilon, \quad \forall\, f \in M.$$

压缩不动点定理 设 (X, ρ) 是一个完备的距离空间, 映射 $T:\ X \longrightarrow X$. 若存在 $0 < \alpha < 1$, 使得 $\rho(Tx, Ty) \leqslant \alpha\rho(x, y)$, $\forall x, y \in X$, 则 T 在 X 上存在唯一的不动点 x_0, 即 $Tx_0 = x_0$, $x_0 \in X$.

Riesz 表示定理 设 H 是一个 Hilbert 空间, 令 H^* 是它的对偶空间. 假定 f 是 H 上的一个连续的线性泛函, 即 $f \in H^*$, 则存在唯一的 $y_f \in H$, 使得

$$f(x) = (x, y_f), \quad \forall x \in H; \quad 并且 \quad \|f\| = \|y_f\|.$$

闭图像定理 设 X, Y 为 Banach 空间, 赋予 $X \times Y$ 的范数 $\|(x,y)\|_{X\times Y} = \|x\|_X + \|y\|_Y$, 使得 $X \times Y$ 成为 Banach 空间. 假定 $T: X \to Y$ 为线性算子. 定义 T 的图像为 $X \times Y$ 的子空间

$$\Gamma(T) = \{(x, T(x)) \in X \times Y \, | x \in X\}.$$

那么, 闭图像定理指 T 是连续的 (与有界等价) 当且仅当 $\Gamma(T)$ 在 $X \times Y$ 内是闭集.

共鸣定理(又称一致有界定理) 设 X 是 Banach 空间, Y 为赋范线性空间, I 为指标集, $T_\alpha (\alpha \in I)$ 是 $X \longrightarrow Y$ 的线性有界算子, 如果对于一切 $x \in X$, 数集 $\{\|T_\alpha x\| : \alpha \in I\}$ 都是有界的, 则存在一个和 α 无关的实常数 C, 使得

$$\sup_{\alpha \in I} \|T_\alpha\|_{\mathcal{L}(X \to Y)} \leqslant C.$$

最后, 简单介绍一下弱收敛方法, 其被广泛应用于偏微分方程大初值整体弱解的建立过程中.

弱收敛定义 设 Ω 是 $\mathbb{R}^n$ ($n \geqslant 2$) 中的开区域, $1 < q < \infty$, $q' = \dfrac{q}{q-1}$. 若存在函数 $f \in L^q(\Omega)$ 及函数序列 $\{f_k\}_{k\in\mathbb{N}} \subset L^q(\Omega)$ 满足: 对任意的函数 $g \in L^{q'}(\Omega)$, 成立

$$\lim_{k\to\infty} \int_\Omega f_k(x) g(x) \mathrm{d}x = \int_\Omega f(x) g(x) \mathrm{d}x,$$

则称 f_k 弱收敛于 f, 记为 $f_k \rightharpoonup f \;\; (L^q(\Omega))$.

弱收敛序列的有界性 假定 $f_k \rightharpoonup f \;\; (L^q(\Omega))$, $1 < q < \infty$, 则

$$\|f\|_{L^q(\Omega)} \leqslant \liminf_{k \longrightarrow \infty} \|f_k\|_{L^q(\Omega)}.$$

注 1 假设 $1 < q < \infty$, $f_k \rightharpoonup f \;\; (L^q(\Omega))$, 以及

$$\lim_{k\to\infty} \|f_k\|_{L^q(\Omega)} = \|f\|_{L^q(\Omega)},$$

则

$$\lim_{k\to\infty} \|f_k - f\|_{L^q(\Omega)} = 0,$$

即弱收敛 + 范数收敛 $\Longrightarrow$ 强收敛.

弱收敛定理　设 Ω 是 $\mathbb{R}^n (n \geqslant 2)$ 中的开区域, $1 < q < \infty$. 假定函数序列 $\{f_k\}_{k\in\mathbb{N}} \subset L^q(\Omega)$ 关于 k 是一致有界的, 即 $\sup\limits_k \|f_k\|_{L^q(\Omega)} < \infty$, 则存在子序列 $\{f_{k_j}\} \subset \{f_k\}$ 和函数 $f \in L^q(\Omega)$, 使得下述弱收敛关系成立

$$\lim_{k_j\to\infty} \int_\Omega f_{k_j}(x)g(x)\mathrm{d}x = \int_\Omega f(x)g(x)\mathrm{d}x, \quad \forall\, g \in L^{\frac{q}{q-1}}(\Omega).$$

注 2　弱 $*$ 收敛定义. 在上述弱收敛定义中, 如果 $q = \infty$, $f \in L^\infty(\Omega)$ 及函数序列 $\{f_k\} \subset L^\infty(\Omega)$ 满足: 对任意的函数 $g \in L^1(\Omega)$, 成立

$$\lim_{k\to\infty} \int_\Omega f_k(x)g(x)\mathrm{d}x = \int_\Omega f(x)g(x)\mathrm{d}x,$$

则称 f_k 弱 $*$ 收敛于 f, 记为 $f_k \stackrel{*}{\rightharpoonup} f(L^\infty(\Omega))$.

注 3　在上述弱收敛序列的有界性、弱收敛定理以及注 1 中, 当 $q = \infty$ 时, 结论均成立, 相应的弱收敛改为弱 $*$ 收敛.

1.2　结 构 安 排

近几十年来, 对现代偏微分方程的研究日益受到重视, 这是因为一方面这些方程所涉及的大量问题来源于物理学、化学、力学和生物学中的众多数学模型, 具有强烈的实际应用背景. 另一方面, 在对这些问题的研究中, 对数学本身也提出了许多挑战性的问题, 从而引起越来越多的数学家、物理学家、生物学家等的关注. 本书对现代偏微分方程理论作简要的介绍, 它也是读者进入一个新的理论领域的起点.

本书共分七章, 第 2 章主要考虑广义函数, 其是古典函数概念的推广. 介绍三类广义函数的基本性质, 包括支集、极限、导数、乘子、自变量变换、卷积和 Fourier 变换等. 目前关于广义函数的研究构成了泛函分析理论中的一个重要分支, 广义函数被广泛地应用于数学、物理、力学以及分析数学的其他各个分支. 例如, 微分方程、随机过程、流形理论等, 它还被广泛应用到群的表示理论, 特别是它有力地促进了偏微分方程近三十年来的发展.

第 3 章主要介绍 Sobolev 空间及其相关性质, 包括非负整数、负整数和实指数 Sobolev 空间, Sobolev (紧) 嵌入定理, 延拓定理, 迹定理, Besov 空间及其性质.

第 4 章介绍偏微分方程的一般理论, 包括一般概念与基本解等.

第 5 章考虑二阶线性椭圆型方程, 包括边值问题的可解性和弱解的正则性等.

第 6 章研究二阶线性双曲型方程, 重点介绍能量不等式和唯一性、初边值问题解的存在性以及对称双曲组的可解性.

第 7 章研究二阶线性抛物型方程, 主要介绍能量不等式、算子半群和无穷小生成元的关系、解析算子半群、分数次阶算子等.

习 题 1

1. 设 $\alpha=(\alpha_1,\alpha_2,\cdots,\alpha_n)$ 为多重指标, 试证: $\alpha_1!\alpha_2!\cdots\alpha_n!\leqslant|\alpha|!$.

2. 设 $0<x_0<1$, 则函数 $f(t)=\dfrac{1-x_0^t}{t}$ 关于 $t>0$ 是严格单调递减的.

3. 设 $n\geqslant 2$. 令

$$\Gamma(x,t)=(4\pi t)^{-\frac{n}{2}}\mathrm{e}^{-\frac{|x|^2}{4t}},\quad x\in\mathbb{R}^n,\quad t>0.$$

试证: 对于 $t>0$, 成立

$$\int_{\mathbb{R}^n}\Gamma(x,t)\mathrm{d}x=1.$$

上述函数 $\Gamma(x,t)$ 称为热方程的基本解.

4. 假定 $n\geqslant 1$, $\lambda,\mu\in(0,n)$ 满足 $\lambda+\mu>n$. 试证: 存在常数 $C=C(\lambda,\mu,n)>0$, 使得对任意的 $x\in\mathbb{R}^n$, 成立

$$\int_{\mathbb{R}^n}\frac{\mathrm{d}y}{|x-y|^{\lambda}|y|^{\mu}}\leqslant C|x|^{-(\lambda+\mu-n)}.$$

第2章 广义函数

2.1 基本空间

2.1.1 引言

普通的函数是将一个点对应到另一个点, 将一个数对应到另一个数, 并且普通的函数通过积分可以诱导出一个线性泛函, 但是有些线性泛函不能通过函数的积分来诱导, 这种泛函就称为广义函数. 因此, 我们往往是通过认识普通函数在泛函意义下的运算性质来认识广义函数的. 比如, 广义函数的求导. 广义函数往往是非常奇异的, 如果按照普通的描述函数光滑性的导数定义来说, 广义函数往往不能求导, 但是在泛函意义下, 就可以为其定义导数, 也就是说, 只要给广义函数求导以后, 它对基本函数导数的泛函值 (内积) 能够求出来, 那么就可以确定广义函数的导数. 这样, 不必非要研究广义函数本身在普通意义下的求导数情况, 而是通过对某一个对象施加作用以后产生的效果来识别它.

广义函数在使得不连续函数表现得更像光滑函数的方面很有用, 并且 (在极限情况下) 可以表述像点电荷这类的物理现象, 它们在物理和工程领域中有着广泛应用.

广义函数是古典函数概念的推广. 关于广义函数的研究构成了泛函分析中有着广泛应用的一个重要分支. 广义函数被广泛地应用于数学、物理、力学以及分析数学的其他各个分支, 如微分方程、随机过程、流形理论等, 它还被应用到群的表示理论, 特别是它有力地促进了偏微分方程近三十年来的发展.

例如, 在陈述量子力学中某些量的关系时需要引入 "函数" $\delta(x)$: 当 $x \neq 0$ 时, $\delta(x)=0$; 但 $\displaystyle\int_{-\infty}^{\infty}\delta(x)\mathrm{d}x=1$. 按 20 世纪前所形成的数学概念是无法理解这样奇怪的函数的. 然而物理学上一切点量, 如点质量、点电荷、偶极子、瞬时打击力、瞬时源等物理量用它来描述不仅方便、物理含义清楚, 而且还可以把它当成普通函数参加运算, 如对它进行微分和 Fourier 变换, 将它参与微分方程求解等所得到的数学结论和物理实验结果是吻合的. 这就迫使人们要为这类怪函数确立严格的数学基础. 最初理解的方式之一是把这种怪函数设想成直线上某种分布所对应的密度函数. 所以广义函数又称为分布, 广义函数论又称为分布理论. 用分布的观念为这些怪函数建立基础虽然很直观, 但对于复杂情况就显得烦琐而又不很明确. 随着现代科学技术和其他数学分支的发展, 20 世纪 40 年代末, Schwartz 用泛函分析观点为广义函数建立了一整套严格的理论; 60 年代以后, 偏微分方程的研究开始大量使用泛函分析以及其他数学分支 (如几何、代数、拓扑等) 的思想、方法, 并且往往从更高的观点和更一般的角度来讨论和解决问题.

泛函分析观念下的广义函数理论的核心是把广义函数看成某个函数空间上的连续线性泛函, 即先选取某些性质很好的函数组成的线性空间, 再在其中给出适当的收敛概念, 这样的函数空间就称为基本函数空间, 又称为测试函数空间, 而其中每个函数称为基本函数或测试函数. 相应于某个基本空间上的连续线性泛函就称为该基本空间上的广义函数, 广义函数全体就称为相应于基本空间的广义函数空间, 关于广义函数的研究构成了泛函分析中有着广泛应用的一个重要分支.

2.1.2 基本空间 $C^\infty(\mathbb{R}^n)$, $C_c^\infty(\mathbb{R}^n)$

以下讨论自变量在 $\mathbb{R}^n$ 中变化的复值函数空间. 广义函数理论中主要介绍三个基本空间: $C^\infty(\mathbb{R}^n)$, $C_c^\infty(\mathbb{R}^n)$, $\mathscr{S}(\mathbb{R}^n)$. 先来定义空间 $C^\infty(\mathbb{R}^n)$. 在 $C^\infty(\mathbb{R}^n)$ 空间中的元素是指在 $\mathbb{R}^n$ 中具有任意次连续可微的复值函数, 其中的收敛性规定为, 若有 $C^\infty(\mathbb{R}^n)$ 中的序列 $\{\varphi_\nu\}$, 且对任一紧集 K 与任一多重指标 α, 成立 $\sup\limits_{x\in K}|\partial^\alpha\varphi_\nu|\to 0$, 即称 $\varphi_\nu\to 0(C^\infty(\mathbb{R}^n))$.

为了定义空间 $C_c^\infty(\mathbb{R}^n)$, 先引入支集的概念. 对于一个定义在 $\mathbb{R}^n$ 上的函数 $\varphi(x)$, 将 $\varphi(x)\neq 0$ 的全体 x 点的闭包称为 $\varphi(x)$ 的支集, 记作 supp φ, 即

$$\operatorname{supp}\varphi=\overline{\{x\in\mathbb{R}^n\,|\varphi(x)\neq 0\}}. \tag{2.1.1}$$

如果 $\varphi(x)$ 的支集是紧集, 则称 $\varphi(x)$ 具有紧支集.

现在定义空间 $C_c^\infty(\mathbb{R}^n)$, 该空间中的元素是指无限次连续可微且具有紧支集的复值函数. 在 $C_c^\infty(\mathbb{R}^n)$ 中的收敛性规定为: 若有 $C_c^\infty(\mathbb{R}^n)$ 中的函数序列 $\{\varphi_\nu\}$, 满足下面两个条件:

(1) 所有 $\{\varphi_\nu\}$ 的支集在一个共同的紧集 K 内, 即 $\operatorname{supp}\varphi_\nu\subset K,\ \forall\nu$;

(2) 对任何重指标 α, 当 $\nu\longrightarrow\infty$ 时, 成立 $\sup\limits_{x\in K}|\partial^\alpha\varphi_\nu(x)|\to 0$,

则称 $\varphi_\nu\longrightarrow 0\ (C_c^\infty(\mathbb{R}^n))$.

类似地, 对于 $\mathbb{R}^n$ 中的开集 Ω, 也可以定义 $C^\infty(\Omega)$, $C_c^\infty(\Omega)$ 等, 这只要把上述定义中 $\mathbb{R}^n$ 的紧集改为 Ω 中的紧集即可.

例 1 令

$$\varphi(x)=\begin{cases}\mathrm{e}^{\frac{1}{|x|^2-1}}, & |x|<1,\\ 0, & |x|\geqslant 1.\end{cases} \tag{2.1.2}$$

容易验证: $\varphi(x)$ 是一个无限次连续可微函数, 且其支集 $\operatorname{supp}\varphi=\{x\in\mathbb{R}^n;\ |x|\leqslant 1\}$. 因此 $\varphi\in C_c^\infty(\mathbb{R}^n)$.

在今后的讨论中常常用到函数 $\alpha(x)=\dfrac{1}{C}\varphi(x)$, 其中 $C=\int_{\mathbb{R}^n}\varphi(x)\mathrm{d}x$. 于是对函数 $\alpha(x)$, 成立 $\int_{\mathbb{R}^n}\alpha(x)\mathrm{d}x=1$.

例 2　设 $R>1$, $\chi_R(x)$ 为球 $B_R(0)$ 的特征函数, 即

$$\chi_R(x)=\begin{cases}1, & |x|\leqslant R,\\ 0, & |x|>R.\end{cases} \tag{2.1.3}$$

作

$$\beta_R(x)=\int_{\mathbb{R}^n}\chi_R(x-y)\alpha(y)\mathrm{d}y=\int_{\mathbb{R}^n}\chi_R(y)\alpha(x-y)\mathrm{d}y=\int_{B_1(x)}\chi_R(y)\alpha(x-y)\mathrm{d}y,$$

其中 $\alpha(x)$ 为例 1 中所定义的函数, 则 $\beta_R\in C^\infty(\mathbb{R}^n)$, 支集

$$\operatorname{supp}\beta_R\subseteq\{x\in\mathbb{R}^n;|x|\leqslant R+1\},$$

且当 $|x|\leqslant R-1$ 时, $\beta_R(x)=1$.

事实上, 假定 $|x|>R+1$, 由于 $|x-y|\leqslant 1$, 则

$$|y|\geqslant|x|-|x-y|>R+1-1=R$$

及 $\chi_R(y)=0$, 从而

$$\beta_R(x)=\int_{\mathbb{R}^n}\chi_R(y)\alpha(x-y)\mathrm{d}y=0.$$

说明

$$\operatorname{supp}\beta_R\subseteq\{x\in\mathbb{R}^n;|x|\leqslant R+1\}.$$

此外, 若假定 $|x|\leqslant R-1$, 由于 $|x-y|\leqslant 1$, 可推知,

$$|y|\leqslant|x-y|+|x|\leqslant R-1+1=R$$

及 $\chi_R(y)=1$. 从而

$$\beta_R(x)=\int_{\mathbb{R}^n}\chi_R(y)\alpha(x-y)\mathrm{d}y=\int_{\mathbb{R}^n}\alpha(x-y)\mathrm{d}y=1.$$

此外, 容易验证 $\beta_R\in C^\infty(\mathbb{R}^n)$. □

下面这个例子表明: $C_c^\infty(\mathbb{R}^n)$ 与 $C^\infty(\mathbb{R}^n)$ 这两个空间的收敛关系是不同的.

例 3　$C_c^\infty(\mathbb{R}^n)$ 在 $C^\infty(\mathbb{R}^n)$ 中是稠密的, 并且这两个基本空间中的极限收敛关系是不同的.

验证: 对任一函数 $\varphi\in C^\infty(\mathbb{R}^n)$, 作 $\varphi_\nu(x)=\beta_\nu(x)\varphi(x)$, 这里截断函数 β_ν 由例 2 中给出, 则 $\varphi_\nu\in C_c^\infty(\mathbb{R}^n)$, 利用例 2 知, 在 $|x|\leqslant\nu-1$ 时, $\varphi_\nu(x)$ 等于 $\varphi(x)$,

在 $|x| > \nu + 1$ 时等于零, 而且对任何固定的紧集 K, 当 ν 当充分大时, $K \subseteq \{x \in \mathbb{R}^n; |x| \leqslant \nu - 1\}$. 因此, 在 K 上, 当 ν 当充分大时, 必有 $\varphi_\nu(x) \equiv \varphi(x)$, 以及 $\partial^\gamma\varphi_\nu(x) \equiv \partial^\gamma\varphi(x)$, 这里 γ 为任意多重指标. 所以 $\varphi_\nu \longrightarrow \varphi\ (C^\infty(\mathbb{R}^n))$. 由此可见, $C_c^\infty(\mathbb{R}^n)$ 在 $C^\infty(\mathbb{R}^n)$ 中是稠密的.

取 $\alpha(x)$ 为例 1 中所定义的函数, 并且作 $\varphi_\nu(x) = \alpha(x_1 - \nu, x_2, \cdots, x_n)$, 则当 $\nu \to \infty$ 时, $\varphi_\nu(x)$ 的支集 $\operatorname{supp}\varphi_\nu = \{x \in \mathbb{R}^n; (x_1 - \nu)^2 + x_2^2 + \cdots + x_n^2 \leqslant 1\}$ 渐趋于无限远. 说明所有 $\varphi_\nu(x)$ 的支集不可能被一个公共的紧集所包含, 所以按 $C_c^\infty(\mathbb{R}^n)$ 的极限收敛关系, $\varphi_\nu \nrightarrow 0\ (C_c^\infty(\mathbb{R}^n))$. 另外, 对任意紧集 $K \subset \mathbb{R}^n$ 以及任意 $x \in K$, 当 ν 当充分大时, $(x_1 - \nu, x_2, \cdots, x_n) \notin \overline{B_1(0)} = \operatorname{supp}\alpha$. 从而在任意紧集 K 上, $\partial^\gamma\alpha(x_1 - \nu, x_2, \cdots, x_n) = 0 = \partial^\gamma\varphi_\nu(x)$, 这里 γ 为任意多重指标. 所以按 $C^\infty(\mathbb{R}^n)$ 的极限收敛关系, 可知 $\varphi_\nu \longrightarrow 0$. □

2.1.3 磨光算子

在介绍磨光算子的概念和相关性质之前, 先建立两个重要的引理. 设 $\Omega \subseteq \mathbb{R}^n$ 为一开集 (可以无界). 如果函数 $u(x)$ 定义于 Ω 中, 在任意紧集 $K \subset \Omega$ 上均为 Lebesgue 可积的, 则称 $u(x)$ 为局部可积, 记为 $u \in L^1_{\text{loc}}(\Omega)$.

引理 2.1.1 设 $1 \leqslant p < \infty$, 则

$$C_c(\Omega) = \{\text{在 } \Omega \text{ 中具紧支集的连续函数全体}\}$$

在 $L^p(\Omega)$ 中是稠密的.

证明 设 $u \in L^p(\Omega)$, $1 \leqslant p < \infty$, 对任意的 $\varepsilon > 0$, 我们的目标是找到一个函数 $\phi \in C_c(\Omega)$, 使得 $\|\phi - u\|_{L^p(\Omega)} < \varepsilon$.

记 $f^+ = \max\{f, 0\}$, $f^- = \max\{-f, 0\}$, 则 $f = f^+ - f^-$, 其中 $f^+, f^- \geqslant 0$. 因此对任意的取复值的函数 u, 均可写为

$$u = (\operatorname{Re} u)^+ - (\operatorname{Re} u)^- + \mathrm{i}((\operatorname{Im} u)^+ - (\operatorname{Im} u)^-) := u_1 - u_2 + \mathrm{i}(u_3 - u_4),$$

这里 $0 \leqslant u_j \in L^p(\Omega)$, $1 \leqslant j \leqslant 4$. 因此, 如果找到 $\phi_j \in C_c(\Omega)$, 使得 $\|\phi_j - u_j\|_{L^p(\Omega)} < \dfrac{\varepsilon}{4}$, $1 \leqslant j \leqslant 4$. 从而有 $\|\phi - u\|_{L^p(\Omega)} < \varepsilon$, 这里 $\phi = \phi_1 - \phi_2 + \mathrm{i}(\phi_3 - \phi_4) \in C_c(\Omega)$. 所以不失一般性, 假定 $0 \leqslant u \in L^p(\Omega)$, 利用简单函数的逼近定理 (详见第 1 章), 存在一个在 Ω 上的单调增减、非负简单函数序列 $\{s_k(x)\}$, 使得 $s_k(x) \longrightarrow u(x)$, a.e.$x \in \Omega$. 因为 $0 \leqslant s_k(x) \leqslant u(x)$, a. e.$x \in \Omega$. 可知 $s_k \in L^p(\Omega)$. 由于 $(u(x) - s_k(x))^p \leqslant (u(x))^p \in L^1(\Omega)$, 利用控制收敛定理可得 $\lim\limits_{k\to\infty} \|s_k - u\|_{L^p(\Omega)} = 0$. 所以存在充分大的 k_0, 使得 $\|s_{k_0} - u\|_{L^p(\Omega)} < \dfrac{\varepsilon}{2}$. 又由于 $s_{k_0} \in L^p(\Omega)$, $p < \infty$. 故 $|\operatorname{supp} s_{k_0}| < \infty$. 应

用 Lusin 定理, 存在函数 $\phi \in C_c(\Omega)$, 使得 $|\phi(x)| \leqslant \|s_{k_0}\|_{L^\infty(\Omega)}$, $\forall\, x \in \Omega$, 并且

$$|\{x \in \Omega|\ s_{k_0}(x) \neq \phi(x)\}| < \left(\frac{\varepsilon}{4\|s_{k_0}\|_{L^\infty(\Omega)}}\right)^p.$$

因此

$$\begin{aligned}\|\phi - s_{k_0}\|_{L^p(\Omega)} &\leqslant \|\phi - s_{k_0}\|_{L^\infty(\Omega)}|\{x \in \Omega|\ s_{k_0}(x) \neq \phi(x)\}|^{\frac{1}{p}}\\ &\leqslant \frac{2\|s_{k_0}\|_{L^\infty(\Omega)}\varepsilon}{4\|s_{k_0}\|_{L^\infty(\Omega)}} = \frac{\varepsilon}{2}.\end{aligned}$$

从而

$$\|\phi - u\|_{L^p(\Omega)} \leqslant \|\phi - s_{k_0}\|_{L^p(\Omega)} + \|s_{k_0} - u\|_{L^p(\Omega)} < \varepsilon.$$ □

引理 2.1.2　设 $u \in L^1_{\mathrm{loc}}(\Omega)$, 如果

$$\int_\Omega u(x)\phi(x)\mathrm{d}x = 0, \quad \forall\, \phi \in C_c^\infty(\Omega),$$

则 $u(x) = 0$ 在 Ω 中几乎处处成立.

证明　设 $\alpha(x)$ 如 2.1.2 节所定义, 记 $\alpha_\varepsilon(x) = \dfrac{1}{\varepsilon^n}\alpha\left(\dfrac{x}{\varepsilon}\right)$, 则 $\alpha_\varepsilon \in C_c^\infty(\mathbb{R}^n)$, 且满足

$$\mathrm{supp}\ \alpha_\varepsilon = \{x \in \mathbb{R}^n; |x| \leqslant \varepsilon\}, \quad \int_{\mathbb{R}^n} \alpha_\varepsilon(x)\mathrm{d}x = 1.$$

假定 $\psi \in C_c(\Omega)$, 对任意的 $0 < \varepsilon < \dfrac{1}{2}\mathrm{dist}\ (\mathrm{supp}\ \psi, \partial\Omega)$, 令

$$\psi_\varepsilon(x) = \int_\Omega \alpha_\varepsilon(x-y)\psi(y)\mathrm{d}y.$$

当 $\varepsilon > 0$ 充分小时, 成立 $\mathrm{supp}\ \psi_\varepsilon \subseteq \{x \in \Omega|\ \mathrm{dist}(x, \mathrm{supp}\ \psi) < 2\varepsilon\} \subset \Omega$. 因此可以将 ψ_ε, ψ 在 Ω 外进行零延拓, 利用下述定理 2.1.3 以及第一条结论即知: $\psi_\varepsilon \in C_c^\infty(\Omega)$ 且

$$\lim_{\varepsilon \to 0} \max_{x \in \Omega} |\psi_\varepsilon(x) - \psi(x)| = 0.$$

利用引理假设条件, 成立

$$\int_\Omega u(x)\psi_\varepsilon(x)\mathrm{d}x = 0,$$

通过一个简单的极限过程, 可导出

$$\int_\Omega u(x)\psi(x)\mathrm{d}x = 0, \quad \psi \in C_c(\Omega).$$

设 $K \subset \Omega$ 为任一紧集, χ_K 是 K 上的特征函数. 对任意的 $\varepsilon > 0$, 由于 $\displaystyle\int_K |u(x)|\mathrm{d}x <$

∞, 可知存在 $\delta > 0$, 使得对任意的可测集 $A \subset K$, $|A| < \delta$, 成立 $\int_A |u(x)|\mathrm{d}x < \frac{\varepsilon}{2}$.

利用 Lusin 定理, 存在函数 $\psi \in C_c(\Omega)$, $\mathrm{supp}\ \psi \subset K$ 且对一切 $x \in \Omega$, 成立 $|\psi(x)| \leqslant 1$ 以及

$$|\{x \in \Omega |\ \psi(x) \neq \chi_K(x)\mathrm{sgn}\ \overline{u(x)}\}| < \delta,$$

这里

$$\mathrm{sgn}\ u(x) = \begin{cases} \dfrac{u(x)}{|u(x)|}, & u(x) \neq 0, \\ 0, & u(x) = 0. \end{cases}$$

因此

$$\begin{aligned} \int_K |u(x)|\mathrm{d}x &= \int_\Omega u(x)\chi_K(x)\mathrm{sgn}\ \overline{u(x)}\mathrm{d}x \\ &= \int_\Omega u(x)\psi(x)\mathrm{d}x + \int_\Omega u(x)[\chi_K(x)\mathrm{sgn}\ \overline{u(x)} - \psi(x)]\mathrm{d}x \\ &= \int_\Omega u(x)[\chi_K(x)\mathrm{sgn}\ \overline{u(x)} - \psi(x)]\mathrm{d}x \\ &\leqslant \int_{\{x\in\Omega|\ \psi(x)\neq\chi_K(x)\mathrm{sgn}\ \overline{u(x)}\}} |u(x)|[|\chi_K(x)\mathrm{sgn}\ \overline{u(x)}| + |\psi(x)|]\mathrm{d}x \\ &\leqslant 2\int_{\{x\in\Omega|\ \psi(x)\neq\chi_K(x)\mathrm{sgn}\ \overline{u(x)}\}} |u(x)|\mathrm{d}x < \varepsilon. \end{aligned}$$

因为 $\varepsilon > 0$ 是任意的, 所以 $u(x) = 0$ 在 K 中几乎处处成立. 又由于 $K \subset \Omega$ 是任意的紧集, 故 $u(x) = 0$ 在 Ω 中几乎处处成立. □

如果函数 $u(x)$ 在 $\mathbb{R}^n$ 中局部可积, 那么

$$u_\varepsilon(x) = \int_{\mathbb{R}^n} u(x-y)\alpha_\varepsilon(y)\mathrm{d}y = \int_{\mathbb{R}^n} u(y)\alpha_\varepsilon(x-y)\mathrm{d}y \tag{2.1.4}$$

有定义. 在介绍 u_ε 的一些性质之前, 下面先介绍两类函数空间, 记

$$C(\mathbb{R}^n) = \{\mathbb{R}^n \text{ 中全体连续函数}\},$$

$$C_0(\mathbb{R}^n) = \left\{u \in C(\mathbb{R}^n) \,\middle|\, \lim_{|x|\to\infty} u(x) = 0\right\}.$$

定理 2.1.3 假定 $u \in L^1_{\mathrm{loc}}(\mathbb{R}^n)$, 则按式 (2.1.4) 定义的 u_ε 是一个 $C^\infty(\mathbb{R}^n)$ 函数, 且当 $\varepsilon \longrightarrow 0$ 时, 成立

若 $u \in C_0(\mathbb{R}^n)$, 则 $u_\varepsilon \longrightarrow u$ $(C_0(\mathbb{R}^n))$;

若 $u \in L^p(\mathbb{R}^n)$, $1 \leqslant p < \infty$, 则 $u_\varepsilon \longrightarrow u$ $(L^p(\mathbb{R}^n))$; 该结果对 $p = \infty$ 是不成立的.

证明　由于 $\alpha_\varepsilon \in C_c^\infty(\mathbb{R}^n)$, 以及 $u_\varepsilon(x) = \int_{\mathbb{R}^n} u(y)\alpha_\varepsilon(x-y)\mathrm{d}y$, 利用导数与积分号的可交换性, 可推知 $u_\varepsilon \in C^\infty(\mathbb{R}^n)$.

若 $u \in C_0(\mathbb{R}^n)$, 可得, 对任意 $\delta > 0$, 存在充分大的 $R > 0$, 使得 $\forall\, x \notin K = \overline{B_R(0)}$, 成立 $|u(x)| \leqslant \delta$.

记紧集 $K_\ell = \{x \in \mathbb{R}^n;\ \mathrm{dist}\,(x, K) \leqslant \ell\}$, 其中 $\ell = 1, 2$. 则 $K \subset K_1 \subset K_2$. 利用 u 在紧集 K_2 上的一致连续性, 可知: 对上述 $\delta > 0$, 当 $\varepsilon > 0$ 充分小时, 成立

$$
\begin{aligned}
\max_{x\in\mathbb{R}^n} |u_\varepsilon(x) - u(x)| &\leqslant \max_{x\in K_1} |u_\varepsilon(x) - u(x)| + \max_{x\notin K_1} |u_\varepsilon(x) - u(x)| \\
&\leqslant \max_{x\in K_1} \int_{|y|\leqslant\varepsilon} |u(x-y) - u(x)|\alpha_\varepsilon(y)\mathrm{d}y \\
&\quad + \max_{x\notin K_1} \left(|u(x)| + \int_{|y|\leqslant\varepsilon} |u(x-y)|\alpha_\varepsilon(y)\mathrm{d}y \right) \\
&\leqslant \delta \int_{|y|\leqslant\varepsilon} \alpha_\varepsilon(y)\mathrm{d}y + \max_{x\notin K_1} \left(\delta + \delta \int_{|y|\leqslant\varepsilon} \alpha_\varepsilon(y)\mathrm{d}y \right) \leqslant 3\delta.
\end{aligned}
$$

从而 $\lim\limits_{|x|\to\infty} |u_\varepsilon(x)| \leqslant 3\delta$. 由 δ 的任意性可知 $\lim\limits_{|x|\to\infty} |u_\varepsilon(x)| = 0$. 说明 $u_\varepsilon \in C_0(\mathbb{R}^n)$. 此外还可知, 当 $\varepsilon \longrightarrow 0$ 时, $u_\varepsilon \longrightarrow u\ (C_0(\mathbb{R}^n))$.

现在假定 $u \in L^p(\mathbb{R}^n)$, $1 \leqslant p < \infty$. 利用引理 2.1.1 可知, 对任意的 $\delta > 0$, 可以找到一个函数 $v \in C_c(\mathbb{R}^n)$, 使得

$$
\|u - v\|_{L^p(\mathbb{R}^n)} \leqslant \delta. \tag{2.1.5}
$$

注意到

$$
\begin{aligned}
\|f_\varepsilon\|_{L^p(\mathbb{R}^n)}^p &= \int_{\mathbb{R}^n} |f_\varepsilon(x)|^p \mathrm{d}x \\
&= \int_{\mathbb{R}^n} \left| \int_{\mathbb{R}^n} f(x-y)\alpha_\varepsilon(y)\mathrm{d}y \right|^p \mathrm{d}x \\
&= \int_{\mathbb{R}^n} \left| \int_{\mathbb{R}^n} f(x-y)\alpha_\varepsilon^{\frac{1}{p}}(y)\alpha_\varepsilon^{1-\frac{1}{p}}(y)\mathrm{d}y \right|^p \mathrm{d}x \\
&\leqslant \int_{\mathbb{R}^n} \int_{\mathbb{R}^n} |f(x-y)|^p \alpha_\varepsilon(y)\mathrm{d}y\mathrm{d}x \left(\int_{\mathbb{R}^n} \alpha_\varepsilon(y)\mathrm{d}y \right)^{p-1} \\
&= \int_{\mathbb{R}^n} \int_{\mathbb{R}^n} |f(x-y)|^p \alpha_\varepsilon(y)\mathrm{d}y\mathrm{d}x \\
&= \int_{\mathbb{R}^n} \left(\int_{\mathbb{R}^n} |f(x-y)|^p \mathrm{d}x \right) \alpha_\varepsilon(y)\mathrm{d}y
\end{aligned}
$$

$$
\begin{aligned}
&= \|f\|_{L^p(\mathbb{R}^n)}^p \int_{\mathbb{R}^n} \alpha_\varepsilon(y)\mathrm{d}y \\
&= \|f\|_{L^p(\mathbb{R}^n)}^p.
\end{aligned}
$$

说明

$$
\|f_\varepsilon\|_{L^p(\mathbb{R}^n)} \leqslant \|f\|_{L^p(\mathbb{R}^n)}. \tag{2.1.6}
$$

由于 $v \in C_c(\mathbb{R}^n) \subset C_0(\mathbb{R}^n)$, 记 $K = \operatorname{supp} v$, 则 $K \subset K_2$, 且对任意 $\varepsilon \in (0,1)$, $\operatorname{supp}(v_\varepsilon - v) \subset K_2$.

从而当 $\varepsilon \longrightarrow 0$ 时,

$$
\|v_\varepsilon - v\|_{L^p(\mathbb{R}^n)} = \|v_\varepsilon - v\|_{L^p(K_2)} \leqslant \max_{x\in K_2} |v_\varepsilon(x) - v(x)||K_2|^{\frac{1}{p}} \longrightarrow 0.
$$

因此, 当 $\varepsilon > 0$ 充分小时, 成立

$$
\|v_\varepsilon - v\|_{L^p(\mathbb{R}^n)} \leqslant \delta. \tag{2.1.7}
$$

利用三角不等式和式 (2.1.5)—(2.1.7), 得

$$
\begin{aligned}
\|u_\varepsilon - u\|_{L^p(\mathbb{R}^n)} &\leqslant \|u_\varepsilon - v_\varepsilon\|_{L^p(\mathbb{R}^n)} + \|v_\varepsilon - v\|_{L^p(\mathbb{R}^n)} + \|v - u\|_{L^p(\mathbb{R}^n)} \\
&\leqslant 2\|u - v\|_{L^p(\mathbb{R}^n)} + \|v_\varepsilon - v\|_{L^p(\mathbb{R}^n)} \leqslant 3\delta.
\end{aligned}
$$

说明, 当 $\varepsilon \to 0$ 时, 成立 $u_\varepsilon \to u\ (L^p(\mathbb{R}^n))$. □

注 1 定理 2.1.3 表明: $C^\infty(\mathbb{R}^n) \cap C_0(\mathbb{R}^n)$ 在 $C_0(\mathbb{R}^n)$ 中是稠密的; $C^\infty(\mathbb{R}^n) \cap L^p(\mathbb{R}^n)$ 在 $L^p(\mathbb{R}^n)$ $(1 \leqslant p < \infty)$ 中是稠密的.

注 2 记 $u_\varepsilon = J_\varepsilon u$, 利用定理 2.1.3, 可知

$$
J_\varepsilon:\ C_0(\mathbb{R}^n) \longrightarrow C^\infty(\mathbb{R}^n) \cap C_0(\mathbb{R}^n);
$$

$$
J_\varepsilon:\ L^p(\mathbb{R}^n) \longrightarrow C^\infty(\mathbb{R}^n) \cap L^p(\mathbb{R}^n)\ \ (1 \leqslant p < \infty),
$$

这里 J_ε 称为平均算子或磨光算子.

利用定理 2.1.3 可知, 下述推论成立.

推论 2.1.4 $J_\varepsilon:\ L^p(\mathbb{R}^n) \longrightarrow L^p(\mathbb{R}^n)$ $(1 \leqslant p < \infty)$ 是一个线性有界算子. 需要指出的是, $p = \infty$ 时, 该结论不成立.

推论 2.1.5 若 $u \in C^\infty(\mathbb{R}^n)$, 则 $u_\varepsilon \longrightarrow u\ (C^\infty(\mathbb{R}^n))$.

证明 对任意多重指标 β, 成立

$$
\begin{aligned}
\partial^\beta (J_\varepsilon u)(x) &= \partial^\beta u_\varepsilon(x) \\
&= \int_{\mathbb{R}^n} u(y)\partial_x^\beta \alpha_\varepsilon(x-y)\mathrm{d}y
\end{aligned}
$$

$$\begin{aligned}
&= \int_{\mathbb{R}^n} u(y)(-1)^{|\beta|}\partial_y^\beta \alpha_\varepsilon(x-y)\mathrm{d}y \\
&= \int_{\mathbb{R}^n} \alpha_\varepsilon(x-y)\partial^\beta u(y)\mathrm{d}y \\
&= (J_\varepsilon \partial^\beta u)(x),
\end{aligned}$$

即 $\partial^\beta(J_\varepsilon u) = J_\varepsilon \partial^\beta u$. 因此, 对任意紧集 K, 由于 $\partial^\beta u \in C(K)$, 利用 $\partial^\beta u$ 的一致连续性, 对任意 $\delta > 0$, 当 $\varepsilon > 0$ 充分小时, 成立

$$\begin{aligned}
\sup_{x\in K} |\partial^\beta u_\varepsilon(x) - \partial^\beta u(x)| &= \sup_{x\in K} |\partial^\beta (J_\varepsilon u)(x) - \partial^\beta u(x)| \\
&= \sup_{x\in K} \left| J_\varepsilon \partial^\beta u(x) - \partial^\beta u(x)\right| \\
&= \sup_{x\in K} \left| \int_{\mathbb{R}^n} \alpha_\varepsilon(y)(\partial^\beta u(x-y) - \partial^\beta u(x))\mathrm{d}y \right| \\
&\leqslant \sup_{x\in K} \int_{|y|\leqslant\varepsilon} \alpha_\varepsilon(y)|\partial^\beta u(x-y) - \partial^\beta u(x)|\mathrm{d}y \\
&\leqslant \delta \int_{|y|\leqslant\varepsilon} \alpha_\varepsilon(y)\mathrm{d}y \\
&= \delta.
\end{aligned}$$

说明, 当 $\varepsilon \longrightarrow 0$ 时, 成立 $u_\varepsilon \longrightarrow u\ (C^\infty(\mathbb{R}^n))$. □

仿照推论 2.1.5 的证明, 可知下面的推论成立.

推论 2.1.6　若 $u \in C_c^\infty(\mathbb{R}^n)$, 则 $u_\varepsilon \longrightarrow u\ (C_c^\infty(\mathbb{R}^n))$.

例 4　若 $\Omega \subseteq \mathbb{R}^n$ 为开集, 则对任意紧集 $K \subset \Omega$, 必可找到函数 $\varphi \in C_c^\infty(\mathbb{R}^n)$, 使得 $\operatorname{supp}\varphi \subset \Omega$; $0 \leqslant \varphi(x) \leqslant 1$, 且在 K 上, 成立 $\varphi(x) \equiv 1$.

证明　由于 $\Omega \subseteq \mathbb{R}^n$ 为开集, 对任意 $x_0 \in \Omega$, 存在 $\delta_{x_0} > 0$, 使得 $B_{\delta_{x_0}}(x_0) \subset \Omega$. 定义 $\widetilde{K} = \left\{x \in \Omega;\ \mathrm{dist}\,(x, K) \leqslant \dfrac{3}{4}d\right\}$, $d = \mathrm{dist}(K, \partial\Omega) > 0$. 从而, $\widetilde{K} \subset \Omega$ 为紧集, 且 $\widetilde{K} \subset \bigcup\limits_{x_0\in\widetilde{K}} B_{\delta_{x_0}}(x_0)$. 利用有限覆盖定理, 可以找到有限个点, 记为: $x_1, x_2, \cdots, x_m \in \widetilde{K}$, 使得 $\widetilde{K} \subset \bigcup\limits_{k=1}^{m} B_{\delta_{x_k}}(x_k)$. 定义

$$K_\delta := \{x \in \Omega; \mathrm{dist}\,(x, K) \leqslant \delta\}, \quad \delta = \min\left\{1, \frac{d}{2}, \delta_{x_1}, \delta_{x_2}, \cdots, \delta_{x_m}\right\}.$$

显然, 成立: $K \subset K_{\frac{\delta}{2}} \subset K_\delta \subset \widetilde{K}$. 令

$$\psi(x) = \begin{cases} 1, & x \in K_{\frac{\delta}{2}}, \\ 0, & x \notin K_{\frac{\delta}{2}}, \end{cases}$$

以及

$$\varphi(x) = \int_{\mathbb{R}^n} \psi(x-y)\alpha_{\frac{\delta}{4}}(y)\mathrm{d}y = \int_{\mathbb{R}^n} \psi(y)\alpha_{\frac{\delta}{4}}(x-y)\mathrm{d}y.$$

现在验证上面定义的 φ 满足本例中的结论.

显然, 利用磨光算子 $\alpha_{\frac{\delta}{4}}$ 的理论, 可知 $\varphi \in C^\infty(\mathbb{R}^n)$. 对任意的 $x \in K$, 以及 $|y| \leqslant \dfrac{\delta}{4}$, 利用 δ 的选取和开集的定义, 可知 $x-y \in \Omega$ 且 $x-y \in K_{\frac{\delta}{2}}$. 从而成立: $\psi(x-y)=1$, 以及

$$\varphi(x) = \int_{|y|\leqslant\frac{\delta}{4}} \psi(x-y)\alpha_{\frac{\delta}{4}}(y)\mathrm{d}y = \int_{|y|\leqslant\frac{\delta}{4}} \alpha_{\frac{\delta}{4}}(y)\mathrm{d}y = 1,$$

对任意的 $x \in K_\delta \backslash K_{\frac{3\delta}{4}}$, 以及 $|y| \leqslant \dfrac{\delta}{4}$, 利用 δ 的选取和开集的定义, 可知 $x-y \in \widetilde{K} \subset \Omega$ 且 $x-y \notin K_{\frac{\delta}{2}}$. 从而成立: $\psi(x-y)=0$, 以及

$$\varphi(x) = \int_{|y|\leqslant\frac{\delta}{4}} \psi(x-y)\alpha_{\frac{\delta}{4}}(y)\mathrm{d}y = 0,$$

说明 $\operatorname{supp}\varphi \subseteq K_{\frac{3\delta}{4}} \subset \Omega$. 最后,

$$0 \leqslant \varphi(x) = \int_{|y|\leqslant\frac{\delta}{4}} \psi(x-y)\alpha_{\frac{\delta}{4}}(y)\mathrm{d}y \leqslant \int_{|y|\leqslant\frac{\delta}{4}} \alpha_{\frac{\delta}{4}}(y)\mathrm{d}y \leqslant 1. \qquad \square$$

2.1.4 基本空间 $\mathscr{S}(\mathbb{R}^n)$

下面介绍速降函数空间及其相关性质.

定义在全空间 $\mathbb{R}^n$ 上的函数满足下述两个条件:

(1) φ 为 $C^\infty(\mathbb{R}^n)$ 中的函数, 即 $\varphi \in C^\infty(\mathbb{R}^n)$;

(2) 对任意的重指标 α, p, 成立

$$\lim_{|x|\to\infty} x^\alpha \partial^p \varphi(x) = 0, \tag{2.1.8}$$

其中 $\alpha = (\alpha_1, \alpha_2, \cdots, \alpha_n)$, $p = (p_1, p_2, \cdots, p_n)$;

$$x^\alpha \partial^p \varphi(x) = x_1^{\alpha_1} x_2^{\alpha_2} \cdots x_n^{\alpha_n} \partial_{x_1}^{p_1} \partial_{x_2}^{p_2} \cdots \partial_{x_n}^{p_n} \varphi(x),$$

则称 φ 为速降函数; 速降函数全体构成的空间称为速降函数空间, 记为 $\mathscr{S}(\mathbb{R}^n)$ 或 $\mathscr{S}$.

由上述定义可知, $\mathscr{S}(\mathbb{R}^n)$ 是一个线性空间. 在 $\mathscr{S}(\mathbb{R}^n)$ 中的收敛性规定为:

设 $\{\varphi_N\} \subset \mathscr{S}(\mathbb{R}^n)$, 若对任意的重指标 α, p, 当 $N \longrightarrow \infty$ 时, 成立

$$\sup_{x\in\mathbb{R}^n} |x^\alpha \partial^p \varphi_N(x)| \longrightarrow 0,$$

则称 $\varphi_N \longrightarrow 0\ (\mathscr{S}(\mathbb{R}^n))$.

定理 2.1.7　速降函数定义中的条件 (2.1.8) 与下述两个条件之一等价:

(1) 对任意的重指标 α, p, 函数 $x^\alpha \partial^p \varphi(x)$ 在 $\mathbb{R}^n$ 上有界;

(2) 对任意正整数 k 与重指标 p, 函数 $(1+|x|^2)^k \partial^p \varphi(x)$ 在 $\mathbb{R}^n$ 上有界.

证明　式 (2.1.8) $\Longrightarrow$ (1)　由 $\lim\limits_{|x|\to\infty} x^\alpha \partial^p \varphi(x) = 0$ 可知 $x^\alpha \partial^p \varphi(x)$ 在 $\mathbb{R}^n$ 上有界.

(1) $\Longrightarrow$ 式 (2.1.8)　若对任意的重指标 α, p, $x^\alpha \partial^p \varphi(x)$ 在 $\mathbb{R}^n$ 上有界, 则在 $x \neq 0$ 处, 成立

$$
\begin{aligned}
x^\alpha \partial^p \varphi(x) &= \frac{1}{|x|^2} \sum_{j=1}^n x_j^2 x^\alpha \partial^p \varphi(x) \\
&= \frac{1}{|x|^2} \sum_{j=1}^n x_1^{\alpha_1} x_2^{\alpha_2} \cdots x_{j-1}^{\alpha_{j-1}} x_j^{2+\alpha_j} x_{j+1}^{\alpha_{j+1}} \cdots x_n^{\alpha_n} \partial^p \varphi(x).
\end{aligned}
$$

再从 $x_1^{\alpha_1} x_2^{\alpha_2} \cdots x_{j-1}^{\alpha_{j-1}} x_j^{2+\alpha_j} x_{j+1}^{\alpha_{j+1}} \cdots x_n^{\alpha_n} \partial^p \varphi(x)$ 的有界性, 可得

$$
\lim_{|x|\to\infty} |x^\alpha \partial^p \varphi(x)| = 0.
$$

注意到

$$
\begin{aligned}
|x|^{2k} &= (x_1^2 + x_2^2 + \cdots + x_n^2)^k \\
&\leqslant n^{k-1}(x_1^{2k} + x_2^{2k} + \cdots + x_n^{2k}) \\
&= n^{k-1}(x^{\overrightarrow{\beta_{1k}}} + x^{\overrightarrow{\beta_{2k}}} + \cdots + x^{\overrightarrow{\beta_{nk}}}),
\end{aligned}
$$

其中

$$
\overrightarrow{\beta_{1k}} = (2k, 0, \cdots, 0), \overrightarrow{\beta_{2k}} = (0, 2k, 0, \cdots, 0), \cdots, \overrightarrow{\beta_{nk}} = (0, 0, \cdots, 0,\ 2k).
$$

(1)$\Longrightarrow$ (2)　若对任意的重指标 α, p, 成立

$$
\sup_{x\in\mathbb{R}^n} |x^\alpha \partial^p \varphi(x)| \leqslant C,
$$

则

$$
\begin{aligned}
&\sup_{x\in\mathbb{R}^n} |(1+|x|^2)^k \partial^p \varphi(x)| \\
\leqslant\ & 2^{k-1} \sup_{x\in\mathbb{R}^n} |\partial^p \varphi(x)| + 2^{k-1} \sup_{x\in\mathbb{R}^n} |x|^{2k} |\partial^p \varphi(x)| \\
\leqslant\ & 2^{k-1} \sup_{x\in\mathbb{R}^n} |\partial^p \varphi(x)| + (2n)^{k-1} \sum_{j=1}^k \sup_{x\in\mathbb{R}^n} |x^{\overrightarrow{\beta_{jk}}} \partial^p \varphi(x)| \leqslant C.
\end{aligned}
$$

(2) $\Longrightarrow$ (1) 下式显然成立:

$$|x^\alpha| = |x_1^{\alpha_1} x_2^{\alpha_2} \cdots x_n^{\alpha_n}| \leqslant |x_1|^{\alpha_1}|x_2|^{\alpha_2}\cdots|x_n|^{\alpha_n} \leqslant |x|^{\alpha_1+\alpha_2+\cdots+\alpha_n} = |x|^{|\alpha|}.$$

若

$$\sup_{x\in\mathbb{R}^n} |(1+|x|^2)^k \partial^p \varphi(x)| \leqslant C,$$

则

$$\sup_{x\in\mathbb{R}^n} |x^\alpha \partial^p \varphi(x)| \leqslant \sup_{x\in\mathbb{R}^n} |x|^{|\alpha|}|\partial^p\varphi(x)| \leqslant \sup_{x\in\mathbb{R}^n} |(1+|x|^2)^{|\alpha|}\partial^p\varphi(x)| \leqslant C.$$

所以, 由上述讨论可知: $(1+|x|^2)^k\partial^p\varphi(x)$ 在 $\mathbb{R}^n$ 上有界与 $x^\alpha\partial^p\varphi(x)$ 在 $\mathbb{R}^n$ 上有界是等价的, 从而条件 (2.1.8) 与 (2) 是等价的. □

例 5 $\mathrm{e}^{-|x|^2} \in \mathscr{S}(\mathbb{R}^n)$.

事实上, 对任意的重指标 α, p, $x^\alpha\partial^p\mathrm{e}^{-|x|^2}$ 都是形如 $C_\beta x^\beta \mathrm{e}^{-|x|^2}$ 项的和, 即

$$x^\alpha\partial^p\mathrm{e}^{-|x|^2} = \sum_{|\beta|\leqslant|\alpha+p|} C_\beta x^\beta\mathrm{e}^{-|x|^2};$$

由于对任意的重指标 β, 成立 $\lim\limits_{x\to\infty} |x^\beta\mathrm{e}^{-|x|^2}| = 0$. 故 $\mathrm{e}^{-|x|^2}\in\mathscr{S}(\mathbb{R}^n)$.

记 f, g 的卷积为 $f*g$, 其定义为

$$f*g(x) = \int_{\mathbb{R}^n} f(x-y)g(y)\mathrm{d}y = \int_{\mathbb{R}^n} f(y)g(x-y)\mathrm{d}y.$$

例 6 若 $f, g\in\mathscr{S}(\mathbb{R}^n)$, 则 $f*g\in\mathscr{S}(\mathbb{R}^n)$.

证明 对任意的 $x, y\in\mathbb{R}^n$ 及正整数 k, 成立

$$\begin{aligned}(1+|x|^2)^k &\leqslant (1+2|x-y|^2+2|y|^2)^k\\ &\leqslant 2^k(1+|x-y|^2+1+|y|^2)^k\\ &\leqslant 2^{2k}[(1+|x-y|^2)^k+(1+|y|^2)^k].\end{aligned}$$

由于 $f, g\in\mathscr{S}(\mathbb{R}^n)$. 因此, 对任意的重指数 α 及正整数 k, 利用定理 2.1.7, 可得

$$\begin{aligned}&\left|(1+|x|^2)^k\partial^\alpha\int_{\mathbb{R}^n} f(x-y)g(y)\mathrm{d}y\right|\\ \leqslant& 2^{2k}\int_{\mathbb{R}^n}(1+|x-y|^2)^k|\partial_x^\alpha f(x-y)||g(y)|\mathrm{d}y\\ &+2^{2k}\int_{\mathbb{R}^n}(1+|y|^2)^k|\partial_x^\alpha f(x-y)||g(y)|\mathrm{d}y\\ \leqslant& C\int_{\mathbb{R}^n}|g(y)|\mathrm{d}y + C\int_{\mathbb{R}^n}|\partial_x^\alpha f(x-y)|\mathrm{d}y\\ \leqslant& C\int_{\mathbb{R}^n}(1+|y|^2)^{-n}[(1+|y|^2)^n|g(y)|+(1+|y|^2)^n|\partial^\alpha f(y)|]\mathrm{d}y\\ \leqslant& C_1\int_{\mathbb{R}^n}(1+|y|^2)^{-n}\mathrm{d}y\leqslant C_2.\end{aligned}$$

说明, $f * g \in \mathscr{S}(\mathbb{R}^n)$.□

利用速降函数空间的定义, 容易知道 $C_c^\infty(\mathbb{R}^n)$ 中的任意元素都属于 $\mathscr{S}(\mathbb{R}^n)$. 进一步, 下面的例子表明: $C_c^\infty(\mathbb{R}^n)$ 在 $\mathscr{S}(\mathbb{R}^n)$ 中是稠密的.

例 7 $C_c^\infty(\mathbb{R}^n) \subset \mathscr{S}(\mathbb{R}^n)$ 且在 $\mathscr{S}(\mathbb{R}^n)$ 中是稠密的.

证明 对任一函数 $\varphi \in \mathscr{S}(\mathbb{R}^n)$, 作 $\varphi_N(x) = \beta_N(x)\varphi(x)$, 这里截断函数 β_N 由例 2 中给出, 且具有性质: $\beta_N \in C^\infty(\mathbb{R}^n)$, 支集 $\operatorname{supp}\beta_N \subseteq \{x \in \mathbb{R}^n; |x| \leqslant N+1\}$, 且当 $|x| \leqslant N-1$ 时, $\beta_N(x) = 1$.

对任意重指标 α, p, 成立

$$\begin{aligned} x^\alpha \partial^p(\varphi_N(x) - \varphi(x)) &= x^\alpha \partial^p[(\beta_N(x) - 1)\varphi(x)] \\ &= x^\alpha(\beta_N(x) - 1)\partial^p\varphi(x) \\ &\quad + \sum_{\substack{s+r=p \\ |s|\geqslant 1}} \frac{p!}{s!r!} x^\alpha(\partial^s\beta_N(x))(\partial^r\varphi(x)), \end{aligned}$$

其中 $r = (r_1, r_2, \cdots, r_n)$, $r! = r_1!r_2!\cdots r_n!$.

注意到, 对任意重指标 s, 成立

$$\begin{aligned} |\partial^s\beta_N(x)| &\leqslant \int_{\mathbb{R}^n} \chi_N(y)|\partial_x^s\alpha(x-y)|\mathrm{d}y \\ &\leqslant \int_{\mathbb{R}^n} |\partial_x^s\alpha(x-y)|\mathrm{d}y \\ &= \int_{\mathbb{R}^n} |\partial^s\alpha(x)|\mathrm{d}x < \infty. \end{aligned}$$

此外, 利用 β_N 的性质可知: 当 $|x| \leqslant N-1$ 时, $\beta_N(x) - 1$ 和 $\partial^s\beta_N(x)$ ($|s| \geqslant 1$) 均等于零.

由上述讨论, 利用 $\varphi \in \mathscr{S}(\mathbb{R}^n)$, 当 $N \longrightarrow \infty$ 时, 可得

$$\begin{aligned} \sup_{x\in\mathbb{R}^n} |x^\alpha\partial^p(\varphi_N(x) - \varphi(x))| &\leqslant \sup_{|x|>N-1} |x^\alpha\partial^p\varphi(x)| \\ &\quad + \sum_{\substack{|s|+|r|\leqslant|p| \\ |s|\geqslant 1}} C_{s,p,r} \sup_{|x|>N-1} |x^\alpha\partial^r\varphi(x)| \\ &\leqslant C \sup_{|x|>N-1} \sum_{|r|\leqslant|p|} |x^\alpha\partial^r\varphi(x)| \longrightarrow 0. \end{aligned}$$

□

注 例 3 告诉我们, $C_c^\infty(\mathbb{R}^n)$ 在 $C^\infty(\mathbb{R}^n)$ 中是稠密的; 例 7 表明: $C_c^\infty(\mathbb{R}^n)$ 在 $\mathscr{S}(\mathbb{R}^n)$ 中是稠密的; 从而说明 $\mathscr{S}(\mathbb{R}^n)$ 在 $C^\infty(\mathbb{R}^n)$ 中也是稠密的; 此外下述包含关系成立:

$$C_c^\infty(\mathbb{R}^n) \subset \mathscr{S}(\mathbb{R}^n) \subset C^\infty(\mathbb{R}^n). \tag{2.1.9}$$

2.2 三类广义函数及其性质

2.2.1 三类广义函数

定义 2.2.1 分别称 $C_c^\infty(\mathbb{R}^n)$, $\mathscr{S}(\mathbb{R}^n)$, $C^\infty(\mathbb{R}^n)$ 空间上的线性连续泛函为 $\mathcal{D}'(\mathbb{R}^n)$ 广义函数, $\mathscr{S}'(\mathbb{R}^n)$ 广义函数, $\mathcal{E}'(\mathbb{R}^n)$ 广义函数, 有时也分别简记为 $\mathcal{D}'$, $\mathscr{S}'$, $\mathcal{E}'$ 广义函数. 由这三类广义函数全体分别组成相应的广义函数空间, 记为 $\mathcal{D}'(\mathbb{R}^n)$, $\mathscr{S}'(\mathbb{R}^n)$, $\mathcal{E}'(\mathbb{R}^n)$.

对于给定的开集 $\Omega \subseteq \mathbb{R}^n$, 类似地可以定义 $C_c^\infty(\Omega)$ 上的广义函数空间 $\mathcal{D}'(\Omega)$, $C^\infty(\Omega)$ 上的广义函数空间 $\mathcal{E}'(\Omega)$, 但是对空间 $\mathscr{S}$, $\mathscr{S}'$ 来说, 必须在全空间 $\mathbb{R}^n$ 上进行考虑.

利用式 (2.1.9), 可知下述包含关系成立:

$$\mathcal{E}'(\mathbb{R}^n) \subset \mathscr{S}'(\mathbb{R}^n) \subset \mathcal{D}'(\mathbb{R}^n). \tag{2.2.1}$$

事实上, 对任意 $T \in \mathcal{E}'(\mathbb{R}^n)$ 以及 $\varphi \in \mathscr{S}(\mathbb{R}^n) \subset C^\infty(\mathbb{R}^n)$, 可知 $\langle T, \varphi\rangle$ 有意义. 由于 T 是 $C^\infty(\mathbb{R}^n)$ 上的线性泛函, 可知 T 也是 $\mathscr{S}(\mathbb{R}^n)$ 上的线性泛函. 下证 T 的连续性. 设 $\varphi_N \longrightarrow 0$ $(\mathscr{S}(\mathbb{R}^n))$, 则对任意的紧集 K 及多重指标 p, 可知 $\sup\limits_{x\in K} |\partial^p \varphi_N(x)| \longrightarrow 0$. 说明 $\varphi_N \longrightarrow 0$ $(C^\infty(\mathbb{R}^n))$. 由于 $T \in \mathcal{E}'(\mathbb{R}^n)$, 可知 $\langle T, \varphi_N\rangle \longrightarrow 0$, 表明 $T \in \mathscr{S}'(\mathbb{R}^n)$, 从而 $\mathcal{E}'(\mathbb{R}^n) \subset \mathscr{S}'(\mathbb{R}^n)$. 类似的讨论可证: $\mathscr{S}'(\mathbb{R}^n) \subset \mathcal{D}'(\mathbb{R}^n)$.

例 1 任一局部可积函数都是 $\mathcal{D}'$ 广义函数, 即 $L^1_{\mathrm{loc}}(\Omega) \subset \mathcal{D}'(\Omega)$, 这里 $\Omega \subseteq \mathbb{R}^n$ 为任意开集.

证明 假定 $f \in L^1_{\mathrm{loc}}(\Omega)$, 则对任意 $\varphi \in C_c^\infty(\Omega)$,

$$\langle f, \varphi\rangle := \int_\Omega f(x)\varphi(x)\mathrm{d}x = \int_{\mathrm{supp}\,\varphi} f(x)\varphi(x)\mathrm{d}x$$

定义了一个 $C_c^\infty(\Omega)$ 上的线性泛函 $\langle f, \cdot\rangle$. 假定 $\{\varphi_N\} \subset C_c^\infty(\Omega)$ 满足 $\varphi_N \longrightarrow 0$ $(C_c^\infty(\Omega))$. 从而存在公共紧集 $K \subset \Omega$, 使得对任意的 N, $\mathrm{supp}\,\varphi_N \subseteq K$. 因此当 $N \longrightarrow \infty$ 时, 成立:

$$|\langle f, \varphi_N\rangle| \leqslant \int_\Omega |f(x)||\varphi_N(x)|\mathrm{d}x \leqslant \max_{x\in K} |\varphi_N(x)| \int_K |f(x)|\mathrm{d}x \longrightarrow 0.$$

说明泛函 $\langle f, \cdot\rangle$ 在 $C_c^\infty(\Omega)$ 上是连续的. 于是通过 f 就定义了 $C_c^\infty(\Omega)$ 上的 $\mathcal{D}'$ 广义函数 $\langle f, \cdot\rangle$, 将 f 与它在 $\mathcal{D}'$ 中对应的广义函数 $\langle f, \cdot\rangle$ 视为同一. □

假定 Ω 是 $\mathbb{R}^n$ 中的一个开集, 不失一般性, 设 $0 \in \Omega$. 在 $C_c^\infty(\Omega)$ 上定义线性泛函 δ:

$$\langle \delta, \varphi\rangle = \varphi(0), \quad \forall\, \varphi \in C_c^\infty(\Omega). \tag{2.2.2}$$

显然, 式 (2.2.2) 定义了一个 $C_c^\infty(\Omega)$ 上的线性泛函.

例 2 $\delta \in \mathcal{D}'$ (或 $\mathscr{S}'$, $\mathcal{E}'$), 这里 δ 为式 (2.2.2) 中定义的线性泛函.

证明 假定 $\{\varphi_N\} \subset C_c^\infty(\Omega)$ 满足 $\varphi_N \longrightarrow 0$ $(C_c^\infty(\Omega))$. 因此当 $N \longrightarrow \infty$ 时, 成立:

$$|\langle \delta, \varphi_N \rangle| = |\varphi_N(0)| \longrightarrow 0.$$

说明泛函 δ 在 $C_c^\infty(\Omega)$ 上是连续的, 从而 $\delta \in \mathcal{D}'(\Omega)$. 其他情形的证明是类似的, 此处略去证明. □

需要指出的是, $\delta \notin L^1_{\rm loc}(\Omega)$. 为简单起见, 在下面的例子中仅考虑一维情形.

例 3 假定 $-\infty < a < 0 < b < \infty$, 则 $\delta \notin L^1(a,b)$.

证明 反证法. 假定 $\delta \in L^1(a,b)$, 利用例 1, 局部可积函数均可以写成积分形式, 则存在函数 $f \in L^1(a,b)$, 通过一个标准的极限讨论过程, 可知对任意 $\varphi \in C_c(a,b)$, 成立

$$\varphi(0) = \langle \delta, \varphi \rangle = \int_a^b f(x)\varphi(x)\mathrm{d}x. \tag{2.2.3}$$

对任意不含原点的区间 $[c,d] \subset (a,b)$ (不妨假设 $0 < c < d$), 以及区间 $[c,d]$ 上的任一连续函数 ψ, 即 $\psi \in C[c,d]$. 当 $\varepsilon > 0$ 充分小时, 如 $\varepsilon < \min\{c, b-d\}$, 作

$$\psi_\varepsilon(x) = \begin{cases} \psi(x), & x \in [c,d], \\ \dfrac{x-c+\varepsilon}{\varepsilon}\psi(c), & x \in [c-\varepsilon, c), \\ \dfrac{d+\varepsilon-x}{\varepsilon}\psi(d), & x \in (d, d+\varepsilon], \\ 0, & \text{其他}, \end{cases}$$

则有 $\psi_\varepsilon \in C_c(a,b), \psi_\varepsilon(0) = 0$. 注意到 $\displaystyle\int_a^b f(x)\psi_\varepsilon(x)\mathrm{d}x = \psi_\varepsilon(0) = 0$, 以及

$$0 \leqslant \frac{x-c+\varepsilon}{\varepsilon} \leqslant 1, \quad \forall\, x \in [c-\varepsilon, c); \quad 0 \leqslant \frac{d+\varepsilon-x}{\varepsilon} \leqslant 1, \quad \forall\, x \in (d, d+\varepsilon].$$

从而成立

$$\begin{aligned} &\left|\int_c^d f(x)\psi(x)\mathrm{d}x\right| \\ =&\left|\int_a^b f(x)\psi_\varepsilon(x)\mathrm{d}x - \int_c^d f(x)\psi(x)\mathrm{d}x\right| \\ \leqslant&\left(\int_{c-\varepsilon}^c + \int_d^{d+\varepsilon}\right)|f(x)||\psi_\varepsilon(x)|\mathrm{d}x \end{aligned}$$

$$= \int_{c-\varepsilon}^{c} |f(x)| \frac{x-c+\varepsilon}{\varepsilon} |\psi(c)| \mathrm{d}x + \int_{d}^{d+\varepsilon} |f(x)| \frac{d+\varepsilon-x}{\varepsilon} |\psi(d)| \mathrm{d}x$$

$$\leqslant (|\psi(c)| + |\psi(d)|) \left(\int_{c-\varepsilon}^{c} |f(x)| \mathrm{d}x + \int_{d}^{d+\varepsilon} |f(x)| \mathrm{d}x \right)$$

$$\longrightarrow 0, \quad \varepsilon \longrightarrow 0.$$

故

$$\int_{c}^{d} f(x)\psi(x)\mathrm{d}x = 0, \quad \forall\, \psi \in C[c,d].$$

特别地, 对任意的 $\psi \in C_c(c,d) \subset C[c,d]$, 上式也成立. 利用引理 2.1.2 知, $f(x)$ 在 (c,d) 中几乎处处为零, 但 (c,d) 是任意不含原点的区间. 所以 $f(x)$ 在原点外几乎处处为零. 注意到 $f \in L^1(a,b)$, 可知 $f(x)$ 在 (a,b) 中几乎处处为零. 利用式 (2.2.3), 可得

$$0 = \int_{a}^{b} f(x)\varphi(x)\mathrm{d}x = \varphi(0),$$

这显然是不可能的, 因为 $\varphi \in C_c(a,b)$ 是任意的. □

下面两个定理给出了 $\mathcal{D}'(\Omega)$, $\mathcal{E}'(\Omega)$ 这两类广义函数的刻画, 其中 $\Omega \subseteq \mathbb{R}^n$ 是任一给定开集.

定理 2.2.2 假定 $T \in \mathcal{D}'(\Omega)$, 则对任一紧集 $K \subset \Omega$, 存在常数 $C = C(K) > 0$ 和非负整数 $m = m(K)$, 使得对任意的 $\varphi \in C_c^\infty(\Omega)$, $\operatorname{supp}\varphi \subseteq K$, 成立

$$|\langle T, \varphi\rangle| \leqslant C \sup_{x\in\Omega, |\alpha|\leqslant m} |\partial^\alpha \varphi(x)|. \tag{2.2.4}$$

反之, 若 T 为 $C_c^\infty(\Omega)$ 上的线性泛函且满足式 (2.2.4) , 则 $T \in \mathcal{D}'(\Omega)$.

证明 “ $\Longrightarrow$ ” 反证法. 若 $T \in \mathcal{D}'(\Omega)$, 但是式 (2.2.4) 不成立, 则存在紧集 $K \subset \Omega$, 且可以找到 $\varphi_N \in C_c^\infty(\Omega)$, $\operatorname{supp}\varphi_N \subseteq K$, 使得

$$|\langle T, \varphi_N\rangle| > N \sup_{x\in\Omega, |\alpha|\leqslant N} |\partial^\alpha \varphi_N(x)|. \tag{2.2.5}$$

式 (2.2.5) 表明: 在 Ω 中, $\varphi_N(x) \not\equiv 0$. 因此 $\sup\limits_{x\in\Omega, |\alpha|\leqslant N} |\partial^\alpha \varphi_N(x)| > 0$.

记

$$\psi_N(x) = \frac{\varphi_N(x)}{N \sup\limits_{x\in\Omega, |\alpha|\leqslant N} |\partial^\alpha \varphi_N(x)|},$$

则有 $\psi_N \in C_c^\infty(\Omega)$, $\operatorname{supp}\psi_N \subseteq K$, 且由式 (2.2.5), 成立

$$|\langle T, \psi_N\rangle| > 1. \tag{2.2.6}$$

对任意正整数 m, 当 $N \geqslant m$ 时, 成立

$$\sup_{x\in\Omega,|\alpha|\leqslant m} |\partial^\alpha \psi_N(x)| = \frac{\sup\limits_{x\in\Omega,|\alpha|\leqslant m} |\partial^\alpha \varphi_N(x)|}{N \sup\limits_{x\in\Omega,|\alpha|\leqslant N} |\partial^\alpha \varphi_N(x)|} \leqslant \frac{1}{N}.$$

因此, 利用 m 的任意性, 可知: 当 $N \longrightarrow \infty$ 时, 成立 $\psi_N \longrightarrow 0\ (C_c^\infty(\Omega))$. 由于 $T \in \mathcal{D}'(\Omega)$, 所以, 当 $N \longrightarrow \infty$ 时, 可知 $\langle T, \psi_N\rangle \longrightarrow 0$, 这与式 (2.2.6) 矛盾.

" $\Longleftarrow$ " 仅需证明 T 的连续性. 假定 $\varphi_N \longrightarrow 0\ (C_c^\infty(\Omega))$, 则存在紧集 $K \subset \Omega$, 对一切 N, $\operatorname{supp}\varphi_N \subseteq K$ 且当 $N \longrightarrow \infty$ 时,

$$\sup_{x\in\Omega,|\alpha|\leqslant m} |\partial^\alpha \varphi_N(x)| \longrightarrow 0,$$

这里的 m 来自于式 (2.2.4). 再利用式 (2.2.4), 可知, 当 $N \longrightarrow \infty$ 时, $\langle T, \varphi_N\rangle \longrightarrow 0$. 故 T 是连续的, 从而 $T \in \mathcal{D}'(\Omega)$. □

定理 2.2.3　*假定 $T \in \mathcal{E}'(\Omega)$, 则存在紧集 $K \subset \Omega$, 常数 $C > 0$ 和整数 $m \geqslant 0$, 使得对任一函数 $\varphi \in C^\infty(\Omega)$, 成立*

$$|\langle T, \varphi\rangle| \leqslant C \sup_{x\in K,|\alpha|\leqslant m} |\partial^\alpha \varphi(x)|. \tag{2.2.7}$$

反之, 若 T 为 $C^\infty(\Omega)$ 上的线性泛函且满足式 (2.2.7), 则 $T \in \mathcal{E}'(\Omega)$.

证明　若 $A \subset B$ 且 A 的闭包严格包含于 B 的内点中, 则记为 $A \subset\subset B$.

令 $\{K_N\} \subset \Omega$ 为一紧集序列, 满足

$$K_1 \subset\subset K_2 \subset\subset \cdots \subset\subset K_N \subset\subset \cdots \longrightarrow \Omega.$$

例如, 选取

$$K_N = \{x \in \mathbb{R}^n;\ |x| \leqslant N\} \cap \left\{x \in \Omega;\ \operatorname{dist}(x, \partial\Omega) \geqslant \frac{1}{N}\right\}.$$

不难验证, 当 N 比较大时, $K_N \subset\subset K_{N+1} \subset\subset \cdots \longrightarrow \Omega$.

从而, 对任一紧集 $K \subset \Omega$, 必存在 N_0, 使得对任意的 $N > N_0$, 成立 $K \subset K_N$.

" $\Longrightarrow$ " 反证法. 若 $T \in \mathcal{D}'(\Omega)$, 但是式 (2.2.7) 不成立, 则对任意的 N, 存在 $\varphi_N \in C^\infty(\Omega)$, 使得

$$|\langle T, \varphi_N\rangle| > N \sup_{x\in K_N,|\alpha|\leqslant N} |\partial^\alpha \varphi_N(x)|. \tag{2.2.8}$$

先设 $\sup\limits_{x\in K_N,|\alpha|\leqslant N} |\partial^\alpha \varphi_N(x)| > 0.$

记

$$\psi_N(x)=\frac{\varphi_N(x)}{N\sup\limits_{x\in K_N,|\alpha|\leqslant N}|\partial^\alpha\varphi_N(x)|},$$

则有 $\psi_N\in C^\infty(\Omega)$. 对任意正整数 m, 当 $N\geqslant m$ 充分大时, 成立

$$\sup_{x\in K,|\alpha|\leqslant m}|\partial^\alpha\psi_N(x)|=\frac{\sup\limits_{x\in K,|\alpha|\leqslant m}|\partial^\alpha\varphi_N(x)|}{N\sup\limits_{x\in K_N,|\alpha|\leqslant N}|\partial^\alpha\varphi_N(x)|}\leqslant\frac{1}{N}.$$

因此, 利用 m 的任意性, 可知: 当 $N\longrightarrow\infty$ 时, 成立 $\psi_N\longrightarrow 0\ (C^\infty(\Omega))$. 由于 $T\in\mathcal{E}'(\Omega)$, 所以, 当 $N\longrightarrow\infty$ 时, 可知 $\langle T,\psi_N\rangle\longrightarrow 0$.

另外, 由式 (2.2.8), 成立

$$|\langle T,\psi_N\rangle|>1.$$

显然这是一个矛盾.

若 $\sup\limits_{x\in K_N,|\alpha|\leqslant N}|\partial^\alpha\varphi_N(x)|=0$. 利用式 (2.2.8), 可知 $|\langle T,\varphi_N\rangle|>0$. 对任意紧集 $K\subset\Omega$ 以及非负整数 m, 当 $N\geqslant m$ 充分大时, 成立 $K\subset K_N$. 令

$$\widetilde{\psi}_N(x)=\frac{2\varphi_N(x)}{|\langle T,\varphi_N\rangle|}.$$

从而

$$|\langle T,\widetilde{\psi}_N\rangle|=\frac{2|\langle T,\varphi_N\rangle|}{|\langle T,\varphi_N\rangle|}=2. \tag{2.2.9}$$

另外, 对上述任意非负整数 m, 当 $N\geqslant m$ 充分大时, 成立

$$\sup_{x\in K,|\alpha|\leqslant m}|\partial^\alpha\widetilde{\psi}_N(x)|\leqslant\sup_{x\in K_N,|\alpha|\leqslant N}|\partial^\alpha\widetilde{\psi}_N(x)|=2\frac{\sup\limits_{x\in K_N,|\alpha|\leqslant N}|\partial^\alpha\varphi_N(x)|}{|\langle T,\varphi_N\rangle|}=0<\frac{1}{N}.$$

因此, 当 $N\longrightarrow\infty$ 时, 成立 $\widetilde{\psi}_N\longrightarrow 0\ (C^\infty(\Omega))$. 由于 $T\in\mathcal{E}'(\Omega)$, 所以, 当 $N\longrightarrow\infty$ 时, 可知 $\langle T,\widetilde{\psi}_N\rangle\longrightarrow 0$. 这与式 (2.2.9) 矛盾.

“$\Longleftarrow$” 假定 $\varphi_N\longrightarrow 0\ (C^\infty(\Omega))$, 则利用式 (2.2.7), 可知, 当 $N\longrightarrow\infty$ 时,

$$|\langle T,\varphi_N\rangle|\leqslant C\sup_{x\in K,|\alpha|\leqslant m}|\partial^\alpha\varphi_N(x)|\longrightarrow 0,$$

这里的 m 和紧集 K 来自于式 (2.2.7).

故 T 是连续的, 又已假定 T 为 $C^\infty(\Omega)$ 上的线性泛函. 从而 $T\in\mathcal{E}'(\Omega)$. □

2.2.2　广义函数的支集

对于广义函数, 一般来讲, 在某一点的值是没有意义的. 例如, 不能讲广义函数 f 在 x_0 点为 0, 但可以说广义函数 f 在某开邻域中为 0. 若有一广义函数 $T \in \mathcal{D}'(\Omega)$, 使得对任意的函数 $\varphi \in C_c^\infty(\Omega)$, $\operatorname{supp}\varphi \subset \Omega'$, $\Omega' \subset \Omega$, 成立 $\langle T, \varphi\rangle = 0$, 则称 T 在 Ω' 内为零, 或在 Ω' 内, $T = 0$. 若广义函数 T_1, T_2 在 Ω' 内, $T_1 - T_2 = 0$, 则称在 Ω' 内, $T_1 = T_2$.

引理 2.2.4 (单位分解定理)　**若在** $\mathbb{R}^n$ **中的开集组** $\{O_i\}_{i=1}^k$ **覆盖紧集** K, **且** $O_i \cap K \neq \varnothing$, $i = 1, 2, \cdots, k$, **则可以找到函数组** $\{\varphi_i\}_{i=1}^k$, **满足:** $\varphi_i \in C_c^\infty(O_i)$, $0 \leqslant \varphi_i \leqslant 1$, $1 \leqslant i \leqslant k$, **且在** K **上,** $\displaystyle\sum_{i=1}^k \varphi_i = 1$.

证明　由于 $K \subset \displaystyle\bigcup_{i=1}^k O_i$, 不难验证, $K \Big\backslash \displaystyle\bigcup_{i=2}^k O_i \subset O_1$. 令

$$\delta_1 = \operatorname{dist}\left(\partial O_1, K \Big\backslash \bigcup_{i=2}^k O_i\right) > 0,$$

从而可以将 O_1 缩小为

$$O_1' = \left\{x \in O_1;\ \operatorname{dist}(x, \partial O_1) > \frac{\delta_1}{2}\right\},$$

并且仍然成立: $K \backslash \displaystyle\bigcup_{i=2}^k O_i \subset O_1'$, 或 $K \subset \displaystyle\bigcup_{i=2}^k O_i \bigcup O_1'$. 类似地, 可以逐个缩小 O_2, $O_3, \cdots, O_k$ 为 $O_2', O_3', \cdots, O_k'$, 并且成立: $K \subset \displaystyle\bigcup_{i=1}^k O_i'$. 由例 2.1.4 可知, 在每个 O_i 中, 存在函数 $\psi_i \in C_c^\infty(O_i)$, 满足: $0 \leqslant \psi_i \leqslant 1$, 且在 $\overline{O_i'} \cap K$ 上, $\psi_i = 1$. 令

$$\varphi_1 = \psi_1, \quad \varphi_i = \psi_i(1 - \psi_1)\cdots(1 - \psi_{i-1}), \quad i = 2, 3, \cdots, k.$$

由于 $\psi_i \in C_c^\infty(O_i)$, 且 $0 \leqslant \psi_i \leqslant 1 (1 \leqslant i \leqslant k)$, 故 $\varphi_i \in C_c^\infty(O_i)$, 且 $0 \leqslant \varphi_i \leqslant 1$ $(1 \leqslant i \leqslant k)$. 利用归纳法, 不难验证:

$$\begin{aligned}
&1 - \sum_{i=1}^k \varphi_i \\
=&1 - \psi_1 - \psi_2(1 - \psi_1) - \cdots - \psi_k(1 - \psi_1)(1 - \psi_2)\cdots(1 - \psi_{k-1}) \\
=&(1 - \psi_1)(1 - \psi_2)\cdots(1 - \psi_k).
\end{aligned} \tag{2.2.10}$$

事实上, $k = 1$ 时, 成立 $1 - \varphi_1 = 1 - \psi_1$;

当 $k = 2$ 时, 成立

$$1 - \sum_{i=1}^2 \varphi_i = 1 - \varphi_1 - \varphi_2 = 1 - \psi_1 - \psi_2(1 - \psi_1) = (1 - \psi_1)(1 - \psi_2);$$

假定当 $k \geqslant 2$ 时, 成立

$$1-\sum_{i=1}^{k}\varphi_i=(1-\psi_1)(1-\psi_2)\cdots(1-\psi_k),$$

则

$$\begin{aligned}1-\sum_{i=1}^{k+1}\varphi_i&=1-\sum_{i=1}^{k}\varphi_i-\varphi_{k+1}\\&=(1-\psi_1)(1-\psi_2)\cdots(1-\psi_k)-\psi_{k+1}(1-\psi_1)(1-\psi_2)\cdots(1-\psi_k)\\&=(1-\psi_1)(1-\psi_2)\cdots(1-\psi_k)(1-\psi_{k+1}).\end{aligned}$$

说明式 (2.2.10) 成立.

由于 $K\subset\bigcup\limits_{i=1}^{k}O_i'$, 所以对任意的 $x_0\in K$, 存在 $1\leqslant i_0\leqslant k$, 使得 $x_0\in O_{i_0}'\subset\overline{O_{i_0}'}\cap K$ 以及 $\psi_{i_0}(x_0)=1$. 从而, 利用式 (2.2.10), 可得 $1-\sum\limits_{i=1}^{k}\varphi_i(x_0)=0$. 说明在 K 上, $\sum\limits_{i=1}^{k}\varphi_i=1$. □

下面介绍任意集合上的单位分解定理, 由于证明比较复杂, 这里略去, 感兴趣的读者可参见文献 [25].

引理 2.2.5 若在 $\mathbb{R}^n$ 中的开集组 $\{U_i\}_{i=1}^{\infty}$ 覆盖任意集合 Ω, 则存在 $\{\varphi_i\}_{i=1}^{\infty}$, 满足: $\varphi_i\in C_c^{\infty}(U_i)$, $0\leqslant\varphi_i\leqslant1$, $1\leqslant i<\infty$; $\sum\limits_{i=1}^{\infty}\varphi_i(x)=1$, $\forall\ x\in\Omega$; 对任意的 $x_0\in\Omega$, 存在 x_0 的一个邻域 $B_\varepsilon(x_0)\subset\Omega$, 使得 $\{\varphi_i\}_{i=1}^{\infty}$ 中只有有限个 φ_i 在 $B_\varepsilon(x_0)$ 中不恒为零.

定理 2.2.6 (局部化原理) 若有一广义函数 $T\in\mathcal{D}'(\Omega)$, 且对任意点 $x_0\in\Omega$, 均有 x_0 的邻域 $O_{x_0}\subset\Omega$, 使得 T 在 O_{x_0} 中为 0, 则在 Ω 内, $T=0$.

证明 假定 $\varphi\in C_c^{\infty}(\Omega)$, 并记 $\operatorname{supp}\varphi=K$ (为紧集). 从而 $\bigcup\limits_{x_0\in K}O_{x_0}$ 是紧集 K 的一个开覆盖. 利用有限覆盖定理, 必有有限个开邻域, 记为: $O_1,O_2,\cdots,O_k$, 使得 $K\subset\bigcup\limits_{i=1}^{k}O_i$. 利用引理 2.2.4, 可作单位分解, 即存在 $\varphi_i\in C_c^{\infty}(O_i)$; $0\leqslant\varphi_i\leqslant1$; 且在紧集 K 上, $\sum\limits_{i=1}^{k}\varphi_i=1$. 于是, $\varphi_i\varphi\in C_c^{\infty}(O_i)$, 再利用假设条件: 对任意点 $x_0\in\Omega$, 均有 x_0 的邻域 $O_{x_0}\subset\Omega$, 使得 $T=0$ 在 O_{x_0} 中, 可得 $T=0$ 在 Ω_i $(i=1,2,\cdots,k)$ 中, 以及

$$\langle T,\varphi\rangle=\sum_{i=1}^{k}\langle T,\varphi_i\varphi\rangle=0.$$

说明, $T=0$ 在 Ω 中. □

利用广义函数在开集中取零值的概念, 可以给出广义函数支集的定义.

定义 2.2.7 使广义函数 T 取零值的最大开集的余集, 称为广义函数 T 的支集, 记为 $\operatorname{supp} T$.

例如, 假定 $\Omega\subseteq\mathbb{R}^n$, $T\in\mathcal{D}'(\Omega)$. 若存在开集 $\Omega_1\subseteq\Omega$ 是满足下述关系式成立的最大开集:

$$\langle T,\varphi\rangle=0,\quad \forall\,\varphi\in C_c^\infty(\Omega),\quad \operatorname{supp}\varphi\subset\Omega_1,$$

则广义函数 T 的支集 $\operatorname{supp} T=\overline{\Omega}\backslash\Omega_1$.

例 4 记广义函数 T 与其基本函数 φ 的支集分别为 $\operatorname{supp} T$, $\operatorname{supp}\varphi$. 若 $\operatorname{supp} T\cap\operatorname{supp}\varphi=\varnothing$, 则必有 $\langle T,\varphi\rangle=0$.

证明 为简单起见, 假定 $T\in\mathcal{D}'(\Omega)$, $\varphi\in C_c^\infty(\Omega)$. 记 $K_T=\operatorname{supp} T$. 由广义函数支集的定义, 知 $\Omega_0=\Omega\backslash K_T=K_T^c$ 是使得下述关系式成立的最大开集:

$$\langle T,\psi\rangle=0,\quad \forall\,\psi\in C_c^\infty(\Omega),\quad \operatorname{supp}\psi\subset\Omega_0.$$

由于 $K_T\cap\operatorname{supp}\varphi=\varnothing$, 可知 $\operatorname{supp}\varphi\subset K_T^c=\Omega_0$. 从而 $\langle T,\varphi\rangle=0$. □

例 5 若 f 是连续函数, 则 f 的支集与 f 作为广义函数的支集是相同的.

证明 记 f 作为连续函数和广义函数的支集分别为 $\operatorname{supp} f$, K_f, 则 K_f 的余集 $\Omega=K_f^c$ 是满足下述关系式成立的最大开集:

$$\langle f,\varphi\rangle=0,\quad \forall\,\varphi\in C_c^\infty(\Omega). \tag{2.2.11}$$

由于 f 是连续函数, 故

$$\int_\Omega f(x)\varphi(x)\mathrm{d}x=\langle f,\varphi\rangle=0,\quad \forall\,\varphi\in C_c^\infty(\Omega).$$

利用引理 2.1.2 知, $f(x)$ 在 Ω 中几乎处处为零. 再利用 f 的连续性, 可得 $f(x)=0$, $\forall\,x\in\Omega$. 从而, $\operatorname{supp} f\subseteq\Omega^c=K_f$ 或 $(\operatorname{supp} f)^c\supseteq\Omega=K_f^c$. 令 $O=(\operatorname{supp} f)^c$, 则 $f(x)=0,\forall\,x\in O$. 从而,

$$\langle f,\varphi\rangle=\int_O f(x)\varphi(x)\mathrm{d}x=0,\quad \forall\,\varphi\in C_c^\infty(O).$$

由于 Ω 是式 (2.2.11) 成立的最大开集. 因此, 利用上式可得, $(\operatorname{supp} f)^c=O\subseteq\Omega=K_f^c$ 或 $\operatorname{supp} f\supseteq K_f$. 说明 $\operatorname{supp} f=K_f$. □

例 6 广义函数 δ 的支集为原点, 即 $\operatorname{supp}\delta=\{0\}$.

证明 假定 Ω 为 $\mathbb{R}^n$ 中任一不包含原点的开集. 已知 $\delta\in\mathcal{D}'(\mathbb{R}^n)$, 故成立

$$\langle\delta,\varphi\rangle=\varphi(0)=0,\quad \forall\,\varphi\in C_c^\infty(\mathbb{R}^n),\quad \operatorname{supp}\varphi\subset\Omega.$$

说明满足上述关系式成立的最大开集为 $\mathbb{R}^n\backslash\{0\}$. 从而 $\operatorname{supp}\delta=\{0\}$. □

定理 2.2.8 任一 $\mathcal{E}'(\Omega)$ 广义函数, 其支集都是紧的; 反之, 任一 $\mathcal{D}'(\Omega)$ 广义函数 T, 若其支集是紧的, 必为 $\mathcal{E}'(\Omega)$ 广义函数.

证明 “ $\Longrightarrow$ ” 由定理 2.2.3 知, 若 $T\in\mathcal{E}'(\Omega)$, 则存在紧集 $K\subset\Omega$ 与常数 $C>0$ 和整数 $m\geqslant 0$, 使得对任一函数 $\varphi\in C^\infty(\Omega)$, 成立

$$|\langle T,\varphi\rangle|\leqslant C\sup_{x\in K,|\alpha|\leqslant m}|\partial^\alpha\varphi(x)|.$$

特别地,

$$\langle T,\varphi\rangle=0,\quad \forall\,\varphi\in C_c^\infty(\Omega),\quad \operatorname{supp}\varphi\subset\Omega\backslash K.$$

假定 O 是使得下述关系式成立的最大开集:

$$\langle T,\psi\rangle=0,\quad \forall\,\psi\in C_c^\infty(\Omega),\quad \operatorname{supp}\psi\subset O,$$

则有 $\Omega\backslash K\subset O$, 且 $\operatorname{supp}T=O^c=\overline{\Omega}\backslash O\subset K$.

“ $\Longleftarrow$ ” 假定广义函数 $T\in\mathcal{D}'(\Omega)$ 的支集 $\operatorname{supp}T$ 为紧集. 可选取两个有界开集 Ω_0, Ω_1, 使得 $\operatorname{supp}T\subset\subset\Omega_0\subset\subset\Omega_1\subset\subset\Omega$, 并作截断函数 $\zeta\in C_c^\infty(\Omega_1)$, 且 $\zeta(x)=1,\forall\,x\in\overline{\Omega_0}$. 由于 $T\in\mathcal{D}'(\Omega)$, 由定理 2.2.2 知, 对于紧集 $\overline{\Omega_1}$, 存在常数 $C>0$ 和整数 $m\geqslant 0$, 成立

$$|\langle T,\varphi_1\rangle|\leqslant C\sup_{x\in\overline{\Omega_1},|\alpha|\leqslant m}|\partial^\alpha\varphi_1(x)|,\quad \forall\,\varphi_1\in C_c^\infty(\Omega),\quad \operatorname{supp}\varphi_1\subset\overline{\Omega_1}.\tag{2.2.12}$$

注意到, 对任意的 $\varphi\in C^\infty(\Omega)$, 成立 $(1-\zeta(x))\varphi(x)=0,\forall\,x\in\Omega_0\supset\operatorname{supp}T$. 因此, $\operatorname{supp}[(1-\zeta)\varphi]\subset\Omega_0^c\subset(\operatorname{supp}T)^c$, 从而 $\operatorname{supp}T\cap\operatorname{supp}[(1-\zeta)\varphi]=\varnothing$. 由例 4 的结论, 可得 $\langle T,(1-\zeta)\varphi\rangle=0$. 从而, 对任意的 $\varphi\in C^\infty(\Omega)$, 可知

$$\langle T,\varphi\rangle=\langle T,\zeta\varphi\rangle+\langle T,(1-\zeta)\varphi\rangle=\langle T,\zeta\varphi\rangle$$

是有意义的, 且由上式知 T 是 $C^\infty(\Omega)$ 上的线性泛函. 利用式 (2.2.12), 可推知

$$\begin{aligned}|\langle T,\varphi\rangle|&=|\langle T,\zeta\varphi\rangle|\\&\leqslant C\sup_{x\in\Omega_1,|\alpha|\leqslant m}|\partial^\alpha(\zeta\varphi)(x)|\\&\leqslant\widetilde{C}\sup_{x\in\overline{\Omega_1},|\alpha|\leqslant m}|\partial^\alpha\varphi(x)|,\quad\forall\,\varphi\in C^\infty(\Omega).\end{aligned}$$

由定理 2.2.3, 可知 $T\in\mathcal{E}'(\Omega)$. □

2.2.3　广义函数的极限

广义函数空间里也可以引入极限收敛关系, 为避免引入很多其他收敛概念, 这里只介绍一种常见的弱收敛极限概念, 并在本章中称为极限.

定义 2.2.9　若有属于某一广义函数空间中的函数列 $\{T_k\}$, 对于其相应基本函数空间中的任一函数 φ, 当 $k \longrightarrow \infty$ 时, 成立 $\langle T_k, \varphi\rangle \longrightarrow 0$, 则称 T_k 弱收敛于零, 简称 T_k 收敛于零; 若 $T_k - T$ 收敛于零, 则称 T_k 收敛于 T, 记 $T_k \longrightarrow T$.

例 7　设 $h>0$, 并假定 $\{\delta_h(x)\}$ 是按下列定义的函数列:

$$\delta_h(x) = \begin{cases} \dfrac{1}{h}, & -\dfrac{h}{2} \leqslant x \leqslant \dfrac{h}{2}, \\ 0, & |x| > \dfrac{h}{2}, \end{cases}$$

则当 $h \longrightarrow 0$ 时, 成立 $\delta_h \longrightarrow \delta$.

证明　对任意函数 $\varphi \in C_c^\infty(\mathbb{R}^1)$, 成立

$$\langle \delta_h, \varphi\rangle = \int_{-\infty}^{\infty} \delta_h(x)\varphi(x)\mathrm{d}x = \frac{1}{h}\int_{-\frac{h}{2}}^{\frac{h}{2}} \varphi(x)\mathrm{d}x = \varphi(\xi_h),$$

这里 $\xi_h \in \left[-\dfrac{h}{2}, \dfrac{h}{2}\right]$. 因此, 当 $h \longrightarrow 0$ 时, 成立

$$\langle \delta_h, \varphi\rangle \longrightarrow \varphi(0) = \langle \delta, \varphi\rangle.$$

说明 $\delta_h \longrightarrow \delta$. □

例 8　设 $f_N(x) = \dfrac{\sin(Nx)}{\pi x}$. 试证: 当 $N \longrightarrow \infty$ 时, 成立 $f_N \longrightarrow \delta$.

证明　对任意函数 $\varphi \in C_c^\infty(\mathbb{R}^1)$, 选取 $-\infty < a < 0 < b < \infty$, 使得 $\mathrm{supp}\varphi \subset (a, b)$. 从而,

$$\begin{aligned} \langle f_N, \varphi\rangle &= \int_{-\infty}^{\infty} \frac{\sin(Nx)}{\pi x}\varphi(x)\mathrm{d}x \\ &= \frac{1}{\pi}\int_a^b \frac{\sin(Nx)}{x}\varphi(x)\mathrm{d}x \\ &= \frac{1}{\pi}\int_a^b \frac{\sin(Nx)}{x}(\varphi(x) - \varphi(0))\mathrm{d}x + \frac{\varphi(0)}{\pi}\int_a^b \frac{\sin(Nx)}{x}\mathrm{d}x \\ &= I_{1N} + I_{2N}. \end{aligned} \tag{2.2.13}$$

注意到, $\lim\limits_{x\to 0} \dfrac{\varphi(x) - \varphi(0)}{x} = \varphi'(0)$. 因此, 令

$$f(x) = \begin{cases} \dfrac{\varphi(x) - \varphi(0)}{x}, & x \neq 0, \\ \varphi'(0), & x = 0. \end{cases}$$

显然, $f \in C([a,b])$. 利用 Riemann-Lebesgue 引理 (见下面注), 当 $N \longrightarrow \infty$ 时, 成立

$$I_{1N} = \frac{1}{\pi}\int_a^b \sin(Nx)f(x)\mathrm{d}x \longrightarrow 0. \tag{2.2.14}$$

此外,

$$\begin{aligned} I_{2N} &= \frac{\varphi(0)}{\pi}\int_a^b \frac{\sin(Nx)}{x}\mathrm{d}x \\ &= \frac{\varphi(0)}{\pi}\int_{aN}^{bN} \frac{\sin(x)}{x}\mathrm{d}x \\ &\to \frac{\varphi(0)}{\pi}\int_{-\infty}^{\infty} \frac{\sin(x)}{x}\mathrm{d}x = \varphi(0), \end{aligned} \tag{2.2.15}$$

这里用到已知的广义积分值: $\int_{-\infty}^{\infty} \frac{\sin(x)}{x}\mathrm{d}x = \pi$.

利用式 (2.2.13)—(2.2.15), 当 $N \longrightarrow \infty$ 时, 可得 $\langle f_N, \varphi\rangle \longrightarrow \varphi(0) = \langle \delta, \varphi\rangle$. 说明 $f_N \longrightarrow \delta$. □

注 Riemann-Lebesgue 引理. 假定 $-\infty < a < b < \infty$, $f \in C([a,b])$, 则当 $N \longrightarrow \infty$ 时, 成立

$$\int_a^b \sin(Nx)f(x)\mathrm{d}x \longrightarrow 0, \quad \int_a^b \cos(Nx)f(x)\mathrm{d}x \longrightarrow 0.$$

下面的定理表明, 我们可以从一个广义函数出发, 得到一个光滑的函数, 这称为广义函数的正则化.

定理 2.2.10 (广义函数的正则化) 假定 $T \in \mathcal{D}'(\mathbb{R}^n_y)$, 则 $T_\varepsilon(x) := \langle T_y, \alpha_\varepsilon(x-y)\rangle \in C^\infty(\mathbb{R}^n_x)$, 且对任意重指标 p, 成立 $\partial^p T_\varepsilon(x) = \langle T_y, \partial^p_x \alpha_\varepsilon(x-y)\rangle$. 这里 α_ε 为 2.1.3 节中所定义.

证明 由于对任一固定的 $x \in \mathbb{R}^n$, $\alpha_\varepsilon(x-y) \in C^\infty_c(\mathbb{R}^n_y)$, 所以 $\langle T_y, \alpha_\varepsilon(x-y)\rangle$ 有意义, 并且当 x 非常靠近另外任一点 x_0 时, $\alpha_\varepsilon(x-y)$ 作为 y 的函数, 其支集都落在一个固定的紧集 K 中 (如取 $K = \overline{B_{2\varepsilon}(x_0)}$), 且在 K 中, 当 $x \longrightarrow x_0$ 时, $\alpha_\varepsilon(x-y)$ 的各阶导数都一致收敛于 $\alpha_\varepsilon(x_0-y)$ 的各阶导数, 即对任意重指标 p, 当 $x \longrightarrow x_0$ 时, 成立

$$\max_{y\in K} |\partial^p_y[\alpha_\varepsilon(x-y) - \alpha_\varepsilon(x_0-y)]| \longrightarrow 0. \tag{2.2.16}$$

事实上, 不难验证,

$$\begin{aligned} \alpha_\varepsilon(x-y) - \alpha_\varepsilon(x_0-y) &= \int_0^1 \frac{\mathrm{d}}{\mathrm{d}s}\alpha_\varepsilon(sx + (1-s)x_0 - y)\mathrm{d}s \\ &= (x-x_0)\cdot\nabla\alpha_\varepsilon(s_0x + (1-s_0)x_0 - y), \quad s_0 \in [0,1]. \end{aligned}$$

注意到, 对任意重指标 p, 当 x 非常靠近 x_0 时,

$$\sup_{y\in K}|\partial_y^p\nabla\alpha_\varepsilon(s_0x+(1-s_0)x_0-y)|\leqslant C(\varepsilon,p,K,x_0).$$

从而

$$\begin{aligned}&\sup_{y\in K}|\partial_y^p[\alpha_\varepsilon(x-y)-\alpha_\varepsilon(x_0-y)]|\\ \leqslant&|x-x_0|\sup_{y\in K}|\partial_y^p\nabla\alpha_\varepsilon(s_0x+(1-s_0)x_0-y)|\\ \leqslant&C(\varepsilon,p,K,x_0)|x-x_0|,\end{aligned}$$

说明式 (2.2.16) 成立, 即当 $x\longrightarrow x_0$ 时,

$$\alpha_\varepsilon(x-y)\longrightarrow\alpha_\varepsilon(x_0-y)\ (C_c^\infty(\mathbb{R}_y^n)).$$

从而当 $x\longrightarrow x_0$ 时,

$$\langle T_y,\alpha_\varepsilon(x-y)\rangle\longrightarrow\langle T_y,\alpha_\varepsilon(x_0-y)\rangle.$$

因此, $T_\varepsilon(x)=\langle T_y,\alpha_\varepsilon(x-y)\rangle$ 为 x 的连续函数.

记 Δ_kx 为 x_k 方向的增量, 构造差商

$$\begin{aligned}\frac{T_\varepsilon(x+\Delta_kx)-T_\varepsilon(x)}{\Delta_kx}&=\frac{\langle T_y,\alpha_\varepsilon(x+\Delta_kx-y)-\alpha_\varepsilon(x-y)\rangle}{\Delta_kx}\\&=\left\langle T_y,\frac{\alpha_\varepsilon(x+\Delta_kx-y)-\alpha_\varepsilon(x-y)}{\Delta_kx}\right\rangle.\end{aligned}$$

类似前面的证明:

当 $x\longrightarrow x_0$ 时, $\partial_{x_k}\alpha_\varepsilon(x-y)\longrightarrow\partial_{x_k}\alpha_\varepsilon(x_0-y)(C_c^\infty(\mathbb{R}_y^n))$.

可知, 当 $\Delta_kx\longrightarrow 0$ 时, 成立

$$\begin{aligned}&\frac{\alpha_\varepsilon(x+\Delta_kx-y)-\alpha_\varepsilon(x-y)}{\Delta_kx}\\ =&\frac{1}{\Delta_kx}\int_0^1\frac{\mathrm{d}}{\mathrm{d}s}\alpha_\varepsilon(x+s\Delta_kx-y)\mathrm{d}s\\ =&\int_0^1\partial_{x_k}\alpha_\varepsilon(x+s\Delta_kx-y)\mathrm{d}s\\ =&\partial_{x_k}\alpha_\varepsilon(x+s_1\Delta_kx-y)\\ \to&\partial_{x_k}\alpha_\varepsilon(x-y)\ \ (C_c^\infty(\mathbb{R}_y^n)),\quad s_1\in[0,1],\end{aligned}$$

因此,

$$\lim_{\Delta_kx\to0}\frac{T_\varepsilon(x+\Delta_kx)-T_\varepsilon(x)}{\Delta_kx}=\langle T_y,\partial_{x_k}\alpha_\varepsilon(x-y)\rangle.$$

并且, $\partial_k T_\varepsilon(x) = \langle T_y, \partial_{x_k}\alpha_\varepsilon(x-y)\rangle$. 同理可证, $T_\varepsilon(x)$ 具有任意阶导数, 且对任意重指标 p, 成立 $\partial^p T_\varepsilon(x) = \langle T_y, \partial_x^p \alpha_\varepsilon(x-y)\rangle$. □

下面介绍一个比定理 2.2.10 更一般的形式, 即如下定理.

定理 2.2.11 假定 Ω, ω 是 $\mathbb{R}^n$ 中的开集, $\varphi(x,y) \in C^\infty(\Omega \times \omega)$ 且有紧集 $K \subset \Omega$ 满足当 $x \notin K$ 时有 $\varphi(x,y) = 0$, $\forall\, y \in \omega$. 如果 $T \in \mathcal{D}'(\Omega)$, 则函数 $\langle T_x, \varphi(x,y)\rangle \in C^\infty(\omega)$, 且对任意多重指标 α, 均成立

$$\partial^\alpha \langle T_x, \varphi(x,y)\rangle = \langle T_x, \partial_y^\alpha \varphi(x,y)\rangle.$$

证明 对固定 $y \in \omega$, $\varphi(x,y) \in C_c^\infty(\Omega)$, 并且关于 y 的 Taylor 展开式是

$$\varphi(x, y+h) = \varphi(x,y) + \sum_{j=1}^n h_j \partial_{y_j}\varphi(x,y) + \psi(x,y,h),$$

其中 $\psi(x,y,h) \in C_c^\infty(\Omega)$, $y \in \omega$, $h \in \mathbb{R}^n$, 且对任意多重指标 α, 当 $h \to 0$ 时, 成立

$$\sup_{x\in\Omega} |\partial_y^\alpha \psi(x,y,h)| = O(|h|^2).$$

注意到 $T \in \mathcal{D}'(\Omega)$, 故存在非负整数 m, 使得

$$|\langle T_x, \psi(x,y,h)\rangle| \leqslant C \sum_{|\alpha|\leqslant m} \sup_{x\in\Omega} |\partial_y^\alpha \psi(x,y,h)|.$$

从而, 当 $h \to 0$ 时, 成立

$$\langle T_x, \psi(x,y,h)\rangle = O(|h|^2), \quad \forall\, y \in \omega.$$

所以, 当 $h \to 0$ 时,

$$\langle T_x, \varphi(x,y+h)\rangle = \langle T_x, \varphi(x,y)\rangle + \sum_{j=1}^n h_j \langle T_x, \partial_{y_j}\varphi(x,y)\rangle + O(|h|^2), \quad \forall\, y \in \omega.$$

利用上式及古典可微的定义, 并结合定理 2.2.5 的后半部分的证明, 可知函数 $\langle T_x, \varphi(x,y)\rangle$ 关于 y 是可微的, 且有

$$\frac{\partial}{\partial y_j}\langle T_x, \varphi(x,y)\rangle = \langle T_x, \partial_{y_j}\varphi(x,y)\rangle, \quad \forall\, y \in \omega.$$

利用归纳法可证明关于上式的任意阶可微分等式. □

定理 2.2.12 假定 $T \in \mathcal{D}'(\mathbb{R}^n)$, 则成立

$$\langle T_\varepsilon, \varphi\rangle = \langle T, \varphi_\varepsilon\rangle, \quad \forall\, \varphi \in C_c^\infty(\mathbb{R}^n),$$

且当 $\varepsilon \longrightarrow 0$ 时, $T_\varepsilon \longrightarrow T(\mathcal{D}'(\mathbb{R}^n))$.

证明　利用定理 2.2.10, 可知, $T_\varepsilon \in L^1_{\mathrm{loc}}(\mathbb{R}^n)$. 因此, 对任意 $\varphi \in C_c^\infty(\mathbb{R}^n)$, $\langle T_\varepsilon, \varphi\rangle$ 可用积分表示为

$$\begin{aligned}\langle T_\varepsilon, \varphi\rangle &= \int_{\mathbb{R}^n} T_\varepsilon(x)\varphi(x)\mathrm{d}x\\ &= \int_{\mathbb{R}^n} \langle T_y,\ \alpha_\varepsilon(x-y)\rangle\varphi(x)\mathrm{d}x\\ &= \lim_{\max\ d(\Delta_i)\to 0}\sum_i \langle T_y,\ \alpha_\varepsilon(x_i-y)\rangle\varphi(x_i)\Delta_i\\ &= \lim_{\max\ d(\Delta_i)\to 0}\left\langle T_y,\ \sum_i \alpha_\varepsilon(x_i-y)\varphi(x_i)\Delta_i\right\rangle,\end{aligned} \tag{2.2.17}$$

这里 $\max\ d(\Delta_i)$ 表示 Δ_i 的最大直径. 记 $\mathrm{supp}\,\varphi = K$, 则

$$\mathrm{supp}_y\ (\alpha_\varepsilon(x_i-y)\varphi(x_i)) \subseteq K_\varepsilon := \{x\in\mathbb{R}^n;\ \mathrm{dist}(x,K)\leqslant \varepsilon\}.$$

从而,

$$\mathrm{supp}_y\ \left(\sum_i \alpha_\varepsilon(x_i-y)\varphi(x_i)\Delta_i\right) \subseteq K_\varepsilon.$$

不难验证, 对任意重指标 p, 当 $\max\ d(\Delta_i)\to 0$ 时, 成立

$$\sum_i \partial^p\alpha_\varepsilon(x_i-y)\varphi(x_i)\Delta_i \longrightarrow \int_{\mathbb{R}^n}\partial_y^p\alpha_\varepsilon(x-y)\varphi(x)\mathrm{d}x.$$

说明, 当 $\max\ d(\Delta_i)\to 0$ 时,

$$\sum_i \alpha_\varepsilon(x_i-y)\varphi(x_i)\Delta_i \longrightarrow \int_{\mathbb{R}^n}\alpha_\varepsilon(x-y)\varphi(x)\mathrm{d}x\quad (C_c^\infty(\mathbb{R}^n)).$$

由于 $T\in\mathcal{D}'(\mathbb{R}^n)$, 利用式 (2.2.17), 可得

$$\langle T_\varepsilon, \varphi\rangle = \left\langle T_y, \int_{\mathbb{R}^n}\alpha_\varepsilon(x-y)\varphi(x)\mathrm{d}x\right\rangle = \langle T, \varphi_\varepsilon\rangle.$$

由于当 $\varepsilon\to 0$ 时, $\varphi_\varepsilon \longrightarrow \varphi(C_c^\infty(\mathbb{R}^n))$. 所以, 当 $\varepsilon\to 0$ 时,

$$\langle T_\varepsilon, \varphi\rangle = \langle T, \varphi_\varepsilon\rangle \longrightarrow \langle T, \varphi\rangle.$$

说明, $T_\varepsilon \longrightarrow T\ (\mathcal{D}'(\mathbb{R}^n))$. □

注　在检查定理 2.2.12 的证明过程中, 还可以证明下述结论, 具体的证明过程此处略去.

假定 Ω,ω 是 $\mathbb{R}^n$ 中的开集, $\varphi(x,y)\in C_c^\infty(\Omega\times\omega)$ 且 $\operatorname*{supp}_{x,y}\varphi\subset K_1\times K_2$, 这里 $K_1\subset\Omega$, $K_2\subset\omega$ 为紧集. 如果 $T\in\mathcal{D}'(\Omega)$, 则成立

$$\int_\omega\langle T_x,\varphi(x,y)\rangle\mathrm{d}y=\left\langle T_x,\int_\omega\varphi(x,y)\mathrm{d}y\right\rangle.$$

定理 2.2.13 假定 $T\in\mathcal{E}'(\mathbb{R}^n)$, 则 $T_\varepsilon\in C_c^\infty(\mathbb{R}^n)$, 且当 $\varepsilon\longrightarrow 0$ 时, 成立

$$T_\varepsilon\longrightarrow T\ \ (\mathcal{E}'(\mathbb{R}^n)).$$

证明 由定理 2.2.8 知, $\mathcal{E}'(\mathbb{R}^n)$ 广义函数 T 具有紧支集 K. 对任意 $x\in K$, $\alpha_\varepsilon(x-y)$ 作为 y 的函数, 其支集

$$\operatorname{supp}_y\alpha_\varepsilon(x-y)\subseteq K_{2\varepsilon}:=\{y\in\mathbb{R}^n;\ \operatorname{dist}(y,K)\leqslant 2\varepsilon\}.$$

因此, 对任意 $x\notin K_{2\varepsilon}$ 时, $\operatorname{supp}_y\alpha_\varepsilon(x-y)\cap K=\varnothing$. 从而对任意 $x\notin K_{2\varepsilon}$,

$$T_\varepsilon(x)=\langle T_y,\alpha_\varepsilon(x-y)\rangle=0.$$

说明 T_ε 也具有紧支集, 且 $\operatorname{supp}T_\varepsilon\subset K_{2\varepsilon}$. 从而 $T_\varepsilon\in C_c^\infty(\mathbb{R}^n)$. 选取截断函数 $\zeta\in C_c^\infty(\mathbb{R}^n)$, 满足:

$$\zeta(x)=1,\quad\forall\,x\in K_{\frac12};\quad\zeta(x)=0,\quad\forall\,x\notin K_1,$$

其中 $K_r=\{y\in\mathbb{R}^n;\ \operatorname{dist}(y,K)\leqslant r\}$. 注意到: $T\in\mathcal{E}'(\mathbb{R}^n)\subset\mathcal{D}'(\mathbb{R}^n)$. 利用定理 2.2.12, 当 $\varepsilon\to 0$ 时, 可得

$$\langle T_\varepsilon,\zeta\varphi\rangle\longrightarrow\langle T,\zeta\varphi\rangle,\quad\forall\,\varphi\in C^\infty(\mathbb{R}^n).\tag{2.2.18}$$

此外, 对任意 $x\in\operatorname{supp}T_\varepsilon\subset K_{2\varepsilon}\subset K_{\frac12}$ $\left(要求\ 0<\varepsilon<\dfrac14\right)$, 成立 $\zeta(x)\varphi(x)=\varphi(x)$ 以及 $(1-\zeta(x))\varphi(x)=0$. 说明 $\operatorname{supp}[(1-\zeta)\varphi]\subseteq\mathbb{R}^n\backslash K_{\frac12}$. 从而, $\operatorname{supp}T_\varepsilon\cap\operatorname{supp}[(1-\zeta)\varphi]=\varnothing$. 所以当 $0<\varepsilon<\dfrac14$ 时, 成立

$$\langle T_\varepsilon,(1-\zeta)\varphi\rangle=0.\tag{2.2.19}$$

注意到,

$$\operatorname{supp}T\cap\operatorname{supp}[(1-\zeta)\varphi]\subset K\cap(\mathbb{R}^n\backslash K_{\frac12})=\varnothing,\quad\forall\,\varphi\in C^\infty(\mathbb{R}^n).$$

故 $\langle T,(1-\zeta)\varphi\rangle=0$. 从而结合式 (2.2.18), (2.2.19), 对任意 $\varphi\in C^\infty(\mathbb{R}^n)$, 当 $\varepsilon\to 0$ 时, 可得

$$\begin{aligned}\langle T_\varepsilon,\varphi\rangle&=\langle T_\varepsilon,\zeta\varphi\rangle+\langle T_\varepsilon,(1-\zeta)\varphi\rangle=\langle T_\varepsilon,\zeta\varphi\rangle\\&\to\langle T,\zeta\varphi\rangle=\langle T,\zeta\varphi\rangle+\langle T,(1-\zeta)\varphi\rangle=\langle T,\varphi\rangle.\end{aligned}$$

说明 $T_\varepsilon\longrightarrow T$ $(\mathcal{E}'(\mathbb{R}^n))$. □

2.2.4　广义函数的导数

设 $\Omega \subseteq \mathbb{R}^n$ 为一个开集. 下面对 $\mathcal{D}'(\Omega)$ 广义函数加以讨论, 如不特别说明, 其讨论对其他两类广义函数也是适合的.

定义 2.2.14　$T \in \mathcal{D}'(\Omega)$, 对于重指标 α, 定义广义导数 $\partial^\alpha T$:

$$\langle \partial^\alpha T, \varphi \rangle = (-1)^{|\alpha|} \langle T, \partial^\alpha \varphi \rangle, \quad \forall\, \varphi \in C_c^\infty(\Omega). \tag{2.2.20}$$

假定 $\varphi_N \longrightarrow 0\ (C_c^\infty(\Omega))$. 显然, $\partial^\alpha \varphi_N \longrightarrow 0\ (C_c^\infty(\Omega))$. 所以式 (2.2.20) 定义了一个 $C_c^\infty(\Omega)$ 上的线性连续泛函, 即 $\partial^\alpha T \in \mathcal{D}'(\Omega)$. 它称为 T 的 $|\alpha|$ 阶广义导数.

由上述广义导数的定义可知: ① 广义函数的任意阶导数存在; ② 广义函数的导数与求导次序无关; ③ 设 $T, T_k \in \mathcal{D}'(\Omega)$ 且 $T_k \longrightarrow T\ \ (\mathcal{D}'(\Omega))$, 则对于重指标 α, 成立

$$\partial^\alpha T_k \longrightarrow \partial^\alpha T\ \ (\mathcal{D}'(\Omega)).$$

例 9　考虑 Heaviside 函数

$$H(x) = \begin{cases} 1, & x > 0, \\ 0, & x < 0, \end{cases}$$

这是一个局部可积函数, 这种函数在某一点上的值可以任意改变而无本质影响, 所以上面没有规定 $H(x)$ 在 $x = 0$ 处的取值. 显然, 在经典意义下, 当 $x \neq 0$ 时, $H(x)$ 的导数为零; 在 $x = 0$ 处, $H(x)$ 没有给出定义, 更不能谈论古典导数的存在性. 但是, $H \in L^1_{\mathrm{loc}} \subset \mathcal{D}'$, 可以作为 $\mathcal{D}'$ 广义函数, 它在 $\mathbb{R}^1 = (-\infty, \infty)$ 上存在广义导数, 并且 $\dfrac{\mathrm{d}}{\mathrm{d}x} H(x) = \delta(x)$.

证明　对任意 $\varphi \in C_c^\infty(\mathbb{R}^1)$, 成立

$$\left\langle \frac{\mathrm{d}H}{\mathrm{d}x}, \varphi \right\rangle = -\left\langle H, \frac{\mathrm{d}\varphi}{\mathrm{d}x} \right\rangle = -\int_0^\infty \frac{\mathrm{d}\varphi}{\mathrm{d}x} \mathrm{d}x = \varphi(0) = \langle \delta, \varphi \rangle.$$

说明 $\dfrac{\mathrm{d}}{\mathrm{d}x} H(x) = \delta(x)$. □

例 10　考虑 n 维的 Heaviside 函数

$$H(x) = \begin{cases} 1, & x_j > 0,\ \ j = 1, 2, \cdots, n, \\ 0, & \text{其他}, \end{cases}$$

这也是一个局部可积函数, 类似例 9 的证明, 可知 $\dfrac{\partial^n H(x)}{\partial x_1 \partial x_2 \cdots \partial x_n} = \delta(x)$.

定理 2.2.15 假定函数序列 $\{f_k\} \subset C^\infty(\mathbb{R}^1)$ 满足:
(1) 对任意 $M > 0$, 当 $|a|, |b| < M$ 时,

$$\sup_k \left| \int_a^b f_k(t)\mathrm{d}t \right| \leqslant C(M);$$

(2) 对于常数 a, b, 成立

$$\lim_{k\to\infty} \int_a^b f_k(t)\mathrm{d}t = \begin{cases} 0, & ab > 0, \\ 1, & ab < 0, \end{cases}$$

则

$$\lim_{k\to\infty} f_k(t) = \delta(t).$$

证明 令

$$F_k(t) = \int_{-1}^t f_k(s)\mathrm{d}s.$$

设 $\varphi \in C_c^\infty(\mathbb{R}^1)$, 利用条件 (1), 可得

$$\sup_k |F_k(t)| \leqslant C(\operatorname{supp}\varphi), \quad \forall\, t \in \operatorname{supp}\varphi,$$

并且成立

$$\lim_{k\to\infty} F_k(t) = \begin{cases} 1, & t > 0, \\ 0, & t < 0. \end{cases}$$

从而利用 Lebesgue 控制收敛定理, 得

$$\lim_{k\to\infty} \langle F_k, \varphi\rangle = \lim_{k\to\infty} \int_{\mathbb{R}^1} F_k(t)\varphi(t)\mathrm{d}t = \int_{\mathbb{R}^1} H(t)\varphi(t)\mathrm{d}t = \langle H, \varphi\rangle.$$

结合例 9, 成立

$$\lim_{k\to\infty} \langle f_k, \varphi\rangle = \lim_{k\to\infty} \langle F_k', \varphi\rangle = \lim_{k\to\infty} \langle -F_k, \varphi'\rangle = \langle -H, \varphi'\rangle = \langle H', \varphi\rangle = \langle \delta, \varphi\rangle.$$

说明 $\lim\limits_{k\to\infty} f_k(t) = \delta(t)$. □

定理 2.2.16 假定 $T \in \mathcal{D}'(\mathbb{R}^n)$ 在连通开集 Ω 中导数为零, 则 T 在 Ω 内为常数.

证明 利用定理 2.2.12, 对于广义函数 $T \in \mathcal{D}'(\mathbb{R}^n)$, 成立

$$\langle T_\varepsilon, \varphi\rangle = \langle T, \varphi_\varepsilon\rangle, \quad \forall\, \varphi \in C_c^\infty(\mathbb{R}^n).$$

从而对任意 $1 \leqslant k \leqslant n$, 可得

$$\langle \partial_k T_\varepsilon, \varphi\rangle = -\langle T_\varepsilon, \partial_k\varphi\rangle = -\langle T, (\partial_k\varphi)_\varepsilon\rangle = -\langle T, \partial_k\varphi_\varepsilon\rangle = \langle \partial_k T, \varphi_\varepsilon\rangle = \langle (\partial_k T)_\varepsilon, \varphi\rangle.$$

因此

$$\partial_k T_\varepsilon = (\partial_k T)_\varepsilon. \tag{2.2.21}$$

由于广义函数 $\partial_k T \in \mathcal{D}'(\mathbb{R}^n)$ 在连通开集 Ω 中为零, 即

$$\langle \partial_k T, \psi \rangle = 0, \quad \forall\, \psi \in C_c^\infty(\mathbb{R}^n), \quad \operatorname{supp} \psi \subset \Omega. \tag{2.2.22}$$

注意到, 对任意 $\varphi \in C_c^\infty(\mathbb{R}^n)$, $\operatorname{supp} \varphi \subset \Omega$. 当 $\varepsilon > 0$ 充分小时, 成立

$$\varphi_\varepsilon \in C_c^\infty(\mathbb{R}^n), \quad \operatorname{supp} \varphi_\varepsilon \subset \Omega.$$

因此, 利用式 (2.2.22), 可推知

$$\int_\Omega (\partial_k T)_\varepsilon(x)\varphi(x)\mathrm{d}x = \langle (\partial_k T)_\varepsilon, \varphi \rangle = \langle \partial_k T, \varphi_\varepsilon \rangle = 0.$$

结合式 (2.2.21), 可知在连通开集 Ω 中, $\partial_k T_\varepsilon = (\partial_k T)_\varepsilon = 0$, $1 \leqslant k \leqslant n$. 此外, 定理 2.2.12 表明 $T_\varepsilon \in C^\infty(\mathbb{R}^n)$. 说明 $T_\varepsilon \equiv C(\varepsilon)$.

另外, 利用定理 2.2.12, 当 $\varepsilon \longrightarrow 0$ 时, $T_\varepsilon \longrightarrow T$ $(\mathcal{D}'(\mathbb{R}^n))$. 特别地,

$$\langle \lim_{\varepsilon\to 0} C(\varepsilon), \varphi \rangle = \lim_{\varepsilon\to 0}\langle C(\varepsilon), \varphi \rangle = \lim_{\varepsilon\to 0}\langle T_\varepsilon, \varphi \rangle = \langle T, \varphi \rangle, \quad \forall\, \varphi \in C_c^\infty(\mathbb{R}^n), \quad \operatorname{supp} \varphi \subset \Omega,$$

即在 Ω 中, 成立: $T = \lim\limits_{\varepsilon\to 0} C(\varepsilon)$. □

定理 2.2.17 假定 $T \in \mathcal{D}'(\mathbb{R}^n)$, 且 $\operatorname{supp} T = \{0\}$, 则 T 必是函数 δ 及其导数的有限线性组合, 即

$$T = \sum_{|p|\leqslant m} a_p \partial^p \delta, \tag{2.2.23}$$

这里 m 为非负整数, p 为多重指标, a_p 为常系数, 且这个表示是唯一的.

证明 由假设条件, 并利用定理 2.2.8 知, $T \in \mathcal{E}'(\mathbb{R}^n)$. 再利用定理 2.2.3, 必存在紧集 $K \subset \mathbb{R}^n$ 与常数 $C > 0$ 和整数 $m \geqslant 0$, 使得对任一函数 $\varphi \in C^\infty(\mathbb{R}^n)$, 成立

$$|\langle T, \varphi \rangle| \leqslant C \sup_{x\in K, |\alpha|\leqslant m} |\partial^\alpha \varphi(x)|. \tag{2.2.24}$$

先证明: 在式 (2.2.24) 中, 如果对任意 $\varphi \in C^\infty(\mathbb{R}^n)$, 满足 $\partial^\alpha \varphi(0) = 0$, $|\alpha| = 0, 1, \cdots, m$, 则

$$\langle T, \varphi \rangle = 0. \tag{2.2.25}$$

事实上, 选取函数 $\zeta \in C_c^\infty(\mathbb{R}^n)$, 满足: 如果 $|x| \leqslant \dfrac{1}{2}$, $\zeta(x) = 1$; 若 $|x| > 1$, $\zeta(x) = 0$. 令 $\zeta_\varepsilon(x) = \zeta\left(\dfrac{x}{\varepsilon}\right)$, 则对于任意重指标 r, 容易验证成立 $|\partial^r \zeta_\varepsilon(x)| \leqslant C_r \varepsilon^{-|r|}$,

这里 C 与 ε 无关. 利用 Taylor 展开, 对任意 $x \in \operatorname{supp} \zeta_\varepsilon = \{x \in \mathbb{R}^n;\ |x| \leqslant \varepsilon\}$, 成立

$$\varphi(x) = \sum_{|\alpha|=0}^{m} \frac{\partial^\alpha \varphi(0)}{\alpha!} x^\alpha + \sum_{|\alpha|=m+1} \frac{\partial^\alpha \varphi(\xi)}{\alpha!} x^\alpha = \sum_{|\alpha|=m+1} \frac{\partial^\alpha \varphi(\xi)}{\alpha!} x^\alpha,$$

其中 $\xi \in \operatorname{supp} \zeta_\varepsilon$. 显然, 对于任意重指标 β, $|\beta| \leqslant m$, 成立

$$|\partial^\beta \varphi(x)| \leqslant C_{m,\beta}\, \varepsilon^{m+1-|\beta|}.$$

此外, 由于

$$\operatorname{supp} T = \{0\}, \quad 0 \notin \operatorname{supp}\,[(1-\zeta_\varepsilon)\varphi].$$

故

$$\operatorname{supp} T \cap \operatorname{supp}\,[(1-\zeta_\varepsilon)\varphi] = \varnothing.$$

所以, 利用式 (2.2.24), 可得

$$\begin{aligned}
|\langle T, \varphi\rangle| &= |\langle T, \zeta_\varepsilon \varphi\rangle + \langle T, (1-\zeta_\varepsilon)\varphi\rangle| = |\langle T, \zeta_\varepsilon\varphi\rangle| \\
&\leqslant C \sup_{x\in K,\ |\beta|\leqslant m} |\partial^\beta (\zeta_\varepsilon \varphi)(x)| \\
&\leqslant C \sup_{x\in K,\ |\beta|\leqslant m} \sum_{\beta'\leqslant\beta} \frac{\beta!}{\beta'!(\beta-\beta')!} |\partial^{\beta'} \zeta_\varepsilon(x) \partial^{\beta-\beta'} \varphi(x)| \\
&\leqslant \sup_{x\in K, |\beta'|\leqslant|\beta|\leqslant m} C_{m,\beta,\beta'} \varepsilon^{-|\beta'|} \varepsilon^{m+1-(|\beta|-|\beta'|)} \\
&\leqslant \sup_{|\beta|\leqslant m} C_{m,\beta}\, \varepsilon^{m+1-|\beta|} \leqslant \widetilde{C}\varepsilon,
\end{aligned}$$

这里 $\widetilde{C}$ 与 ε 无关. 利用 ε 的任意性, 可知式 (2.2.25) 成立.

下面考虑一般的函数 $\varphi \in C^\infty(\mathbb{R}^n)$. 在原点作 Taylor 展开, 有

$$\varphi(x) = \sum_{|p|\leqslant m} \frac{\partial^p \varphi(0)}{p!} x^p + R_m(x),$$

这里 $R_m \in C^\infty(\mathbb{R}^n)$, 且满足当 $|p| \leqslant m$ 时, $\partial^p R_m(0) = 0$. 事实上, $R_m(x) = \displaystyle\sum_{|p|=m+1} \frac{\partial^p \varphi(\xi)}{p!} x^p$, 其中 ξ 非常靠近原点.

利用式 (2.2.25), 可得

$$
\begin{aligned}
\langle T,\varphi\rangle &= \left\langle T, \sum_{|p|\leqslant m}\frac{\partial^p\varphi(0)}{p!}x^p\right\rangle + \langle T, R_m\rangle \\
&= \sum_{|p|\leqslant m}\frac{\partial^p\varphi(0)}{p!}\langle T, x^p\rangle \\
&= \sum_{|p|\leqslant m}\frac{\langle T, x^p\rangle}{p!}\langle \delta, \partial^p\varphi\rangle \\
&= \sum_{|p|\leqslant m}\frac{\langle T, x^p\rangle}{p!}(-1)^{|p|}\langle \partial^p\delta, \varphi\rangle \\
&= \left\langle \sum_{|p|\leqslant m} a_p\partial^p\delta, \varphi\right\rangle,
\end{aligned}
$$

这里 $a_p = \dfrac{\langle T, x^p\rangle}{p!}(-1)^{|p|}$ 为常数. 因此 $T = \sum\limits_{|p|\leqslant m} a_p\partial^p\delta$, 即式 (2.2.23) 成立.

假定在 $\mathbb{R}^n$ 中, $T=0$, 则 $\langle T,\varphi\rangle = 0,\ \forall\,\varphi\in C^\infty(\mathbb{R}^n)$. 再利用式 (2.2.23), 可得

$$
\sum_{|p|\leqslant m}(-1)^{|p|}a_p\partial^p\varphi(0) = 0, \quad \forall\,\varphi\in C^\infty(\mathbb{R}^n).
$$

特别地, 取 $\varphi(x) = x^q\in C^\infty(\mathbb{R}^n)$, 这里 $|q| = 0,1,\cdots,m$. 容易验证, $a_p = 0$, $|p|\leqslant m$. 说明分解式 (2.2.23) 是唯一的. □

前面已经看到, 广义函数是局部可积函数 (其中包括连续函数) 的推广, 在这种推广下, 对一切连续函数都可以求任意阶广义导数. 下面的结论表明, 广义函数是连续函数的有限阶广义导数, 即得如下定理.

定理 2.2.18 假定 $T\in\mathcal{D}'(\Omega)$, Ω_1,Ω 是 $\mathbb{R}^n$ 中的两个开集, 且 $\Omega_1\subset\subset\Omega$, 则存在 $\overline{\Omega_1}$ 的某个邻域 Q, 函数 $f\in C(Q)$ 以及整数 $m\geqslant 0$, 使得

$$
T = \frac{\partial^{mn}f}{\partial x_1^m\cdots\partial x_n^m} \quad \text{在 } \mathcal{D}'(\Omega_1) \text{ 广义意义下}.
$$

这个定理的证明需要实变函数与泛函分析的知识, 证明过程有些复杂, 此处略去证明, 感兴趣的读者可查阅文献 [15].

注意到, 前面已证: 广义函数 $\mathcal{E}'$ 是具有紧支集的, 故在定理 2.2.18 中取 $\overline{\Omega_1} = \operatorname{supp} T$, $T\in\mathcal{E}'(\Omega)$. 利用有限覆盖定理, 存在有限 r 个小的开邻域 $\{Q_j\}_{j=1}^r$, 满足 $\overline{\Omega_1}\subset\bigcup\limits_{j=1}^r Q_j$, $\bigcup\limits_{j=1}^r\overline{Q_j}\subset\Omega$. 对每个 Q_j, 利用定理 2.2.18, 可知, 存在连续函数 $f_j\in C(Q_j)$. 此外, 在 $\Omega\backslash\overline{Q_j}$ 上, 令 $f_j = 0$. 从而可得如下一个整体的构造定理.

定理 2.2.19 假定 $T\in\mathcal{E}'(\Omega)$, Ω 是 $\mathbb{R}^n$ 中的开集, 则存在非负整数 m 及连续函数 $f_\alpha\in C(\Omega)$, $|\alpha|\leqslant r$, 使得

$$T=\sum_{|\alpha|\leqslant m}\partial^\alpha f_\alpha(x)\quad 在\ \mathcal{E}'(\Omega)\ 广义意义下.$$

2.2.5 广义函数的乘子

设 $T\in\mathcal{D}'(\mathbb{R}^n)$, $\alpha\in C^\infty(\mathbb{R}^n)$. 定义 α 与 T 的乘积 αT 为

$$\langle\alpha T,\varphi\rangle=\langle T,\alpha\varphi\rangle,\quad \forall\,\varphi\in C_c^\infty(\mathbb{R}^n). \tag{2.2.26}$$

注意到, 对任意的 $\varphi\in C_c^\infty(\mathbb{R}^n)$, $\alpha\in C^\infty(\mathbb{R}^n)$, 成立 $\alpha\varphi\in C_c^\infty(\mathbb{R}^n)$. 因此, 式 (2.2.26) 的定义是合理的、有意义的. 假定 $\varphi_N\longrightarrow 0$ $(C_c^\infty(\mathbb{R}^n))$. 不难验证, $\alpha\varphi_N\longrightarrow 0$ $(C_c^\infty(\mathbb{R}^n))$. 所以式 (2.2.26) 确实定义了一个 $\mathcal{D}'(\mathbb{R}^n)$ 广义函数, 这里称 α 为 $\mathcal{D}'(\mathbb{R}^n)$ 广义函数 T 的乘子.

同理可证, $\alpha\in C^\infty(\mathbb{R}^n)$ 也是 $\mathcal{E}'(\mathbb{R}^n)$ 的乘子. 但是 $\alpha\in C^\infty(\mathbb{R}^n)$ 不一定是 $\mathscr{S}'(\mathbb{R}^n)$ 的乘子, 见下面的例子.

例 11 证明 $\mathrm{e}^{|x|^2}$ 不是 $\mathscr{S}'(\mathbb{R}^n)$ 的乘子.

证明 不难验证 $\mathrm{e}^{-\frac{|x|^2}{2}}\in\mathscr{S}(\mathbb{R}^n)$, 但是 $\mathrm{e}^{|x|^2}\mathrm{e}^{-\frac{|x|^2}{2}}=\mathrm{e}^{\frac{|x|^2}{2}}\notin\mathscr{S}(\mathbb{R}^n)$. 从而对任意的 $T\in\mathscr{S}'(\mathbb{R}^n)$, 利用乘子的定义, 成立

$$\langle\mathrm{e}^{|x|^2}T,\mathrm{e}^{-\frac{|x|^2}{2}}\rangle=\langle T,\mathrm{e}^{|x|^2}\mathrm{e}^{-\frac{|x|^2}{2}}\rangle=\langle T,\mathrm{e}^{\frac{|x|^2}{2}}\rangle.$$

但是, $\langle T,\mathrm{e}^{\frac{|x|^2}{2}}\rangle$ 没有意义. 说明 $\mathrm{e}^{|x|^2}$ 不是 $\mathscr{S}'(\mathbb{R}^n)$ 的乘子. □

利用广义函数的正则化方法可以证明: 如果 T 是广义函数, α 为相应的乘子, 则对于任意多重指标 p, 成立 Leibniz 公式

$$\partial^p(\alpha T)=\sum_{q\leqslant p}\frac{p!}{q!(p-q)!}\partial^q\alpha\partial^{p-q}T.$$

事实上, 不妨假定 $T\in\mathcal{D}'(\mathbb{R}^n)$, 利用定理 2.2.12, 成立

$$\langle T_\varepsilon,\varphi\rangle=\langle T,\varphi_\varepsilon\rangle,\quad \forall\,\varphi\in C_c^\infty(\mathbb{R}^n).$$

且当 $\varepsilon\longrightarrow 0$ 时, $T_\varepsilon\longrightarrow T(\mathcal{D}'(\mathbb{R}^n))$.

利用式 (2.2.21), 当 $\varepsilon\longrightarrow 0$ 时, 对于任意多重指标 β, 成立

$$\partial^\beta T_\varepsilon=(\partial^\beta T)_\varepsilon\longrightarrow\partial^\beta T\quad(\mathcal{D}'(\mathbb{R}^n)). \tag{2.2.27}$$

已知 $T_\varepsilon\in C^\infty(\mathbb{R}^n)$, 从而利用经典意义下的 Leibniz 公式, 可知

$$\partial^p(\alpha T_\varepsilon)=\sum_{q\leqslant p}\frac{p!}{q!(p-q)!}\partial^q\alpha\partial^{p-q}T_\varepsilon. \tag{2.2.28}$$

此外, 利用广义函数的定义和性质, 以及式 (2.2.27), (2.2.28), 对任意 $\psi \in C_c^\infty(\mathbb{R}^n)$, 当 $\varepsilon \longrightarrow 0$ 时, 可得

$$\langle \partial^p(\alpha T_\varepsilon), \psi\rangle = (-1)^{|p|}\langle T_\varepsilon, \alpha\partial^p\psi\rangle \longrightarrow (-1)^{|p|}\langle T, \alpha\partial^p\psi\rangle = \langle \partial^p(\alpha T), \psi\rangle. \tag{2.2.29}$$

另外, 对任意 $\psi \in C_c^\infty(\mathbb{R}^n)$, 成立

$$\begin{aligned}\langle \partial^p(\alpha T_\varepsilon), \psi\rangle &= \left\langle \sum_{q\leqslant p} \frac{p!}{q!(p-q)!}\partial^q\alpha\partial^{p-q}T_\varepsilon, \psi\right\rangle \\ &= \left\langle \sum_{q\leqslant p} \frac{p!}{q!(p-q)!}(\partial^{p-q}T)_\varepsilon, \psi\partial^q\alpha\right\rangle \\ &\to \left\langle \sum_{q\leqslant p} \frac{p!}{q!(p-q)!}\partial^{p-q}T, \psi\partial^q\alpha\right\rangle \\ &= \left\langle \sum_{q\leqslant p} \frac{p!}{q!(p-q)!}\partial^q\alpha\partial^{p-q}T, \psi\right\rangle. \end{aligned}\tag{2.2.30}$$

结合式 (2.2.29) 和 (2.2.30), 可知 $\partial^p(\alpha T) = \sum\limits_{q\leqslant p} \dfrac{p!}{q!(p-q)!}\partial^q\alpha\partial^{p-q}T$ 成立.

2.2.6　广义函数的自变量变换

假定函数 $f(x)$ 定义在开集 Ω_x 中. 若存在一个 C^∞ 可逆自变量变换 $x = \psi(y)$, 将 Ω_x 与 Ω_y 构成一一对应. 将其反函数记为 $y = \psi_1(x)$, 则对于函数 $g \in L^1_{\text{loc}}(\Omega_y)$, 可以导出定义在开集 Ω_x 上的函数 $g(\psi_1(x))$, 且成立

$$\begin{aligned}\langle g(y), \varphi(y)\rangle &= \int_{\Omega_y} g(y)\varphi(y)\mathrm{d}y = \int_{\Omega_x} g(\psi_1(x))\varphi(\psi_1(x))|\det\ \psi_1'(x)|\mathrm{d}x \\ &= \langle g(\psi_1(x)), \varphi(\psi_1(x))|\det\ \psi_1'(x)|\rangle, \quad \forall\, \varphi \in C_c^\infty(\Omega_y).\end{aligned}$$

受上述定义的启发, 对于给定的广义函数 $T \in \mathcal{D}'(\Omega_x)$, 可以定义由它诱导出的广义函数 $S \in \mathcal{D}'(\Omega_y)$ 如下

$$\langle S, \varphi\rangle := \langle T_x, \varphi(\psi_1(x))|\det\ \psi_1'(x)|\rangle, \quad \forall \varphi \in C_c^\infty(\Omega_y).$$

下面说明这样的定义是合理的.

(1) 对于任意的 $\varphi \in C_c^\infty(\Omega_y)$, $\varphi(\psi_1(x))|\det\ \psi_1'(x)| \in C_c^\infty(\Omega_x)$. 因此, 对于 $T \in \mathcal{D}'(\Omega_x)$, $\langle T_x, \varphi(\psi_1(x))|\det\ \psi_1'(x)|\rangle$ 是有意义的.

注　由于 $\psi_1'(x)$ 是非退化的矩阵, 即 $\det\ \psi_1'(x) \neq 0, \forall x \in \Omega_x$. 说明

$$\det\ \psi_1'(x) > 0, \quad \text{或者} \quad \det\ \psi_1'(x) < 0, \quad \forall x \in \Omega_x.$$

进而可知 $|\det\ \psi_1'(x)| \in C^\infty(\Omega_x)$.

(2) $\psi_1 \in C^\infty(\Omega_x)$ 且 $y=\psi_1(x)$ 将 Ω_x 中的紧集变为 Ω_y 中的紧集, $|\det\ \psi_1'(x)|$ 及其各阶导数在 Ω_x 中的紧集上都有界. 若 $\varphi_N(y) \in C_c^\infty(\Omega_y)$, $\varphi_N \longrightarrow 0\ (C_c^\infty(\Omega_y))$. 则 $\varphi_N(\psi_1(x))|\det\ \psi_1'(x)| \longrightarrow 0\ (C_c^\infty(\Omega_x))$. 因此, 若 $T \in \mathcal{D}'(\Omega_x)$, 则 $S \in \mathcal{D}'(\Omega_y)$.

2.2.7 广义函数的卷积

将经典函数的卷积概念推广到广义函数上来, 可以定义如下广义函数的卷积.

定义 2.2.20 设 S,T 为两个广义函数, 则 S,T 的卷积 $S*T$ 定义为

$$\langle S*T,\varphi\rangle = \langle S_x, \langle T_y, \varphi(x+y)\rangle\rangle, \quad \forall\, \varphi \in C_c^\infty(\mathbb{R}^n).$$

上式中, S_x, T_y 下标分别表示它们作用于空间 $C_c^\infty(\mathbb{R}_x^n)$, $C_c^\infty(\mathbb{R}_y^n)$ 上的广义函数.

下面的定理表明, 并不是任何两个广义函数都可以求卷积.

定理 2.2.21 假定 $T \in \mathcal{E}'(\mathbb{R}^n)$, $S \in \mathcal{D}'(\mathbb{R}^n)$, 则 $S*T,\ \ T*S \in \mathcal{D}'(\mathbb{R}^n)$.

证明 首先证明: 对任意的函数 $\varphi \in C_c^\infty(\mathbb{R}^n)$, 成立

$$\psi(x) := \langle T_y, \varphi(x+y)\rangle \in C_c^\infty(\mathbb{R}_x^n). \tag{2.2.31}$$

事实上, 由定理 2.2.11 可知, $\psi(x) \in C^\infty(\mathbb{R}_x^n)$. 下面验证函数 $\psi(x)$ 具有紧支集. 由定理 2.2.8 知, $T \in \mathcal{E}'(\mathbb{R}^n)$ 是具紧支集的, 记 $K = \operatorname{supp} T$. 取另一个紧集 K_1, 使得 $K \subset\subset K_1$. 选取截断函数 $\zeta \in C_c^\infty(\mathbb{R}^n)$ 且在 K_1 上, $\zeta \equiv 1$. 注意到, 对任意函数 $h \in C^\infty(\mathbb{R}^n)$, 成立

$$\operatorname{supp} T \cap \operatorname{supp}[(1-\zeta)h] \subseteq K \cap K_1^c = \varnothing,$$

从而

$$\langle (1-\zeta)T, h\rangle = \langle T, (1-\zeta)h\rangle = 0.$$

说明在 $\mathbb{R}^n$ 中, $(1-\zeta)T = 0$ 或 $\zeta(y)T_y = T_y$. 于是,

$$\psi(x) = \langle \zeta(y)T_y, \varphi(x+y)\rangle = \langle T_y, \zeta(y)\varphi(x+y)\rangle, \quad \varphi \in C_c^\infty(\mathbb{R}^n).$$

对于 $x+y \in \operatorname{supp}\varphi$, 当 x 充分大时, 必有 y 充分大, 从而 $y \notin \operatorname{supp}\zeta$ 及 $\zeta(y)\varphi(x+y) = 0$. 所以当 x 充分大时, $\psi(x)=0$. 说明 $\psi(x)$ 具有紧支集, 故 $\psi \in C_c^\infty(\mathbb{R}^n)$. 因此,

$$\langle S*T,\varphi\rangle := \langle S_x, \langle T_y, \varphi(x+y)\rangle\rangle = \langle S_x, \psi(x)\rangle$$

有意义.

下证 $S*T$ 的连续性. 假定

$$\varphi_N \in C_c^\infty(\mathbb{R}^n) \quad 且\ \varphi_N \longrightarrow 0\ \ (C_c^\infty(\mathbb{R}^n)).$$

令 $\psi_N(x) := \langle T_y, \varphi_N(x+y)\rangle$. 由定理 2.2.10, 可得 $\psi_N(x) \in C^\infty(\mathbb{R}^n_x)$ 且对任意的重指标 p, $\partial^p \psi_N(x) = \langle T_y, \partial_x^p \varphi_N(x+y)\rangle$. 显然成立 $\partial^p \varphi_N \longrightarrow 0$ $(C_c^\infty(\mathbb{R}^n))$. 因此可以找到公共紧支集 $Q_0 \subset \mathbb{R}^n$, 使得 supp $\partial^p \varphi_N \subset Q_0$ 关于 N 是一致的. 从而对于 $x+y \in Q_0$, 可以找到充分大的 R_0 (与 N 无关), 使得当 $|x| > R_0$ 时, 必有 $y \notin K$ 及 $\mathrm{supp}_y \varphi_N(x+y) \cap K = \varnothing$. 所以当 $|x| > R_0$ 时, $\psi_N(x) = 0$. 说明 $\mathrm{supp}\psi_N \subset \overline{B_{R_0}(0)}$, 以及 $\psi_N \in C_c^\infty(\mathbb{R}^n)$. 利用定理 2.2.3 可知, 存在常数 $C > 0$, 紧集 K_0 和整数 $m \geqslant 0$, 使得对任意的 $x \in B_{R_0}(0)$, 成立

$$
\begin{aligned}
|\partial^p \psi_N(x)| &= |\langle T_y, \partial_x^p \varphi_N(x+y)\rangle| \\
&\leqslant C \sup_{y \in K_0, |\alpha| \leqslant m} |\partial_y^\alpha \partial_x^p \varphi_N(x+y)| \\
&\leqslant C \sup_{z \in Q_0, |\alpha| \leqslant m} |\partial^{\alpha+p} \varphi_N(z)|.
\end{aligned}
$$

从而由 $\varphi_N \longrightarrow 0$ $(C_c^\infty(\mathbb{R}^n))$, 可知 $\psi_N \longrightarrow 0$ $(C_c^\infty(\mathbb{R}^n))$. 再利用假设 $S \in \mathcal{D}'(\mathbb{R}^n)$, 可推知, 当 $N \longrightarrow \infty$ 时, 成立 $\langle S * T, \varphi_N\rangle = \langle S_x, \psi_N(x)\rangle \longrightarrow 0$. 说明 $S * T$ 是连续的, 从而 $S * T \in \mathcal{D}'(\mathbb{R}^n)$.

现在验证 $T * S \in \mathcal{D}'(\mathbb{R}^n)$. 对任意的函数 $\varphi \in C_c^\infty(\mathbb{R}^n)$, 由定理 2.2.11 可知, $\widetilde{\psi}(x) := \langle S_y, \varphi(x+y)\rangle \in C^\infty(\mathbb{R}^n_x)$. 因此, 对于 $T \in \mathcal{E}'(\mathbb{R}^n)$, $\langle T * S, \varphi\rangle = \langle T_x, \widetilde{\psi}(x)\rangle$ 是有意义的.

假定 $\varphi_N \in C_c^\infty(\mathbb{R}^n)$ 且 $\varphi_N \longrightarrow 0$ $(C_c^\infty(\mathbb{R}^n))$, 可以找到公共紧支集 $Q_1 \subset \mathbb{R}^n$, 使得 $\mathrm{supp}\varphi_N \subset Q_1$ 关于 N 是一致的. 类似于上述证明, 取 $\widetilde{\psi_N}(x) := \langle S_y, \varphi_N(x+y)\rangle$. 则 $\widetilde{\psi_N}(x) \in C^\infty(\mathbb{R}^n_x)$ 且对任意的紧集 $\widetilde{K}$ 及 $x \in \widetilde{K}$, 存在常数 $C > 0$ 及整数 $m \geqslant 0$, 使得

$$
\sup_{x \in \widetilde{K}} |\partial^p \widetilde{\psi_N}(x)| = \sup_{x \in \widetilde{K}} |\langle S_y, \partial_x^p \varphi_N(x+y)\rangle| \leqslant C \sup_{z \in Q_1, |\alpha| \leqslant m} |\partial^{\alpha+p} \varphi_N(z)|.
$$

由 $\varphi_N \longrightarrow 0$ $(C_c^\infty(\mathbb{R}^n))$, 可知 $\widetilde{\psi_N} \longrightarrow 0$ $(C^\infty(\mathbb{R}^n))$. 利用假设 $T \in \mathcal{E}'(\mathbb{R}^n)$, 可知, 当 $N \longrightarrow 0$ 时, 成立 $\langle T * S, \varphi_N\rangle = \langle T_x, \widetilde{\psi_N}(x)\rangle \longrightarrow 0$. 说明 $T * S$ 是连续的, 从而 $T * S \in \mathcal{D}'(\mathbb{R}^n)$. □

下面介绍广义函数卷积的一些基本性质.

定理 2.2.22 假定 $R, S, T \in \mathcal{D}'(\mathbb{R}^n)$ 且其中至少有两个具紧支集, 则

(1) $(R * S) * T = R * (S * T)$;

(2) $S * T = T * S$;

(3) supp $(S * T) \subseteq \mathrm{supp}S + \mathrm{supp}T$, 这里 $\mathrm{supp}S + \mathrm{supp}T = \{z \in \mathbb{R}^n;\ z = x + y,\ x \in \mathrm{supp}S,\ y \in \mathrm{supp}T\}$;

(4) $\delta * T = T * \delta = T$;

(5) 对任意的重指标 $\alpha, \alpha_1, \alpha_2$ 且 $\alpha = \alpha_1 + \alpha_2$. 假定广义函数 S, T 中至少有一个具有紧支集, 则

$$\partial^{\alpha}(S * T) = (\partial^{\alpha_1} S) * (\partial^{\alpha_2} T);$$

(6) 假定 $T \in \mathcal{D}'(\mathbb{R}^n)$, $\varphi \in C_c^{\infty}(\mathbb{R}^n)$, 则 $T * \varphi$ 有意义, 且成立

$$(T * \varphi)(x) = \langle T_y, \varphi(x - y) \rangle.$$

证明 在下面的证明过程中, 要用到这样两个事实: 两个光滑函数的卷积 (若有意义) 是可以交换的; 对任意的函数 $\varphi \in C_c^{\infty}(\mathbb{R}^n)$, $\psi(x) := \langle T_y, \varphi(x + y) \rangle$ 是关于 x 的光滑函数 (见定理 2.2.11).

性质 (3) 的证明. 由定理 2.2.21 知: $S * T \in \mathcal{D}'(\mathbb{R}^n)$. 假定 $\varphi \in C_c^{\infty}(\mathbb{R}^n)$, $\operatorname{supp} \varphi \subset \mathbb{R}^n \backslash (\operatorname{supp} S + \operatorname{supp} T)$. 利用卷积的定义, 成立

$$\langle S * T, \varphi \rangle = \langle S_x, \langle T_y, \varphi(x + y) \rangle \rangle. \tag{2.2.32}$$

取开集 $\Omega_S \supset \operatorname{supp} S$, $\Omega_T \supset \operatorname{supp} T$, 使得 $\operatorname{supp} \varphi \cap (\Omega_S + \Omega_T) = \varnothing$, 则对任意的 $x \in \Omega_S$, $\operatorname{supp}_y \varphi(x + y) \cap \Omega_T = \varnothing$, 从而 $\psi(x) = 0$, $\forall\, x \in \Omega_S$. 这里 $\psi(x) := \langle T_y, \varphi(x + y) \rangle \in C^{\infty}(\mathbb{R}^n)$. 所以 $\operatorname{supp} \psi \subset \Omega_S^c$. 同时还说明 $\operatorname{supp} S \cap \operatorname{supp} \psi = \varnothing$, 因此 $\langle S_x, \psi(x) \rangle = 0$. 利用式 (2.2.32), 可得

$$\langle S * T, \varphi \rangle = 0, \tag{2.2.33}$$

这里 $\varphi \in C_c^{\infty}(\mathbb{R}^n)$, $\operatorname{supp} \varphi \subset \mathbb{R}^n \backslash (\operatorname{supp} S + \operatorname{supp} T)$. 假定使得式 (2.2.33) 成立的最大开集为 Ω, 则 $\Omega \supseteq \mathbb{R}^n \backslash (\operatorname{supp} S + \operatorname{supp} T)$. 再利用广义函数的支集定义可得, $\operatorname{supp} S * T = \mathbb{R}^n \backslash \Omega \subseteq \operatorname{supp} S + \operatorname{supp} T$.

性质 (1) 的证明. 利用定理 2.2.21 和上述性质 (3) 的结论知, $(R * S) * T$ 是有意义的. 假定 $\varphi \in C_c^{\infty}(\mathbb{R}^n)$, 则成立

$$\begin{aligned} \langle (R * S) * T, \varphi \rangle &= \langle (R * S)_y, \langle T_z, \varphi(y + z) \rangle \rangle \\ &= \langle R_x, \langle S_y, \langle T_z, \varphi(x + y + z) \rangle \rangle \rangle. \end{aligned}$$

另外,

$$\begin{aligned} \langle R * (S * T), \varphi \rangle &= \langle R_x, \langle (S * T)_y, \varphi(x + y) \rangle \rangle \\ &= \langle R_x, \langle S_y, \langle T_z, \varphi(x + y + z) \rangle \rangle \rangle. \end{aligned}$$

说明 $(R * S) * T = R * (S * T)$.

性质 (6) 的证明. 假定 $\varphi, \psi \in C_c^\infty(\mathbb{R}^n)$, 由定理 2.2.11 可知, $\langle T_y, \varphi(x-y)\rangle \in C^\infty(\mathbb{R}^n_x)$. 利用 Riemann 积分的定义, 可得

$$
\begin{aligned}
&\langle\langle T_y, \varphi(x-y)\rangle, \psi(x)\rangle\\
=&\int_{\mathbb{R}^n}\langle T_y, \varphi(x-y)\rangle\psi(x)\mathrm{d}x\\
=&\int_{\mathrm{supp}\psi}\langle T_y, \varphi(x-y)\rangle\psi(x)\mathrm{d}x\\
=&\lim_{d(\Delta_i)\to 0}\sum_i\langle T_y, \varphi(x_i-y)\rangle\psi(x_i)\Delta_i\\
=&\lim_{d(\Delta_i)\to 0}\sum_i\langle T_y, \varphi(x_i-y)\psi(x_i)\Delta_i\rangle\\
=&\left\langle T_y, \lim_{d(\Delta_i)\to 0}\sum_i\varphi(x_i-y)\psi(x_i)\Delta_i\right\rangle\\
=&\left\langle T_y, \int_{\mathbb{R}^n}\varphi(x-y), \psi(x)\mathrm{d}x\right\rangle \Bigg(\text{这里用到前面已证结论: 当}d(\Delta_i)\to 0\text{时, 成立}\\
&\sum_i\varphi(x_i-y)\psi(x_i)\Delta_i \longrightarrow \int_{\mathbb{R}^n}\varphi(x-y)\psi(x)\mathrm{d}x\ \ (C_c^\infty(\mathbb{R}^n))\Bigg)\\
=&\left\langle T_y, \int_{\mathbb{R}^n}\varphi(x)\psi(x+y)\mathrm{d}x\right\rangle\\
=&\langle T_y, \langle\varphi(x), \psi(x+y)\rangle\rangle\\
=&\langle T*\varphi, \psi\rangle.
\end{aligned}
$$

说明 $(T*\varphi)(x) = \langle T_y, \varphi(x-y)\rangle$.

性质 (2) 的证明. 假定 $\varphi, \psi \in C_c^\infty(\mathbb{R}^n)$, 利用性质 (1), 可得

$$
\begin{aligned}
((S*T)*\varphi)*\psi &= (S*T)*(\varphi*\psi) = (S*T)*(\psi*\varphi)\\
&= ((S*T)*\psi)*\varphi = (S*(T*\psi))*\varphi\\
&= S*((T*\psi)*\varphi) = S*(\varphi*(T*\psi))\\
&= (S*\varphi)*(T*\psi) = (T*\psi)*(S*\varphi)\\
&= T*(\psi*(S*\varphi)) = T*((S*\varphi)*\psi)\\
&= (T*(S*\varphi))*\psi = ((T*S)*\varphi)*\psi.
\end{aligned}
$$

令 $f = (S*T)*\varphi - (T*S)*\varphi$, 则

$$(f*\psi)(x) = 0, \quad \forall x \in \mathbb{R}^n.$$

特别地, $(f*\psi)(0)=0$, 即

$$\int_{\mathbb{R}^n} f(-y)\psi(y)\mathrm{d}y=0, \quad \forall \psi \in C_c^\infty(\mathbb{R}^n).$$

从而有 $f(-y)=0$, a.e.$y\in\mathbb{R}^n$. 另外, 由定理 2.2.21 知: $S*T, T*S\in\mathcal{D}'(\mathbb{R}^n)$. 利用性质 (6) 和定理 2.2.11 可知, $f\in C^\infty(\mathbb{R}^n)$. 故 $f(z)=0, \forall\, z\in\mathbb{R}^n$. 进一步利用性质 (6), 知 $\langle (S*T)_y, \varphi(x-y)\rangle = \langle (T*S)_y, \varphi(x-y)\rangle$. 特别地, 取 $x=0$, 可知 $S*T=T*S$.

性质 (4) 的证明. 对任意的函数 $\varphi\in C_c^\infty(\mathbb{R}^n)$. 利用性质 (2), 可得

$$\langle \delta*T,\varphi\rangle=\langle T*\delta,\varphi\rangle=\langle T_x,\langle \delta_y,\varphi(x+y)\rangle\rangle=\langle T_x,\varphi(x)\rangle.$$

说明: $\delta*T=T*\delta=T$.

性质 (5) 的证明. 定理 2.2.21 表明: $S*T\in\mathcal{D}'(\mathbb{R}^n)$. 假定 $\varphi\in C_c^\infty(\mathbb{R}^n)$. 利用广义函数导数以及广义函数正则化的性质, 可得

$$\begin{aligned}
\langle \partial^\alpha(S*T),\varphi\rangle &= (-1)^{|\alpha|}\langle S*T,\partial^\alpha\varphi\rangle \\
&= (-1)^{|\alpha|}\langle S_x,\langle T_y,\partial^\alpha\varphi(x+y)\rangle\rangle \\
&= (-1)^{|\alpha|}\langle S_x,\langle T_y,\partial_x^{\alpha_1}\partial_y^{\alpha_2}\varphi(x+y)\rangle\rangle \\
&= (-1)^{|\alpha|}\langle S_x,\partial_x^{\alpha_1}\langle T_y,\partial_y^{\alpha_2}\varphi(x+y)\rangle\rangle \\
&= (-1)^{|\alpha|+|\alpha_2|}\langle S_x,\partial_x^{\alpha_1}\langle \partial_y^{\alpha_2}T_y,\varphi(x+y)\rangle\rangle \\
&= (-1)^{|\alpha|+|\alpha_2|+|\alpha_1|}\langle \partial_x^{\alpha_1}S_x,\langle \partial_y^{\alpha_2}T_y,\varphi(x+y)\rangle\rangle \\
&= \langle (\partial^{\alpha_1}S)*(\partial^{\alpha_2}T),\varphi\rangle.
\end{aligned}$$

说明 $\partial^\alpha(S*T)=\partial^{\alpha_1}S*\partial^{\alpha_2}T$. □

2.3　Fourier 变换

Fourier 变换是一种线性的积分变换, 因其基本思想首先由法国学者 Joseph Fourier (1768—1830) 系统地提出, 所以以其名字来命名以示纪念. 最初 Fourier 分析是作为热过程的解析分析的工具被提出的, 18 世纪末和 19 世纪初诞生的 Fourier 变换发生了巨大的变化. Fourier 变换的丰富和发展, 极大地促进了信息科学的发展, 现代的信息科学和技术离不开 Fourier 变换的理论和方法, 这是一个在物理上极为重要的数学工具. Fourier 变换在物理学、声学、光学、结构动力学、量子力学、数论、组合数学、概率论、统计学、信号处理、密码学、海洋学、通信等领域都有

着广泛的应用. 例如, 在信号处理中, Fourier 变换的典型用途是将信号分解成振幅分量和频率分量, 用于显示与频率对应的幅值大小. Fourier 变换在经典分析中是很重要的工具, 但由于在进行 Fourier 变换时, 经常对所讨论的函数加上一些限制条件 (例如, Riemann 或 Lebesgue 可积性), 从而使它的应用受到一定的局限. 总之, 经典分析不是讨论 Fourier 变换的理想框架. 然而在广义函数范围中, Fourier 变换与求导运算相仿, 几乎不受限制, 从而使 Fourier 变换成为更加灵活、更加有力的一种分析工具, 并且在现代偏微分方程理论中已被广泛地使用.

2.3.1 $\mathscr{S}(\mathbb{R}^n)$ 空间上的 Fourier 变换

定义 2.3.1 假定 $f \in \mathscr{S}(\mathbb{R}^n)$, 定义 Fourier 变换为

$$F[f](\xi) = \int_{\mathbb{R}^n} f(x)\mathrm{e}^{-\mathrm{i}x\cdot\xi}\mathrm{d}x;$$

另外假定 $g \in \mathscr{S}(\mathbb{R}^n)$, 定义 Fourier 逆变换为

$$F^{-1}[g](x) = \frac{1}{(2\pi)^n}\int_{\mathbb{R}^n} f(\xi)\mathrm{e}^{\mathrm{i}x\cdot\xi}\mathrm{d}\xi,$$

这里 i 为虚数单位, 即 $\mathrm{i}^2 = -1$; $x\cdot\xi = x_1\xi_1 + x_2\xi_2 + \cdots + x_n\xi_n$. 需要说明的是, 为了便于表明变换后的函数所依赖的自变量, 有时也将 Fourier (逆) 变换的记号写成 $\hat{f}(\xi)$ ($\check{f}(x)$).

在下面的讨论中, 经常使用下列符号.

$$D_x = \frac{1}{\mathrm{i}}\partial_x,\quad D_\xi = \frac{1}{\mathrm{i}}\partial_\xi;\quad D_x^\alpha = \mathrm{i}^{-|\alpha|}\partial_x^\alpha,\quad D_\xi^\alpha = \mathrm{i}^{-|\alpha|}\partial_\xi^\alpha.$$

Fourier 变换的性质:

(1) 线性运算, 即对于任意复数 α_1, α_2 与 $f_1, f_2 \in \mathscr{S}(\mathbb{R}^n)$, 成立

$$F[\alpha_1 f_1 + \alpha_2 f_2] = \alpha_1 F[f_1] + \alpha_2 F[f_2].$$

(2) 微分运算, 即对任意 $f \in \mathscr{S}(\mathbb{R}^n)$, 成立

$$F[D_j f](\xi) = \xi_j F[f](\xi);\quad F[x_j f](\xi) = -D_j F[f](\xi).$$

事实上,

$$\begin{aligned} F[D_j f](\xi) &= \int_{\mathbb{R}^n} \frac{1}{\mathrm{i}}(\partial_{x_j} f(x))\mathrm{e}^{-\mathrm{i}x\cdot\xi}\mathrm{d}x = -\int_{\mathbb{R}^n} \frac{1}{\mathrm{i}} f(x)\partial_{x_j}\mathrm{e}^{-\mathrm{i}x\cdot\xi}\mathrm{d}x \\ &= -\int_{\mathbb{R}^n} \frac{1}{\mathrm{i}} f(x)(-\mathrm{i}\xi_j)\mathrm{e}^{-\mathrm{i}x\cdot\xi}\mathrm{d}x = \xi_j \int_{\mathbb{R}^n} f(x)\mathrm{e}^{-\mathrm{i}x\cdot\xi}\mathrm{d}x = \xi_j F[f](\xi), \end{aligned}$$

以及

$$F[x_j f](\xi)=\int_{\mathbb{R}^n} x_j f(x)\mathrm{e}^{-\mathrm{i}x\cdot\xi}\mathrm{d}x=\int_{\mathbb{R}^n} f(x)\left(-\frac{1}{\mathrm{i}}\partial_{\xi_j}\mathrm{e}^{-\mathrm{i}x\cdot\xi}\right)\mathrm{d}x$$
$$=-D_{\xi_j}\int_{\mathbb{R}^n} f(x)\mathrm{e}^{-\mathrm{i}x\cdot\xi}\mathrm{d}x=-D_{\xi_j}F[f](\xi).$$

类似地, 对任意多重指标 α, 成立

$$F[D^\alpha f](\xi)=\xi^\alpha F[f](\xi);\quad F[x^\alpha f](\xi)=(-1)^{|\alpha|}D^\alpha F[f](\xi).$$

(3) 卷积运算, 即对任意 $f,g\in\mathscr{S}(\mathbb{R}^n)$, 成立

$$F[f*g]=F[f]F[g] \tag{2.3.1}$$

和

$$F[fg]=(2\pi)^{-n}F[f]*F[g]. \tag{2.3.2}$$

前面已经证明: 对任意的 $f,g\in\mathscr{S}(\mathbb{R}^n)$, 成立 $f*g, fg\in\mathscr{S}(\mathbb{R}^n)$. 从而

$$\begin{aligned}F[f*g](\xi)&=\int_{\mathbb{R}^n}(f*g)(x)\mathrm{e}^{-\mathrm{i}x\cdot\xi}\mathrm{d}x\\&=\int_{\mathbb{R}^n}\left(\int_{\mathbb{R}^n}f(x-y)g(y)\mathrm{d}y\right)\mathrm{e}^{-\mathrm{i}x\cdot\xi}\mathrm{d}x\\&=\int_{\mathbb{R}^n}\left(\int_{\mathbb{R}^n}f(x-y)\mathrm{e}^{-\mathrm{i}x\cdot\xi}\mathrm{d}x\right)g(y)\mathrm{d}y\\&=\int_{\mathbb{R}^n}\left(\int_{\mathbb{R}^n}f(x)\mathrm{e}^{-\mathrm{i}(x+y)\cdot\xi}\mathrm{d}x\right)g(y)\mathrm{d}y\\&=\int_{\mathbb{R}^n}\left(\int_{\mathbb{R}^n}f(x)\mathrm{e}^{-\mathrm{i}x\cdot\xi}\mathrm{d}x\right)g(y)\mathrm{e}^{-\mathrm{i}y\cdot\xi}\mathrm{d}y\\&=F[f]F[g],\end{aligned}$$

即式 (2.3.1) 成立. 类似地, 可以证明:

$$F^{-1}[f*g]=(2\pi)^nF^{-1}[f]F^{-1}[g]. \tag{2.3.3}$$

由下述定理知: $F[f]\in\mathscr{S}(\mathbb{R}^n)$, $\forall f\in\mathscr{S}(\mathbb{R}^n)$. 利用式 (2.3.1), (2.3.3) 以及下面的注 1, 可得

$$F^{-1}[F[f]*F[g]]=(2\pi)^nF^{-1}[F[f]]F^{-1}[F[g]]=(2\pi)^nfg.$$

说明 $F[fg]=(2\pi)^{-n}F[f]*F[g]$. 此即为式 (2.3.2).

定理 2.3.2 Fourier 变换 F (逆变换 F^{-1})：$\mathscr{S}(\mathbb{R}^n) \longrightarrow \mathscr{S}(\mathbb{R}^n)$ 是线性连续映照.

证明 首先证明: 对任意的函数 $f \in \mathscr{S}(\mathbb{R}^n)$, 成立 $F[f] \in \mathscr{S}(\mathbb{R}^n)$. 事实上, 对任意的重指标 α, p, 利用 Fourier 变换的微分运算性质, 可得

$$\begin{aligned}(-1)^{|p|}\xi^\alpha D_\xi^p F[f](\xi) &= \xi^\alpha F[x^p f](\xi) = F[D^\alpha(x^p f)](\xi) \\ &= \int_{\mathbb{R}^n} D_x^\alpha(x^p f(x))\mathrm{e}^{-\mathrm{i}x\cdot\xi}\mathrm{d}x. \end{aligned} \tag{2.3.4}$$

由于 $f \in \mathscr{S}(\mathbb{R}^n)$ 及 $x^\alpha f \in \mathscr{S}(\mathbb{R}^n)$, 对任意正整数 k, 可知 $(1+|x|^2)^{k+n}|D_x^\alpha(x^p f(x))|$ 在 $\mathbb{R}^n$ 中有界. 因此, 对任意正整数 $k > n$, 利用式 (2.3.4), 可得

$$\begin{aligned}|\xi^\alpha D_\xi^p F[f](\xi)| &\leqslant \int_{\mathbb{R}^n} |D_x^\alpha(x^p f(x))|\mathrm{d}x \\ &= \int_{\mathbb{R}^n} (1+|x|^2)^{-k-n}(1+|x|^2)^{k+n}|D_x^\alpha(x^p f(x))|\mathrm{d}x \\ &\leqslant C \sup_{x\in\mathbb{R}^n}[(1+|x|^2)^{k+n}|D_x^\alpha(x^p f(x))|]. \end{aligned} \tag{2.3.5}$$

说明 $F[f] \in \mathscr{S}(\mathbb{R}^n)$. 假定 $f_N \longrightarrow 0$ ($\mathscr{S}(\mathbb{R}^n)$). 显然成立 $x^p f_N \longrightarrow 0$ ($\mathscr{S}(\mathbb{R}^n)$). 利用式 (2.3.5), 可知 $F[f_N] \longrightarrow 0$ ($\mathscr{S}(\mathbb{R}^n)$). 说明 Fourier 变换 F : $\mathscr{S}(\mathbb{R}^n) \longrightarrow \mathscr{S}(\mathbb{R}^n)$ 是线性连续映照. 同理, Fourier 逆变换 F^{-1} : $\mathscr{S}(\mathbb{R}^n) \longrightarrow \mathscr{S}(\mathbb{R}^n)$ 也是线性连续映照. □

下面计算一个重要的 Fourier 变换的例子, 它在很多数学分支领域中被广泛使用.

例 1 设 $f(x) = \mathrm{e}^{-a|x|^2}$, $a > 0$, 则

$$F[f](\xi) = \left(\frac{\pi}{a}\right)^{\frac{n}{2}} \mathrm{e}^{-\frac{|\xi|^2}{4a}}, \quad F^{-1}[f](\xi) = (4\pi a)^{-\frac{n}{2}}\mathrm{e}^{-\frac{|\xi|^2}{4a}}.$$

特别地,

$$F[\mathrm{e}^{-\frac{1}{2}|x|^2}](\xi) = F^{-1}[\mathrm{e}^{-\frac{1}{2}|x|^2}](\xi) = (2\pi)^{\frac{n}{2}}\mathrm{e}^{-\frac{1}{2}|\xi|^2}.$$

证明 显然, 对于 $a > 0$, $f \in \mathscr{S}(\mathbb{R}^n)$. 因此, 利用复变函数论中的 Cauchy 积分定理知,

$$\begin{aligned}F[f](x) &= \int_{\mathbb{R}^n} \mathrm{e}^{-a|y|^2}\mathrm{e}^{-\mathrm{i}x\cdot y}\mathrm{d}y \\ &= \mathrm{e}^{-\frac{|x|^2}{4a}} \int_{\mathbb{R}^n} \mathrm{e}^{-a(y+\frac{\mathrm{i}x}{2a})\cdot(y+\frac{\mathrm{i}x}{2a})}\mathrm{d}y \\ &= \mathrm{e}^{-\frac{|x|^2}{4a}} \int_{\mathbb{R}^n} \mathrm{e}^{-a|y|^2}\mathrm{d}y \end{aligned}$$

$$
\begin{aligned}
&= a^{-\frac{n}{2}} e^{-\frac{|x|^2}{4a}} \int_{\mathbb{R}^n} e^{-|y|^2} dy \\
&= \left(\frac{\pi}{a}\right)^{\frac{n}{2}} e^{-\frac{|x|^2}{4a}},
\end{aligned}
$$

以及

$$
\begin{aligned}
F^{-1}[f](x) &= (2\pi)^{-n} \int_{\mathbb{R}^n} e^{-a|y|^2} e^{ix\cdot y} dy \\
&= (2\pi)^{-n} e^{-\frac{|x|^2}{4a}} \int_{\mathbb{R}^n} e^{-a(y-\frac{ix}{2a})\cdot(y-\frac{ix}{2a})} dy \\
&= (2\pi)^{-n} e^{-\frac{|x|^2}{4a}} \int_{\mathbb{R}^n} e^{-a|y|^2} dy \\
&= (2\pi)^{-n} a^{-\frac{n}{2}} e^{-\frac{|x|^2}{4a}} \int_{\mathbb{R}^n} e^{-|y|^2} dy \\
&= (4\pi a)^{\frac{n}{2}} e^{-\frac{|x|^2}{4a}}.
\end{aligned}
$$

这里用到: $\int_{\mathbb{R}^n} e^{-|y|^2} dy = \pi^{\frac{n}{2}}$. □

注 1 利用下面式 (2.3.6) 和例 1, 可以验证: 对任意的 $f \in \mathscr{S}(\mathbb{R}^n)$, 成立 $F^{-1}[F[f]] = f$. 事实上, 对于 $h \in \mathbb{R}^n$, 记 τ_h 为平移算子, 即 $(\tau_h g)(x) = g(x+h)$. 从而, 对任意的 $f \in \mathscr{S}(\mathbb{R}^n)$, 成立

$$
\begin{aligned}
F[\tau_h f](\xi) &= \int_{\mathbb{R}^n} e^{-ix\cdot\xi} [\tau_h f](x) dx \\
&= \int_{\mathbb{R}^n} e^{-ix\cdot\xi} f(x+h) dx \\
&= e^{ih\cdot\xi} \int_{\mathbb{R}^n} e^{-iy\cdot\xi} f(y) dy \\
&= e^{ih\cdot\xi} F[f](\xi).
\end{aligned}
$$

因此, 利用例 1 及下面的式 (2.3.6), 对任意的 $\varepsilon > 0$ 及 $f \in \mathscr{S}(\mathbb{R}^n)$, 可得

$$
\begin{aligned}
&(2\pi)^{-n} \int_{\mathbb{R}^n} e^{ix\cdot\xi} F[f](\xi) e^{-\frac{\varepsilon|\xi|^2}{2}} d\xi \\
&= (2\pi)^{-n} \int_{\mathbb{R}^n} F[\tau_x f](\xi) e^{-\frac{\varepsilon|\xi|^2}{2}} d\xi \\
&= (2\pi)^{-n} \int_{\mathbb{R}^n} \tau_x f(y) F\left[e^{-\frac{\varepsilon|\xi|^2}{2}}\right](y) dy \\
&= (2\pi)^{-n} \int_{\mathbb{R}^n} f(x+y) \left(\frac{2\pi}{\varepsilon}\right)^{\frac{n}{2}} e^{-\frac{|y|^2}{2\varepsilon}} dy \\
&= (2\pi\varepsilon)^{-\frac{n}{2}} \int_{\mathbb{R}^n} f(x+y) e^{-\frac{|y|^2}{2\varepsilon}} dy.
\end{aligned}
$$

注意到 $F[f] \in L^1(\mathbb{R}^n)$. 再利用 Lebesgue 控制收敛定理, 可得

$$\begin{aligned}
F^{-1}[F[f]](x) &= (2\pi)^{-n}\int_{\mathbb{R}^n} e^{ix\cdot\xi}F[f](\xi)d\xi \\
&= \lim_{\varepsilon\to 0}(2\pi)^{-n}\int_{\mathbb{R}^n} e^{ix\cdot\xi}F[f](\xi)e^{-\frac{\varepsilon|\xi|^2}{2}}d\xi \\
&= \lim_{\varepsilon\to 0}(2\pi\varepsilon)^{-\frac{n}{2}}\int_{\mathbb{R}^n} f(x+y)e^{-\frac{|y|^2}{2\varepsilon}}dy \\
&= \lim_{\varepsilon\to 0}(2\pi)^{-\frac{n}{2}}\int_{\mathbb{R}^n} f(x+\sqrt{\varepsilon}z)e^{-\frac{|z|^2}{2}}dz \\
&= \lim_{\varepsilon\to 0}(2\pi)^{-\frac{n}{2}}\int_{\mathbb{R}^n} [f(x+\sqrt{\varepsilon}z)-f(x)]e^{-\frac{|z|^2}{2}}dz \\
&\quad +f(x)(2\pi)^{-\frac{n}{2}}\int_{\mathbb{R}^n} e^{-\frac{|z|^2}{2}}dz \\
&= (2\pi)^{-\frac{n}{2}}\lim_{\varepsilon\to 0}\int_0^1\int_{\mathbb{R}^n}\sqrt{\varepsilon}z\cdot\nabla f(x+\sqrt{\varepsilon}sz)e^{-\frac{|z|^2}{2}}dzds \\
&\quad +f(x)\pi^{-\frac{n}{2}}\int_{\mathbb{R}^n} e^{-|z|^2}dz \\
&= f(x).
\end{aligned}$$

这里用到两个结果: $\int_{\mathbb{R}^n} e^{-|z|^2}dz = \pi^{\frac{n}{2}}$ 以及对任意的 $f \in \mathscr{S}(\mathbb{R}^n)$,

$$\begin{aligned}
&\lim_{\varepsilon\to 0}\left|\int_0^1\int_{\mathbb{R}^n}\sqrt{\varepsilon}z\cdot\nabla f(x+\sqrt{\varepsilon}sz)e^{-\frac{|z|^2}{2}}dzds\right| \\
\leqslant &\lim_{\varepsilon\to 0}\sqrt{\varepsilon}\sup_{y\in\mathbb{R}^n}|\nabla f(y)|\int_{\mathbb{R}^n}|z|e^{-\frac{|z|^2}{2}}dz = 0.
\end{aligned}$$

□

同样的方法可以证明: $F[F^{-1}[f]] = f,\ \forall f \in \mathscr{S}(\mathbb{R}^n)$.

注 2 利用定理 2.3.2, 并结合注 1 的结论, 可知: Fourier 变换 F (逆变换 F^{-1}) : $\mathscr{S}(\mathbb{R}^n) \longrightarrow \mathscr{S}(\mathbb{R}^n)$ 是同构映照.

定理 2.3.3 关于 Fourier 变换, 成立 Parseval 等式:

$$\int_{\mathbb{R}^n} f(x)\overline{g}(x)dx = (2\pi)^{-n}\int_{\mathbb{R}^n} F[f](x)\overline{F[g]}(x)dx, \quad \forall\, f,g \in \mathscr{S}(\mathbb{R}^n).$$

特别地, 当 $f = g$ 时, 成立: $\|f\|_{L^2(\mathbb{R}^n)} = (2\pi)^{-\frac{n}{2}}\|F[f]\|_{L^2(\mathbb{R}^n)}$.

证明 首先验证: 对任意的 $f, g \in \mathscr{S}(\mathbb{R}^n)$, 成立

$$\int_{\mathbb{R}^n} F[f](x)g(x)dx = \int_{\mathbb{R}^n} f(x)F[g](x)dx. \tag{2.3.6}$$

事实上, 利用 Fubini 定理, 可得

$$\begin{aligned}\int_{\mathbb{R}^n} F[f](x)g(x)\mathrm{d}x &= \int_{\mathbb{R}^n}\left(\int_{\mathbb{R}^n} f(y)\mathrm{e}^{-\mathrm{i}x\cdot y}\mathrm{d}y\right)g(x)\mathrm{d}x\\ &= \int_{\mathbb{R}^n}\left(\int_{\mathbb{R}^n} g(x)\mathrm{e}^{-\mathrm{i}x\cdot y}\mathrm{d}x\right)f(y)\mathrm{d}y\\ &= \int_{\mathbb{R}^n} f(y)F[g](y)\mathrm{d}y.\end{aligned}$$

此即为式 (2.3.6). 另外, 对任意的 $h\in\mathscr{S}(\mathbb{R}^n)$, 成立

$$F[h](\xi)=\int_{\mathbb{R}^n} h(x)\mathrm{e}^{-\mathrm{i}x\cdot\xi}\mathrm{d}x=\overline{\int_{\mathbb{R}^n}\overline{h(x)}\mathrm{e}^{\mathrm{i}x\cdot\xi}\mathrm{d}x}=(2\pi)^n\overline{F^{-1}[\overline{h}]}(\xi). \tag{2.3.7}$$

因此, 利用式 (2.3.6) 和 (2.3.7), 可得

$$\begin{aligned}\int_{\mathbb{R}^n} F[f](x)\overline{F[g]}(x)\mathrm{d}x &= \int_{\mathbb{R}^n} f(x)F[\overline{F[g]}](x)\mathrm{d}x\\ &=(2\pi)^n\int_{\mathbb{R}^n} f(x)\overline{F^{-1}[\overline{\overline{F[g]}}]}(x)\mathrm{d}x\\ &=(2\pi)^n\int_{\mathbb{R}^n} f(x)\overline{F^{-1}[F[g]]}(x)\mathrm{d}x\\ &=(2\pi)^n\int_{\mathbb{R}^n} f(x)\overline{g}(x)\mathrm{d}x.\end{aligned}$$

□

上述证明过程中用到注 1 中的结论: $F^{-1}[F[f]]=F[F^{-1}[f]]=f,\ \forall f\in\mathscr{S}(\mathbb{R}^n)$.

2.3.2 $L^1(\mathbb{R}^n)$ 空间上的 Fourier 变换

本节简单介绍在 $L^1(\mathbb{R}^n)$ 空间上的 Fourier 变换 (其定义与在 $\mathscr{S}(\mathbb{R}^n)$ 空间上的定义类似) 的一些性质.

定理 2.3.4 假定 $f\in L^1(\mathbb{R}^n)$, 则 $F[f]$ 在 $\mathbb{R}^n$ 上是一致连续的.

证明 根据等式

$$\begin{aligned}F[f](x+h)-F[f](x) &= \int_{\mathbb{R}^n}[\mathrm{e}^{-\mathrm{i}(x+h)\cdot y}-\mathrm{e}^{-\mathrm{i}x\cdot y}]f(y)\mathrm{d}y\\ &= \int_{\mathbb{R}^n}[\mathrm{e}^{-\mathrm{i}h\cdot y}-1]\mathrm{e}^{-\mathrm{i}x\cdot y}f(y)\mathrm{d}y,\end{aligned}$$

可知

$$\begin{aligned}\sup_{x\in\mathbb{R}^n}|F[f](x+h)-F[f](x)| &\leqslant \int_{\mathbb{R}^n}|\mathrm{e}^{-\mathrm{i}h\cdot y}-1||f(y)|\mathrm{d}y\\ &\leqslant \int_{|y|\leqslant r}|\mathrm{e}^{-\mathrm{i}h\cdot y}-1||f(y)|\mathrm{d}y+2\int_{|y|>r}|f(y)|\mathrm{d}y.\end{aligned}$$

因此对任意的 $\varepsilon > 0$, 存在充分大的 $r > 0$, 使得 $2\int_{|y|>r}|f(y)|\mathrm{d}y < \varepsilon$. 另外,

$$\mathrm{e}^{-\mathrm{i}h\cdot y} - 1 = \int_0^1 \frac{\mathrm{d}}{\mathrm{d}s}\mathrm{e}^{-\mathrm{i}sh\cdot y}\mathrm{d}s = -\mathrm{i}h\cdot y\int_0^1 \mathrm{e}^{-\mathrm{i}sh\cdot y}\mathrm{d}s.$$

因此, 对于给定的 $r > 0$, 成立

$$\sup_{|y|\leqslant r}|\mathrm{e}^{-\mathrm{i}h\cdot y} - 1| = \sup_{|y|\leqslant r}\left[\left|-\mathrm{i}h\cdot y\int_0^1 \mathrm{e}^{-\mathrm{i}sh\cdot y}\mathrm{d}s\right|\right] \leqslant \sup_{|y|\leqslant r}\left[|h||y|\int_0^1 |\mathrm{e}^{-\mathrm{i}sh\cdot y}|\mathrm{d}s\right] \leqslant r|h|,$$

进而可得

$$\lim_{|h|\to 0}\sup_{|y|\leqslant r}|\mathrm{e}^{-\mathrm{i}h\cdot y} - 1| = 0.$$

因此

$$\lim_{|h|\to 0}\int_{|y|\leqslant r}|\mathrm{e}^{-\mathrm{i}h\cdot y} - 1||f(y)|\mathrm{d}y \leqslant \lim_{|h|\to 0}\sup_{|y|\leqslant r}|\mathrm{e}^{-\mathrm{i}h\cdot y} - 1|\int_{\mathbb{R}^n}|f(y)|\mathrm{d}y = 0.$$

从而成立

$$\lim_{|h|\to 0}\sup_{x\in\mathbb{R}^n}|F[f](x+h) - F[f](x)| \leqslant \varepsilon.$$

由于 $\varepsilon > 0$ 是任意的, 故可得

$$\lim_{|h|\to 0}\sup_{x\in\mathbb{R}^n}|F[f](x+h) - F[f](x)| = 0.$$

说明 $F[f]$ 在 $\mathbb{R}^n$ 上是一致连续的. □

定理 2.3.5　假定 $f \in L^1(\mathbb{R}^n)$, 则 $\lim\limits_{|x|\to\infty} F[f](x) = 0$.

证明　第一步. 当 $n = 1$ 时, 令 $f(x) = \chi_{(a,b)}(x)$, $-\infty < a < b < \infty$, 则

$$F[f](x) = \int_{-\infty}^{\infty}\mathrm{e}^{-\mathrm{i}x\xi}\chi_{(a,b)}(\xi)\mathrm{d}\xi = \int_a^b \mathrm{e}^{-\mathrm{i}x\xi}\mathrm{d}\xi = \frac{1}{\mathrm{i}x}[\mathrm{e}^{-\mathrm{i}ax} - \mathrm{e}^{-\mathrm{i}bx}].$$

从而成立 $\lim\limits_{|x|\to\infty} F[f](x) = 0$. 假如 $f(x)$ 有如下形式

$$f(x) = f_1(x_1)f_2(x_2)\cdots f_n(x_n),\quad x = (x_1, x_2, \cdots, x_n),$$

则

$$F[f](x) = F[f_1](x_1)F[f_2](x_2)\cdots F[f_n](x_n).$$

由此可知, 当 $f(x)$ 为 $\mathbb{R}^n$ 中的长方体

$$I = \{x \in \mathbb{R}^n | -\infty < a_j < x_j < b_j < \infty,\ j = 1, 2, \cdots, n\}$$

上的特征函数时, 必有 $\lim\limits_{|x|\to\infty} F[f](x)=0$. 进一步, 若 $f(x)$ 为阶梯函数 ($\chi_I(x)$ 的线性组合) 时, 成立 $\lim\limits_{|x|\to\infty} F[f](x)=0$.

第二步. 假定 $f\in L^1(\mathbb{R}^n)$, 对任意的 $\varepsilon>0$, 存在阶梯函数 $\chi(x)$, 使得

$$\|f-\chi\|_{L^1(\mathbb{R}^n)}<\frac{\varepsilon}{2}.$$

由于 $F[f]=F[f-\chi]+F[\chi]$, 故当 $|x|$ 充分大时有

$$|F[f](x)|\leqslant|F[f-\chi](x)|+|F[\chi](x)|\leqslant\|f-\chi\|_{L^1(\mathbb{R}^n)}+|F[\chi](x)|<\varepsilon. \qquad \square$$

定理 2.3.6 (乘法公式) 假定 $f,g\in L^1(\mathbb{R}^n)$, 则

$$\int_{\mathbb{R}^n}F[f](x)g(x)\mathrm{d}x=\int_{\mathbb{R}^n}f(x)F[g](x)\mathrm{d}x.$$

证明 对任意的 $f,g\in L^1(\mathbb{R}^n)$, 利用 Fourier 变换的定义, 成立

$$\sup_{x\in\mathbb{R}^n}[|F[f](x)|+|F[g](x)|]\leqslant\|f\|_{L^1(\mathbb{R}^n)}+\|g\|_{L^1(\mathbb{R}^n)}.$$

从而, 积分 $\int_{\mathbb{R}^n}F[f](x)g(x)\mathrm{d}x$, $\int_{\mathbb{R}^n}f(x)F[g](x)$ 是有意义的. 利用 Fubini 定理, 可得

$$\begin{aligned}\int_{\mathbb{R}^n}F[f](x)g(x)\mathrm{d}x&=\int_{\mathbb{R}^n}\left(\int_{\mathbb{R}^n}\mathrm{e}^{-\mathrm{i}x\cdot y}f(y)\mathrm{d}y\right)g(x)\mathrm{d}x\\&=\int_{\mathbb{R}^n}\left(\int_{\mathbb{R}^n}\mathrm{e}^{-\mathrm{i}x\cdot y}g(x)\mathrm{d}x\right)f(y)\mathrm{d}y\\&=\int_{\mathbb{R}^n}f(x)F[g](x)\mathrm{d}x.\end{aligned} \qquad \square$$

Fourier 变换理论的核心问题之一是它的反演变换, 下面在比 $\mathscr{S}(\mathbb{R}^n)$ 更大的 $L^1(\mathbb{R}^n)$ 空间中考虑 Fourier 变换的可逆性质, 其结论表明: Fourier 逆变换确实是 Fourier 变换之逆.

定理 2.3.7 假定 f, $F[f]$, $F^{-1}[f]\in L^1(\mathbb{R}^n)$, 则成立

$$F^{-1}[F[f]]=f \quad 及 \quad F[F^{-1}f]=f.$$

证明 给定 $t>0$, 令

$$\varphi(\xi)=\mathrm{e}^{\mathrm{i}x\cdot\xi}\mathrm{e}^{-\pi t|\xi|^2},\quad \xi,\ x\in\mathbb{R}^n.$$

令

$$g(x)=\mathrm{e}^{-\frac{|x|^2}{4\pi}},\quad g_t(x)=t^{-\frac{n}{2}}g\left(\frac{x}{\sqrt{t}}\right).$$

利用 Fourier 变换的定义和例 1, 可知

$$F[\varphi](y)=\int_{\mathbb{R}^n}\mathrm{e}^{-\mathrm{i}y\cdot\xi}\varphi(\xi)\mathrm{d}\xi=\int_{\mathbb{R}^n}\mathrm{e}^{-\mathrm{i}(y-x)\cdot\xi}\mathrm{e}^{-\pi t|\xi|^2}\mathrm{d}\xi=t^{-\frac{n}{2}}\mathrm{e}^{-\frac{|x-y|^2}{4\pi t}}=g_t(x-y),$$

从而由定理 2.3.6 中的乘法公式得到

$$\begin{aligned}\int_{\mathbb{R}^n}\mathrm{e}^{\mathrm{i}x\cdot\xi}\mathrm{e}^{-\pi t|\xi|^2}F[f](\xi)\mathrm{d}\xi&=\int_{\mathbb{R}^n}\varphi(\xi)F[f](\xi)\mathrm{d}\xi=\int_{\mathbb{R}^n}F[\varphi](y)f(y)\mathrm{d}y\\&=\int_{\mathbb{R}^n}g_t(x-y)f(y)\mathrm{d}y=g_t*f(x).\end{aligned}$$

由于 $\displaystyle\int_{\mathbb{R}^n}\mathrm{e}^{-|y|^2}\mathrm{d}y=\pi^{\frac{n}{2}}$. 从而对任意 $t>0$, 可知

$$\begin{aligned}\int_{\mathbb{R}^n}g_t(x)\mathrm{d}x&=t^{-\frac{n}{2}}\int_{\mathbb{R}^n}g\left(\frac{x}{\sqrt{t}}\right)\mathrm{d}x=\int_{\mathbb{R}^n}g(x)\mathrm{d}x\\&=\int_{\mathbb{R}^n}\mathrm{e}^{-\frac{|x|^2}{4\pi}}\mathrm{d}x=(2\sqrt{\pi})^n\int_{\mathbb{R}^n}\mathrm{e}^{-|y|^2}\mathrm{d}y=(2\pi)^n.\end{aligned}$$

注意 $g_t*f(x)\in C^\infty(\mathbb{R}^n)$, 因为这里 g_t 的角色相当于前面介绍的磨光核 α_ε. 利用前面介绍的磨光算子的性质可知

$$\lim_{t\to0}\|(2\pi)^{-n}g_t*f-f\|_{L^1(\mathbb{R}^n)}=0.$$

因此, 对几乎处处的 $x\in\mathbb{R}^n$, 可得 (必要时抽取一串子列)

$$\lim_{t\to0}[g_t*f-(2\pi)^nf](x)=0.$$

另外, 利用假设条件 $F[f]\in L^1(\mathbb{R}^n)$. 并再次利用 Lebesgue 控制收敛定理 (取控制函数 $|F[f]|\in L^1(\mathbb{R}^n)$), 对几乎处处的 $x\in\mathbb{R}^n$, 可得

$$\begin{aligned}\lim_{t\to0}(g_t*f)(x)&=\lim_{t\to0}\int_{\mathbb{R}^n}\mathrm{e}^{\mathrm{i}x\cdot\xi}\mathrm{e}^{-\pi t|\xi|^2}F[f](\xi)\mathrm{d}\xi\\&=\int_{\mathbb{R}^n}\mathrm{e}^{\mathrm{i}x\cdot\xi}F[f](\xi)\mathrm{d}\xi\\&=(2\pi)^nF^{-1}[F[f]](x).\end{aligned}$$

这就说明

$$F^{-1}[F[f]](x)=f(x),\quad \text{a.e. } x\in\mathbb{R}^n.$$

同理有

$$F[F^{-1}f](x)=f(x),\quad \text{a.e. } x\in\mathbb{R}^n.$$

□

注 1 需要指出的是, 根据定理 2.3.4、定理 2.3.5、定理 2.3.7、若 $f, F[f] \in L^1(\mathbb{R}^n)$, 则 $f(x) = F^{-1}[F[f]](x)$ 是一致连续的且

$$\lim_{|x|\to\infty} f(x) = \lim_{|x|\to\infty} F^{-1}[F[f]](x) = 0.$$

因此, 改变一个零测度集后, $f(x)$ 就成为一个连续函数, 且使得对一切 $x \in \mathbb{R}^n$, 有

$$F^{-1}[F[f]](x) = f(x).$$

若 $f \in L^1(\mathbb{R}^n)$ 且 $F[f] = 0$, 则 $f(x) = 0$, a.e. $x \in \mathbb{R}^n$. 进一步, $f(x) = 0, \forall x \in \mathbb{R}^n$.

注 2 对任意的 $f \in L^p(\mathbb{R}^n)$, $1 \leqslant p \leqslant 2$. 记 $\dfrac{1}{p} + \dfrac{1}{p'} = 1$, 则成立 (参见文献 [17])

$$\|F[f]\|_{L^{p'}(\mathbb{R}^n)} \leqslant (2\pi)^{\frac{n}{p'}} \|f\|_{L^p(\mathbb{R}^n)}.$$

还可以进一步探讨在 $L^p(\mathbb{R}^n)$ $(1 < p < \infty)$ 空间上 Fourier 变换的相关性质, 这里略去. 本小节最后给出一个重要的例子.

例 2 设 $f(x) = \mathrm{e}^{-a|x|}$, $a > 0$, 则 $f \in L^1(\mathbb{R}^n)$, 并且

$$F[f](\xi) = \pi^{\frac{n-1}{2}} \Gamma\left(\frac{n+1}{2}\right) \left(\frac{2}{a}\right)^n \left(1 + \frac{|\xi|^2}{a^2}\right)^{-\frac{n+1}{2}}.$$

证明 $f \in L^1(\mathbb{R}^n)$ 是显然的. 下面证明第二部分. 首先, 利用例 1 和下述公式

$$\mathrm{e}^{-s} = \frac{2}{\pi} \int_0^\infty \frac{\cos sx}{1+x^2} \mathrm{d}x, \quad s > 0,$$

可得表示 e^{-s} 的另一积分公式如下

$$\begin{aligned}
\mathrm{e}^{-s} &= \frac{2}{\pi} \int_0^\infty \cos sx \left(\int_0^\infty \mathrm{e}^{-(1+x^2)t} \mathrm{d}t \right) \mathrm{d}x \\
&= \frac{2}{\pi} \int_0^\infty \mathrm{e}^{-t} \left(\int_0^\infty (\cos sx) \mathrm{e}^{-x^2 t} \mathrm{d}x \right) \mathrm{d}t \\
&= \frac{1}{\pi} \int_0^\infty \mathrm{e}^{-t} \left(\int_{-\infty}^\infty \mathrm{e}^{-\mathrm{i}sx} \mathrm{e}^{-x^2 t} \mathrm{d}x \right) \mathrm{d}t \\
&= \frac{1}{\pi} \int_0^\infty \mathrm{e}^{-t} F[\mathrm{e}^{-x^2 t}](s) \mathrm{d}t \\
&= \frac{1}{\pi} \int_0^\infty \mathrm{e}^{-t} \left(\frac{\pi}{t}\right)^{\frac{1}{2}} \mathrm{e}^{-\frac{s^2}{4t}} \mathrm{d}t \\
&= \frac{1}{\sqrt{\pi}} \int_0^\infty t^{-\frac{1}{2}} \mathrm{e}^{-t} \mathrm{e}^{-\frac{s^2}{4t}} \mathrm{d}t.
\end{aligned}$$

其次, 应用上述所得 e^{-s} 的积分公式, 可知

$$
\begin{aligned}
F[f](x) &= \int_{\mathbb{R}^n} \mathrm{e}^{-a|y|}\mathrm{e}^{-\mathrm{i}x\cdot y}\mathrm{d}y \\
&= \int_{\mathbb{R}^n} \left(\frac{1}{\sqrt{\pi}}\int_0^\infty t^{-\frac{1}{2}}\mathrm{e}^{-t}\mathrm{e}^{-\frac{a^2|y|^2}{4t}}\mathrm{d}t\right)\mathrm{e}^{-\mathrm{i}x\cdot y}\mathrm{d}y \\
&= \frac{1}{\sqrt{\pi}}\int_0^\infty t^{-\frac{1}{2}}\mathrm{e}^{-t}\left(\int_{\mathbb{R}^n}\mathrm{e}^{-\frac{a^2|y|^2}{4t}}\mathrm{e}^{-\mathrm{i}x\cdot y}\right)\mathrm{d}y\mathrm{d}t \\
&= \frac{1}{\sqrt{\pi}}\int_0^\infty t^{-\frac{1}{2}}\mathrm{e}^{-t}\left(\mathrm{e}^{-\frac{t|x|^2}{a^2}}\left(\frac{2\sqrt{t}}{a}\right)^n\int_{\mathbb{R}^n}\mathrm{e}^{-|z|^2}\mathrm{d}z\right)\mathrm{d}t \\
&= \pi^{\frac{n-1}{2}}\left(\frac{2}{a}\right)^n\int_0^\infty t^{\frac{n-1}{2}}\mathrm{e}^{-t\left(1+\frac{|x|^2}{a^2}\right)}\mathrm{d}t \\
&= \pi^{\frac{n-1}{2}}\left(\frac{2}{a}\right)^n\left(1+\frac{|x|^2}{a^2}\right)^{-\frac{n+1}{2}}\int_0^\infty s^{\frac{n+1}{2}-1}\mathrm{e}^{-s}\mathrm{d}s \\
&= \pi^{\frac{n-1}{2}}\Gamma\left(\frac{n+1}{2}\right)\left(\frac{2}{a}\right)^n\left(1+\frac{|x|^2}{a^2}\right)^{-\frac{n+1}{2}}.
\end{aligned}
$$

□

2.3.3 $\mathscr{S}'(\mathbb{R}^n)$ 空间上的 Fourier 变换

定义 2.3.8 对于任一 $\mathscr{S}'$ 广义函数 T, 定义它的 Fourier 变换 $F[T]$ 为

$$\langle F[T],\varphi\rangle = \langle T, F[\varphi]\rangle,\quad \forall\, \varphi\in\mathscr{S}(\mathbb{R}^n).$$

根据定理 2.3.2, 若 $\varphi\in\mathscr{S}(\mathbb{R}^n)$, 则 $F[\varphi]\in\mathscr{S}(\mathbb{R}^n)$, 并且如果有函数列 $\varphi_N\in\mathscr{S}(\mathbb{R}^n)$, $\varphi_N\longrightarrow 0\ (\mathscr{S}(\mathbb{R}^n))$, 那么也有 $F[\varphi_N]\longrightarrow 0\ (\mathscr{S}(\mathbb{R}^n))$. 这表明 $F[T]$ 确实是一个 $\mathscr{S}'$ 广义函数, 即 $F[T]\in\mathscr{S}'(\mathbb{R}^n)$.

为说明定义 2.3.8 的合理性, 还需要指出该定义确实是速降函数空间 $\mathscr{S}(\mathbb{R}^n)$ 上的 Fourier 变换的推广. 事实上, 假定 $T\in\mathscr{S}(\mathbb{R}^n)\subset\mathscr{S}'(\mathbb{R}^n)$. 对任意的 $\varphi\in\mathscr{S}(\mathbb{R}^n)$, 根据定义 2.3.8, 并利用 Fubini 定理, 可得

$$
\begin{aligned}
\langle F[T],\varphi\rangle &= \langle T, F[\varphi]\rangle = \int_{\mathbb{R}^n} T(x)F[\varphi](x)\mathrm{d}x \\
&= \int_{\mathbb{R}^n}\left(\int_{\mathbb{R}^n}\mathrm{e}^{-\mathrm{i}x\cdot\xi}\varphi(\xi)\mathrm{d}\xi\right)T(x)\mathrm{d}x \\
&= \int_{\mathbb{R}^n}\left(\int_{\mathbb{R}^n}\mathrm{e}^{-\mathrm{i}x\cdot\xi}T(x)\mathrm{d}x\right)\varphi(\xi)\mathrm{d}\xi \\
&= \left\langle\int_{\mathbb{R}^n}\mathrm{e}^{-\mathrm{i}x\cdot\xi}T(x)\mathrm{d}x, \varphi(\xi)\right\rangle.
\end{aligned}
$$

说明

$$F[T](\xi) = \int_{\mathbb{R}^n}\mathrm{e}^{-\mathrm{i}x\cdot\xi}T(x)\mathrm{d}x.$$

同样地, 可以定义 $\mathscr{S}'$ 广义函数 T 的 Fourier 逆变换 $F^{-1}[T]$ 为

$$\langle F^{-1}[T],\varphi\rangle=\langle T,F^{-1}[\varphi]\rangle,\quad \forall\,\varphi\in\mathscr{S}(\mathbb{R}^n).$$

$\mathscr{S}'$ 广义函数的 Fourier 变换有如下性质:

(1) Fourier 变换是线性变换;

(2) 若 $T\in\mathscr{S}'(\mathbb{R}^n)$, 则 $F^{-1}[F[T]]=T$.

事实上, 对任意的 $\varphi\in\mathscr{S}(\mathbb{R}^n)$,

$$\langle F^{-1}[F[T]],\varphi\rangle=\langle F[T],F^{-1}[\varphi]\rangle=\langle T,F^{-1}[F[\varphi]]\rangle=\langle T,\varphi\rangle.$$

由 φ 的任意性, 可知 $F^{-1}[F[T]]=T$.

(3) $F[D_jT]=\xi_jF[T]$, $F[D^\alpha T]=\xi^\alpha F[T]$, 这里 α 为多重指标.

事实上, 对任意的 $\varphi\in\mathscr{S}(\mathbb{R}^n_\xi)$,

$$\begin{aligned}\langle F[D_jT],\varphi\rangle&=\langle D_jT,F[\varphi]\rangle=-\langle T,D_jF[\varphi]\rangle=-\langle T,-F[\xi_j\varphi]\rangle\\&=\langle F[T],\xi_j\varphi\rangle=\langle\xi_jF[T],\varphi\rangle.\end{aligned}$$

类似地,

$$\begin{aligned}\langle F[D^\alpha T],\varphi\rangle&=\langle D^\alpha T,F[\varphi]\rangle=(-1)^{|\alpha|}\langle T,D^\alpha F[\varphi]\rangle\\&=(-1)^{|\alpha|}\langle T,(-1)^{|\alpha|}F[\xi^\alpha\varphi]\rangle\\&=\langle F[T],\xi^\alpha\varphi\rangle=\langle\xi^\alpha F[T],\varphi\rangle.\end{aligned}$$

说明 $F[D_jT]=\xi_jF[T]$, $F[D^\alpha T]=\xi^\alpha F[T]$.

(4) $F[x_jT]=-D_jF[T]$, $F[x^\alpha T]=(-1)^{|\alpha|}D^\alpha F[T]$, 这里 α 为多重指标.

事实上, 对任意的 $\varphi\in\mathscr{S}(\mathbb{R}^n)$,

$$\begin{aligned}\langle F[x_jT],\varphi\rangle&=\langle x_jT,F[\varphi]\rangle=\langle T,x_jF[\varphi]\rangle\\&=\langle T,F[D_j\varphi]\rangle=\langle F[T],D_j\varphi\rangle=-\langle D_jF[T],\varphi\rangle.\end{aligned}$$

说明 $F[x_jT]=-D_jF[T]$. 同样可证 $F[x^\alpha T]=(-1)^{|\alpha|}D^\alpha F[T]$.

定理 2.3.9 Fourier 变换 $F:\ \mathscr{S}'(\mathbb{R}^n)\longrightarrow\mathscr{S}'(\mathbb{R}^n)$ 是同构对应.

证明 利用定理 2.3.2, 即 Fourier 变换 $F:\mathscr{S}(\mathbb{R}^n)\longrightarrow\mathscr{S}(\mathbb{R}^n)$ 是同构对应, 对任意 $T\in\mathscr{S}'(\mathbb{R}^n)$, 利用广义 Fourier 变换的定义, 可知 $F[T]\in\mathscr{S}'(\mathbb{R}^n)$. 下证 Fourier 变换保持极限收敛关系. 假定 $T_N\in\mathscr{S}'(\mathbb{R}^n)$ 且 $T_N\longrightarrow 0$ $(\mathscr{S}'(\mathbb{R}^n))$, 则对任意的 $\varphi\in\mathscr{S}(\mathbb{R}^n)$, 利用定理 2.3.2, $F[\varphi]\in\mathscr{S}(\mathbb{R}^n)$, 从而

$$\langle F[T_N],\varphi\rangle=\langle T_N,F[\varphi]\rangle\longrightarrow 0.$$

说明 $F[T_N] \longrightarrow 0\ (\mathscr{S}'(\mathbb{R}^n))$. 于是 Fourier 变换 $F:\ \mathscr{S}'(\mathbb{R}^n) \longrightarrow \mathscr{S}'(\mathbb{R}^n)$ 是线性连续映照. 同理, Fourier 逆变换 $F^{-1}:\ \mathscr{S}'(\mathbb{R}^n) \longrightarrow \mathscr{S}'(\mathbb{R}^n)$ 也是线性连续映照且保持极限收敛关系. □

广义函数的 Fourier 变换也将卷积运算转换成乘积运算, 将乘积运算转换成卷积运算, 但是任意两个 $\mathscr{S}'(\mathbb{R}^n)$ 广义函数的卷积或乘积不一定存在, 是需要一定前提条件的.

例 3 假定 $\varphi \in \mathscr{S}(\mathbb{R}^n)$, $T \in \mathscr{S}'(\mathbb{R}^n)$, 则

$$\varphi * T \in C^\infty(\mathbb{R}^n) \cap \mathscr{S}'(\mathbb{R}^n) \quad \text{且} \quad F[\varphi * T] = F[\varphi]F[T].$$

证明 假定 $\varphi_1 \in C_c^\infty(\mathbb{R}^n)$, $S \in \mathcal{D}'(\mathbb{R}^n)$, 在定理 2.2.19 的性质 (6) 中, 已经证明: $(\varphi_1 * S)(x) = \langle S_y, \varphi_1(x-y)\rangle \in C^\infty(\mathbb{R}^n)$. 类似地可证明: 对于 $\varphi \in \mathscr{S}(\mathbb{R}^n)$, $T \in \mathscr{S}'(\mathbb{R}^n)$, 成立 $(\varphi * T)(x) = \langle T_y, \varphi(x-y)\rangle \in C^\infty(\mathbb{R}^n)$. 因此, 对任意 $\psi \in \mathscr{S}(\mathbb{R}^n)$, 利用 Riemann 积分的定义, 可得

$$\begin{aligned}
\langle F[\varphi * T], \psi\rangle &= \langle \varphi * T, F[\psi]\rangle = \langle\langle T_\eta, \varphi(\xi-\eta)\rangle, F[\psi](\xi)\rangle \\
&= \lim_{R\to\infty} \int_{|\xi|<R} \langle T_\eta, \varphi(\xi-\eta)\rangle F[\psi](\xi)\mathrm{d}\xi \\
&= \lim_{R\to\infty} \lim_{\max d(\Delta_j)\to 0} \sum_j \langle T_\eta, \varphi(\xi_j-\eta)F[\psi](\xi_j)\Delta_j\rangle \\
&\qquad (\text{这里} \max d(\Delta_j) \text{表示} \Delta_j \text{的最大直径}) \\
&= \left\langle T_\eta, \lim_{R\to\infty} \lim_{\max d(\Delta_j)\to 0} \sum_j \varphi(\xi_j-\eta)F[\psi](\xi_j)\Delta_j \right\rangle \\
&= \langle T_\eta, \langle \varphi(\xi-\eta), F[\psi](\xi)\rangle\rangle \\
&= \langle T_\eta, \langle \widetilde{\varphi}(\eta-\xi), F[\psi](\xi)\rangle\rangle \quad (\text{这里}\ \widetilde{\varphi}(\eta-\xi) = \varphi(\xi-\eta)) \\
&= \langle T_\eta, \widetilde{\varphi} * F[\psi](\eta)\rangle \\
&= \langle T_\eta, (2\pi)^{-n} F[F[\varphi]] * F[\psi](\eta)\rangle \\
&\qquad (\text{用到性质: } F[F[\varphi]] = (2\pi)^n F[F^{-1}[\widetilde{\varphi}]] = (2\pi)^n \widetilde{\varphi}) \\
&= \langle T_\eta, F[F[\varphi]\psi](\eta)\rangle = \langle F[T], F[\varphi]\psi\rangle = \langle F[\varphi]F[T], \psi\rangle.
\end{aligned}$$

由 $\psi \in \mathscr{S}(\mathbb{R}^n)$ 的任意性, 说明 $F[\varphi * T] = F[\varphi]F[T]$. □

例 4 求函数 $\delta \in \mathscr{S}'(\mathbb{R}^n)$ 的 Fourier 变换和逆变换.

解 对任意 $\varphi \in \mathscr{S}(\mathbb{R}^n)$ 及 $a \in \mathbb{R}^n$, 可得

$$\begin{aligned}\langle F[\delta(\cdot - a)](x), \varphi(x)\rangle &= \langle \delta(x-a), F[\varphi](x)\rangle \\ &= \left\langle \delta(x-a), \int_{\mathbb{R}^n} \mathrm{e}^{-\mathrm{i}x\cdot\xi}\varphi(\xi)\mathrm{d}\xi \right\rangle \\ &= \int_{\mathbb{R}^n} \mathrm{e}^{-\mathrm{i}a\cdot\xi}\varphi(\xi)\mathrm{d}\xi = \langle \mathrm{e}^{-\mathrm{i}a\cdot\xi}, \varphi(\xi)\rangle.\end{aligned}$$

说明 $F[\delta(\cdot - a)](\xi) = \mathrm{e}^{-\mathrm{i}a\cdot\xi}$. 类似地可得 $F^{-1}[\delta(\cdot - a)](\xi) = (2\pi)^{-n}\mathrm{e}^{\mathrm{i}a\cdot\xi}$. 特别地, 取 $a = 0$, 可得 $F[\delta] = 1, F^{-1}[\delta] = (2\pi)^{-n}$. □

例 5 求函数 $x^\alpha \in \mathscr{S}'(\mathbb{R}^n)$ 的 Fourier 变换和逆变换, 其中 α 为多重指标.

解 对任意 $\varphi \in \mathscr{S}(\mathbb{R}^n)$, 利用广义 Fourier 变换的定义和性质, 结合上述关于 δ 的 Fourier 变换结果, 可知

$$\begin{aligned}\langle F[x^\alpha], \varphi\rangle &= \langle x^\alpha \times 1, F[\varphi]\rangle = \langle 1, x^\alpha F[\varphi]\rangle = \langle 1, F[D^\alpha\varphi]\rangle \\ &= \langle F[1], D^\alpha\varphi\rangle = (-1)^{|\alpha|}\langle D^\alpha F[1], \varphi\rangle \\ &= (-1)^{|\alpha|}\langle \mathrm{i}^{-|\alpha|}\partial^\alpha[(2\pi)^n\delta], \varphi\rangle = \mathrm{i}^{|\alpha|}\langle (2\pi)^n\partial^\alpha\delta, \varphi\rangle.\end{aligned}$$

说明 $F[x^\alpha] = \mathrm{i}^{|\alpha|}(2\pi)^n\partial^\alpha\delta$.

同理可证: $F^{-1}[x^\alpha] = \mathrm{i}^{|\alpha|}\partial^\alpha\delta$. □

例 6 求函数 $1 \in \mathscr{S}'(\mathbb{R}^n)$ 的 Fourier 变换和逆变换.

解 对任意 $\varphi \in \mathscr{S}(\mathbb{R}^n)$, 记 $F[\varphi] = \psi$, 则 $\varphi = F^{-1}[\psi]$, 且

$$\begin{aligned}\langle F[1], \varphi\rangle &= \langle 1, F[\varphi]\rangle = \int_{\mathbb{R}^n}\psi(x)\mathrm{d}x = \int_{\mathbb{R}^n}\psi(x)\mathrm{e}^{\mathrm{i}0\cdot x}\mathrm{d}x \\ &= (2\pi)^n F^{-1}[\psi](0) = (2\pi)^n\varphi(0) = \langle (2\pi)^n\delta, \varphi\rangle.\end{aligned}$$

说明 $F[1] = (2\pi)^n\delta$. 类似地可得 $F^{-1}[1] = \delta$. □

例 7 求函数 $\sin(ax)$, $\cos(ax) \in \mathscr{S}'(\mathbb{R}^1)$ 的 Fourier 变换, 这里 $a \in \mathbb{R}^1$.

解 对任意 $\varphi \in \mathscr{S}(\mathbb{R}^1)$, 记 $F[\varphi] = \psi$, 则

$$\begin{aligned}\langle F[\mathrm{e}^{\mathrm{i}ax}], \varphi\rangle &= \langle \mathrm{e}^{\mathrm{i}ax}, F[\varphi]\rangle = \langle \mathrm{e}^{\mathrm{i}ax}, \psi\rangle = \int_{\mathbb{R}^n}\mathrm{e}^{\mathrm{i}ax}\psi(x)\mathrm{d}x \\ &= 2\pi F^{-1}[\psi](a) = 2\pi\varphi(a) = \langle 2\pi\delta(\cdot - a), \varphi\rangle.\end{aligned}$$

所以 $F[\mathrm{e}^{\mathrm{i}ax}](\xi) = 2\pi\delta(\xi - a)$. 注意到 $\sin(ax) = \dfrac{1}{2\mathrm{i}}(\mathrm{e}^{\mathrm{i}ax} - \mathrm{e}^{-\mathrm{i}ax})$, 从而

$$F[\sin(ax)](\xi) = \frac{1}{2\mathrm{i}}(F[\mathrm{e}^{\mathrm{i}ax}](\xi) - F[\mathrm{e}^{-\mathrm{i}ax}](\xi)) = \mathrm{i}\pi(\delta(\xi + a) - \delta(\xi - a)).$$

由于 $\cos(ax)=\frac{1}{2}(\mathrm{e}^{\mathrm{i}ax}+\mathrm{e}^{-\mathrm{i}ax})$, 可知

$$F[\cos(ax)](\xi)=\frac{1}{2}(F[\mathrm{e}^{\mathrm{i}ax}](\xi)+F[\mathrm{e}^{-\mathrm{i}ax}](\xi))=\pi(\delta(\xi+a)+\delta(\xi-a)). \qquad \square$$

2.3.4 拟微分算子

本节主要介绍拟微分算子的概念和一些简单性质. 微分算子是现代数学中应用最广泛的一类线性算子, 利用 Fourier 变换可以将微分算子的概念推广, 使之本身能够像通常函数那样进行初等运算, 从而能更灵活地处理很多微分方程中出现的各种困难问题.

设在空间 $\mathbb{R}^n$ 中给定一个具有 $\mathscr{S}(\mathbb{R}^n)$ 系数的线性微分算子 $P(x,D)$, 它可以表示为

$$P(x,D)=\sum_{|\alpha|\leqslant m}a_\alpha(x)D^\alpha,\quad a_\alpha\in\mathscr{S}(\mathbb{R}^n).$$

假定 $u\in\mathscr{S}(\mathbb{R}^n)$, 利用 Fourier 变换的性质, 可得

$$\begin{aligned}F[P(x,D)u]&=F\left[\sum_{|\alpha|\leqslant m}a_\alpha D^\alpha u\right]=\sum_{|\alpha|\leqslant m}F[a_\alpha D^\alpha u]\\&=(2\pi)^{-n}\sum_{|\alpha|\leqslant m}F[a_\alpha]*F[D^\alpha u]\\&=(2\pi)^{-n}\sum_{|\alpha|\leqslant m}F[a_\alpha]*(\xi^\alpha F[u]).\end{aligned}$$

下面为了书写方便, 将 Fourier 变换 $F[f]$ 简写为 $\widehat{f}$. 利用 Fourier 变换的性质并由上式可得

$$\begin{aligned}P(x,D)u(x)&=(2\pi)^{-n}F^{-1}\left[\sum_{|\alpha|\leqslant m}\widehat{a_\alpha}*(\xi^\alpha\widehat{u})\right](x)\\&=(2\pi)^{-n}\sum_{|\alpha|\leqslant m}F^{-1}[\widehat{a_\alpha}](x)F^{-1}[\xi^\alpha\widehat{u}](x)\\&=(2\pi)^{-n}\sum_{|\alpha|\leqslant m}a_\alpha(x)(2\pi)^{-n}\int_{\mathbb{R}^n}\mathrm{e}^{\mathrm{i}x\cdot\xi}\xi^\alpha\widehat{u}(\xi)\mathrm{d}\xi\\&=(2\pi)^{-n}\int_{\mathbb{R}^n}\mathrm{e}^{\mathrm{i}x\cdot\xi}p(x,\xi)\widehat{u}(\xi)\mathrm{d}\xi,\end{aligned}$$

其中 $p(x,\xi)=(2\pi)^{-n}\sum_{|\alpha|\leqslant m}a_\alpha(x)\xi^\alpha$. 下面对更一般的函数 $a(x,\xi)$, 仿照上式定义一类新的算子.

定义 2.3.10 假定函数 $a(x,\xi)\in C^\infty(\mathbb{R}^n_x\times\mathbb{R}^n_\xi)$, 以及 $m\in\mathbb{R}^1$, 且对任意多重指标 α,β, 成立

$$|\partial_\xi^\alpha\partial_x^\beta a(x,\xi)|\leqslant C_{\alpha,\beta}(1+|\xi|)^{m-|\alpha|},$$

其中 $C_{\alpha,\beta}$ 为常数, 则称 a 为 S^m 类函数, 记为 $a\in S^m$.

定义 2.3.11 假定函数 $a(x,\xi)\in S^m$, 则可以定义线性连续映射 $a(x,D)$: $\mathscr{S}(\mathbb{R}^n)\longrightarrow\mathscr{S}(\mathbb{R}^n)$ 为

$$a(x,D)u(x)=(2\pi)^{-n}\int_{\mathbb{R}^n}\mathrm{e}^{\mathrm{i}x\cdot\xi}a(x,\xi)\widehat{u}(\xi)\mathrm{d}\xi.$$

算子 $a(x,D)$ 称为拟微分算子, 而 $a(x,\xi)$ 则称为 $a(x,D)$ 的象征. 当 $a(x,\xi)$ 仅依赖于变量 ξ 时, 算子 $a(x,D)=a(D)$ 也称为 Fourier 乘子.

定理 2.3.12 定义 2.3.11 中定义的拟微分算子 $a(x,D)$ 是 $\mathscr{S}(\mathbb{R}^n)\longrightarrow\mathscr{S}(\mathbb{R}^n)$ 的线性连续算子, 并且还可以唯一地延拓成为 $\mathscr{S}'(\mathbb{R}^n)\longrightarrow\mathscr{S}'(\mathbb{R}^n)$ 的线性连续算子. 其中 $\mathscr{S}'(\mathbb{R}^n)$ 中的收敛按序列弱收敛的意义理解.

证明 证明分两步进行. 第一步. 假定 $u\in\mathscr{S}(\mathbb{R}^n)$, 成立 $a(x,D)u\in\mathscr{S}(\mathbb{R}^n)$. 事实上, 对任意多重指标 α,p, 有

$$\begin{aligned}
&x^\alpha\partial_x^p[a(x,D)u](x)=(2\pi)^{-n}x^\alpha\partial_x^p\int_{\mathbb{R}^n}\mathrm{e}^{\mathrm{i}x\cdot\xi}a(x,\xi)\widehat{u}(\xi)\mathrm{d}\xi\\
&=(2\pi)^{-n}\int_{\mathbb{R}^n}x^\alpha\sum_{\beta_1+\beta_2=p}\frac{p!}{\beta_1!\beta_2!}(\partial_x^{\beta_1}\mathrm{e}^{\mathrm{i}x\cdot\xi})\partial_x^{\beta_2}a(x,\xi)\widehat{u}(\xi)\mathrm{d}\xi\\
&=(2\pi)^{-n}\int_{\mathbb{R}^n}\sum_{\beta_1+\beta_2=p}\frac{p!}{\beta_1!\beta_2!}((\mathrm{i}\xi)^{\beta_1}x^\alpha\mathrm{e}^{\mathrm{i}x\cdot\xi})\partial_x^{\beta_2}a(x,\xi)\widehat{u}(\xi)\mathrm{d}\xi\\
&=(2\pi)^{-n}\int_{\mathbb{R}^n}\sum_{\beta_1+\beta_2=p}\frac{p!}{\beta_1!\beta_2!}(\mathrm{i}\xi)^{\beta_1}\mathrm{i}^{-|\alpha|}(\partial_\xi^\alpha\mathrm{e}^{\mathrm{i}x\cdot\xi})\partial_x^{\beta_2}a(x,\xi)\widehat{u}(\xi)\mathrm{d}\xi\\
&=(2\pi)^{-n}\int_{\mathbb{R}^n}\sum_{\beta_1+\beta_2=p}\frac{p!}{\beta_1!\beta_2!}\mathrm{i}^{|\beta_1|-|\alpha|}(-1)^{|\alpha|}\mathrm{e}^{\mathrm{i}x\cdot\xi}\partial_\xi^\alpha[\xi^{\beta_1}\partial_x^{\beta_2}a(x,\xi)\widehat{u}(\xi)]\mathrm{d}\xi\\
&=(2\pi)^{-n}\int_{\mathbb{R}^n}\sum_{\beta_1+\beta_2=p}\frac{p!}{\beta_1!\beta_2!}\mathrm{i}^{|\beta_1|-|\alpha|}(-1)^{|\alpha|}\mathrm{e}^{\mathrm{i}x\cdot\xi}\\
&\quad\times\sum_{\substack{\alpha_1\leqslant\beta_1\\ \alpha_1+\alpha_2+\alpha_3=\alpha}}\frac{\alpha!}{\alpha_1!\alpha_2!\alpha_3!}(\partial_\xi^{\alpha_1}\xi^{\beta_1})(\partial_\xi^{\alpha_2}\partial_x^{\beta_2}a(x,\xi))\partial_\xi^{\alpha_3}\widehat{u}(\xi)\mathrm{d}\xi.
\end{aligned}$$

因此可得

$$\begin{aligned}
&|x^\alpha\partial_x^p[a(x,D)u](x)|\\
&\leqslant C\sum_{\substack{\beta_1\leqslant p,\ \alpha_1\leqslant\beta_1\\ \alpha_1+\alpha_2+\alpha_3=\alpha}}\int_{\mathbb{R}^n}(1+|\xi|)^{|\beta_1|-|\alpha_1|+m-|\alpha_2|}|\partial_\xi^{\alpha_3}\widehat{u}(\xi)|\mathrm{d}\xi
\end{aligned}$$

$$\begin{aligned}&\leqslant C\sup_{\xi\in\mathbb{R}^n}\sum_{\alpha_3\leqslant\alpha}(1+|\xi|)^{|p|+m+n+1+|\alpha_3|-|\alpha|}|\partial_\xi^{\alpha_3}\widehat{u}(\xi)|\\&\quad\times\int_{\mathbb{R}^n}(1+|\xi|)^{-n-1}\mathrm{d}\xi\\&\leqslant\widetilde{C}\sup_{\xi\in\mathbb{R}^n}\sum_{\alpha_3\leqslant\alpha}(1+|\xi|)^{|p|+m+n+1+|\alpha_3|-|\alpha|}|\partial_\xi^{\alpha_3}\widehat{u}(\xi)|.\end{aligned}\tag{2.3.8}$$

说明 $a(x,D)u\in\mathscr{S}(\mathbb{R}^n)$. 下面证明算子 $a(x,D):\ \mathscr{S}(\mathbb{R}^n)\longrightarrow\mathscr{S}(\mathbb{R}^n)$ 的连续性. 假定 $u_k\in\mathscr{S}(\mathbb{R}^n)$ 且 $u_k\longrightarrow 0\ (\mathscr{S}(\mathbb{R}^n))$. 利用定理 2.3.2 知, $\widehat{u}_k\in\mathscr{S}(\mathbb{R}^n)$ 且 $\widehat{u}_k\longrightarrow 0\ (\mathscr{S}(\mathbb{R}^n))$. 利用已证结论知 $a(x,D)u_k\in\mathscr{S}(\mathbb{R}^n)$. 再利用式 (2.3.11), 可推知 $a(x,D)u_k\longrightarrow 0\ (\mathscr{S}(\mathbb{R}^n))$.

第二步. 假定 $u\in\mathscr{S}'(\mathbb{R}^n)$, 定义 $a(x,D)u$ 如下

$$\langle a(x,D)u,v\rangle:=\left\langle\widehat{u},(2\pi)^{-n}\int_{\mathbb{R}^n}\mathrm{e}^{\mathrm{i}x\cdot\xi}v(x)a(x,\xi)\mathrm{d}x\right\rangle,\quad v\in\mathscr{S}(\mathbb{R}^n).$$

下证上述定义的合理性. 由于 $u\in\mathscr{S}'(\mathbb{R}^n)$, 可知 $\widehat{u}\in\mathscr{S}'(\mathbb{R}^n)$. 还需要验证: 对于 $v\in\mathscr{S}(\mathbb{R}^n)$, 成立

$$p_v(\xi):=(2\pi)^{-n}\int_{\mathbb{R}^n}\mathrm{e}^{\mathrm{i}x\cdot\xi}v(x)a(x,\xi)\mathrm{d}x\in\mathscr{S}(\mathbb{R}^n),$$

且当 $v_j\longrightarrow 0\ (\mathscr{S}(\mathbb{R}^n))$ 时, 有 $p_{v_j}\longrightarrow 0\ (\mathscr{S}(\mathbb{R}^n))$.

从而

$$\langle a(x,D)u,v_j\rangle=\langle\widehat{u}(\xi),p_{v_j}(\xi)\rangle\longrightarrow 0.$$

说明 $a(x,D)u\in\mathscr{S}'(\mathbb{R}^n)$.

事实上, 对任意多重指标 α,β, 有

$$\begin{aligned}\xi^\alpha\partial_\xi^\beta p_v(\xi)&=(2\pi)^{-n}\xi^\alpha\partial_\xi^\beta\int_{\mathbb{R}^n}\mathrm{e}^{\mathrm{i}x\cdot\xi}a(x,\xi)v(x)\mathrm{d}x\\&=(2\pi)^{-n}\int_{\mathbb{R}^n}\xi^\alpha\sum_{\beta_1+\beta_2=\beta}\frac{\beta!}{\beta_1!\beta_2!}(\partial_\xi^{\beta_1}\mathrm{e}^{\mathrm{i}x\cdot\xi})\partial_\xi^{\beta_2}a(x,\xi)v(x)\mathrm{d}x\\&=(2\pi)^{-n}\int_{\mathbb{R}^n}\sum_{\beta_1+\beta_2=\beta}\frac{\beta!}{\beta_1!\beta_2!}((\mathrm{i}x)^{\beta_1}\xi^\alpha\mathrm{e}^{\mathrm{i}x\cdot\xi})\partial_\xi^{\beta_2}a(x,\xi)v(x)\mathrm{d}x\\&=(2\pi)^{-n}\int_{\mathbb{R}^n}\sum_{\beta_1+\beta_2=\beta}\frac{\beta!}{\beta_1!\beta_2!}(\mathrm{i}x)^{\beta_1}\mathrm{i}^{-|\alpha|}(\partial_x^\alpha\mathrm{e}^{\mathrm{i}x\cdot\xi})\partial_\xi^{\beta_2}a(x,\xi)v(x)\mathrm{d}x\\&=(2\pi)^{-n}\int_{\mathbb{R}^n}\sum_{\beta_1+\beta_2=\beta}\frac{\beta!}{\beta_1!\beta_2!}\mathrm{i}^{|\beta_1|-|\alpha|}(-1)^{|\alpha|}\mathrm{e}^{\mathrm{i}x\cdot\xi}\partial_x^\alpha[x^{\beta_1}\partial_\xi^{\beta_2}a(x,\xi)v(x)]\mathrm{d}x\end{aligned}$$

$$
\begin{aligned}
&= (2\pi)^{-n}\int_{\mathbb{R}^n}\sum_{\beta_1+\beta_2=\beta}\frac{\beta!}{\beta_1!\beta_2!}\mathrm{i}^{|\beta_1|-|\alpha|}(-1)^{|\alpha|}\mathrm{e}^{\mathrm{i}x\cdot\xi}\\
&\quad\times\sum_{\substack{\alpha_1\leqslant\beta_1\\ \alpha_1+\alpha_2+\alpha_3=\alpha}}\frac{\alpha!}{\alpha_1!\alpha_2!\alpha_3!}(\partial^{\alpha_1}x^{\beta_1})(\partial_x^{\alpha_2}\partial_\xi^{\beta_2}a(x,\xi))\partial_x^{\alpha_3}v(x)\mathrm{d}x.
\end{aligned}
$$

从而可得

$$
\begin{aligned}
&|\xi^\alpha\partial_\xi^\beta p_v(\xi)|\\
\leqslant{}& C\sum_{\beta_1+\beta_2=\beta}\sum_{\substack{\alpha_1\leqslant\beta_1\\ \alpha_1+\alpha_2+\alpha_3=\alpha}}\int_{\mathbb{R}^n}|x|^{|\beta_1|-|\alpha_1|}(1+|\xi|)^{m-|\beta_2|}|\partial^{\alpha_3}v(x)|\mathrm{d}x\\
\leqslant{}& C\sum_{\beta_2\leqslant\beta}(1+|\xi|)^{m-|\beta_2|}\sum_{|\alpha_3|\leqslant|\alpha|}\int_{\mathbb{R}^n}(1+|x|)^{|\beta|}|\partial^{\alpha_3}v(x)|\mathrm{d}x\\
\leqslant{}& C[(1+|\xi|)^m+(1+|\xi|)^{m-1}+\cdots+(1+|\xi|)^{m-|\beta|}]\\
&\times\sup_{x\in\mathbb{R}^n}\sum_{\alpha_3\leqslant\alpha}[(1+|x|)^{|\beta|+n+1}|\partial^{\alpha_3}v(x)|]\int_{\mathbb{R}^n}(1+|x|)^{-n-1}\mathrm{d}x\\
\leqslant{}& \widetilde{C}(1+|\xi|^{|m|})\sup_{x\in\mathbb{R}^n}\sum_{\alpha_3\leqslant\alpha}[(1+|x|)^{|\beta|+n+1}|\partial^{\alpha_3}v(x)|].
\end{aligned}
$$

故成立

$$
\frac{|\xi^\alpha|}{1+|\xi|^{|m|}}|\partial_\xi^\beta p_v(\xi)|\leqslant\widetilde{C}\sup_{x\in\mathbb{R}^n}\sum_{\alpha_3\leqslant\alpha}[(1+|x|)^{|\beta|+n+1}|\partial^{\alpha_3}v(x)|].
$$

注意到, 对任意的 $k\in\mathbb{N}$, 成立

$$
\sum_{|\alpha|\leqslant 2k+|m|}\frac{|\xi^\alpha|}{1+|\xi|^{|m|}}\geqslant\frac{1+|\xi|^{|m|}+|\xi|^{2k}+|\xi|^{2k+|m|}}{1+|\xi|^{|m|}}=1+|\xi|^{2k}\geqslant 2^{-k}(1+|\xi|^2)^k.
$$

因此, 对任意的 $k\in\mathbb{N}$ 以及多重指标 β, 成立

$$
\begin{aligned}
(1+|\xi|^2)^k|\partial_\xi^\beta p_v(\xi)|&\leqslant 2^k\sum_{|\alpha|\leqslant 2k+|m|}\frac{|\xi^\alpha|}{1+|\xi|^{|m|}}|\partial_\xi^\beta p_v(\xi)|\\
&\leqslant\overline{C}\sup_{x\in\mathbb{R}^n}\sum_{|\alpha_3|\leqslant 2k+|m|}[(1+|x|)^{|\beta|+n+1}|\partial^{\alpha_3}v(x)|].
\end{aligned}
$$

从而对于 $v\in\mathscr{S}(\mathbb{R}^n)$, 知 $p_v(\xi)\in\mathscr{S}(\mathbb{R}^n)$, 且当 $v_j\longrightarrow 0\ (\mathscr{S}(\mathbb{R}^n))$ 时, 成立 $p_{v_j}\longrightarrow 0\ (\mathscr{S}(\mathbb{R}^n))$.

现在验证算子 $a(x,D):\mathscr{S}'(\mathbb{R}^n)\longrightarrow\mathscr{S}'(\mathbb{R}^n)$ 的连续性. 假定 $u_k\in\mathscr{S}(\mathbb{R}^n)$ 且 $u_k\longrightarrow 0\ (\mathscr{S}'(\mathbb{R}^n))$. 利用定理 2.3.2, 可知 $\widehat{u_k}\longrightarrow 0\ (\mathscr{S}'(\mathbb{R}^n))$.

对于 $v \in \mathscr{S}(\mathbb{R}^n)$, 利用已证结论知 $p_v(\xi) \in \mathscr{S}(\mathbb{R}^n)$. 因此

$$\langle a(x,D)u_k, v\rangle = \langle \widehat{u_k}, p_v(\xi)\rangle \longrightarrow 0.$$

说明算子 $a(x,D):\ \mathscr{S}'(\mathbb{R}^n) \longrightarrow \mathscr{S}'(\mathbb{R}^n)$ 是连续的.

最后还需要验证算子延拓的唯一性. 假定 $\widetilde{a}(x,D):\ \mathscr{S}'(\mathbb{R}^n) \longrightarrow \mathscr{S}'(\mathbb{R}^n)$ 是算子 $a(x,D):\ \mathscr{S}(\mathbb{R}^n) \longrightarrow \mathscr{S}(\mathbb{R}^n)$ 的另一个线性连续延拓, 则对任意的 $u \in \mathscr{S}'(\mathbb{R}^n)$, 成立 $\widetilde{a}(x,D)u = a(x,D)u$. 可以验证: $\mathscr{S}(\mathbb{R}^n)$ 在 $\mathscr{S}'(\mathbb{R}^n)$ 中是稠密的, 即对任意 $\varphi \in \mathscr{S}'(\mathbb{R}^n)$, 存在 $\varphi_N \in \mathscr{S}(\mathbb{R}^n)$, 使得 $\varphi_N \longrightarrow \varphi(\mathscr{S}'(\mathbb{R}^n)$. 事实上, 可以选取 $\varphi_N(x) = \zeta_N(x)(\varphi * \alpha_{\frac{1}{N}})(x)$, 其中 $\zeta_N \in C_c^\infty(\mathbb{R}^n)$ 满足 $0 \leqslant \zeta_N \leqslant 1$; $\zeta_N(x) \equiv 1$, $\forall\, |x| \leqslant N$; $\zeta_N(x) \equiv 0$, $\forall\, |x| > N+1$.

又已知 $\widetilde{a}(x,D)\varphi_N = a(x,D)\varphi_N$, 故对任意 $\psi \in \mathscr{S}(\mathbb{R}^n)$, 成立

$$\langle \widetilde{a}(x,D)\varphi_N, \psi\rangle = \langle a(x,D)\varphi_N, \psi\rangle. \tag{2.3.9}$$

由于 $\widetilde{a}(x,D), a(x,D) : \mathscr{S}'(\mathbb{R}^n) \longrightarrow \mathscr{S}'(\mathbb{R}^n)$ 是连续算子. 在式 (2.3.12) 中令 $N \longrightarrow \infty$, 可得

$$\langle \widetilde{a}(x,D)\varphi, \psi\rangle = \langle a(x,D)\varphi, \psi\rangle, \quad \forall\, \psi \in \mathscr{S}(\mathbb{R}^n).$$

说明 $\widetilde{a}(x,D)\varphi = a(x,D)\varphi$, 再由 $\varphi \in \mathscr{S}'(\mathbb{R}^n)$ 的任意性知, $\widetilde{a}(x,D) = a(x,D)$. □

习　题　2

1. 令

$$\varphi(x) = \begin{cases} \mathrm{e}^{\frac{1}{|x|^2-1}}, & |x| < 1, \\ 0, & |x| \geqslant 1. \end{cases}$$

验证: $\varphi \in C_c^\infty(\mathbb{R}^n)$, 且其支集 $\operatorname{supp}\varphi = \{x \in \mathbb{R}^n;\ |x| \leqslant 1\}$. 进一步,

(1) 令 $\varphi_\varepsilon(x) = \dfrac{1}{\varepsilon^n}\varphi\left(\dfrac{x}{\varepsilon}\right)$, $\varepsilon > 0$, 则 $\varphi_\varepsilon \in C_c^\infty(\mathbb{R}^n)$, 且满足

$$\operatorname{supp}\varphi_\varepsilon = \{x \in \mathbb{R}^n \mid |x| \leqslant \varepsilon\}, \quad \int_{\mathbb{R}^n} \alpha_\varepsilon(x)\mathrm{d}x = 1.$$

(2) 假定有一点列 $\{x_j\} \subset (\mathbb{R}^n)$, $|x_j| + 2 < |x_{j+1}|$, $\lim\limits_{j\to\infty} |x_j| = +\infty$, 则成立

$$\sum_{j=1}^\infty \frac{\varphi(x-x_j)}{(1+|x|^2)^j} \in \mathscr{S}(\mathbb{R}^n).$$

2. 验证经典意义下的 Leibniz 公式: 对任意多重指标 p, 成立

$$\partial^p(fg) = \sum_{q\leqslant p} \frac{p!}{q!(p-q)!}(\partial^q f)(\partial^{p-q} g), \quad \forall\, f, g \in C^\infty(\mathbb{R}^n).$$

3. 假定 $u \in L^1_{\mathrm{loc}}(\mathbb{R}^n)$, 定义

$$u_\varepsilon(x) = \int_{\mathbb{R}^n} u(x-y)\alpha_\varepsilon(y)\mathrm{d}y = \int_{\mathbb{R}^n} u(y)\alpha_\varepsilon(x-y)\mathrm{d}y.$$

试证明: $u_\varepsilon \in C^\infty(\mathbb{R}^n)$, 并且当 $\varepsilon \longrightarrow 0$ 时, 成立

(1) 若 $u \in C_c^\infty(\mathbb{R}^n)$, 则在 $C_c^\infty(\mathbb{R}^n)$ 中, $u_\varepsilon \longrightarrow u$.

(2) 若 $u \in \mathscr{S}(\mathbb{R}^n)$, 则在 $\mathscr{S}(\mathbb{R}^n)$ 中, $u_\varepsilon \longrightarrow u$.

4. 设函数列 $0 \leqslant f_m \in C(\mathbb{R}^1)$, 且对任意的 $0 < r < R$, 假定

$$\lim_{m\to\infty} \int_{-r}^{r} f_m(x)\mathrm{d}x = 1, \quad \lim_{m\to\infty} \max_{x\in I} f_m(x) = 0, \quad I = [-R,-r] \cup [r,R],$$

则在 $\mathcal{D}'(\mathbb{R}^1)$ 广义意义下, 成立 $\lim\limits_{m\to\infty} f_m(x) = \delta(x)$.

5. 在 $\mathcal{D}'(\mathbb{R}^1)$ 广义函数意义下, 证明:

$$\lim_{\varepsilon\to 0} \frac{1}{\sqrt{\pi\varepsilon}} \mathrm{e}^{-\frac{x^2}{\varepsilon}} = \delta(x); \quad \lim_{\varepsilon\to 0} \frac{\varepsilon}{\varepsilon^2 + x^2} = \pi\delta(x).$$

6. 设 $w \in C_c^\infty(\mathbb{R}^n)$ 满足

$$\int_{\mathbb{R}^n} x^\alpha w(x)\mathrm{d}x = \begin{cases} 0, & |\alpha| < k, \\ \alpha!, & |\alpha| = k, \end{cases}$$

这里 k 为非负整数. 令 $u_\varepsilon(x) = \varepsilon^{-n-k} w\left(\dfrac{x}{\varepsilon}\right)$, 则当 $\varepsilon \longrightarrow 0$ 时, 在 $\mathcal{D}'(\mathbb{R}^n)$ 广义意义下, 成立

$$u_\varepsilon \longrightarrow \sum_{|\alpha|=k} \partial^\alpha \delta.$$

7. 在 $\mathcal{D}'(\mathbb{R}^1)$ 中求下列极限

$$\lim_{\varepsilon\to 0^+} \frac{\varepsilon}{x^2+\varepsilon^2}, \quad \lim_{\varepsilon\to 0^-} \frac{\varepsilon}{x^2+\varepsilon^2},$$

并由此可以证明如下在数学分析中十分重要的公式:

$$\lim_{\varepsilon\to 0^\pm} \int_{-\infty}^{+\infty} \frac{\varepsilon\varphi(x)}{x^2+\varepsilon^2}\mathrm{d}x = \pm\pi\varphi(0), \quad \varphi \in C_c^\infty(\mathbb{R}^1).$$

8. 证明: 若 $f(x) = H(x)\cos x$, $g(x) = H(x)\sin x$, 则在 $\mathcal{D}'(\mathbb{R}^1)$ 广义函数意义下, 成立

$$f'(x) = \delta(x) - g(x), \quad g'(x) = f(x).$$

进一步, 可知 f, g 分别满足微分方程:

$$f'' + f = \delta', \quad g'' + g = \delta.$$

9. 求证: 在 $\mathcal{D}'(\mathbb{R}^1)$ 广义函数意义下, 对任意正整数 m, 成立

$$x^m \frac{\mathrm{d}^m}{\mathrm{d}x^m}\delta(x) = (-1)^m m!\delta(x), \quad 其中 \quad m! = m(m-1)\cdots 1.$$

10. 假设 $\varphi \in C_c^\infty(\mathbb{R}^1)$, 计算:

(1) $\left\langle x^k \dfrac{\mathrm{d}^m}{\mathrm{d}x^m}\delta(x), \varphi(x)\right\rangle$, 其中 k, m 为正整数;

(2) $\langle \delta(ax), \varphi(x)\rangle$, a 为实数;

(3) $\lim\limits_{m\to\infty}\left\langle \sum\limits_{\ell=1}^{m}\cos(\ell x), \varphi(x)\right\rangle$.

11. 试计算二元广义函数的 Fourier 变换: $\delta'(x)\mathrm{e}^{-\frac{y^2}{2}}$; $x\mathrm{e}^{-\pi y^2}$.

12. 记 $P_a(x) = \dfrac{1}{\pi}\dfrac{a}{x^2+a^2}$, $a > 0$. 试证明:

$$P_a * P_b = P_{a+b}.$$

13. 令 $C(\xi) = \displaystyle\int_{-\infty}^{\infty} \mathrm{e}^{-\frac{x^2}{2}-\mathrm{i}x\xi}\mathrm{d}x$, 试证明: 可以在积分号下对 ξ 求微商任意多次. 由此可知 $C(\xi)$ 满足常微分方程:

$$C'(\xi) = -\xi C(\xi).$$

进一步可求 $C(\xi)$, 需要先求出 $C(0)$.

第3章 Sobolev 空间

Sobolev 空间是具有广义导数的多变量可积函数组成的一类 Banach 空间. 由于苏联数学家 Sobolev 对这类函数空间的发展作出了重要贡献而以他的姓来命名. 从 20 世纪 30 年代起, 随着变分法的发展和偏微分方程定解问题解的存在性与正则性研究的需要, 许多数学家研究了这类函数空间. Sobolev 空间及其各种嵌入定理、迹定理及各种插值公式已经成为研究偏微分方程理论必不可少的工具. 目前为止, Sobolev 空间的理论及其应用均已发展的相当成熟与深入, 特别是广义函数理论的建立, 使得 Sobolev 空间的理论变得十分丰富, 应用更加广泛. 本章主要介绍 Sobolev 空间及其主要性质, 这些内容在现代分析理论特别是偏微分方程理论研究中应用十分广泛.

3.1 非负整数 Sobolev 空间

定义 3.1.1 设 Ω 是 $\mathbb{R}^n$ $(n \geqslant 1)$ 中的给定开区域, $m \geqslant 0$ 为整数, $1 \leqslant p \leqslant \infty$. 定义 Sobolev 空间 $W^{m,p}(\Omega)$ 为满足条件 $\partial^\alpha u \in L^p(\Omega)$, $|\alpha| \leqslant m$ 的广义函数全体构成的集合, 即

$$W^{m,p}(\Omega) = \{u \in \mathcal{D}'(\Omega);\ \partial^\alpha u \in L^p(\Omega), |\alpha| \leqslant m\},$$

并赋以范数

$$\|u\|_{W^{m,p}(\Omega)} := \left(\sum_{|\alpha| \leqslant m} \|\partial^\alpha u\|_{L^p(\Omega)}^p\right)^{\frac{1}{p}} \approx \sum_{|\alpha| \leqslant m} \|\partial^\alpha u\|_{L^p(\Omega)}, \quad 1 \leqslant p < \infty;$$

$$\|u\|_{W^{m,\infty}(\Omega)} := \max_{|\alpha| \leqslant m} \|\partial^\alpha u\|_{L^\infty(\Omega)} = \max_{|\alpha| \leqslant m} \operatorname*{ess\,sup}_{x \in \Omega} |\partial^\alpha u(x)|.$$

特别地, 当 $p = 2$ 时, 记 $W^{m,2}(\Omega)$ 为 $H^m(\Omega)$. 这时可引进内积

$$(u, v)_{H^m} = \sum_{|\alpha| \leqslant m} (\partial^\alpha u, \partial^\alpha v)_{L^2(\Omega)}.$$

定理 3.1.2 $W^{m,p}(\Omega)(1 \leqslant p \leqslant \infty)$ 为 Banach 空间.

证明 由 Sobolev 空间的定义可知, $W^{m,p}(\Omega)$ $(1 \leqslant p \leqslant \infty)$ 为线性赋范空间. 因此, 只需证完备性. 设 $\{u_N\}$ 是 $W^{m,p}(\Omega)$ 中的 Cauchy 序列, 即当 $N, N' \longrightarrow \infty$ 时, 成立

$$\|u_N - u_{N'}\|_{W^{m,p}(\Omega)} \longrightarrow 0.$$

注意到, 对任意的多重指标 α, $|\alpha| \leqslant m$, 当 $N, N' \longrightarrow \infty$ 时, 成立

$$\|\partial^\alpha u_N - \partial^\alpha u_{N'}\|_{L^p(\Omega)} \leqslant \|u_N - u_{N'}\|_{W^{m,p}(\Omega)} \longrightarrow 0,$$

则 $\{\partial^\alpha u_N\}$ $(|\alpha| \leqslant m)$ 是 $L^p(\Omega)$ 中的 Cauchy 序列. 由于 $L^p(\Omega)$ $(1 \leqslant p \leqslant \infty)$ 是完备的, 故存在函数 $g^\alpha \in L^p(\Omega)$, 使得 $\partial^\alpha u_N \longrightarrow g^\alpha$ $(L^p(\Omega))$. 利用广义函数的导数定义可知, 对任意函数 $\varphi \in C_c^\infty(\Omega)$, 成立

$$\langle \partial^\alpha u_N, \varphi \rangle = (-1)^{|\alpha|} \langle u_N, \partial^\alpha \varphi \rangle.$$

当 $N \longrightarrow \infty$ 时, 利用 Hölder 不等式, 可得

$$\begin{aligned}
&|\langle \partial^\alpha u_N, \varphi \rangle - \langle g^\alpha, \varphi \rangle| \\
=&\left| \int_\Omega [\partial^\alpha u_N - g^\alpha](x) \varphi(x) \mathrm{d}x \right| \\
\leqslant& \|\partial^\alpha u_N - g^\alpha\|_{L^p(\Omega)} \|\varphi\|_{L^{p'}(\Omega)} \longrightarrow 0,
\end{aligned}$$

其中 $\dfrac{1}{p} + \dfrac{1}{p'} = 1$. 特别地, 记 $u = g^0$, 当 $N \longrightarrow \infty$ 时, 成立

$$\langle u_N, \partial^\alpha \varphi \rangle \longrightarrow \langle u, \partial^\alpha \varphi \rangle.$$

由上述讨论知, 当 $N \longrightarrow \infty$ 时, 可得

$$\langle g^\alpha, \varphi \rangle = (-1)^{|\alpha|} \langle u, \partial^\alpha \varphi \rangle.$$

因此, $\partial^\alpha u = g^\alpha \in L^p(\Omega)$. 从而 $u \in W^{m,p}(\Omega)$ 且当 $N \longrightarrow \infty$ 时

$$\|u_N - u\|_{W^{m,p}(\Omega)} = \sum_{|\alpha| \leqslant m} \|\partial^\alpha u_N - \partial^\alpha u\|_{L^p(\Omega)} \longrightarrow 0.$$

说明 $u_N \longrightarrow u$ $(W^{m,p}(\Omega))$. □

非负整数的 Sobolev 空间 $W^{m,p}(\Omega)$ 的一些性质.

(1) $W^{0,p}(\Omega) = L^p(\Omega)$, $1 \leqslant p \leqslant \infty$;

(2) 若 $m_1 \geqslant m_2 \geqslant 0$, 则 $W^{m_1,p}(\Omega) \subseteq W^{m_2,p}(\Omega)$, $1 \leqslant p \leqslant \infty$;

若 $1 \leqslant p_2 \leqslant p_1 \leqslant \infty$ 且 Ω 为有界区域, 则 $W^{m,p_1}(\Omega) \subseteq W^{m,p_2}(\Omega)$.

(3) 若 $u \in W^{m,p}(\Omega)$, $1 \leqslant p \leqslant \infty$, 则 $\partial^\beta u \in W^{m-|\beta|,p}(\Omega)$, $\forall |\beta| \leqslant m$;

事实上, 对任意的多重指标 $|\beta| \leqslant m$, 成立

$$\begin{aligned}\|\partial^\beta u\|_{W^{m-|\beta|,p}(\Omega)} &= \sum_{|\alpha|\leqslant m-|\beta|} \|\partial^\alpha(\partial^\beta u)\|_{L^p(\Omega)} \\ &= \sum_{|\alpha|+|\beta|\leqslant m} \|\partial^{\alpha+\beta} u\|_{L^p(\Omega)} = \sum_{|\gamma|\leqslant m} \|\partial^\gamma u\|_{L^p(\Omega)} = \|u\|_{W^{m,p}(\Omega)}.\end{aligned}$$

(4) 若 $\tau : \Omega_x \longrightarrow \omega_y$ 是 C^∞ 变换, 其逆变换 $\tau^{-1} : \omega_y \longrightarrow \Omega_x$ 也是 C^∞ 变换. 且两个变换所对应的 Jacobi 行列式以及 $|\partial^\beta \tau(x)|$, $|\partial^\beta \tau^{-1}(y)|$ ($\forall\ |\beta| \leqslant m$) 分别在 $\overline{\Omega_x}$ 和 $\overline{\omega_y}$ 上有界. 设 $u \in W^{m,p}(\Omega_x)$, 则 $v(y) = u(\tau^{-1}(y)) \in W^{m,p}(\omega_y)$.

这里解释一下边界 $\partial\Omega$ 的光滑性含义. 如果对任意的 $x^0 \in \partial\Omega$, 存在 x^0 的一个邻域 U 和一个属于 C^k 的可逆映射 $\psi : U \longrightarrow B_1(0)$, 使得

$$\begin{aligned}&\psi(U \cap \Omega) = B_1^+(0) = \{y \in B_1(0);\ y_n > 0\};\\&\psi(U \cap \partial\Omega) = \overline{B_1^+(0)} \cap \{y \in \mathbb{R}^n;\ y_n = 0\};\\&\psi(\partial U \cap \Omega) = \partial B_1^+(0) \cap \{y \in \mathbb{R}^n;\ y_n > 0\},\end{aligned}$$

则称边界 $\partial\Omega$ 具有 C^k 光滑性, 记为 $\partial\Omega \in C^k$. 在以后的讨论中, 一般假定所讨论的区域 $\Omega \subset \mathbb{R}^n$ 边界 $\partial\Omega \in C^\infty = \bigcap\limits_{k=0}^{\infty} C^k$.

定理 3.1.3($C^\infty(\overline{\Omega})$ 在 $W^{m,p}(\Omega)$ $(1 \leqslant p < \infty)$ 中稠密) 设 Ω 是 $\mathbb{R}^n (n \geqslant 1)$ 中具有 C^∞ 边界的有界区域, 则对于任意函数 $u \in W^{m,p}(\Omega)$, 都可以找到函数序列 $\{u_\varepsilon\} \subset C^\infty(\overline{\Omega})$, 使得 $u_\varepsilon \longrightarrow u$ $(W^{m,p}(\Omega))$.

证明 由于 Ω 是有界区域, $\partial\Omega$ 为紧集, 从而存在有限个开集 $U_1, U_2, \cdots, U_N$ 覆盖边界 $\partial\Omega$. 再作开集 U_0, 使得 $\Omega \backslash \bigcup_{i=1}^N U_i \subset U_0$ 且 $\overline{U_0} \subset \Omega$. 从而, $\overline{\Omega} \subset \bigcup_{i=0}^N U_i$. 设 $\{\eta_i\}$ $(0 \leqslant i \leqslant N)$ 是从属于 $\{U_i\}$ 的单位分解, 即 $\eta_i \in C_c^\infty(U_i)$; 在 $\overline{\Omega}$ 上, $\sum\limits_{i=0}^N \eta_i \equiv 1$. 令 $u_i = \eta_i u$, 则 $u = \sum\limits_{i=0}^N u_i$ 且 $u_i \in W^{m,p}(U_i \cap \Omega)$. 当 $i = 0$ 时, U_0 对应于 Ω 的内部. 作 $u_{0\varepsilon}(x) = \displaystyle\int_{U_0} \alpha_\varepsilon(x-y) u_0(y) \mathrm{d}y$, 则当 $\varepsilon > 0$ 充分小时, 可知 $u_{0\varepsilon} \in C_c^\infty(\Omega)$, 且对任意的重指标 β, $|\beta| \leqslant m$, 成立

$$\begin{aligned}\partial^\beta u_{0\varepsilon}(x) &= \int_{U_0} \partial_x^\beta \alpha_\varepsilon(x-y) u_0(y) \mathrm{d}y \\ &= (-1)^{|\beta|} \int_{U_0} [\partial_y^\beta \alpha_\varepsilon(x-y)] u_0(y) \mathrm{d}y\end{aligned}$$

$$
\begin{aligned}
&= \int_{U_0} \alpha_\varepsilon(x-y)\partial^\beta u_0(y)\mathrm{d}y \\
&= (\partial^\beta u_0)_\varepsilon(x),
\end{aligned}
$$

这里用到 $u_0 = \eta_0 u\,|_{\partial U_0} = 0$. 因为 $\partial^\beta u_0 \in L^p(U_0)$ 且 u_0 在 U_0 外为零, 所以, 对任意重指标 β, $|\beta| \leqslant m$, 成立 $\partial^\beta u_{0\varepsilon} \longrightarrow \partial^\beta u_0\ (L^p(\Omega))$. 说明 $u_{0\varepsilon} \longrightarrow u_0\ (W^{m,p}(\Omega))$.

设 $i \geqslant 1$. 当 U_i 充分小时, 可以作一个 C^∞ 的自变量变换 $\tau: x \longrightarrow y$, 把区域 $U_i \cap \Omega$ 变换到空间的单位半球 $B_1^+(0) = \{y \in B_1(0);\ y_n > 0\}$; 且将 $U_i \cap \partial\Omega$ 变换到 $\overline{B_1^+(0)} \cap \{y \in \mathbb{R}^n;\ y_n = 0\}$. 利用 Sobolev 空间性质 (4), $v(y) = u_i(\tau^{-1}(y)) \in W^{m,p}(B_1^+(0))$ 且 $v(y)$ 的支集与 $\partial B_1^+(0) = \left\{y \in \mathbb{R}^n_+;\ \sum\limits_{i=1}^n y_i^2 = 1\right\}$ 不相交. 因此可以将 $v(y)$ 零延拓到 $\mathbb{R}^n_+$ 中, 仍记为 $v(y)$, 有 $v(y) \in W^{m,p}(\mathbb{R}^n_+)$. 作

$$
\begin{aligned}
v_\varepsilon(y) =& \varepsilon^{-n} \int_{\mathbb{R}^n_+} \alpha\left(\frac{y_1 - z_1}{\varepsilon}\right)\alpha\left(\frac{y_2 - z_2}{\varepsilon}\right) \\
&\cdots \alpha\left(\frac{y_{n-1} - z_{n-1}}{\varepsilon}\right)\alpha\left(\frac{y_n - z_n + 2\varepsilon}{\varepsilon}\right) v(z)\mathrm{d}z.
\end{aligned}
$$

由于 $\mathrm{supp}\alpha \subseteq \{t \in \mathbb{R}^1;\ |t| \leqslant 1\}$. 因此对任意 $y \in \overline{\mathbb{R}^n_+}$, 成立

$$
-\varepsilon \leqslant y_j - z_j \leqslant \varepsilon \Longleftrightarrow y_j - \varepsilon \leqslant z_j \leqslant y_j + \varepsilon, \quad j = 1, 2, \cdots, n-1;
$$

$$
-\varepsilon \leqslant y_n - z_n + 2\varepsilon \leqslant \varepsilon \Longleftrightarrow y_n + \varepsilon \leqslant z_n \leqslant y_n + 3\varepsilon.
$$

说明上述关于 z 的积分区域不会与下半空间相交. 因此, $v_\varepsilon(y) \in C^\infty(\overline{\mathbb{R}^n_+})$, 并且对任意的重指标 β, $|\beta| \leqslant m$, 成立

$$
\begin{aligned}
\partial^\beta v_\varepsilon(y) =& \varepsilon^{-n} \int_{\mathbb{R}^n_+} (-1)^{|\beta|} \left\{ \partial_z^\beta \left[\alpha\left(\frac{y_1 - z_1}{\varepsilon}\right)\alpha\left(\frac{y_2 - z_2}{\varepsilon}\right) \cdots \alpha\left(\frac{y_{n-1} - z_{n-1}}{\varepsilon}\right) \right.\right. \\
&\left.\left. \times \alpha\left(\frac{y_n - z_n + 2\varepsilon}{\varepsilon}\right)\right]\right\} v(z)\mathrm{d}z \\
=& \varepsilon^{-n} \int_{\mathbb{R}^n_+} \alpha\left(\frac{y_1 - z_1}{\varepsilon}\right)\alpha\left(\frac{y_2 - z_2}{\varepsilon}\right) \cdots \alpha\left(\frac{y_{n-1} - z_{n-1}}{\varepsilon}\right) \\
&\times \alpha\left(\frac{y_n - z_n + 2\varepsilon}{\varepsilon}\right) \partial^\beta v(z)\mathrm{d}z, \quad \forall y \in \overline{\mathbb{R}^n_+}.
\end{aligned}
$$

在上述分部积分过程中, 用到了这样的事实: 对任意的 $y \in \overline{\mathbb{R}^n_+}$, $z \in \partial\mathbb{R}^n_+$, 成立 $\alpha\left(\dfrac{y_n - z_n + 2\varepsilon}{\varepsilon}\right) = 0$.

注意到: $\partial^\beta v \in L^p(\mathbb{R}^n_+)$ $(1 \leqslant p < \infty)$. 因此对任意重指标 β, $|\beta| \leqslant m$, 可得 $\partial^\beta v_\varepsilon \longrightarrow \partial^\beta v\ (L^p(\mathbb{R}^n_+))$. 说明 $v_\varepsilon \longrightarrow v\ (W^{m,p}(\mathbb{R}^n_+))$. 回到变量 x, 可得

$$
u_{i\varepsilon}(x) = v_\varepsilon(\tau(x)) \in C^\infty(\overline{U_i \cap \Omega}) \quad 且 \quad u_{i\varepsilon} \longrightarrow u_i\ (W^{m,p}(U_i \cap \Omega)).
$$

所以当 $\varepsilon \longrightarrow 0$ 时, 成立

$$\|u_\varepsilon - u\|_{W^{m,p}(\Omega)} = \left\|\sum_{i=0}^{N} u_{i\varepsilon} - \sum_{i=0}^{N} u_i\right\|_{W^{m,p}(\Omega)} \leqslant \sum_{i=0}^{N} \|u_{i\varepsilon} - u_i\|_{W^{m,p}(U_i\cap\Omega)} \longrightarrow 0. \quad \square$$

定理 3.1.4 ($C^\infty(\Omega)\bigcap W^{m,p}(\Omega)$ **在** $W^{m,p}(\Omega)$ $(1 \leqslant p < \infty)$ **中稠密**) **设** Ω **是** $\mathbb{R}^n(n \geqslant 1)$ **中具有光滑边界的无界区域, 则对于任意函数** $u \in W^{m,p}(\Omega)$, **都可以找到函数序列** $\{u_N\} \subset C^\infty(\Omega)\bigcap W^{m,p}(\Omega)$, **使得** $u_N \longrightarrow u$ $(W^{m,p}(\Omega))$.

证明 定义

$$\begin{cases} \Omega_N = \left\{x \in \Omega \,\middle|\, \operatorname{dist}(x, \partial\Omega) > \dfrac{1}{N}\right\} \cap B_N(0), \quad N \in \mathbb{N}, \\ \Omega_0 = \varnothing \end{cases}$$

存在充分大的 N_0, 当 $N \geqslant N_0$ 时, $\{\Omega_N\}$ 是区域 Ω 的相对紧的开子集序列, 满足 (这里要求 Ω 边界具有一定的光滑性, 此外不妨假定 $N_0 = 1$)

$$\Omega_1 \subset\subset \Omega_2 \subset\subset \cdots \subset\subset \Omega_N \subset\subset \cdots \longrightarrow \Omega.$$

显然 $\Omega = \bigcup\limits_{N=1}^{\infty} \Omega_N$. 令 $\Omega_1' = \Omega_1$, $\Omega_2' = \Omega_2$, 以及当 $N \geqslant 3$ 时, $\Omega_N' = \Omega_N \backslash \overline{\Omega_{N-2}}$, 则 $\{\Omega_N'\}$ 仍构成 Ω 的一个开覆盖, 即 $\Omega = \bigcup\limits_{N=1}^{\infty} \Omega_N'$, 且 Ω 中的任一点至多属于 $\{\Omega_N'\}$ 中的两个. 利用引理 2.2.4, 可知存在 $\varphi_N \in C_c^\infty(\Omega_N')$ 且在 Ω 上, $\sum\limits_{N=1}^{\infty} \varphi_N = 1$. 且对每个 N, 都可以取 $\varepsilon_N > 0$ 充分小, 使得 $\operatorname{supp}\varphi_N$ 的 $2\varepsilon_N$ 邻域

$$(\operatorname{supp}\varphi_N)_{2\varepsilon_N} = \{x \in \Omega;\ \operatorname{dist}(x, \operatorname{supp}\varphi_N) < 2\varepsilon_N\}$$

的闭包包含于 Ω_N', 即 $\overline{(\operatorname{supp}\varphi_N)_{2\varepsilon_N}} \subset \Omega_N'$. 记 $v_N = \alpha_{\varepsilon_N} * (\varphi_N u)$, 则 $v_N \in C_c^\infty(\Omega_N')$, 其中 $\alpha_{\varepsilon_N}(x) = {\varepsilon_N}^n \alpha\left(\dfrac{x}{\varepsilon_N}\right)$. 对任意 $\varepsilon > 0$, 可以取 ε_N 充分小, 使得

$$\|\varphi_N u - v_N\|_{W^{m,p}(\Omega)} = \|\varphi_N u - v_N\|_{W^{m,p}(\Omega_N')} \leqslant 2^{-N-1}\varepsilon.$$

令 $v(x) = \sum\limits_{N=1}^{\infty} v_N(x)$, $x \in \Omega$. 由上述讨论知, 在每一个 $x \in \Omega$ 的充分小邻域内, 这个和式实际上是有限和, 故 $v \in C^\infty(\Omega)$. 从而成立

$$\begin{aligned} \|u - v\|_{W^{m,p}(\Omega)} &= \sum_{|\alpha| \leqslant m} \|\partial^\alpha u - \partial^\alpha v\|_{L^p(\Omega)} \\ &= \sum_{|\alpha| \leqslant m} \left\|\sum_{N=1}^{\infty} \partial^\alpha(\varphi_N u - v_N)\right\|_{L^p(\Omega)} \end{aligned}$$

$$
\begin{aligned}
&\leqslant \sum_{N=1}^{\infty} \sum_{|\alpha| \leqslant m} \|\partial^\alpha (\varphi_N u - v_N)\|_{L^p(\Omega)} \\
&\leqslant \sum_{N=1}^{\infty} \|\varphi_N u - v_N\|_{W^{m,p}(\Omega)} \\
&\leqslant \sum_{N=1}^{\infty} 2^{-N-1}\varepsilon < \varepsilon,
\end{aligned}
$$

即 $\|u-v\|_{W^{m,p}(\Omega)} \leqslant \varepsilon$. 由于已知 $u \in W^{m,p}(\Omega)$, 故

$$
\|v\|_{W^{m,p}(\Omega)} \leqslant \|u-v\|_{W^{m,p}(\Omega)} + \|u\|_{W^{m,p}(\Omega)} \leqslant \varepsilon + \|u\|_{W^{m,p}(\Omega)}.
$$

说明 $v \in W^{m,p}(\Omega)$. 再利用已证事实: $v \in C^\infty(\Omega)$, 故 $v \in C^\infty(\Omega) \bigcap W^{m,p}(\Omega)$. □

Sobolev 空间 $W_0^{m,p}(\Omega)$ $(1 \leqslant p < \infty, m$ 为非负整数) 表示 $C_c^\infty(\Omega)$ 函数按范数 $\|u\|_{W^{m,p}(\Omega)} = \left(\sum\limits_{|\alpha| \leqslant m} \|\partial^\alpha u\|_{L^p(\Omega)}^p \right)^{\frac{1}{p}}$ 完备化所得到的空间, 即

$$
W_0^{m,p}(\Omega) = \{u \in W^{m,p}(\Omega);\ \exists\, u_N \in C_c^\infty(\Omega),\ \text{使得} \lim_{N\to\infty} \|u_N - u\|_{W^{m,p}(\Omega)} = 0\}.
$$

利用 $W_0^{m,p}(\Omega)$ 的定义, 可知 $W_0^{m,p}(\Omega)$ 和 $W^{m,p}(\Omega)$ 装备的范数是一致的; 还可知 $W_0^{m,p}(\Omega) \subseteq W^{m,p}(\Omega)$. 但是, 当区域 $\Omega = \mathbb{R}^n$ 时, 这两个空间是相等的, 即如下定理.

定理 3.1.5 设 $1 \leqslant p < \infty, m$ 为非负整数, 则成立 $W_0^{m,p}(\mathbb{R}^n) = W^{m,p}(\mathbb{R}^n)$.

证明 取截断函数 $\zeta \in C_c^\infty(\mathbb{R}^n)$, $0 \leqslant \zeta \leqslant 1$; $\zeta(x) \equiv 1$, $\forall |x| \leqslant 1$; $\zeta(x) \equiv 0$, $\forall |x| > 2$. 设 $u \in W^{m,p}(\mathbb{R}^n)$. 对任意的多重指标 β, $|\beta| \leqslant m$, 当 $A \longrightarrow \infty$ 时, 成立

$$
\begin{aligned}
\partial^\beta \left(\zeta\left(\frac{x}{A}\right) u \right) &= \sum_{\alpha \leqslant \beta} \frac{\beta!}{\alpha!(\beta-\alpha)!} \left(\partial_x^\alpha \zeta\left(\frac{x}{A}\right) \right) \partial^{\beta-\alpha} u \\
&= \zeta\left(\frac{x}{A}\right) \partial^\beta u + \sum_{1 \leqslant |\alpha|, \alpha \leqslant \beta} \frac{\beta!}{\alpha!(\beta-\alpha)!} A^{-|\alpha|} \partial^\alpha \zeta\left(\frac{x}{A}\right) \partial^{\beta-\alpha} u \\
&\longrightarrow \partial^\beta u \text{ 在 } \mathbb{R}^n \text{ 上几乎处处}.
\end{aligned}
$$

另外 (不妨假定 $A \geqslant 1$), 成立

$$
\begin{aligned}
\left| \partial^\beta \left(\zeta\left(\frac{x}{A}\right) u \right) \right| &= \left| \sum_{\alpha \leqslant \beta} \frac{\beta!}{\alpha!(\beta-\alpha)!} A^{-|\alpha|} \partial^\alpha \zeta\left(\frac{x}{A}\right) \partial^{\beta-\alpha} u \right| \\
&\leqslant \sum_{\alpha \leqslant \beta} \frac{\beta!}{\alpha!(\beta-\alpha)!} \sup_{y \in \mathbb{R}^n} |\partial^\alpha \zeta(y)| |\partial^{\beta-\alpha} u| \in L^p(\mathbb{R}^n).
\end{aligned}
$$

由上面的讨论, 利用 Lebesgue 控制收敛定理, 对任意的多重指标 β, $|\beta| \leqslant m$, 当 $A \longrightarrow \infty$ 时,

$$\partial^\beta \left(\zeta\left(\frac{x}{A}\right)u\right) \longrightarrow \partial^\beta u \ \ (L^p(\mathbb{R}^n)).$$

说明, 当 $A \longrightarrow \infty$ 时, 成立 $\zeta\left(\frac{x}{A}\right)u \longrightarrow u \ \ (W^{m,p}(\mathbb{R}^n))$. 因此, 对任意的 $\varepsilon > 0$, 存在充分大的 A_0, 使得

$$\left\|\zeta\left(\frac{x}{A_0}\right)u - u\right\|_{W^{m,p}(\mathbb{R}^n)} < \frac{\varepsilon}{2}. \tag{3.1.1}$$

由于 $u \notin C^\infty(\mathbb{R}^n)$, 故 $\zeta\left(\frac{x}{A_0}\right)u \notin C_c^\infty(\mathbb{R}^n)$. 下面将 $\zeta\left(\frac{x}{A_0}\right)u$ 进行正则化, 即可得到需要的具有紧支集的光滑函数序列.

令 $\varphi_\eta = J_\eta\left(\zeta\left(\frac{x}{A_0}\right)u\right)$, $\eta > 0$, 这里 J_η 是前面介绍过的磨光算子, 则 $\varphi_\eta \in C_c^\infty(\mathbb{R}^n)$, 再利用磨光算子的性质, 可知当 $\eta > 0$ 充分小时, 成立

$$\begin{aligned}
&\left\|J_\eta\left(\zeta\left(\frac{x}{A_0}\right)u\right) - \zeta\left(\frac{x}{A_0}\right)u\right\|_{W^{m,p}(\mathbb{R}^n)} \\
=&\sum_{k=1}^n \left\|\partial^k\left(J_\eta\left(\zeta\left(\frac{x}{A_0}\right)u\right)\right) - \partial^k\left(\zeta\left(\frac{x}{A_0}\right)u\right)\right\|_{L^p(\mathbb{R}^n)} \\
=&\sum_{k=1}^n \left\|J_\eta\left(\partial^k\left(\zeta\left(\frac{x}{A_0}\right)u\right)\right) - \partial^k\left(\zeta\left(\frac{x}{A_0}\right)u\right)\right\|_{L^p(\mathbb{R}^n)} \\
<&\frac{\varepsilon}{2}.
\end{aligned} \tag{3.1.2}$$

利用式 (3.1.1), (3.1.2), 可推知当 $\eta > 0$ 充分小时, 成立

$$\begin{aligned}
&\|\varphi_\eta - u\|_{W^{m,p}(\mathbb{R}^n)} \\
\leqslant&\left\|J_\eta\left(\zeta\left(\frac{x}{A_0}\right)u\right) - \zeta\left(\frac{x}{A_0}\right)u\right\|_{W^{m,p}(\mathbb{R}^n)} + \left\|\zeta\left(\frac{x}{A_0}\right)u - u\right\|_{W^{m,p}(\mathbb{R}^n)} \\
<&\varepsilon.
\end{aligned}$$

说明 $C_c^\infty(\mathbb{R}^n)$ 在 $W^{m,p}(\mathbb{R}^n)$ 中是稠密的. 再利用 $W_0^{m,p}(\mathbb{R}^n)$ 的定义, 可知 $u \in W_0^{m,p}(\mathbb{R}^n)$, 说明 $W^{m,p}(\mathbb{R}^n) \subseteq W_0^{m,p}(\mathbb{R}^n)$. 又已知 $W_0^{m,p}(\mathbb{R}^n) \subseteq W^{m,p}(\mathbb{R}^n)$, 故

$$W_0^{m,p}(\mathbb{R}^n) = W^{m,p}(\mathbb{R}^n). \qquad \square$$

但是, 如果 Ω 不是全空间 $\mathbb{R}^n$, 一般讲, $W_0^{m,p}(\Omega)$ 是 $W^{m,p}(\Omega)$ 的一个真子空间, 表示为 $W_0^{m,p}(\Omega) \subset\subset W^{m,p}(\Omega)$, 这里 $m \in \mathbb{N}$, $1 \leqslant p < \infty$.

例 1 设 $1 \leqslant p < \infty$, $-\infty < a < b < \infty$, 则 $W_0^{1,p}(a,b) \subset\subset W^{1,p}(a,b)$.

证明　对任意函数 $u \in W_0^{1,p}(a,b)$, 利用 $W_0^{1,p}(a,b)$ 的定义, 可知存在函数列 $u_N \in C_c^\infty(a,b)$, 使得 $u_N \longrightarrow u \ (W^{1,p}(a,b))$ 以及 $u_N \longrightarrow u$ 在 (a,b) 中几乎处处成立. 注意到, 对于 u_N, 成立

$$u_N(x) = u_N(a) + \int_a^x u'_N(y)\mathrm{d}y = \int_a^x u'_N(y)\mathrm{d}y.$$

从而

$$|u_N(x) - u_M(x)| \leqslant \int_a^x |u'_N(y) - u'_M(y)|\mathrm{d}y \leqslant (b-a)^{1-\frac{1}{p}}\|u'_N - u'_M\|_{L^p(a,b)}.$$

说明

$$\|u_N - u_M\|_{C([a,b])} \leqslant (b-a)^{1-\frac{1}{p}}\|u_N - u_M\|_{W^{1,p}(a,b)}. \tag{3.1.3}$$

已知 $u_N(a) = u_N(b) = 0$ 且 u_N 是 $W^{1,p}(a,b)$ 中的 Cauchy 序列. 利用式 (3.1.3) 知, 存在函数 $\widetilde{u} \in C([a,b])$, 使得 $\lim\limits_{N\to\infty}\|u_N - \widetilde{u}\|_{C([a,b])} = 0$, 从而 $\widetilde{u}(a) = \widetilde{u}(b) = 0$. 注意到 $u_N \longrightarrow u$ 在 (a,b) 中几乎处处, 故 $\widetilde{u} = u$ 在 (a,b) 中几乎处处. 通过改变一个零测集后, 可知, 在 $[a,b]$ 中, 成立 $u = \widetilde{u}$. 从而可得

$$W_0^{1,p}(a,b) \subseteq X := \{u \in C([a,b]) \,|\, u(a) = u(b) = 0\}. \tag{3.1.4}$$

选取函数 $f(x) = \begin{cases} 1, & x \in (a,b), \\ 0, & x = a,b. \end{cases}$ 显然, $f \notin C([a,b])$, $f \notin X$. 利用式 (3.1.4), 可知 $f \notin W_0^{1,p}(a,b)$. 此外,

$$\langle f', \varphi\rangle = -\langle f, \varphi'\rangle = -\int_a^b \varphi'(x)\mathrm{d}x = \varphi(a) - \varphi(b) = 0, \quad \forall\, \varphi \in C_c^\infty(a,b).$$

因此, 在 (a,b) 中, $f' = 0$ (事实上, 前面已经论证: 定义在连通区域 (a,b) 上的常数函数, 其广义导数为零). 从而

$$\|f\|_{W^{1,p}(a,b)} = \|f\|_{L^p(a,b)} + \|f'\|_{L^p(a,b)} = \|1\|_{L^p(a,b)} = (b-a)^{\frac{1}{p}},$$

即 $f \in W^{1,p}(a,b)$. 说明 $W_0^{1,p}(a,b)$ 确实是 $W^{1,p}(a,b)$ 的一个真子空间. □

3.2　负整数 Sobolev 空间

本节中, 讨论具有负整数的 Sobolev 空间及其一些相关性质.

定义 3.2.1　假定 $\Omega \subseteq \mathbb{R}^n$ 是一给定的开区域. 对于正整数 m, $1 \leqslant p < \infty$, 将 Sobolev 空间 $W_0^{m,p}(\Omega)$ 的对偶空间 $(W_0^{m,p}(\Omega))^*$ 视为广义函数空间 $\mathcal{D}'(\Omega)$ 的子

空间, 称为 $W^{-m,p'}(\Omega)$, 其中 p' 满足 $\dfrac{1}{p}+\dfrac{1}{p'}=1$, 它是具有负指数的 Sobolev 空间. 范数规定为

$$\|u\|_{W^{-m,p'}(\Omega)}=\sup_{v\in W_0^{m,p}(\Omega)\backslash\{0\}}\frac{|\langle u,v\rangle|}{\|v\|_{W_0^{m,p}(\Omega)}}.$$

注 1 由 $W^{-m,p'}(\Omega)$ 空间范数的定义可得, 对任意的 $u\in W^{-m,p'}(\Omega)$, $v\in W_0^{m,p}(\Omega)$, 成立

$$|\langle u,v\rangle|\leqslant\|u\|_{W^{-m,p'}(\Omega)}\|v\|_{W_0^{m,p}(\Omega)}.$$

注 2 负指数 Sobolev 空间中的元素也是 $\mathcal{D}'$ 广义函数. 事实上, 由于 $C_c^\infty(\Omega)$ 在 $W_0^{m,p}(\Omega)$ 中是稠密的, 故 $W_0^{m,p}(\Omega)$ 上的任一线性连续泛函唯一地对应着 $C_c^\infty(\Omega)$ 上的一个线性连续泛函. 所以 $(W_0^{m,p}(\Omega))^*$ 可以视为 $\mathcal{D}'(\Omega)$ 的一个子空间. 这可以从下面的关系图直接看出来:

$$\begin{array}{ccc}\mathcal{D}'(\Omega) & \xleftarrow{\ i\ } & (W_0^{m,p}(\Omega))^*\\ \uparrow & & \uparrow\\ C_c^\infty(\Omega) & \xrightarrow[i]{} & W_0^{m,p}(\Omega)\end{array}$$

注 3 负指数 Sobolev 空间中的元素如何表示. 将 $W_0^{m,p}(\Omega)$ 上的线性连续泛函视作 $\mathcal{D}'(\Omega)$ 广义函数时, 已经默认了可积函数与通过利用积分形式的泛函所表示的广义函数视为相同. 因此, 对于 $u\in W^{-m,p'}(\Omega)$, 成立

$$\langle u,v\rangle_{W^{-m,p'},W_0^{m,p}}=\int_\Omega u(x)v(x)\mathrm{d}x,\quad\forall\, v\in W_0^{m,p}(\Omega).$$

Sobolev 空间 $W^{m,p}(\Omega)$ (整数 m 可为负整数) 的一些性质.

(1) 若 $m_1\geqslant m_2$, $1<p<\infty$, 则 $W^{m_1,p}(\Omega)\subseteq W^{m_2,p}(\Omega)$;

若 $1<p_2<p_1<\infty$ 且 Ω 为 $\mathbb{R}^n$ 中有界区域, 则 $W^{m,p_1}(\Omega)\subset W^{m,p_2}(\Omega)$.

事实上, 对于 $m_1\geqslant m_2\geqslant 0$ 的情形, 前面已经验证. 假定 $0\geqslant m_1\geqslant m_2$, 则 $|m_1|\leqslant|m_2|$. 从而, $W_0^{|m_2|,p'}(\Omega)\subseteq W_0^{|m_1|,p'}(\Omega)$, 其中 $\dfrac{1}{p}+\dfrac{1}{p'}=1$, 即有

$$\begin{aligned}\|v\|_{W_0^{|m_1|,p'}(\Omega)}&=\left(\sum_{|\alpha|\leqslant|m_1|}\int_\Omega|\partial^\alpha v(x)|^{p'}\mathrm{d}x\right)^{\frac{1}{p'}}\\&\leqslant\left(\sum_{|\alpha|\leqslant|m_2|}\int_\Omega|\partial^\alpha v(x)|^{p'}\mathrm{d}x\right)^{\frac{1}{p'}}\\&=\|v\|_{W_0^{|m_2|,p'}(\Omega)},\quad\forall\, v\in W_0^{|m_2|,p'}(\Omega).\end{aligned}$$

因此,

$$\begin{aligned}\|u\|_{W^{m_2,p}(\Omega)} &= \sup_{v\in W_0^{|m_2|,p'}(\Omega)\setminus\{0\}} \frac{|\langle u,v\rangle|}{\|v\|_{W_0^{|m_2|,p'}(\Omega)}}\\ &\leqslant \sup_{v\in W_0^{|m_1|,p'}(\Omega)\setminus\{0\}} \frac{|\langle u,v\rangle|}{\|v\|_{W_0^{|m_1|,p'}(\Omega)}}\\ &= \|u\|_{W^{m_1,p}(\Omega)},\end{aligned}$$

说明 $W^{m_1,p}(\Omega)\subseteq W^{m_2,p}(\Omega)$.

对于 $m_1\geqslant 0\geqslant m_2$ 的情形. 由上述讨论知: $W^{m_1,p}(\Omega)\subseteq W^{0,p}(\Omega)\subseteq W^{m_2,p}(\Omega)$, 即 $W^{m_1,p}(\Omega)\subseteq W^{m_2,p}(\Omega)$.

此外, 利用负整数 Sobolev 空间的定义, 容易验证: 若 Ω 为有界区域, 则

$$W^{m,p_1}(\Omega)\subset W^{m,p_2}(\Omega),\quad \forall\, 1<p_2<p_1<\infty.$$

(2) 若 $u\in W^{m,p}(\Omega)$, $1<p<\infty$, 则对任意的多重指标 β, 成立 $\partial^\beta u\in W^{m-|\beta|,p}(\Omega)$.

验证: 对于 $m\geqslant|\beta|$ 的情形, 前面已经验证. (i) 假定 $0<m<|\beta|$, 取 $\beta_1\leqslant\beta$, $|\beta_1|=m$, 则对任意的函数 $u\in W^{m,p}(\Omega)$, 成立 $\partial^{\beta_1}u\in L^p(\Omega)$ 且

$$\begin{aligned}|\langle\partial^\beta u,\varphi\rangle| &= |\langle\partial^{\beta_1}u,\partial^{\beta-\beta_1}\varphi\rangle|\\ &\leqslant \|\partial^{\beta_1}u\|_{L^p(\Omega)}\|\partial^{\beta-\beta_1}\varphi\|_{L^{p'}(\Omega)}\\ &\leqslant \|u\|_{W^{m,p}(\Omega)}\|\varphi\|_{W_0^{|\beta|-m,p'}(\Omega)},\quad \forall\,\varphi\in C_c^\infty(\Omega);\end{aligned}$$

(ii) 假定 $m\leqslant 0$, 则对任意的函数 $u\in W^{m,p}(\Omega)$, 成立

$$\begin{aligned}|\langle\partial^\beta u,\varphi\rangle| &= |\langle u,\partial^\beta\varphi\rangle|\\ &\leqslant \|u\|_{W^{-|m|,p}(\Omega)}\|\partial^\beta\varphi\|_{W_0^{|m|,p'}(\Omega)}\\ &\leqslant \|u\|_{W^{-|m|,p}(\Omega)}\|\varphi\|_{W_0^{|\beta|+|m|,p'}(\Omega)}\\ &\leqslant \|u\|_{W^{m,p}(\Omega)}\|\varphi\|_{W_0^{|\beta|-m,p'}(\Omega)},\quad \forall\,\varphi\in C_c^\infty(\Omega).\end{aligned}$$

由上述 (i), (ii) 的讨论, 并利用 $C_c^\infty(\Omega)$ 在 $W_0^{|\beta|-m,p'}(\Omega)$ 中的稠密性, 可知 $\partial^\beta u$ 定义了一个$W_0^{|\beta|-m,p'}(\Omega)$上的线性连续泛函, 故 $\partial^\beta u\in W^{m-|\beta|,p}(\Omega)$ 且 $\|\partial^\beta u\|_{W^{m-|\beta|,p}(\Omega)}\leqslant \|u\|_{W^{m,p}(\Omega)}$.

(3) 若 $\tau:\Omega_x\longrightarrow\omega_y$ 是 C^∞ 变换, 其逆变换 $\tau^{-1}:\omega_y\longrightarrow\Omega_x$ 也是 C^∞ 变换, 且两个变换所对应的 Jacobi 行列式以及 $|\partial^\beta\tau(x)|$, $|\partial^\beta\tau^{-1}(y)|$ $(\forall\,|\beta|\leqslant|m|)$ 分别在 $\overline{\Omega_x}$ 和 $\overline{\omega_y}$ 上有界. 设 $u\in W^{m,p}(\Omega_x)$, 则 $v(y)=u(\tau^{-1}(y))\in W^{m,p}(\omega_y)$.

定理 3.2.2 设 $\Omega \subseteq \mathbb{R}^n$ 为开区域, 则对任意负整数 m, $C_c^\infty(\Omega)$ 在 $W^{m,p}(\Omega)$ $(1 < p < \infty)$ 中稠密. 这样, 负整数的 Sobolev 空间 $W^{m,p}(\Omega)$ 可以被刻画为 $W^{m,p}(\Omega) = \overline{C_c^\infty(\Omega)}^{\|\cdot\|_{W^{m,p}(\Omega)}}$ 或者

$$W^{m,p}(\Omega) = \{u \in \mathcal{D}'(\Omega) \mid \exists\, u_N \in C_c^\infty(\Omega) \text{ 满足 } \lim_{N\to\infty} \|u_N - u\|_{W^{m,p}(\Omega)} = 0\}.$$

证明 第一步. $C_c^\infty(\Omega) \subset W^{m,p}(\Omega)$. 事实上, $\forall\, g \in C_c^\infty(\Omega)$, 有 $g \in \mathcal{D}'(\Omega)$, 并且

$$\begin{aligned}\|g\|_{W^{m,p}(\Omega)} = \|g\|_{W^{-|m|,p}(\Omega)} &= \sup_{v\in W_0^{|m|,p'}(\Omega)\setminus\{0\}} \frac{|\langle g, v\rangle|}{\|v\|_{W_0^{|m|,p'}(\Omega)}} \\ &= \sup_{v\in W_0^{|m|,p'}(\Omega)\setminus\{0\}} \frac{\left|\displaystyle\int_\Omega g(x)v(x)\mathrm{d}x\right|}{\|v\|_{W_0^{|m|,p'}(\Omega)}} \\ &\leqslant \sup_{v\in W_0^{|m|,p'}(\Omega)\setminus\{0\}} \frac{\|g\|_{L^p(\Omega)}\|v\|_{L^{p'}(\Omega)}}{\|v\|_{W_0^{|m|,p'}(\Omega)}} \leqslant \|g\|_{L^p(\Omega)}.\end{aligned}$$

说明 $C_c^\infty(\Omega) \subset W^{m,p}(\Omega)$.

第二步. $W_0^{|m|,p'}(\Omega)$ 空间是自反的, 这里 p' 满足 $\dfrac{1}{p'} + \dfrac{1}{p} = 1$.

事实上, 利用 $W_0^{|m|,p'}(\Omega)$ 空间的定义知, 存在一个由 $W_0^{|m|,p'}(\Omega)$ 到 $L^{p'}(\Omega)$ 中的线性闭子空间上的同构 $i:\ u \mid\longrightarrow (\partial^\alpha u)_{|\alpha|\leqslant|m|}$. 故由 $L^{p'}(\Omega)$ 的自反性可知, $W_0^{|m|,p'}(\Omega)$ 也是自反的, 从而

$$W_0^{|m|,p'}(\Omega) = [W_0^{|m|,p'}(\Omega)]^{**} = [W^{-|m|,p}(\Omega)]^*.$$

第三步. 对 $W^{-|m|,p}(\Omega)$ 上的任一线性连续泛函 f, 若在 $C_c^\infty(\Omega)$ 上为零, 则必在 $W^{-|m|,p}(\Omega)$ 上为零, 即: $\forall\, f \in [W^{-|m|,p}(\Omega)]^*$, 若 $\langle f, v\rangle = 0$, $\forall\, v \in C_c^\infty(\Omega)$, 则 $\langle f, v\rangle = 0$, $\forall\, v \in W^{-|m|,p}(\Omega)$.

事实上, 利用第二步结论知, 对于 $f \in [W^{-|m|,p}(\Omega)]^* = W_0^{|m|,p'}(\Omega)$, 存在元素 $u \in W_0^{|m|,p'}(\Omega)$, 使得

$$f(v) = \langle u, v\rangle, \quad \forall\, v \in W^{-|m|,p}(\Omega).$$

利用上述等式, 若 $\displaystyle\int_\Omega u(x)v(x)\mathrm{d}x = \langle u, v\rangle = f(v) = 0$, $\forall\, v \in C_c^\infty(\Omega)$, 由于 $v \in C_c^\infty(\Omega)$ 的任意性, 以及 $u \in W_0^{|m|,p'}(\Omega) \subset L^1_{\mathrm{loc}}(\Omega)$, 可知, 在 Ω 中, $u = 0$ 几乎处处成立. 再次利用上述等式, 对任意的 $v \in W^{-|m|,p}(\Omega)$, 可得 $f(v) = \langle u, v\rangle = \langle 0, v\rangle = 0$. 从而 $v \in \overline{C_c^\infty(\Omega)}^{\|\cdot\|_{W^{m,p}(\Omega)}}$, 说明 $W^{-|m|,p}(\Omega) \subseteq \overline{C_c^\infty(\Omega)}^{\|\cdot\|_{W^{m,p}(\Omega)}}$. 这里用到如下的一个 Hahn-Banach 定理的推论 (参见文献 [21]).

假定 M 是 Banach 空间 X 的一个子集, 又设 y 是 X 中的任意一个非零元素. 则 $y \in \overline{\text{span}\, M}$ 的充分必要条件是: 对任意的 $f \in X^*$, 以及 $f(x) = 0, \forall x \in M$, 成立 $f(y) = 0$.

又已知 $C_c^\infty(\Omega) \subset W^{m,p}(\Omega)$, 说明 $\overline{C_c^\infty(\Omega)}^{\|\cdot\|_{W^{m,p}(\Omega)}} \subseteq W^{m,p}(\Omega)$.

结合第三步结论知: $W^{m,p}(\Omega) = \overline{C_c^\infty(\Omega)}^{\|\cdot\|_{W^{m,p}(\Omega)}}$, 即 $C_c^\infty(\Omega)$ 在 $W^{m,p}(\Omega)$ 中稠密. □

下面介绍 $H_0^1(\Omega)$ 的对偶空间 $H^{-1}(\Omega)$, 这是一个经常要用到的重要空间.

定理 3.2.3　假定 Ω 是 $\mathbb{R}^n$ 中的区域 (可以无界), 则 $f \in H^{-1}(\Omega)$ 当且仅当存在函数 $f_0, f_1, \cdots, f_n \in L^2(\Omega)$, 使得

$$\langle f, v\rangle_{H^{-1},H_0^1} = \int_\Omega \left(f_0 v + \sum_{i=1}^n f_i \partial_i v \right) \mathrm{d}x, \quad \forall\, v \in H_0^1(\Omega). \tag{3.2.1}$$

进一步, 还成立

$$\|f\|_{H^{-1}(\Omega)} = \inf \left\{ \left(\int_\Omega \sum_{i=0}^n |f_i|^2 \mathrm{d}x \right)^{\frac{1}{2}} : f_0, f_1, \cdots, f_n \in L^2(\Omega) \right.\\ \left. \text{满足式 (3.2.1)} \right\}. \tag{3.2.2}$$

当式 (3.2.1) 成立时, 通常写成: $f = f_0 - \sum_{i=1}^n \partial_i f_i$.

特别地, 当 $f \in L^2(\Omega)$ 时, 成立 $\|f\|_{H^{-1}(\Omega)} \leqslant \|f\|_{L^2(\Omega)}$, 并且

$$\langle f, v\rangle_{H^{-1},H_0^1} = (f, v)_{L^2(\Omega)} = \int_\Omega f v \mathrm{d}x, \quad \forall\, v \in H_0^1(\Omega).$$

证明　(1) 假定存在函数 $f_0, f_1, \cdots, f_n \in L^2(\Omega)$, 使得式 (3.2.1) 成立. 则

$$\begin{aligned}
\|f\|_{H^{-1}(\Omega)} &= \sup_{v \in H_0^1(\Omega)\setminus\{0\}} \frac{|\langle f, v\rangle_{H^{-1},H_0^1}|}{\|v\|_{H_0^1(\Omega)}} \\
&= \sup_{v \in H_0^1(\Omega)\setminus\{0\}} \frac{\left| \int_\Omega \left(f_0 v + \sum_{i=1}^n f_i \partial_i v \right) \mathrm{d}x \right|}{\|v\|_{H_0^1(\Omega)}} \\
&\leqslant \sup_{v \in H_0^1(\Omega)\setminus\{0\}} \frac{\|f_0\|_{L^2(\Omega)} \|v\|_{L^2(\Omega)} + \sum_{i=1}^n \|f_i\|_{L^2(\Omega)} \|\partial_i v\|_{L^2(\Omega)}}{\|v\|_{H_0^1(\Omega)}} \\
&\leqslant \sum_{i=0}^n \|f_i\|_{L^2(\Omega)}.
\end{aligned}$$

说明 $f \in H^{-1}(\Omega)$, 且 $\|f\|_{H^{-1}(\Omega)} \leqslant \sum_{i=0}^{n} \|f_i\|_{L^2(\Omega)}$.

(2) 假定 $f \in H^{-1}(\Omega)$, 由 Riesz 表示定理, 存在唯一的函数 $u \in H_0^1(\Omega)$, 使得 $\|f\|_{H^{-1}(\Omega)} = \|u\|_{H_0^1(\Omega)}$, 且

$$\langle f, v\rangle_{H^{-1},H_0^1} = (u,v)_{H_0^1}, \quad \forall v \in H_0^1(\Omega),$$

即

$$\langle f, v\rangle_{H^{-1},H_0^1} = \int_\Omega \left(uv + \sum_{i=1}^{n} \partial_i u \partial_i v \right) \mathrm{d}x, \quad \forall v \in H_0^1(\Omega).$$

取 $f_0 = u$, $f_i = \partial_i u$, 则 $f_0, f_1, \cdots, f_n \in L^2(\Omega)$, 使得式 (3.2.1) 成立, 并且

$$\|f\|_{H^{-1}(\Omega)} = \|u\|_{H_0^1(\Omega)} = \left(\int_\Omega \left(|u|^2 + \sum_{i=1}^{n} |\partial_i u|^2 \right) \mathrm{d}x \right)^{\frac{1}{2}} = \left(\int_\Omega \sum_{i=0}^{n} |f_i|^2 \mathrm{d}x \right)^{\frac{1}{2}}.$$

(3) 假定对任意给定的函数 $g_0, g_1, \cdots, g_n \in L^2(\Omega)$ 满足式 (3.2.1), 即

$$\langle f, v\rangle_{H^{-1},H_0^1} = \int_\Omega \left(g_0 v + \sum_{i=1}^{n} g_i \partial_i v \right) \mathrm{d}x, \quad \forall v \in H_0^1(\Omega).$$

利用离散的 Hölder 不等式, 可得

$$\begin{aligned} |\langle f, v\rangle_{H^{-1},H_0^1}| &\leqslant \int_\Omega \left(|g_0||v| + \sum_{i=1}^{n} |g_i||\partial_i v| \right) \mathrm{d}x \\ &\leqslant \left(\int_\Omega \sum_{i=0}^{n} |g_i|^2 \mathrm{d}x \right)^{\frac{1}{2}} \|v\|_{H_0^1(\Omega)}, \quad \forall v \in H_0^1(\Omega). \end{aligned}$$

说明

$$\|f\|_{H^{-1}(\Omega)} \leqslant \left(\int_\Omega \sum_{i=0}^{n} |g_i|^2 \mathrm{d}x \right)^{\frac{1}{2}}.$$

结合上述 (2) 的证明中得到的函数 $f_0, f_1, \cdots, f_n \in L^2(\Omega)$, 其满足

$$\|f\|_{H^{-1}(\Omega)} = \left(\int_\Omega \sum_{i=0}^{n} |f_i|^2 \mathrm{d}x \right)^{\frac{1}{2}}.$$

可知式 (3.2.2) 成立.

(4) 当 $f \in L^2(\Omega)$ 时, $\int_\Omega fv\mathrm{d}x$ 定义了 $H_0^1(\Omega)$ 上的一个连续线性泛函, 因此, 下式

$$\langle f, v\rangle_{H^{-1},H_0^1} = (f,v)_{L^2(\Omega)} = \int_\Omega fv\mathrm{d}x, \quad \forall\, v \in H_0^1(\Omega)$$

中的每一项均有意义, 等式自然是成立的. 此外

$$
\begin{aligned}
\|f\|_{H^{-1}(\Omega)} &= \sup_{v\in H_0^1(\Omega)\backslash\{0\}} \frac{|\langle f,v\rangle_{H^{-1},H_0^1}|}{\|v\|_{H_0^1(\Omega)}} \\
&= \sup_{v\in H_0^1(\Omega)\backslash\{0\}} \frac{|(f,v)_{L^2(\Omega)}|}{\|v\|_{H_0^1(\Omega)}} \\
&\leqslant \sup_{v\in H_0^1(\Omega)\backslash\{0\}} \frac{\|f\|_{L^2(\Omega)}\|v\|_{L^2(\Omega)}}{\|v\|_{H_0^1(\Omega)}} \\
&\leqslant \|f\|_{L^2(\Omega)}.
\end{aligned}
$$

□

3.3 实指数 Sobolev 空间

定义 3.3.1 设 $s\in\mathbb{R}^1$, 记 $H^s(\mathbb{R}^n)$ 是适合 $(1+|\xi|^2)^{\frac{s}{2}}\widehat{u}(\xi)\in L^2(\mathbb{R}^n)$ 的所有广义函数 $u\in\mathscr{S}'(\mathbb{R}^n)$ 所组成的空间, 即

$$H^s(\mathbb{R}^n):=\{u\in\mathscr{S}'(\mathbb{R}^n)|\,(1+|\xi|^2)^{\frac{s}{2}}\widehat{u}(\xi)\in L^2(\mathbb{R}^n)\}.$$

内积定义: $(u,v)_{H^s(\mathbb{R}^n)}:=\displaystyle\int_{\mathbb{R}^n}(1+|\xi|^2)^s\widehat{u}(\xi)\overline{\widehat{v}(\xi)}\mathrm{d}\xi$;

范数定义:$\|u\|^2_{H^s(\mathbb{R}^n)}:=\displaystyle\int_{\mathbb{R}^n}(1+|\xi|^2)^s|\widehat{u}(\xi)|^2\mathrm{d}\xi$.

定理 3.3.2 $H^s(\mathbb{R}^n)$ $(s\in\mathbb{R}^1)$ 是一个 Hilbert 空间且 $C_c^\infty(\mathbb{R}^n)$, $\mathscr{S}(\mathbb{R}^n)$ 均在 $H^s(\mathbb{R}^n)$ 中稠密.

证明 先证 $H^s(\mathbb{R}^n)$ 空间的完备性. 然后利用 $H^s(\mathbb{R}^n)$ 定义的内积可知 $H^s(\mathbb{R}^n)$ $(s\in\mathbb{R}^1)$ 是一个 Hilbert 空间. 假定 $\{u_j\}$ 是 $H^s(\mathbb{R}^n)$ 空间中的 Cauchy 序列, 则由 $H^s(\mathbb{R}^n)$ 空间的定义知: $(1+|\xi|^2)^{\frac{s}{2}}\widehat{u_j}(\xi)$ 是 $L^2(\mathbb{R}^n)$ 空间中的 Cauchy 序列, 利用 $L^2(\mathbb{R}^n)$ 空间的完备性, 可知存在函数 $v\in L^2(\mathbb{R}^n)\subset\mathscr{S}'(\mathbb{R}^n)$ (相应地, $\widehat{v}\in L^2(\mathbb{R}^n)\subset\mathscr{S}'(\mathbb{R}^n)$), 使得 $(1+|\xi|^2)^{\frac{s}{2}}\widehat{u_j}(\xi)\longrightarrow\widehat{v}(\xi)$ 在 $L^2(\mathbb{R}^n)$ 中. 令 $\widehat{u}(\xi)=(1+|\xi|^2)^{-\frac{s}{2}}\widehat{v}(\xi)$, 则 $(1+|\xi|^2)^{\frac{s}{2}}\widehat{u}(\xi)=\widehat{v}(\xi)\in L^2(\mathbb{R}^n)$, 以及 $(1+|\xi|^2)^{\frac{s}{2}}\widehat{u_j}(\xi)\longrightarrow(1+|\xi|^2)^{\frac{s}{2}}\widehat{u}(\xi)$ 在 $L^2(\mathbb{R}^n)$ 中. 另外, $(1+|\xi|^2)^{-\frac{s}{2}}$ 可以被看成是光滑的缓增乘子, 故 $\widehat{u}(\xi)\in\mathscr{S}'(\mathbb{R}^n)$, 自然成立 $u(x)=\mathcal{F}^{-1}[(1+|\xi|^2)^{-\frac{s}{2}}\widehat{v}(\xi)](x)\in\mathscr{S}'(\mathbb{R}^n)$. 说明 $u_j\longrightarrow u$ 在 $H^s(\mathbb{R}^n)$ 中.

下面先证 $\mathscr{S}(\mathbb{R}^n)$ 在 $H^s(\mathbb{R}^n)$ 中稠密. 假定 $u\in H^s(\mathbb{R}^n)$, 则 $(1+|\xi|^2)^{\frac{s}{2}}\widehat{u}(\xi)\in L^2(\mathbb{R}^n)$. 由于在定理 3.1.5 中已证: $C_c^\infty(\mathbb{R}^n)$ 在 $L^2(\mathbb{R}^n)$ 中稠密, 故 $\mathscr{S}(\mathbb{R}^n)$ 在 $L^2(\mathbb{R}^n)$ 中稠密. 因此对任意 $\varepsilon>0$, 存在 $h(\xi)\in\mathscr{S}(\mathbb{R}^n)$, 使得

$$\|(1+|\xi|^2)^{\frac{s}{2}}\widehat{u}(\xi)-h(\xi)\|_{L^2(\mathbb{R}^n)}<\frac{\varepsilon}{2}.$$

注意到 $(1+|\xi|^2)^{-\frac{s}{2}}h(\xi)\in\mathscr{S}(\mathbb{R}^n)$. 令 $\widehat{\varphi}(\xi)=(1+|\xi|^2)^{-\frac{s}{2}}h(\xi)$ 或者 $\varphi(x)=\mathcal{F}^{-1}[(1+|\xi|^2)^{-\frac{s}{2}}h(\xi)](x)$, 则 $\varphi\in\mathscr{S}(\mathbb{R}^n)$ 且

$$\|u-\varphi\|_{H^s(\mathbb{R}^n)}<\varepsilon. \tag{3.3.1}$$

说明 $\mathscr{S}(\mathbb{R}^n)$ 在 $H^s(\mathbb{R}^n)$ 中是稠密的.

最后证明 $C_c^\infty(\mathbb{R}^n)$ 在 $H^s(\mathbb{R}^n)$ 中是稠密的. 取 $k>s$ 为正整数, 利用 $H^s(\mathbb{R}^n)$ 空间范数的定义, 可知

$$\|v\|_{H^s(\mathbb{R}^n)}\leqslant\|v\|_{H^k(\mathbb{R}^n)},\quad \forall v\in H^k(\mathbb{R}^n). \tag{3.3.2}$$

由于在定理 3.1.5 中已证: $C_c^\infty(\mathbb{R}^n)$ 在 $H^{k,2}(\mathbb{R}^n)$ 中稠密, 并且 $H^{k,2}(\mathbb{R}^n)=H^k(\mathbb{R}^n)$ (见下面的定理 3.3.4), 可知 $C_c^\infty(\mathbb{R}^n)$ 在 $H^k(\mathbb{R}^n)$ 中稠密. 故对于式 (3.3.1) 中给定的 $\varphi\in\mathscr{S}(\mathbb{R}^n)\subset H^k(\mathbb{R}^n)$, 存在 $\psi\in C_c^\infty(\mathbb{R}^n)$, 使得

$$\|\psi-\varphi\|_{H^k(\mathbb{R}^n)}<\frac{\varepsilon}{2}. \tag{3.3.3}$$

因此, 利用式 (3.3.1)—(3.3.3), 可得

$$\begin{aligned}\|\psi-u\|_{H^s(\mathbb{R}^n)}&\leqslant\|\psi-\varphi\|_{H^s(\mathbb{R}^n)}+\|\varphi-u\|_{H^s(\mathbb{R}^n)}\\&\leqslant\|\psi-\varphi\|_{H^k(\mathbb{R}^n)}+\frac{\varepsilon}{2}<\varepsilon.\end{aligned}$$

说明 $C_c^\infty(\mathbb{R}^n)$ 在 $H^s(\mathbb{R}^n)$ 中确实是稠密的.□

定理 3.3.3 $H^s(\mathbb{R}^n)$ $(s\in\mathbb{R}^1)$ 的对偶空间为 $H^{-s}(\mathbb{R}^n)$, 即

$$(H^s(\mathbb{R}^n))^*=H^{-s}(\mathbb{R}^n).$$

证明 第一步. 对任意的 $T\in\mathscr{S}'(\mathbb{R}^n)$, $\varphi\in\mathscr{S}(\mathbb{R}^n)$. 成立

$$\langle F[T],\overline{F[\varphi]}\rangle=(2\pi)^n\langle T,\overline{\varphi}\rangle.$$

事实上, 在前面 Parseval 等式的证明中已证明:

$$F[\psi]=(2\pi)^n\overline{F^{-1}[\overline{\psi}]}\Longrightarrow\overline{F[\psi]}=(2\pi)^nF^{-1}[\overline{\psi}],\quad\forall\psi\in\mathscr{S}(\mathbb{R}^n).$$

因此, 利用广义 Fourier 变换的定义, 可得

$$\begin{aligned}\langle F[T],\overline{F[\varphi]}\rangle&=\langle F[T],(2\pi)^nF^{-1}[\overline{\varphi}]\rangle\\&=(2\pi)^n\langle T,F[F^{-1}[\overline{\varphi}]]\rangle\\&=(2\pi)^n\langle T,\overline{\varphi}\rangle.\end{aligned}$$

第二步. 验证: $(H^s(\mathbb{R}^n))^* \subset \mathscr{S}'(\mathbb{R}^n)$. 设 h 为 $H^s(\mathbb{R}^n)$ 空间上的线性连续泛函, 即 $h \in (H^s(\mathbb{R}^n))^*$, 则存在常数 $C > 0$, 使得

$$|\langle h, u\rangle| \leqslant C\|u\|_{H^s(\mathbb{R}^n)}, \quad \forall u \in H^s(\mathbb{R}^n).$$

注意到, $\mathscr{S}(\mathbb{R}^n) \subset H^s(\mathbb{R}^n)$, 故对任意的 $u \in \mathscr{S}(\mathbb{R}^n)$, 上述不等式也成立.

此外, 假定 $u_j \in \mathscr{S}(\mathbb{R}^n)$, 且满足

$$u_j \longrightarrow 0\,(\mathscr{S}(\mathbb{R}^n)).$$

利用 $H^s(\mathbb{R}^n)$ 空间范数的定义及 $\mathscr{S}(\mathbb{R}^n)$ 空间收敛的定义, 可知

$$u_j \longrightarrow 0\,(H^s(\mathbb{R}^n)).$$

结合上述不等式, 可得

$$\langle h, u_j\rangle \longrightarrow 0.$$

上述讨论表明 $h \in \mathscr{S}'(\mathbb{R}^n)$. 从而 $(H^s(\mathbb{R}^n))^* \subset \mathscr{S}'(\mathbb{R}^n)$.

第三步. 利用第一、二步的结果, 对任意 $u \in \mathscr{S}(\mathbb{R}^n) \subset H^s(\mathbb{R}^n)$, 成立

$$\begin{aligned}
&|\langle (1+|\xi|^2)^{-\frac{s}{2}}\widehat{h}, (1+|\xi|^2)^{\frac{s}{2}}\widehat{\overline{u}}\rangle| \\
=&|\langle \widehat{h}, \widehat{\overline{u}}\rangle| = (2\pi)^n|\langle h, \overline{u}\rangle| \\
\leqslant &C\|\overline{u}\|_{H^s(\mathbb{R}^n)} = C\|(1+|\xi|^2)^{\frac{s}{2}}\widehat{\overline{u}}\|_{L^2(\mathbb{R}^n)}.
\end{aligned}$$

将

$$\widehat{\overline{u}}(\xi) = (2\pi)^n\overline{F^{-1}[u](\xi)} = \overline{F[u]}(-\xi) = \overline{\widehat{u}}(-\xi)$$

代入上述估计式中即得

$$|\langle (1+|\xi|^2)^{-\frac{s}{2}}\widehat{h}, (1+|\xi|^2)^{\frac{s}{2}}\overline{\widehat{u}}\rangle| \leqslant C\|(1+|\xi|^2)^{\frac{s}{2}}\overline{\widehat{u}}\|_{L^2(\mathbb{R}^n)}.$$

特别地, 对任意 $\varphi \in \mathscr{S}(\mathbb{R}^n)$, 令 $u(x) = F^{-1}[(1+|\xi|^2)^{-\frac{s}{2}}\overline{\varphi}](x)$ 或 $\varphi(\xi) = (1+|\xi|^2)^{\frac{s}{2}}\overline{\widehat{u}}(\xi)$. 注意到, $(1+|\xi|^2)^{-\frac{s}{2}} \in C^\infty(\mathbb{R}^n)$, 可知 $u, \widehat{u} \in \mathscr{S}(\mathbb{R}^n)$. 由上式可知

$$|\langle (1+|\xi|^2)^{-\frac{s}{2}}\widehat{h}, \varphi\rangle| \leqslant C\|\varphi\|_{L^2(\mathbb{R}^n)}, \quad \forall\, \varphi \in \mathscr{S}(\mathbb{R}^n).$$

利用定理 3.3.2 的结论: $\mathscr{S}(\mathbb{R}^n)$ 在 $H^s(\mathbb{R}^n)$ 中稠密, 可知 $\|(1+|\xi|^2)^{-\frac{s}{2}}\widehat{h}\|_{L^2(\mathbb{R}^n)} \leqslant C$, 说明

$$(1+|\xi|^2)^{-\frac{s}{2}}\widehat{h} \in L^2(\mathbb{R}^n), \quad h \in H^{-s}(\mathbb{R}^n),$$

表明 $(H^s(\mathbb{R}^n))^* \subseteq H^{-s}(\mathbb{R}^n)$ 成立.

第四步. 对任意的 $\psi \in H^{-s}(\mathbb{R}^n)$, 以及任意的 $\varphi \in H^s(\mathbb{R}^n)$, 定义

$$\langle \psi, \varphi \rangle := \int_{\mathbb{R}^n} (1+|\xi|^2)^{-\frac{s}{2}} \widehat{\psi}(\xi)(1+|\xi|^2)^{\frac{s}{2}} \widehat{\varphi}(\xi) \mathrm{d}\xi.$$

显然, $\langle \psi, \cdot \rangle$ 定义了 $H^s(\mathbb{R}^n)$ 空间上的一个线性泛函. 现在验证该泛函的连续性. 利用 Hölder 不等式, 对任意 $\varphi \in H^s(\mathbb{R}^n)$, 可得

$$|\langle \psi, \varphi \rangle| \leqslant \|(1+|\xi|^2)^{-\frac{s}{2}} \widehat{\psi}\|_{L^2(\mathbb{R}^n)} \|(1+|\xi|^2)^{\frac{s}{2}} \widehat{\varphi}\|_{L^2(\mathbb{R}^n)} = \|\psi\|_{H^{-s}(\mathbb{R}^n)} \|\varphi\|_{H^s(\mathbb{R}^n)}.$$

说明 $\psi \in (H^s(\mathbb{R}^n))^*$ 且 $\|\psi\|_{(H^s(\mathbb{R}^n))^*} \leqslant \|\psi\|_{H^{-s}(\mathbb{R}^n)}$. 从而 $H^{-s}(\mathbb{R}^n) \subseteq (H^s(\mathbb{R}^n))^*$.

第三步、第四步的结果表明:$(H^s(\mathbb{R}^n))^* = H^{-s}(\mathbb{R}^n)$. □

定理 3.3.4 *当 s 为整数时, 成立: $H^s(\mathbb{R}^n) = W^{s,2}(\mathbb{R}^n)$.*

证明 分三种情况讨论. 当 $s=0$ 时, 利用 Parseval 等式,

$$\|u\|_{H^0(\mathbb{R}^n)} = \|(1+|\xi|^2)^{\frac{0}{2}} \widehat{u}\|_{L^2(\mathbb{R}^n)} = \|\widehat{u}\|_{L^2(\mathbb{R}^n)} = \|u\|_{L^2(\mathbb{R}^n)} = \|u\|_{W^{0,2}(\mathbb{R}^n)},$$

说明 $H^0(\mathbb{R}^n) = L^2(\mathbb{R}^n) = W^{0,2}(\mathbb{R}^n)$.

当 $s>0$ 时, 注意到: $\forall \xi \in \mathbb{R}^n$, 下述不等式成立

$$C_1(1+|\xi|^2)^s \leqslant \sum_{|\alpha| \leqslant s} |\xi^\alpha|^2 \leqslant C_2(1+|\xi|^2)^s. \tag{3.3.4}$$

事实上,

$$\sum_{|\alpha| \leqslant s} |\xi^\alpha|^2 \geqslant 1 + \xi_1^{2s} + \xi_2^{2s} + \cdots + \xi_n^{2s} \geqslant C_1(1+|\xi|^2)^s;$$

另外,

$$\begin{aligned}
\sum_{|\alpha| \leqslant s} |\xi^\alpha|^2 &= \sum_{|\alpha| \leqslant s} |\xi_1^{\alpha_1} \xi_2^{\alpha_2} \cdots \xi_n^{\alpha_n}|^2 \\
&= \sum_{|\alpha| \leqslant s} |\xi_1|^{2\alpha_1} |\xi_2|^{2\alpha_2} \cdots |\xi_n|^{2\alpha_n} \\
&\leqslant \sum_{|\alpha| \leqslant s} |\xi|^{2\alpha_1} |\xi|^{2\alpha_2} \cdot |\xi|^{2\alpha_n} \\
&= \sum_{|\alpha| \leqslant s} |\xi|^{2|\alpha|} \\
&\leqslant \sum_{|\alpha| \leqslant s} (1+|\xi|^2)^{|\alpha|} \\
&\leqslant C_2(1+|\xi|^2)^s.
\end{aligned}$$

综合上述讨论知, 式 (3.3.4) 成立.

利用 Parseval 等式, 可得

$$\begin{aligned}\|u\|_{W^{s,2}(\mathbb{R}^n)} &= \left(\sum_{|\alpha|\leqslant s}\|\partial^\alpha u\|^2_{L^2(\mathbb{R}^n)}\right)^{\frac{1}{2}}\\ &= \left((2\pi)^{-n}\sum_{|\alpha|\leqslant s}\|\widehat{\partial^\alpha u}\|^2_{L^2(\mathbb{R}^n)}\right)^{\frac{1}{2}}\\ &= \left((2\pi)^{-n}\sum_{|\alpha|\leqslant s}\|\xi^\alpha \widehat{u}\|^2_{L^2(\mathbb{R}^n)}\right)^{\frac{1}{2}}\\ &= \left(\int_{\mathbb{R}^n}(2\pi)^{-n}\sum_{|\alpha|\leqslant s}|\xi^\alpha|^2|\widehat{u}(\xi)|^2\mathrm{d}\xi\right)^{\frac{1}{2}}.\end{aligned}$$

结合式 (3.3.4), 可知 $C_1\|u\|_{H^s(\mathbb{R}^n)} \leqslant \|u\|_{W^{s,2}(\mathbb{R}^n)} \leqslant C_2\|u\|_{H^s(\mathbb{R}^n)}$. 说明, 当 s 为正整数时, $H^s(\mathbb{R}^n) = W^{s,2}(\mathbb{R}^n)$.

当 s 为负整数时, $s=-|s|$, $W_0^{|s|,2}(\mathbb{R}^n) = W^{|s|,2}(\mathbb{R}^n)$. 利用定理 3.3.3, 可得

$$\begin{aligned}H^s(\mathbb{R}^n) &= H^{-|s|}(\mathbb{R}^n) = (H^{|s|}(\mathbb{R}^n))^* = (W^{|s|,2}(\mathbb{R}^n))^*\\ &= (W_0^{|s|,2}(\mathbb{R}^n))^* = W^{-|s|,2}(\mathbb{R}^n) = W^{s,2}(\mathbb{R}^n).\end{aligned}$$ □

定理 3.3.5(内插不等式) 设 $s,t\in\mathbb{R}^1$, $s<t$, 则对任意的 $\theta\in(0,1)$, 成立

$$\|u\|_{H^{\theta s+(1-\theta)t}(\mathbb{R}^n)} \leqslant \|u\|^\theta_{H^s(\mathbb{R}^n)}\|u\|^{1-\theta}_{H^t(\mathbb{R}^n)}, \quad \forall\, u\in H^t(\mathbb{R}^n).$$

证明 利用 Hölder 不等式, 可得

$$\begin{aligned}&\|u\|_{H^{\theta s+(1-\theta)t}(\mathbb{R}^n)}\\ &= \left(\int_{\mathbb{R}^n}(1+|\xi|^2)^{\theta s+(1-\theta)t}|\widehat{u}(\xi)|^2\mathrm{d}\xi\right)^{\frac{1}{2}}\\ &= \left(\int_{\mathbb{R}^n}[(1+|\xi|^2)^s|\widehat{u}(\xi)|^2]^\theta[(1+|\xi|^2)^t|\widehat{u}(\xi)|^2]^{1-\theta}\mathrm{d}\xi\right)^{\frac{1}{2}}\\ &\leqslant \left(\int_{\mathbb{R}^n}(1+|\xi|^2)^s|\widehat{u}(\xi)|^2\mathrm{d}\xi\right)^{\frac{\theta}{2}}\left(\int_{\mathbb{R}^n}(1+|\xi|^2)^t|\widehat{u}(\xi)|^2\mathrm{d}\xi\right)^{\frac{1-\theta}{2}}\\ &= \|u\|^\theta_{H^s(\mathbb{R}^n)}\|u\|^{1-\theta}_{H^t(\mathbb{R}^n)}.\end{aligned}$$ □

3.4 延拓定理

本节中假定区域 $\Omega \subset \mathbb{R}^n$ 是有界的, 且边界 $\partial\Omega$ 光滑. 事实上, $W^{m,p}$ $(m \in \mathbb{N}\cup\{0\}, 1 \leqslant p < \infty)$ 函数的延拓定理对一般无界区域 Ω $(\partial\Omega \in C^m)$ 也是成立的.

定理 3.4.1 设 $m \in \mathbb{N}\cup\{0\}$, $1 \leqslant p < \infty$, 则 $u \in W_0^{m,p}(\Omega)$ 的充要条件是 u 的零延拓函数 $\widetilde{u} \in W^{m,p}(\mathbb{R}^n)$, 其中, 在 Ω 内, $\widetilde{u} = u$; 在 Ω 外, $\widetilde{u} = 0$.

证明 必要性. 设 $u \in W_0^{m,p}(\Omega)$, 利用 $W_0^{m,p}(\Omega)$ 的定义, 存在 $u_N \in C_c^\infty(\Omega)$, 使得 $u_N \longrightarrow u\,(W_0^{m,p}(\Omega))$ 以及在 Ω 中, $u_N \longrightarrow u$ 几乎处处成立. 记 $\widetilde{u_N}$ 为 u_N 的零延拓函数, 则 $\widetilde{u_N} \in C_c^\infty(\mathbb{R}^n)$ 且 $\|\widetilde{u_N}\|_{W^{m,p}(\mathbb{R}^n)} = \|u_N\|_{W^{m,p}(\Omega)}$. 利用 u_N 在 $W_0^{m,p}(\Omega)$ 中的强收敛性, 可知 $\{\widetilde{u_N}\}$ 是 $W^{m,p}(\mathbb{R}^n)$ 中的 Cauchy 序列. 因此, 存在函数 $v \in W^{m,p}(\mathbb{R}^n)$, 使得 (必要时抽取一串子列) $\widetilde{u_N} \longrightarrow v\,(W_0^{m,p}(\mathbb{R}^n))$ 以及在 $\mathbb{R}^n$ 中, $\widetilde{u_N} \longrightarrow v$ 几乎处处成立. 注意到, 在 $\mathbb{R}^n$ 中, $\widetilde{u_N} \longrightarrow \widetilde{u}$ 几乎处处成立. 从而, 在 $\mathbb{R}^n$ 中, $\widetilde{u} = v$ 几乎处处. 所以 $\widetilde{u} \in W^{m,p}(\mathbb{R}^n)$.

充分性. 利用 "局部化" 与 "展平" 技巧, 可以将原问题归结为: 若将具有界支集在 $\overline{\mathbb{R}_+^n}$ 中的函数 v 作零延拓到 $\mathbb{R}^n$ 后, 记为 $\widetilde{v}$, 并且函数 $\widetilde{v} \in W^{m,p}(\mathbb{R}^n)$, 则能否断定 $v \in W_0^{m,p}(\mathbb{R}_+^n)$. 令

$$v_\varepsilon(x) = \varepsilon^{-n}\int_{\mathbb{R}^n} \alpha\left(\frac{x_1 - y_1}{\varepsilon}\right)\cdots\alpha\left(\frac{x_{n-1} - y_{n-1}}{\varepsilon}\right)\alpha\left(\frac{x_n - y_n - 2\varepsilon}{\varepsilon}\right)\widetilde{v}(y)\mathrm{d}y,$$

则 $v_\varepsilon \in C^\infty(\mathbb{R}^n)$. 注意到 $y_n<0$ 时, $\widetilde{v}=0$. 因此, 当 $x_n<\varepsilon$, $y_n\geqslant 0$ 时, $\dfrac{x_n-y_n-2\varepsilon}{\varepsilon} < \dfrac{\varepsilon - 2\varepsilon}{\varepsilon} = -1$, 从而 $\alpha\left(\dfrac{x_n - y_n - 2\varepsilon}{\varepsilon}\right) = 0$. 说明

$$\operatorname{supp} v_\varepsilon \subseteq \{(x', x_n) \in \mathbb{R}^n;\ x' \in \mathbb{R}^{n-1},\ x_n \geqslant \varepsilon\} \cap (\operatorname{supp} v)_{2\varepsilon}.$$

所以, $v_\varepsilon \in C_c^\infty(\mathbb{R}^n)$, $\operatorname{supp} v_\varepsilon \subset \mathbb{R}_+^n$ 是紧支集, 且 $v_\varepsilon \longrightarrow \widetilde{v}$ $(L^p(\mathbb{R}^n))$. 由于 $\widetilde{v}$ 是 v 的零延拓, 故

$$\lim_{\varepsilon\to 0}\|v_\varepsilon - v\|_{L^p(\mathbb{R}_+^n)} \leqslant \lim_{\varepsilon\to 0}\|v_\varepsilon - \widetilde{v}\|_{L^p(\mathbb{R}^n)} = 0,$$

说明 $v_\varepsilon \longrightarrow v\,(L^p(\mathbb{R}_+^n))$. 此外, 对任意多重指标 β, $|\beta| \leqslant m$, 成立

$$\begin{aligned}
&\partial^\beta v_\varepsilon(x)\\
=&\varepsilon^{-n}\int_{\mathbb{R}^n}(-1)^{|\beta|}\partial_y^\beta\left[\alpha\left(\frac{x_1 - y_1}{\varepsilon}\right)\cdots\alpha\left(\frac{x_{n-1} - y_{n-1}}{\varepsilon}\right)\alpha\left(\frac{x_n - y_n - 2\varepsilon}{\varepsilon}\right)\right]\widetilde{v}(y)\mathrm{d}y\\
=&\varepsilon^{-n}\int_{\mathbb{R}^n}\alpha\left(\frac{x_1 - y_1}{\varepsilon}\right)\cdots\alpha\left(\frac{x_{n-1} - y_{n-1}}{\varepsilon}\right)\alpha\left(\frac{x_n - y_n - 2\varepsilon}{\varepsilon}\right)\partial^\beta\widetilde{v}(y)\mathrm{d}y.
\end{aligned}$$

因此, $\partial^\beta v_\varepsilon \longrightarrow \partial^\beta \widetilde{v}\ (L^p(\mathbb{R}^n))$; 进一步还可得

$$\lim_{\varepsilon\to 0}\|\partial^\beta v_\varepsilon - \partial^\beta v\|_{L^p(\mathbb{R}^n_+)} \leqslant \lim_{\varepsilon\to 0}\|\partial^\beta v_\varepsilon - \partial^\beta \widetilde{v}\|_{L^p(\mathbb{R}^n)} = 0,$$

即 $\partial^\beta v_\varepsilon \longrightarrow \partial^\beta v\ (L^p(\mathbb{R}^n_+))$, $\forall\,|\beta| \leqslant m$. 所以 $v_\varepsilon \longrightarrow v\ (W^{m,p}(\mathbb{R}^n_+))$, 说明 $v \in W_0^{m,p}(\mathbb{R}^n_+)$. □

定理 3.4.2 设 $m \in \mathbb{N}\cup\{0\}$, $1 \leqslant p < \infty$. $u \in W^{m,p}(\Omega)$ 的充要条件是 u 可以视为 $W^{m,p}(\mathbb{R}^n)$ 中的函数在 Ω 上的限制, 即 $W^{m,p}(\Omega) = \{f|_\Omega;\ f \in W^{m,p}(\mathbb{R}^n)\}$.

证明 充分性. 令 $X := \{f|_\Omega;\ f \in W^{m,p}(\mathbb{R}^n)\}$. 对任意 $f \in X$, 可得

$$\|f\|_{W^{m,p}(\Omega)} = \sum_{|\alpha|\leqslant m}\|\partial^m f\|_{L^p(\Omega)} \leqslant \sum_{|\alpha|\leqslant m}\|\partial^m f\|_{L^p(\mathbb{R}^n)} = \|f\|_{W^{m,p}(\mathbb{R}^n)} < \infty.$$

说明 $f \in W^{m,p}(\Omega)$, 从而 $X \hookrightarrow W^{m,p}(\Omega)$ 是连续的嵌入.

必要性. 当 $m = 0$ 时, 成立 $W^{m,p}(\Omega) = L^2(\Omega) = W_0^{m,p}(\Omega)$, 故直接对 $W^{m,p}(\Omega)$ 中的元素进行零延拓即可. 当 m 为正整数时. 利用 “局部化” 与 “展平” 技巧, 可以将原问题归结为关于 $W^{m,p}(\mathbb{R}^n_+)$ 空间中的函数的讨论, 即要证明: 对任意函数 $u \in W^{m,p}(\mathbb{R}^n_+)$, $\operatorname{supp} u \subseteq \overline{\mathbb{R}^n_+}$ 为紧集, 则存在函数 $\widetilde{u} \in W^{m,p}(\mathbb{R}^n)$, 使得在 $\mathbb{R}^n_+$ 上, $\widetilde{u} = u$; 且存在常数 $C > 0$, 使得 $\|\widetilde{u}\|_{W^{m,p}(\mathbb{R}^n)} \leqslant C\|u\|_{W^{m,p}(\mathbb{R}^n_+)}$.

已知 $C^\infty(\overline{\mathbb{R}^n_+})\bigcap W^{m,p}(\mathbb{R}^n_+)$ 在 $W^{m,p}(\mathbb{R}^n_+)$ 中稠密. 故对任意函数 $u \in W^{m,p}(\mathbb{R}^n_+)$, 存在序列 $\{u_N\} \subset C^\infty(\overline{\mathbb{R}^n_+})\bigcap W^{m,p}(\mathbb{R}^n_+)$, 使得 $u_N \longrightarrow u\ (W^{m,p}(\mathbb{R}^n_+))$ 以及在 $\mathbb{R}^n_+$ 上, $u_N \longrightarrow u$ 几乎处处成立.

对任意的重指标 $\alpha = (\alpha_1, \alpha_2, \cdots, \alpha_n)$, 定义延拓算子 E_α 如下

$$(E_\alpha f)(x', x_n) = \begin{cases} f(x', x_n), & \forall\, x_n \geqslant 0, \\ \displaystyle\sum_{j=1}^{m+1}(-j)^{\alpha_n} C_j f(x', -jx_n), & \forall\, x_n < 0, \end{cases}$$

其中 f 是定义在 $\overline{\mathbb{R}^n_+}$ 上的函数; C_j 由下式唯一地决定:

$$\sum_{j=1}^{m+1}(-j)^{\alpha_n} C_j = 1, \quad \forall\, 0 \leqslant \alpha_n \leqslant m.$$

这是因为 C_j 的系数行列式:

$$\begin{vmatrix} 1 & 1 & \cdots & 1 & 1 \\ -1 & -2 & \cdots & -m & -m-1 \\ \vdots & \vdots & & \vdots & \vdots \\ (-1)^m & (-2)^m & \cdots & (-m)^m & (-m-1)^m \end{vmatrix} \neq 0.$$

令 $v_N(x',x_n)=(E_0u_N)(x',x_n)$, 则 $v_N\in C^m(\mathbb{R}^n)$, 并且对任意 $|\alpha|\leqslant m$, 成立:

$$\partial^\alpha v_N=\partial^\alpha(E_0u_N)=E_\alpha(\partial^\alpha u_N). \tag{3.4.1}$$

事实上, 由于 $u_N\in C^\infty(\overline{\mathbb{R}^n_+})$. 对任意 $0\leqslant k\leqslant m$, 成立

$$\partial^k_{x_n}\left(\sum_{j=1}^{m+1}C_ju_N(x',-jx_n)\right)\Bigg|_{x_n=0}=\sum_{j=1}^{m+1}(-j)^kC_j\partial^k_{x_n}u_N(x',0)=\partial^k_{x_n}u_N(x',0).$$

注意到 $v_N\in C^m(\mathbb{R}^n_+)$, $v_N\in C^m(\mathbb{R}^n_-)$, 这是因为 $u_N\in C^\infty(\overline{\mathbb{R}^n_+})$, 所以可推知 $v_N\in C^m(\mathbb{R}^n)$. 下面验证式 (3.4.1) 成立. 首先验证:

对任意 $\alpha=(\alpha_1,\alpha_2,\cdots,\alpha_n)$, $|\alpha|\leqslant m$, 成立

$$\partial^{\alpha_n}_{x_n}(E_0u_N)=E_\alpha(\partial^{\alpha_n}_{x_n}u_N).$$

符号 $\partial_nf(x',x_n)$ 表示对函数 f 的第 n 个分量的求导. 直接运算可得

$$\begin{aligned}\partial^{\alpha_n}_n(E_0u_N)(x',x_n)&=\begin{cases}\partial^{\alpha_n}_nu_N(x',x_n), & \forall\, x_n\geqslant 0,\\ \displaystyle\sum_{j=1}^{m+1}(-j)^{\alpha_n}C_j\partial^{\alpha_n}_nu_N(x',-jx_n), & \forall\, x_n<0\end{cases}\\ &=E_\alpha(\partial^{\alpha_n}_nu_N)(x',x_n).\end{aligned}$$

由于算子 E_α 仅对 x_n 方向进行延拓. 利用已证明的上式, 可得

$$\begin{aligned}\partial^\alpha(E_0u_N)&=\partial_1^{\alpha_1}\partial_2^{\alpha_2}\cdots\partial_{n-1}^{\alpha_{n-1}}\partial_n^{\alpha_n}(E_0u_N)\\&=\partial_1^{\alpha_1}\partial_2^{\alpha_2}\cdots\partial_{n-1}^{\alpha_{n-1}}E_\alpha(\partial_n^{\alpha_n}u_N)\\&=E_\alpha(\partial_1^{\alpha_1}\partial_2^{\alpha_2}\cdots\partial_{n-1}^{\alpha_{n-1}}\partial_n^{\alpha_n}u_N)\\&=E_\alpha(\partial^\alpha u_N).\end{aligned}$$

说明式 (3.4.1) 成立. 事实上, 对任意函数 $g\in C^\infty(\overline{\mathbb{R}^n_+})$, 都成立

$$\partial^\alpha(E_0g)=E_\alpha(\partial^\alpha g).$$

利用式 (3.4.1), 对任意 $\alpha=(\alpha_1,\alpha_2,\cdots,\alpha_n)$, $|\alpha|\leqslant m$, 可得

$$\begin{aligned}&\|\partial^\alpha(E_0u_N)\|^p_{L^p(\mathbb{R}^n)}=\|E_\alpha(\partial^\alpha u_N)\|^p_{L^p(\mathbb{R}^n)}\\&=\int_{\mathbb{R}^n_+}|\partial^\alpha u_N(x)|^p\mathrm{d}x+\int_{\mathbb{R}^n_-}\left|\sum_{j=1}^{m+1}(-j)^\alpha C_j\partial^\alpha u_N(x',-jx_n)\right|^p\mathrm{d}x\\&\leqslant C(m,\alpha)\int_{\mathbb{R}^n_+}|\partial^\alpha u_N(x)|^p\mathrm{d}x.\end{aligned}$$

说明 $\|v_N\|_{W^{m,p}(\mathbb{R}^n)} \leqslant C\|u_N\|_{W^{m,p}(\mathbb{R}^n_+)}$. 由于 $\{u_N\} \subset C^\infty(\overline{\mathbb{R}^n_+})$ 是 $W^{m,p}(\mathbb{R}^n_+)$ 中的 Cauchy 序列, 故 $\{v_N\} \subset C^m(\mathbb{R}^n)$ 是 $W^{m,p}(\mathbb{R}^n)$ 中的 Cauchy 序列. 从而存在 $v \in W^{m,p}(\mathbb{R}^n)$, 使得 $v_N \longrightarrow v\,(W^{m,p}(\mathbb{R}^n))$ 以及在 $\mathbb{R}^n$ 上, $v_N \longrightarrow v$ 几乎处处成立. 又已知在 $\mathbb{R}^n_+$ 上, $u_N = v_N$, 且 $u_N \longrightarrow u$ 几乎处处成立. 所以, 在 $\mathbb{R}^n_+$ 上, $u = v$ 几乎处处成立, 并且

$$\|v\|_{W^{m,p}(\mathbb{R}^n)} = \lim_{N\to\infty} \|v_N\|_{W^{m,p}(\mathbb{R}^n)} \leqslant C \lim_{N\to\infty} \|u_N\|_{W^{m,p}(\mathbb{R}^n_+)} = C\|u\|_{W^{m,p}(\mathbb{R}^n_+)}.$$

说明 v 为 u 从 $\mathbb{R}^n_+$ 到 $\mathbb{R}^n$ 上的连续延拓. □

3.5 Sobolev 嵌入定理

引理 3.5.1 假定 $1 \leqslant p < n\ (n \geqslant 2)$, 则对任意的函数 $\varphi \in C_c^\infty(\mathbb{R}^n)$, 成立

$$\|\varphi\|_{L^{p^*}(\mathbb{R}^n)} \leqslant \frac{(n-1)p}{n(n-p)} \sum_{i=1}^n \|\partial_i \varphi\|_{L^p(\mathbb{R}^n)},$$

其中 $p^* = \dfrac{np}{n-p}$ 称为 Sobolev 临界指数.

证明 对任意的 $1 \leqslant i \leqslant n$ 以及 $\varphi \in C_c^\infty(\mathbb{R}^n)$, 成立

$$\partial_i \left(|\varphi(x)|^{\frac{(n-1)p}{n-p}}\right) = \partial_i \left((\varphi(x)^2)^{\frac{(n-1)p}{2(n-p)}}\right) = \frac{(n-1)p}{n-p} (\varphi(x)^2)^{\frac{(n-1)p}{2(n-p)}-1} \varphi(x) \partial_i \varphi(x).$$

因此,

$$\begin{aligned} |\varphi(x)|^{\frac{(n-1)p}{n-p}} &= \int_{-\infty}^{x_i} \partial_i \left(|\varphi(x)|^{\frac{(n-1)p}{n-p}}\right) \mathrm{d}x_i \\ &= \frac{(n-1)p}{n-p} \int_{-\infty}^{x_i} (\varphi(x)^2)^{\frac{(n-1)p}{2(n-p)}-1} \varphi(x) \partial_i \varphi(x) \mathrm{d}x_i \\ &\leqslant \frac{(n-1)p}{n-p} \int_{\mathbb{R}^1_{x_i}} |\varphi(x)|^{\frac{(n-1)p}{n-p}-1} |\partial_i \varphi(x)| \mathrm{d}x_i. \end{aligned} \tag{3.5.1}$$

记

$$w_i(x) = w_i(x_1, x_2, \cdots, x_{i-1}, x_{i+1}, \cdots, x_n) = \sup_{x_i \in \mathbb{R}^1} |\varphi(x)|^{\frac{p}{n-p}},$$

可知 $w_i(x)$ 与变量 x_i 无关. 利用公式 (3.5.1)

$$(w_i(x))^{n-1} = \sup_{x_i \in \mathbb{R}^1} |\varphi(x)|^{\frac{(n-1)p}{n-p}} \leqslant \frac{(n-1)p}{n-p} \int_{\mathbb{R}^1_{x_i}} |\varphi(x)|^{\frac{(p-1)n}{n-p}} |\partial_i \varphi(x)| \mathrm{d}x_i.$$

因此,

$$
\begin{aligned}
&\int_{\mathbb{R}^{n-1}}(w_i(x))^{n-1}\mathrm{d}x_1\cdots\mathrm{d}x_{i-1}\mathrm{d}x_{i+1}\cdots\mathrm{d}x_n\\
\leqslant&\frac{(n-1)p}{n-p}\int_{\mathbb{R}^n}|\varphi(x)|^{\frac{(p-1)n}{n-p}}|\partial_i\varphi(x)|\mathrm{d}x\\
\leqslant&\frac{(n-1)p}{n-p}\left(\int_{\mathbb{R}^n}|\varphi(x)|^{\frac{(p-1)n}{n-p}(1-\frac{1}{p})^{-1}}\mathrm{d}x\right)^{1-\frac{1}{p}}\left(\int_{\mathbb{R}^n}|\partial_i\varphi(x)|^p\mathrm{d}x\right)^{\frac{1}{p}}\\
=&\frac{(n-1)p}{n-p}\left(\int_{\mathbb{R}^n}|\varphi(x)|^{\frac{np}{n-p}}\mathrm{d}x\right)^{1-\frac{1}{p}}\|\partial_i\varphi\|_{L^p(\mathbb{R}^n)}.
\end{aligned}\tag{3.5.2}
$$

此外,

$$
\begin{aligned}
&\int_{\mathbb{R}^n}|\varphi(x)|^{\frac{np}{n-p}}\mathrm{d}x\\
=&\int_{\mathbb{R}^n}|\varphi(x)|^{\frac{p}{n-p}}|\varphi(x)|^{\frac{p}{n-p}}\cdots|\varphi(x)|^{\frac{p}{n-p}}\mathrm{d}x\\
\leqslant&\int_{\mathbb{R}^n}\left(\sup_{x_1\in\mathbb{R}^1}|\varphi(x)|^{\frac{p}{n-p}}\right)\left(\sup_{x_2\in\mathbb{R}^1}|\varphi(x)|^{\frac{p}{n-p}}\right)\cdots\left(\sup_{x_n\in\mathbb{R}^1}|\varphi(x)|^{\frac{p}{n-p}}\right)\mathrm{d}x\\
=&\int_{\mathbb{R}^n}\prod_{i=1}^n w_i(x)\mathrm{d}x.
\end{aligned}\tag{3.5.3}
$$

下面验证

$$
\int_{\mathbb{R}^n}\prod_{i=1}^n w_i(x)\mathrm{d}x\leqslant\prod_{i=1}^n\|w_i\|_{L^{n-1}(\mathbb{R}^{n-1})}.\tag{3.5.4}
$$

第一步.

$$
\begin{aligned}
&\int_{\mathbb{R}^1_{x_1}}\prod_{i=1}^n w_i(x)\mathrm{d}x_1=w_1(x)\int_{\mathbb{R}^1_{x_1}}w_2(x)w_3(x)\cdots w_n(x)\mathrm{d}x_1\\
\leqslant&w_1(x)\left(\int_{\mathbb{R}^1_{x_1}}w_2(x)^{n-1}\mathrm{d}x_1\right)^{\frac{1}{n-1}}\\
&\times\left(\int_{\mathbb{R}^1_{x_1}}w_3(x)^{n-1}\mathrm{d}x_1\right)^{\frac{1}{n-1}}\cdots\left(\int_{\mathbb{R}^1_{x_1}}w_n(x)^{n-1}\mathrm{d}x_1\right)^{\frac{1}{n-1}}\\
=&w_1(x)\|w_2\|_{L^{n-1}(\mathbb{R}^1_{x_1})}\|w_3\|_{L^{n-1}(\mathbb{R}^1_{x_1})}\cdots\|w_n\|_{L^{n-1}(\mathbb{R}^1_{x_1})}.
\end{aligned}
$$

第二步.

$$
\int_{\mathbb{R}^1_{x_2}}\int_{\mathbb{R}^1_{x_1}}\prod_{i=1}^n w_i(x)\mathrm{d}x_1\mathrm{d}x_2
$$

$$
\begin{aligned}
&\leqslant \|w_2\|_{L^{n-1}(\mathbb{R}^1_{x_1})} \int_{\mathbb{R}^1_{x_2}} w_1(x) \|w_3\|_{L^{n-1}(\mathbb{R}^1_{x_1})} \cdots \|w_n\|_{L^{n-1}(\mathbb{R}^1_{x_1})} \mathrm{d}x_2 \\
&\leqslant \|w_2\|_{L^{n-1}(\mathbb{R}^1_{x_1})} \|w_1\|_{L^{n-1}(\mathbb{R}^1_{x_2})} \\
&\quad \times \| \|w_3\|_{L^{n-1}(\mathbb{R}^1_{x_1})} \|_{L^{n-1}(\mathbb{R}^1_{x_2})} \cdots \| \|w_n\|_{L^{n-1}(\mathbb{R}^1_{x_1})} \|_{L^{n-1}(\mathbb{R}^1_{x_2})} \\
&= \|w_2\|_{L^{n-1}(\mathbb{R}^1_{x_1})} \|w_1\|_{L^{n-1}(\mathbb{R}^1_{x_2})} \\
&\quad \times \|w_3\|_{L^{n-1}(\mathbb{R}^1_{x_1} \times \mathbb{R}^1_{x_2})} \cdots \|w_n\|_{L^{n-1}(\mathbb{R}^1_{x_1} \times \mathbb{R}^1_{x_2})}.
\end{aligned}
$$

第三步.

$$
\begin{aligned}
&\int_{\mathbb{R}^1_{x_3}} \int_{\mathbb{R}^1_{x_2}} \int_{\mathbb{R}^1_{x_1}} \prod_{i=1}^{n} w_i(x) \mathrm{d}x_1 \mathrm{d}x_2 \mathrm{d}x_3 \\
&\leqslant \|w_3\|_{L^{n-1}(\mathbb{R}^1_{x_1} \times \mathbb{R}^1_{x_2})} \int_{\mathbb{R}^1_{x_3}} \|w_2\|_{L^{n-1}(\mathbb{R}^1_{x_1})} \|w_1\|_{L^{n-1}(\mathbb{R}^1_{x_2})} \\
&\quad \times \|w_4\|_{L^{n-1}(\mathbb{R}^1_{x_1} \times \mathbb{R}^1_{x_2})} \cdots \|w_n\|_{L^{n-1}(\mathbb{R}^1_{x_1} \times \mathbb{R}^1_{x_2})} \mathrm{d}x_3 \\
&\leqslant \|w_3\|_{L^{n-1}(\mathbb{R}^1_{x_1} \times \mathbb{R}^1_{x_2})} \|w_2\|_{L^{n-1}(\mathbb{R}^1_{x_1} \times \mathbb{R}^1_{x_3})} \|w_1\|_{L^{n-1}(\mathbb{R}^1_{x_2} \times \mathbb{R}^1_{x_3})} \\
&\quad \times \|w_4\|_{L^{n-1}(\mathbb{R}^1_{x_1} \times \mathbb{R}^1_{x_2} \times \mathbb{R}^1_{x_3})} \cdots \|w_n\|_{L^{n-1}(\mathbb{R}^1_{x_1} \times \mathbb{R}^1_{x_2} \times \mathbb{R}^1_{x_3})}.
\end{aligned}
$$

继续重复下去, 直到第 n 步, 可得

$$
\begin{aligned}
&\int_{\mathbb{R}^n} \prod_{i=1}^{n} w_i(x) \mathrm{d}x \\
&\leqslant \|w_n\|_{L^{n-1}(\mathbb{R}^1_{x_1} \times \mathbb{R}^1_{x_2} \times \cdots \times \mathbb{R}^1_{x_{n-1}})} \\
&\quad \times \|w_{n-1}\|_{L^{n-1}(\mathbb{R}^1_{x_1} \times \cdots \times \mathbb{R}^1_{x_{n-2}} \times \mathbb{R}^1_{x_n})} \cdots \|w_1\|_{L^{n-1}(\mathbb{R}^1_{x_2} \times \mathbb{R}^1_{x_3} \times \cdots \times \mathbb{R}^1_{x_n})} \\
&= \prod_{i=1}^{n} \|w_i\|_{L^{n-1}(\mathbb{R}^{n-1})}.
\end{aligned}
$$

说明式 (3.5.4) 成立.

因此, 利用式 (3.5.2)—式 (3.5.4), 可得

$$
\begin{aligned}
&\int_{\mathbb{R}^n} |\varphi(x)|^{\frac{np}{n-p}} \mathrm{d}x \leqslant \prod_{i=1}^{n} \|w_i\|_{L^{n-1}(\mathbb{R}^{n-1})} \\
&\leqslant \prod_{i=1}^{n} \left(\frac{(n-1)p}{n-p} \left(\int_{\mathbb{R}^n} |\varphi(x)|^{\frac{np}{n-p}} \mathrm{d}x \right)^{1-\frac{1}{p}} \|\partial_i \varphi\|_{L^p(\mathbb{R}^n)} \right)^{\frac{1}{n-1}} \\
&= \left(\frac{(n-1)p}{n-p} \right)^{\frac{n}{n-1}} \left(\int_{\mathbb{R}^n} |\varphi(x)|^{\frac{np}{n-p}} \mathrm{d}x \right)^{\frac{n(p-1)}{p(n-1)}} \prod_{i=1}^{n} \|\partial_i \varphi\|_{L^p(\mathbb{R}^n)}^{\frac{1}{n-1}}.
\end{aligned}
$$

在上述不等式的两边 $n-1$ 方, 并利用不等式:

$$\sqrt[n]{|a_1||a_2|\cdots|a_n|} \leqslant \frac{|a_1|+|a_2|+\cdots+|a_n|}{n},$$

可得

$$\begin{aligned}\left(\int_{\mathbb{R}^n} |\varphi(x)|^{\frac{np}{n-p}}\mathrm{d}x\right)^{n-1-\frac{n(p-1)}{p}} &\leqslant \left(\frac{(n-1)p}{n-p}\right)^n \prod_{i=1}^n \|\partial_i\varphi\|_{L^p(\mathbb{R}^n)} \\ &\leqslant \left(\frac{(n-1)p}{n-p}\right)^n \left(\frac{1}{n}\sum_{i=1}^n \|\partial_i\varphi\|_{L^p(\mathbb{R}^n)}\right)^n.\end{aligned}$$

简单的运算, 可知 $n-1-\dfrac{n(p-1)}{p} = \dfrac{n-p}{p}$. 由上式, 可得

$$\|\varphi\|_{L^{\frac{np}{n-p}}(\mathbb{R}^n)} \leqslant \frac{(n-1)p}{n(n-p)} \sum_{i=1}^n \|\partial_i\varphi\|_{L^p(\mathbb{R}^n)}. \qquad \square$$

注 1 在引理 3.5.1 中, 用 $W_0^{1,p}(\Omega)$ 取代 $C_c^\infty(\mathbb{R}^n)$, 其结论仍然成立, 这里 Ω 为 $\mathbb{R}^n$ 中的一般无界区域, 且对边界的正则性没有要求, 即对任意的函数 $\varphi \in W_0^{1,p}(\Omega)$, 成立

$$\|\varphi\|_{L^{p^*}(\Omega)} \leqslant \frac{(n-1)p}{n(n-p)} \sum_{i=1}^n \|\partial_i\varphi\|_{L^p(\Omega)}.$$

事实上, 对任意的函数 $\varphi \in W_0^{1,p}(\Omega)$, 由于 $C_c^\infty(\Omega)$ 在 $W_0^{1,p}(\Omega)$ 中是稠密的, 故存在序列 $\{\varphi_N\} \subset C_c^\infty(\Omega)$, 使得 (必要时抽取一串子列) $\varphi_N \longrightarrow \varphi \ (W_0^{1,p}(\Omega))$; 在 Ω 中, $\varphi_N \longrightarrow \varphi$ 几乎处处成立. 将 φ_N 进行零延拓后的函数记为 $\widetilde{\varphi}_N$, 则 $\{\widetilde{\varphi}_N\} \subset C_c^\infty(\mathbb{R}^n)$. 利用引理 3.5.1, 可得

$$\begin{aligned}\|\varphi_N\|_{L^{p^*}(\Omega)} = \|\widetilde{\varphi}_N\|_{L^{p^*}(\mathbb{R}^n)} &\leqslant \frac{(n-1)p}{n(n-p)} \sum_{i=1}^n \|\partial_i\widetilde{\varphi}_N\|_{L^p(\mathbb{R}^n)} \\ &= \frac{(n-1)p}{n(n-p)} \sum_{i=1}^n \|\partial_i\varphi_N\|_{L^p(\Omega)}.\end{aligned}$$

由于 $\{\varphi_N\}$ 是 $W_0^{1,p}(\Omega)$ 中的 Cauchy 序列, 由上述估计式可知 $\{\varphi_N\}$ 是 $L^{p^*}(\Omega)$ 中的 Cauchy 序列, 从而存在函数 $w \in L^{p^*}(\Omega)$, 使得 (必要时抽取一串子列) $\varphi_N \longrightarrow w \ (L^{p^*}(\Omega))$; 并且在 Ω 中, $\varphi_N \longrightarrow w$ 几乎处处成立. 因此, 在 Ω 中, $\varphi = w$ 几乎处处成立. 在上述估计式的两边令 $N \longrightarrow \infty$, 可得

$$\|\varphi\|_{L^{p^*}(\Omega)} \leqslant \frac{(n-1)p}{n(n-p)} \sum_{i=1}^n \|\partial_i\varphi\|_{L^p(\Omega)}. \qquad \square$$

注 2 定义最佳 Sobolev 嵌入常数 S_p 如下

$$S_p = \inf_{u \in W_0^{1,p}(\Omega)\setminus\{0\}} \frac{\displaystyle\int_\Omega |\nabla u|^p \mathrm{d}x}{\left(\displaystyle\int_\Omega |u|^{p^*} \mathrm{d}x\right)^{\frac{p}{p^*}}},$$

这里 $1 < p < n$, $p^* = \dfrac{np}{n-p}$, 则只有在区域 $\Omega = \mathbb{R}^n$ 时, S_p 才能被下面函数达到 (参见文献 [22]):

$$U_0(x) = (1 + |x|^{\frac{p}{p-1}})^{1-\frac{n}{p}},$$

并且

$$S_p = \pi^{\frac{p}{2}} n\left(\frac{n-p}{p-1}\right)^{p-1} \left(\frac{\Gamma\left(\dfrac{n}{p}\right)\Gamma\left(1+n-\dfrac{n}{p}\right)}{\Gamma\left(1+\dfrac{n}{2}\right)\Gamma(n)}\right)^{\frac{p}{n}}.$$

由此可得 **Sobolev 不等式:** 假定 $1 < p < n$, $p^* = \dfrac{np}{n-p}$ 以及 $\Omega \subseteq \mathbb{R}^n$ 为任一区域. 则对任意 $u \in W_0^{1,p}(\Omega)$, 成立

$$\left(\int_\Omega |u(x)|^{p^*} \mathrm{d}x\right)^{\frac{p}{p^*}} \leqslant S_p^{-1} \int_\Omega |\nabla u(x)|^p \mathrm{d}x.$$

注 3 在上述 Sobolev 不等式中, 要求在边界 $\partial\Omega$ 上的迹为零, 这在研究具有临界增长的椭圆方程的齐次第一边值问题时比较有效, 但在处理第二、三边值问题时, 会遇到一些麻烦. 为此, 需要对经典的 Sobolev 不等式进行处理, 即对任意 $\varepsilon > 0$, 存在常数 $C_\varepsilon > 0$, 使得对任意 $u \in H^1(\Omega)$, 成立:

$$2^{-\frac{2}{N}} S_2 \left(\int_\Omega |u|^{2^*}\right)^{\frac{2}{2^*}} \leqslant (1+\varepsilon) \int_\Omega |\nabla u|^2 \mathrm{d}x + C(\varepsilon) \int_\Omega |u|^2 \mathrm{d}x,$$

其中, $S_2 = S_p\,|_{p=2}$, $2^* = \dfrac{2n}{n-2}$, Ω 是 $\mathbb{R}^n$ $(n \geqslant 3)$ 中的区域, 可以无界.

引理 3.5.2 假定 $k, m \in \mathbb{N}$, $k \leqslant m$, $p \geqslant 1$, $kp < n$, 则存在常数 $C = C(p, n, k, m)$, 使得

$$\|\varphi\|_{W^{m-k,\frac{np}{n-kp}}(\mathbb{R}^n)} \leqslant C\|\varphi\|_{W^{m,p}(\mathbb{R}^n)}, \quad \forall\, \varphi \in C_c^\infty(\mathbb{R}^n).$$

特别地, 取 $k = m$, 成立

$$\|\varphi\|_{L^{\frac{np}{n-kp}}(\mathbb{R}^n)} \leqslant C\|\varphi\|_{W^{k,p}(\mathbb{R}^n)}, \quad \forall\, \varphi \in C_c^\infty(\mathbb{R}^n).$$

证明 利用引理 3.5.1, 对任意的 $\varphi \in C_c^\infty(\mathbb{R}^n)$, 可得

$$\|\varphi\|_{L^{\frac{np}{n-p}}(\mathbb{R}^n)} \leqslant C\|\partial\varphi\|_{L^p(\mathbb{R}^n)} \leqslant C\|\varphi\|_{W^{1,p}(\mathbb{R}^n)}. \tag{3.5.5}$$

说明当 $k=m=1$ 时, 引理 3.5.2 是成立的. 下面假定 $2 \leqslant k \leqslant m$. 在引理 3.5.1 中用 $\partial\varphi$ 代替 φ, 可得

$$\|\partial\varphi\|_{L^{\frac{np}{n-p}}(\mathbb{R}^n)} \leqslant C\|\partial^2\varphi\|_{L^p(\mathbb{R}^n)} \leqslant C\|\varphi\|_{W^{2,p}(\mathbb{R}^n)}. \tag{3.5.6}$$

另外, 由于假设了 $\dfrac{1}{p} > \dfrac{k}{n} \geqslant \dfrac{2}{n}$, 从而 $q_1 := \dfrac{np}{n-p} < n$. 利用引理 3.5.1, 可知

$$\|\partial\varphi\|_{L^{\frac{np}{n-p}}(\mathbb{R}^n)} \geqslant C\|\varphi\|_{L^{\frac{nq_1}{n-q_1}}(\mathbb{R}^n)} = C\|\varphi\|_{L^{\frac{np}{n-2p}}(\mathbb{R}^n)}. \tag{3.5.7}$$

利用式 (3.5.6), (3.5.7), 可得

$$\|\varphi\|_{L^{\frac{np}{n-2p}}(\mathbb{R}^n)} \leqslant C\|\varphi\|_{W^{2,p}(\mathbb{R}^n)}.$$

重复上面的证明, 可推知: 对任意 $2 \leqslant k \leqslant m$ 且 $\dfrac{1}{p} > \dfrac{k}{n}$, 成立

$$\|\varphi\|_{L^{\frac{np}{n-kp}}(\mathbb{R}^n)} \leqslant C\|\varphi\|_{W^{k,p}(\mathbb{R}^n)}. \tag{3.5.8}$$

特别地, 对任意重指标 α, $|\alpha| \leqslant m-k$, 用 $\partial^\alpha\varphi$ 在式 (3.5.8) 中代替 φ, 可得

$$\|\partial^\alpha\varphi\|_{L^{\frac{np}{n-kp}}(\mathbb{R}^n)} \leqslant C\|\partial^\alpha\varphi\|_{W^{k,p}(\mathbb{R}^n)} \leqslant C\|\varphi\|_{W^{k+|\alpha|,p}(\mathbb{R}^n)} \leqslant C\|\varphi\|_{W^{m,p}(\mathbb{R}^n)}. \tag{3.5.9}$$

利用式 (3.5.9), 可得

$$\|\varphi\|_{W^{m-k,\frac{np}{n-kp}}(\mathbb{R}^n)} = \sum_{|\alpha|\leqslant m-k} \|\partial^\alpha\varphi\|_{L^{\frac{np}{n-kp}}(\mathbb{R}^n)} \leqslant C\|\varphi\|_{W^{m,p}(\mathbb{R}^n)}. \qquad \square$$

定理 3.5.3 假定 $k, m \in \mathbb{N}$, $k \leqslant m$, $p \geqslant 1$, $kp < n$, 则 $W^{m,p}(\Omega) \hookrightarrow W^{m-k,\frac{np}{n-kp}}(\Omega)$ 是连续的嵌入, 其中 $\Omega \subseteq \mathbb{R}^n$ 是具有光滑边界的区域或全空间 $\mathbb{R}^n$, 即存在常数 $C = C(n,m,p,k,\partial\Omega) > 0$, 使得下述估计式成立

$$\|u\|_{W^{m-k,\frac{np}{n-kp}}(\Omega)} \leqslant C\|u\|_{W^{m,p}(\Omega)}, \quad \forall\, u \in W^{m,p}(\Omega).$$

证明 (1) $\Omega = \mathbb{R}^n$, 对任意的函数 $u \in W^{m,p}(\mathbb{R}^n)$, 由于 $C_c^\infty(\mathbb{R}^n)$ 在 $W^{m,p}(\mathbb{R}^n)$ 中是稠密的, 可知存在序列 $\{u_N\} \subset C_c^\infty(\mathbb{R}^n)$, 使得 (必要时抽取一串子列) $u_N \longrightarrow u\ (W^{m,p}(\mathbb{R}^n))$; 在 $\mathbb{R}^n$ 中, $u_N \longrightarrow u$ 几乎处处. 利用引理 3.5.2, 可得

$$\|u_N\|_{W^{m-k,\frac{np}{n-kp}}(\mathbb{R}^n)} \leqslant C\|u_N\|_{W^{m,p}(\mathbb{R}^n)},$$

说明 $\{u_N\}$ 是 $W^{m-k,q}(\mathbb{R}^n)$ 中 Cauchy 的序列. 从而存在函数 $v \in W^{m-k,\frac{np}{n-kp}}(\mathbb{R}^n)$, 使得 (必要时抽取一串子列) $u_N \longrightarrow v$ $(W^{m-k,\frac{np}{n-kp}}(\mathbb{R}^n))$; 并且在 $\mathbb{R}^n$ 中, $u_N \longrightarrow v$ 几乎处处. 因此, 在 $\mathbb{R}^n$ 中, $u=v$ 几乎处处. 在 $\|u_N\|_{W^{m-k,\frac{np}{n-kp}}(\mathbb{R}^n)} \leqslant C\|u_N\|_{W^{m,p}(\mathbb{R}^n)}$ 中的两边令 $N \longrightarrow \infty$, 可证得

$$\|u\|_{W^{m-k,\frac{np}{n-kp}}(\mathbb{R}^n)} \leqslant C\|u\|_{W^{m,p}(\mathbb{R}^n)}.$$

(2) $\Omega \neq \mathbb{R}^n$. 对任意的函数 $u \in W^{m,p}(\Omega)$, 利用延拓定理, 可知存在函数 $\widetilde{u} \in W^{m,p}(\mathbb{R}^n)$, 满足: 在 Ω 中, $\widetilde{u}=u$; $\|\widetilde{u}\|_{W^{m,p}(\mathbb{R}^n)} \leqslant C\|u\|_{W^{m,p}(\Omega)}$. 因此, 利用已证得全空间情形, 可得

$$\|u\|_{W^{m-k,\frac{np}{n-kp}}(\Omega)} \leqslant \|\widetilde{u}\|_{W^{m-k,\frac{np}{n-kp}}(\mathbb{R}^n)} \leqslant C\|\widetilde{u}\|_{W^{m,p}(\mathbb{R}^n)} \leqslant C\|u\|_{W^{m,p}(\Omega)}. \qquad \square$$

定理 3.5.4 假定 $p=n(n \geqslant 2)$, 则对任意的 $p \leqslant q < \infty$, $W^{1,p}(\mathbb{R}^n) \hookrightarrow L^q(\mathbb{R}^n)$ 是连续的嵌入.

证明 先假定 $u \in W^{1,p}(\mathbb{R}^n)$ 具有紧支集 $\operatorname{supp} u$. 对任意充分小的 $\varepsilon > 0$, 利用 Sobolev 嵌入定理 3.5.3 可知: $u \in W^{1,p}(\mathbb{R}^n) \hookrightarrow W^{1,p-\varepsilon}(\mathbb{R}^n) \hookrightarrow L^{q(\varepsilon)}(\mathbb{R}^n)$, 其中 $\dfrac{1}{q(\varepsilon)} = \dfrac{1}{p-\varepsilon} - \dfrac{1}{p}$, 并且成立

$$\|u\|_{L^{q(\varepsilon)}(\mathbb{R}^n)} \leqslant C(n,\varepsilon)\|u\|_{W^{1,p-\varepsilon}(\mathbb{R}^n)} \leqslant C(n,\varepsilon)|\operatorname{supp} u|^{\frac{1}{p-\varepsilon}-\frac{1}{p}}\|u\|_{W^{1,p}(\mathbb{R}^n)}. \tag{3.5.10}$$

注意到 $\lim\limits_{\varepsilon\to 0}\left(\dfrac{1}{p-\varepsilon} - \dfrac{1}{p}\right) = 0$, 即 $\lim\limits_{\varepsilon\to 0} q(\varepsilon) = +\infty$. 因此对任意的 $p \leqslant q < \infty$, 存在充分小的 $\varepsilon > 0$, 使得 $q < q(\varepsilon)$. 因此, $u \in L^q(\mathbb{R}^n)$. 从而利用式 (3.5.10), 可推知

$$\begin{aligned}\|u\|_{L^q(\mathbb{R}^n)} &\leqslant |\operatorname{supp} u|^{\frac{1}{q}-\frac{1}{q(\varepsilon)}}\|u\|_{L^{q(\varepsilon)}(\mathbb{R}^n)} \\ &\leqslant C(n,\varepsilon)|\operatorname{supp} u|^{\frac{1}{q}-\frac{1}{q(\varepsilon)}+\frac{1}{p-\varepsilon}-\frac{1}{p}}\|u\|_{W^{1,p}(\mathbb{R}^n)} \\ &= C(n,\varepsilon)|\operatorname{supp} u|^{\frac{1}{q}}\|u\|_{W^{1,p}(\mathbb{R}^n)}.\end{aligned} \tag{3.5.11}$$

现在假定 $u \in W^{1,p}(\mathbb{R}^n)$, 不一定具有紧支集. 取截断函数 $a \in C_c^\infty(\mathbb{R}^n)$; $0 \leqslant a \leqslant 1$; 在 $K=[0,1]^n$ 上, $a(x) \equiv 1$. 记 $\Omega = \operatorname{supp} a$, $\Omega_i = \Omega + \{i\} = \operatorname{supp} a(\cdot + i)$, $K_i = K + \{i\}$, 这里 $i \in \mathbb{Z}^n = \mathbb{Z} \times \mathbb{Z} \times \cdots \times \mathbb{Z}$, $\mathbb{Z}$ 为整数集合. 不难验证 K_j 具有下列性质:

$$K_j \subset \Omega_j, \quad j \in \mathbb{Z}^n; \quad \sum_{j\in\mathbb{Z}^n} K_j = \mathbb{R}^n; \quad |K_i \cap K_j| = \varnothing, \quad \forall i \neq j.$$

记 $O=\{j\in\mathbb{Z}^n|\ \Omega\cap K_j\neq\varnothing\}$, $N=N(O)$ 表示集合 O 中元素的个数, 则 $N<\infty$, 以及 $\Omega\subseteq\bigcup\limits_{j\in O}K_j$. 令

$$b_i(x)=b(x-i),\quad b(x)=\frac{a(x)}{\sum\limits_{j\in\mathbb{Z}^n}a(x-j)},$$

则

$$\sum_{i\in\mathbb{Z}^n}b_i(x)=\sum_{i\in\mathbb{Z}^n}\frac{a(x-i)}{\sum\limits_{j\in\mathbb{Z}^n}a(x-i-j)}=\sum_{i\in\mathbb{Z}^n}\frac{a(x-i)}{\sum\limits_{j\in\mathbb{Z}^n}a(x-j)}=\frac{\sum\limits_{i\in\mathbb{Z}^n}a(x-i)}{\sum\limits_{j\in\mathbb{Z}^n}a(x-j)}=1,$$

以及对任意的 $x\in K_i$, $i\in\mathbb{Z}^n$, 成立

$$\begin{aligned}1=a(x-i)&\leqslant\sum_{j\in\mathbb{Z}^n}a(x-j)=\sum_{j\in\mathbb{Z}^n}a(x-i-j)\\&\leqslant\sum_{j\in\mathbb{Z}^n}\sup_{x\in K_i}a(x-i-j)=\sum_{j\in\mathbb{Z}^n}\sup_{x\in K}a(x-j)\\&=\sum_{j\in\mathbb{Z}^n}\sup_{x\in K}a(x+j)=\sum_{j\in\mathbb{Z}^n}\sup_{x\in K_j}a(x)\\&=\sum_{j\in O}\sup_{x\in K_j\cap\Omega}a(x)\leqslant N\sup_{x\in\Omega}a(x)\leqslant C(N).\end{aligned}$$

说明对任意的 $x\in K_i$, $i\in\mathbb{Z}^n$, 成立

$$b_i(x)=\frac{a(x-i)}{\sum\limits_{j\in\mathbb{Z}^n}a(x-j)}=\frac{1}{\sum\limits_{j\in\mathbb{Z}^n}a(x-j)}\geqslant\frac{1}{C(N)},\tag{3.5.12}$$

注意到, 对任意 $i\in\mathbb{Z}^n$, $\operatorname{supp}(b_iu)\subseteq\Omega_i$ 且 $|\Omega_i|=|\Omega|$, 以及

$$\nabla b_i(x)=\frac{\nabla a(x-i)}{\sum\limits_{j\in\mathbb{Z}^n}a(x-j)}-\frac{a(x-i)\sum\limits_{j\in\mathbb{Z}^n}\nabla a(x-j)}{\left(\sum\limits_{j\in\mathbb{Z}^n}a(x-j)\right)^2}.$$

利用 a 的性质可知, $a(x-i)=1,\ \forall x\in K_i$; $0\leqslant a(x-i)\leqslant1,\ \forall x\in\Omega_i$. 故对任意的 $x\in\mathbb{R}^n=\sum\limits_{j\in\mathbb{Z}^n}K_j$, $\exists j_0\in\mathbb{Z}^n$, 使得 $x\in K_{j_0}$ 及 $a(x-j_0)=1$, 从而对任意的 $x\in\mathbb{R}^n$, 成立

$$\sum_{j\in\mathbb{Z}^n}a(x-j)\geqslant a(x-j_0)=1;\quad b_i(x)=\frac{a(x-i)}{\sum\limits_{j\in\mathbb{Z}^n}a(x-j)}\leqslant1;$$

$$|\nabla b_i(x)| \leqslant \frac{|\nabla a(x-i)|}{\sum\limits_{j\in\mathbb{Z}^n} a(x-j)} + \frac{a(x-i)\sum\limits_{j\in\mathbb{Z}^n}|\nabla a(x-j)|}{\left(\sum\limits_{j\in\mathbb{Z}^n} a(x-j)\right)^2}$$

$$\leqslant |\nabla a(x-i)| + \sum_{j\in\mathbb{Z}^n}|\nabla a(x-j)|.$$

从而

$$\begin{aligned}
\sup_{x\in\mathbb{R}^n}|\nabla b_i(x)| &= \sup_{x\in\Omega_i}|\nabla b_i(x)| \\
&\leqslant \sup_{x\in\Omega_i}|\nabla a(x-i)| + \sup_{x\in\Omega_i}\left[\sum_{j\in\mathbb{Z}^n}|\nabla a(x-j)|\right] \\
&= \sup_{x\in\Omega}|\nabla a(x)| + \sup_{x\in\Omega}\left[\sum_{j\in\mathbb{Z}^n}|\nabla a(x+i-j)|\right] \\
&= \sup_{x\in\Omega}|\nabla a(x)| + \sup_{x\in\Omega}\left[\sum_{j\in\mathbb{Z}^n}|\nabla a(x+j)|\right] \\
&= \sup_{x\in\Omega}|\nabla a(x)| + \sum_{j\in\mathbb{Z}^n}\left[\sup_{x\in\Omega_j}|\nabla a(x)|\right] \\
&= \sup_{x\in\Omega}|\nabla a(x)| + \sum_{j\in\mathbb{Z}^n}\left[\sup_{x\in\Omega_j\cap\Omega}|\nabla a(x)|\right] \\
&\leqslant C\sup_{x\in\Omega}|\nabla a(x)|.
\end{aligned}$$

从而结合式 (3.5.11), (3.5.12), 对任意的 $p \leqslant q < \infty$, 可得

$$\begin{aligned}
\|u\|_{L^q(\mathbb{R}^n)}^q &= \sum_{i\in\mathbb{Z}^n}\int_{K_i}|u(x)|^q\mathrm{d}x \\
&\leqslant C\sum_{i\in\mathbb{Z}^n}\int_{K_i} b_i^q(x)|u(x)|^q\mathrm{d}x \\
&\leqslant C\sum_{i\in\mathbb{Z}^n}\int_{\Omega_i} b_i^q(x)|u(x)|^q\mathrm{d}x \\
&= C\sum_{i\in\mathbb{Z}^n}(\|b_iu\|_{L^q(\Omega_i)})^q \\
&\leqslant C\sum_{i\in\mathbb{Z}^n}|\mathrm{supp}\,(b_iu)|(\|b_iu\|_{W^{1,p}(\Omega_i)})^q
\end{aligned}$$

$$
\begin{aligned}
&\leqslant C\sum_{i\in\mathbb{Z}^n}|\Omega_i|(\sup_{x\in\mathbb{R}^n}(|b_i(x)|+|\nabla b_i(x)|)\|u\|_{W^{1,p}(\Omega_i)})^q\\
&\leqslant C_1\sum_{i\in\mathbb{Z}^n}(\|u\|_{W^{1,p}(\Omega_i)})^q\\
&=C_1\sum_{i\in\mathbb{Z}^n}\left(\int_{\Omega_i}(|u(x)|^p+|\nabla u(x)|^p)\mathrm{d}x\right)^{\frac{q}{p}}\\
&=C_1\sum_{i\in\mathbb{Z}^n}\left(\int_{\Omega}(|u(x+i)|^p+|\nabla u(x+i)|^p)\mathrm{d}x\right)^{\frac{q}{p}}\\
&\leqslant C_1\sum_{i\in\mathbb{Z}^n}\left(\sum_{|j|=1}^{N}\int_{K_j}(|u(x+i)|^p+|\nabla u(x+i)|^p)\mathrm{d}x\right)^{\frac{q}{p}}\\
&=C_1\sum_{i\in\mathbb{Z}^n}\left(\sum_{|j|=1}^{N}\int_{K+\{i+j\}}(|u(x)|^p+|\nabla u(x)|^p)\mathrm{d}x\right)^{\frac{q}{p}}\\
&\leqslant C_1\left(\sum_{|j|=1}^{N}\sum_{i\in\mathbb{Z}^n}\int_{K_{i+j}}(|u(x)|^p+|\nabla u(x)|^p)\mathrm{d}x\right)^{\frac{q}{p}}\\
&\leqslant C_1\left(\sum_{|j|=1}^{N}\int_{\mathbb{R}^n}(|u(x)|^p+|\nabla u(x)|^p)\mathrm{d}x\right)^{\frac{q}{p}}\\
&\leqslant C_1N^{\frac{q}{p}}\left(\int_{\mathbb{R}^n}(|u(x)|^p+|\nabla u(x)|^p)\mathrm{d}x\right)^{\frac{q}{p}}\\
&\leqslant C_1(N)\|u\|_{W^{1,p}(\mathbb{R}^n)}^q.
\end{aligned}
$$

说明对任意的函数 $u\in W^{1,p}(\mathbb{R}^n)$, $p\leqslant q<\infty$, 成立 $\|u\|_{L^q(\mathbb{R}^n)}\leqslant C\|u\|_{W^{1,p}(\mathbb{R}^n)}$. □

注 假定 $k,m\in\mathbb{N}$, $k\leqslant m$, $p\geqslant 1$, $kp=n$, 则对任意的 $1\leqslant p\leqslant q<\infty$, 嵌入:

$$W^{m,p}(\mathbb{R}^n)\hookrightarrow W^{m-k,q}(\mathbb{R}^n)$$

是连续的.

下面考察 $k,m\in\mathbb{N}$, $k\leqslant m$, $p\geqslant 1$, $kp>n$ 的情形. 对于 $k=m=1$ 的情形, 下述引理成立.

引理 3.5.5 假定 $1\leqslant n<p<\infty$. 记 $\alpha=1-\dfrac{n}{p}$, 则存在常数 $C>0$, 使得对任意的 $u\in C_c^\infty(\mathbb{R}^n)$, 成立

$$|u(x)-u(y)|\leqslant C\|u\|_{W^{1,p}(\mathbb{R}^n)}|x-y|^\alpha,\quad \forall\, x,y\in\mathbb{R}^n.$$

证明　设 $u\in C_c^\infty(\mathbb{R}^n)$, 则对任意的 $x,y\in\mathbb{R}^n$, 成立

$$u(x)-u(y)=\int_0^1\frac{\mathrm{d}}{\mathrm{d}t}u(tx+(1-t)y)\mathrm{d}t=\int_0^1(x-y)\cdot\nabla u(tx+(1-t)y)\mathrm{d}t.$$

从而对任意的 $y\in\mathbb{R}^n$, $\rho>0$, 可得

$$\begin{aligned}
&\left|\frac{1}{|B_\rho(y)|}\int_{B_\rho(y)}u(x)\mathrm{d}x-u(y)\right|\\
=&\left|\frac{1}{|B_\rho(y)|}\int_{B_\rho(y)}(u(x)-u(y))\mathrm{d}x\right|\\
=&\left|\frac{1}{|B_\rho(y)|}\int_{B_\rho(y)}\int_0^1(x-y)\cdot\nabla u(tx+(1-t)y)\mathrm{d}t\mathrm{d}x\right|\\
\leqslant&\frac{\rho}{|B_\rho(y)|}\int_0^1\int_{B_\rho(y)}|\nabla u(tx+(1-t)y)|\mathrm{d}x\mathrm{d}t\\
\leqslant&C\rho^{1-n}\int_0^1\int_{B_{t\rho}(y)}|\nabla u(z)|t^{-n}\mathrm{d}z\mathrm{d}t\\
\leqslant&C\rho^{1-n}\int_0^1 t^{-n}|B_{t\rho}(y)|^{1-\frac{1}{p}}\|\nabla u\|_{L^p(B_{t\rho}(y))}\mathrm{d}t\\
\leqslant&C\rho^{1-n+n(1-\frac{1}{p})}\|\nabla u\|_{L^p(\mathbb{R}^n)}\int_0^1 t^{-\frac{n}{p}}\mathrm{d}t\\
\leqslant&C\rho^{1-\frac{n}{p}}\|u\|_{W^{1,p}(\mathbb{R}^n)}.
\end{aligned}\tag{3.5.13}$$

对任意的 $x,y\in\mathbb{R}^n$, 若 $x=y$, 引理结论显然成立. 下面假设 $x\neq y$, 利用式 (3.5.13), 可得

$$\begin{aligned}
|u(x)-u(y)|\leqslant&\left|\frac{1}{|B_\rho(x)|}\int_{B_\rho(x)}u(z)\mathrm{d}z-u(x)\right|\\
&+\left|\frac{1}{|B_\rho(x)|}\int_{B_\rho(x)}u(z)\mathrm{d}z-\frac{1}{|B_\rho(y)|}\int_{B_\rho(y)}u(z)\mathrm{d}z\right|\\
&+\left|\frac{1}{|B_\rho(y)|}\int_{B_\rho(y)}u(z)\mathrm{d}z-u(y)\right|\\
\leqslant&C\rho^{1-\frac{n}{p}}\|u\|_{W^{1,p}(\mathbb{R}^n)}+\frac{1}{|B_\rho(0)|}\left|\int_{B_\rho(x)}u(z)\mathrm{d}z-\int_{B_\rho(y)}u(z)\mathrm{d}z\right|\\
\leqslant&C\rho^{1-\frac{n}{p}}\|u\|_{W^{1,p}(\mathbb{R}^n)}+\frac{1}{|B_\rho(0)|}\left|\int_{B_\rho(y)}[u(w+x-y)-u(w)]\mathrm{d}w\right|\\
\leqslant&C\rho^{1-\frac{n}{p}}\|u\|_{W^{1,p}(\mathbb{R}^n)}
\end{aligned}$$

$$
\begin{aligned}
&+\frac{1}{|B_\rho(0)|}\left|\int_{B_\rho(y)}\int_0^1 (x-y)\cdot\nabla u(w+t(x-y))\mathrm{d}t\mathrm{d}w\right| \\
\leqslant & C\rho^{1-\frac{n}{p}}\|u\|_{W^{1,p}(\mathbb{R}^n)}+\frac{|x-y|}{|B_\rho(0)|}\int_0^1\int_{B_\rho(y)}|\nabla u(w+t(x-y))|\mathrm{d}w\mathrm{d}t \\
\leqslant & C\rho^{1-\frac{n}{p}}\|u\|_{W^{1,p}(\mathbb{R}^n)} \\
&+\frac{|x-y|}{|B_\rho(0)|}|B_\rho(y)|^{1-\frac{1}{p}}\int_0^1\left(\int_{B_\rho(y)}|\nabla u(w+t(x-y))|^p\mathrm{d}w\right)^{\frac{1}{p}}\mathrm{d}t \\
\leqslant & C\rho^{1-\frac{n}{p}}\|u\|_{W^{1,p}(\mathbb{R}^n)}+C\rho^{-\frac{n}{p}}|x-y|\|u\|_{W^{1,p}(\mathbb{R}^n)}. \qquad (3.5.14)
\end{aligned}
$$

在式 (3.5.14) 中, 取 $\rho=|x-y|$, 可得

$$|u(x)-u(y)|\leqslant C\|u\|_{W^{1,p}(\mathbb{R}^n)}|x-y|^\alpha.$$ □

假定 $0<\alpha\leqslant 1$, 定义

$$C_0(\mathbb{R}^n)=\{u\in C(\mathbb{R}^n)\mid \lim_{|x|\to\infty}u(x)=0\};$$

$$C^\alpha(\mathbb{R}^n):=\{u\in C(\mathbb{R}^n);\ \|u\|_{C^\alpha(\mathbb{R}^n)}<\infty\},$$

其中 $C(\mathbb{R}^n)$ 表示 $\mathbb{R}^n$ 上所有连续函数组成的集合;

$$\|u\|_{C^\alpha(\mathbb{R}^n)}=\|u\|_{C(\mathbb{R}^n)}+[u]_\alpha;$$

$$\|u\|_{C(\mathbb{R}^n)}=\max_{x\in\mathbb{R}^n}|u(x)|;$$

$$[u]_\alpha=\sup_{\substack{x,y\in\mathbb{R}^n\\ x\neq y}}\frac{|u(x)-u(y)|}{|x-y|^\alpha}.$$

定理 3.5.6 假定 $1\leqslant n<p<\infty$, 则下述两个嵌入:

$$W^{1,p}(\mathbb{R}^n)\hookrightarrow C_0(\mathbb{R}^n);\quad W^{1,p}(\mathbb{R}^n)\hookrightarrow C^\alpha(\mathbb{R}^n)$$

均是连续的, 这里 $\alpha=1-\dfrac{n}{p}$.

证明 对任意 $R\geqslant 1$, 取紧集 $K=\overline{B_R(0)}\subset\mathbb{R}^n$. 选取截断函数 $\varsigma\in C_c^\infty(\mathbb{R}^n)$, $0\leqslant\varsigma\leqslant 1$; 在 K 上, $\varsigma\equiv 1$. 显然, 对任意 $u\in W^{1,p}(\mathbb{R}^n)$, 也有 $\varsigma u\in W^{1,p}(\mathbb{R}^n)$ 且 ςu 具有紧支集. 令 $u_\varepsilon=\alpha_\varepsilon*(\varsigma u)$, $\varepsilon>0$, 则有 $u_\varepsilon\in C_c^\infty(\mathbb{R}^n)$. 利用引理 3.5.5, 可知对任意的 $x,y\in K$, 成立

$$|u_\varepsilon(x)-u_\varepsilon(y)|=|(\varsigma u)_\varepsilon(x)-(\varsigma u)_\varepsilon(y)|\leqslant C\|(\varsigma u)_\varepsilon\|_{W^{1,p}(\mathbb{R}^n)}|x-y|^\alpha. \qquad (3.5.15)$$

注意到 $\varsigma(x)+|\nabla\varsigma(x)|\leqslant C$, 其中 C 与 $R\geqslant 1$ 无关, 并且 (必要时选取一串子列)

$$\lim_{\varepsilon\to 0}\|(\varsigma u)_\varepsilon\|_{W^{1,p}(\mathbb{R}^n)}=\|\varsigma u\|_{W^{1,p}(\mathbb{R}^n)}\leqslant C\|u\|_{W^{1,p}(\mathbb{R}^n)};$$

$$\lim_{\varepsilon\to 0}(\varsigma u)_\varepsilon=\varsigma u \quad \text{在 } \mathbb{R}^n \text{ 中几乎处处成立.}$$

在式 (3.5.15) 中, 令 $\varepsilon\longrightarrow 0$ (必要时选取一串子列), 可推知, 对任意的几乎处处的 $x,y\in K$, 成立

$$|u(x)-u(y)|=|(\varsigma u)(x)-(\varsigma u)(y)|\leqslant C\|u\|_{W^{1,p}(\mathbb{R}^n)}|x-y|^\alpha.$$

再令 $R\longrightarrow\infty$, 可知, 对任意的几乎处处的 $x,y\in\mathbb{R}^n$, 成立

$$|u(x)-u(y)|\leqslant C\|u\|_{W^{1,p}(\mathbb{R}^n)}|x-y|^\alpha. \tag{3.5.16}$$

在式 (3.5.16) 中, 通过关于 x,y 的一个零测度集的调整, 可推知 $u\in C(\mathbb{R}^n)$, 并且由式 (3.5.16) 知 u 在 $\mathbb{R}^n$ 上关于 x 是一致连续的. 现在证明 $u\in C_0(\mathbb{R}^n)$, 即 $\lim\limits_{|x|\to\infty}|u(x)|=0$. 反证法, 假设存在 $x_j\in\mathbb{R}^n$, 满足 $\lim\limits_{j\to\infty}|x_j|=+\infty$, 使得 $\liminf\limits_{j\to\infty}|u(x_j)|:=c_0>0$. 因此, 存在充分大的 $j_0>0$, 使得对任意 $j\geqslant j_0$, $|u(x_j)|\geqslant\dfrac{c_0}{2}$. 由于 u 在 $\mathbb{R}^n$ 上关于 x 是一致连续的. 因此, 存在公共的充分小 $\delta>0$, 使得对任意的 $x\in B_\delta(x_j)$ $(\forall j\geqslant j_0)$, 成立 $|u(x)|\geqslant\dfrac{c_0}{4}$. 此外, 由于 $\lim\limits_{j\to\infty}|x_j|=\infty$, 还可取 j_0 充分大, 使对任意的 $i,j\geqslant j_0$, $i\neq j$, 成立 $B_\delta(x_i)\cap B_\delta(x_j)=\varnothing$. 由于 $u\in W^{1,p}(\mathbb{R}^n)$, 所以

$$+\infty=\left(\frac{c_0}{4}\right)^p\sum_{j=j_0}^{\infty}|B_\delta(x_j)|\leqslant\sum_{j=j_0}^{\infty}\int_{B_\delta(x_j)}|u(x)|^p\mathrm{d}x\leqslant\int_{\mathbb{R}^n}|u(x)|^p\mathrm{d}x<\infty.$$

这是一个矛盾. 因此 $u\in C_0(\mathbb{R}^n)$. 此外, 利用式 (3.5.16), 可得

$$[u]_\alpha=\sup_{\substack{x,y\in\mathbb{R}^n\\ x\neq y}}\frac{|u(x)-u(y)|}{|x-y|^\alpha}\leqslant C\|u\|_{W^{1,p}(\mathbb{R}^n)}. \tag{3.5.17}$$

记 C^* 是一个顶点在原点的有限锥, 锥高为 h, 锥的顶角范围为 A. 对任意 $x\in\mathbb{R}^n$, 设 $C_x\subset\mathbb{R}^n$ 是一个顶点在 x 的和给定的锥 C^* 全等的有限锥. 设 (r,θ) 表示 $\mathbb{R}^n$ 中原点在 x 处的球坐标, 因而 C_x 是由 $0<r<h$, $\theta\in A$ 所规定的锥. 在这种坐标体系里的体积元素表示为 $r^{n-1}\omega(\theta)\mathrm{d}r\mathrm{d}\theta$. 注意到, 对任意的 $y\in C_x$, $y-x=(r,\theta)$, 其中 $r=|y-x|$. 所以对任意的 $0<r<h$, $\theta\in A$, 成立

$$\phi(x)=\phi(0,\theta)=\phi(r,\theta)-\int_0^r\frac{\mathrm{d}}{\mathrm{d}t}\phi(t,\theta)\mathrm{d}t,$$

这里 $\phi\in C^\infty(\mathbb{R}^n)\bigcap W^{1,p}(\mathbb{R}^n)$, $p>n$. 从而可得

$$|\phi(x)|\leqslant|\phi(r,\theta)|+\int_0^r\left|\frac{\mathrm{d}}{\mathrm{d}t}\phi(t,\theta)\right|\mathrm{d}t. \tag{3.5.18}$$

由于

$$|C_x|=\int_0^h\int_A r^{n-1}\omega(\theta)\mathrm{d}r\mathrm{d}\theta,$$

以及

$$\begin{aligned}\int_0^h\int_A\left|\frac{\mathrm{d}}{\mathrm{d}t}\phi(t,\theta)\right|\omega(\theta)\mathrm{d}\theta\mathrm{d}t&=\int_0^h\int_A\left|\frac{\mathrm{d}}{\mathrm{d}t}\phi(t,\theta)\right|\frac{t^{n-1}\omega(\theta)}{|y-x|^{n-1}}\mathrm{d}\theta\mathrm{d}t\\&\leqslant\int_{C_x}\frac{|\nabla\phi(y-x)|}{|y-x|^{n-1}}\mathrm{d}y.\end{aligned} \tag{3.5.19}$$

利用式 (3.5.19), 可得

$$\begin{aligned}&\int_0^h\int_0^h\int_A\left|\frac{\mathrm{d}}{\mathrm{d}t}\phi(t,\theta)\right|r^{n-1}\omega(\theta)\mathrm{d}\theta\mathrm{d}t\mathrm{d}r\\\leqslant&\int_{C_x}\frac{|\nabla\phi(y-x)|}{|y-x|^{n-1}}\mathrm{d}y\int_0^h r^{n-1}\mathrm{d}r\\=&\frac{h^n}{n}\int_{C_x}\frac{|\nabla\phi(y-x)|}{|y-x|^{n-1}}\mathrm{d}y.\end{aligned} \tag{3.5.20}$$

在式 (3.5.18) 两端同乘以 $r^{n-1}\omega(\theta)$, 并对 r 在 $(0,h)$ 上, θ 在 A 上分别积分, 再利用式 (3.5.20), 可得

$$\begin{aligned}&|C_x||\phi(x)|\\\leqslant&\int_{C_x}|\phi(y-x)|\mathrm{d}y+\frac{h^n}{n}\int_{C_x}\frac{|\nabla\phi(y-x)|}{|y-x|^{n-1}}\mathrm{d}y\\\leqslant&|C_x|^{1-\frac{1}{p}}\|\phi\|_{L^p(\mathbb{R}^n)}+\frac{h^n}{n}\|\nabla\phi\|_{L^p(\mathbb{R}^n)}\left(\int_{C_x}|y-x|^{-\frac{p(n-1)}{p-1}}\mathrm{d}y\right)^{1-\frac{1}{p}}.\end{aligned} \tag{3.5.21}$$

注意到, 由于 $p>n$, 故有

$$\int_{C_x}|y-x|^{-\frac{p(n-1)}{p-1}}\mathrm{d}y=\int_A\omega(\theta)\mathrm{d}\theta\int_0^h r^{n-1-\frac{p(n-1)}{p-1}}\mathrm{d}r=\frac{p-1}{p-n}h^{\frac{p-n}{p-1}}\int_A\omega(\theta)\mathrm{d}\theta.$$

因此, 由式 (3.5.21), 可推知, 存在常数 $K=K(n,p,C^*)>0$, 使得对任意 $x\in\mathbb{R}^n$, 成立

$$|\phi(x)|\leqslant K(\|\phi\|_{L^p(\mathbb{R}^n)}+\|\nabla\phi\|_{L^p(\mathbb{R}^n)})\leqslant K\|\phi\|_{W^{1,p}(\mathbb{R}^n)}. \tag{3.5.22}$$

由于 $u \in W^{1,p}(\mathbb{R}^n)$, 且已证 $u \in C_0(\mathbb{R}^n)$, 并且已知 $C^\infty(\mathbb{R}^n) \bigcap W^{1,p}(\mathbb{R}^n)$ 在 $W^{1,p}(\mathbb{R}^n)$ 中稠密. 故存在 $\phi_N \in C^\infty(\mathbb{R}^n) \bigcap W^{1,p}(\mathbb{R}^n)$, 使得 (必要时抽取一串子列) $\phi_N \longrightarrow u$ $(W^{1,p}(\mathbb{R}^n))$, 且在 $\mathbb{R}^n$ 中, $\phi_N \longrightarrow u$ 几乎处处成立. 由式 (3.5.22), 可知

$$|\phi_N(x)| \leqslant K\|\phi_N\|_{W^{1,p}(\mathbb{R}^n)}. \tag{3.5.23}$$

因此, 在式 (3.5.23) 中, 令 $N \longrightarrow \infty$, 可得

$$\|u\|_{C(\mathbb{R}^n)} \leqslant K\|u\|_{W^{1,p}(\mathbb{R}^n)}.$$

联合式 (3.5.17), 即可完成定理 3.5.6 的证明. □

定理 3.5.6 可以推广到一般指标的情形, 即如下注.

注　设假定 $\dfrac{k-1}{n} \leqslant \dfrac{1}{p} < \dfrac{k}{n}$, $k \leqslant m$, 则嵌入: $W^{m,p}(\mathbb{R}^n) \hookrightarrow C^{m-k}(\mathbb{R}^n)$ 是连续的. 记 $\alpha = k - \dfrac{n}{p}$ $(0 < \alpha \leqslant 1)$.

当 $0 < \alpha < 1$ 时, 嵌入: $W^{m,p}(\mathbb{R}^n) \hookrightarrow C^{m-k,\alpha}(\mathbb{R}^n)$ 是连续的;

当 $\alpha = 1$ 时, 则对任意 $0 < \beta < 1$, 嵌入: $W^{m,p}(\mathbb{R}^n) \hookrightarrow C^{m-k,\beta}(\mathbb{R}^n)$ 是连续的;

如果 $n = k-1$, $p = 1$, $\alpha = 1$, 则嵌入: $W^{m,p}(\mathbb{R}^n) \hookrightarrow C^{m-k,1}(\mathbb{R}^n)$ 是连续的. 特别地, 若 $m = k = n+1$, 嵌入: $W^{n+1,1}(\mathbb{R}^n) \hookrightarrow C^{0,1}(\mathbb{R}^n)$ 是连续的.

特别需要指出的是, 利用 Sobolev 空间的延拓性质可知, 对 $\mathbb{R}^n$ 中具有光滑边界的区域 Ω, 定理 3.5.4、定理 3.5.6 以及注都成立.

下面对 Sobolev 嵌入定理及相关性质进行总结, 其中对区域的光滑性进行了减弱.

设 $1 \leqslant p < \infty$, Ω 是 $\mathbb{R}^n$ 中的区域 (可以无界). 如果存在有限锥 V, 使得每一点 $x \in \Omega$ 是包含于 Ω 内且全等于 V 的有限锥 V_x 的顶点, 则称区域 Ω 具有锥性质.

(i) 若 Ω 满足锥性质. 当 $p = n$ 时, 对任意 $p \leqslant q < \infty$, 成立

$$W^{1,p}(\Omega) \hookrightarrow L^q(\Omega),$$

且对任意 $u \in W^{1,p}(\Omega)$, 有

$$\|u\|_{L^q(\Omega)} \leqslant C(n,q,\partial\Omega)\|u\|_{W^{1,p}(\Omega)}.$$

当 $p < n$ 时, 对任意 $p \leqslant q \leqslant p^* = \dfrac{np}{n-p}$, 成立

$$W^{1,p}(\Omega) \hookrightarrow L^q(\Omega),$$

且对任意 $u \in W^{1,p}(\Omega)$, 有

$$\|u\|_{L^q(\Omega)} \leqslant C(n,p,\partial\Omega)\|u\|_{W^{1,p}(\Omega)}.$$

(ii) 若 $\partial\Omega$ 适当光滑, 当 $p>n$ 时, 对任意 $0<\alpha\leqslant 1-\dfrac{n}{p}$, 成立

$$W^{1,p}(\Omega)\hookrightarrow C^{\alpha}(\overline{\Omega}),$$

且对任意 $u\in W^{1,p}(\Omega)$, 有

$$\|u\|_{C^{\alpha}(\overline{\Omega})}\leqslant C(n,p,\partial\Omega)\|u\|_{W^{1,p}(\Omega)},$$

这里

$$\|u\|_{C^{\alpha}(\overline{\Omega})}=\|u\|_{0,\Omega}+[u]_{\alpha,\Omega};$$
$$\|u\|_{0,\Omega}=\sup_{x\in\overline{\Omega}}|u(x)|;$$
$$[u]_{\alpha,\Omega}=\sup_{\substack{x,y\in\overline{\Omega}\\ x\neq y}}\frac{|u(x)-u(y)|}{|x-y|^{\alpha}}.$$

上述嵌入定理和相关性质可简记为

$$W^{1,p}(\Omega)\hookrightarrow\begin{cases}L^{q}(\Omega), & p\leqslant q\leqslant p^{*}=\dfrac{np}{n-p}, p<n,\\ L^{q}(\Omega), & p\leqslant q<\infty, p=n,\\ C^{\alpha}(\overline{\Omega}), & 0<\alpha\leqslant 1-\dfrac{n}{p}, p>n.\end{cases}$$

记

$$C^{m,\alpha}(\Omega)=\{\partial^{\ell}u\in C^{\alpha}(\Omega)\mid\forall\,\ell\leqslant m\},\quad m\in\mathbb{N}\cup\{0\},\quad 0<\alpha<1,$$

以及

$$\|u\|_{C^{m,\alpha}(\overline{\Omega})}=\sum_{\ell=0}^{m}(\|\partial^{\ell}u\|_{0,\Omega}+[\partial^{\ell}u]_{\alpha,\Omega}).$$

由上述定义可知 $\|u\|_{C^{0,\alpha}(\overline{\Omega})}=\|u\|_{C^{\alpha}(\overline{\Omega})}$, $\alpha\in(0,1)$.

更一般的嵌入定理可以简记为: 设 k 为正整数, 则成立

$$W^{k,p}(\Omega)\hookrightarrow\begin{cases}L^{q}(\Omega), & p\leqslant q\leqslant p^{*}=\dfrac{np}{n-kp}, kp<n,\\ L^{q}(\Omega), & p\leqslant q<\infty, kp=n,\\ C^{k+[\frac{n}{p}]-1,\alpha}(\overline{\Omega}), & 0<\alpha\leqslant\alpha_0, kp>n,\end{cases}$$

这里 α_0 定义如下

$$\alpha_0=\begin{cases}1+\left[\dfrac{n}{p}\right]-\dfrac{n}{p}, & \dfrac{n}{p}\text{ 不是整数},\\ \text{任意小于1的正数}, & \dfrac{n}{p}\text{ 是整数}.\end{cases}$$

需要说明的是: 上述性质中的 $W^{1,p}(\Omega)$ 可以被替换为 $W_0^{1,p}(\Omega)$, 结论仍然成立, 且嵌入常数不依赖于 $\partial\Omega$, 对边界的正则性也没有要求.

对一般的实数 s, 成立如下定理.

定理 3.5.7 设 k 为非负整数, 并假定实数 $s=\frac{n}{2}+k+\lambda$, $\lambda\in(0,1)$, 则嵌入:

$$H^s(\mathbb{R}^n)\hookrightarrow C_0^k(\mathbb{R}^n),\quad H^s(\mathbb{R}^n)\hookrightarrow C^{k,\lambda}(\mathbb{R}^n)$$

均是连续的, 其中 $C_0^k(\mathbb{R}^n)=\left\{\partial^\alpha u\in C(\mathbb{R}^n)\,\middle|\,\lim\limits_{|x|\to\infty}|\partial^\alpha u(x)|=0,\ \forall|\alpha|\leqslant k\right\}$.

证明 先假定 $k=0$. 对任意的 $f\in H^s(\mathbb{R}^n)$, $s>\frac{n}{2}$. 成立 $(1+|\xi|^2)^{\frac{s}{2}}\widehat{f}(\xi)\in L^2(\mathbb{R}^n)$. 这里 $\widehat{f}$ 为 f 在 $\mathbb{R}^n$ 上的 Fourier 变换. 由于 $s>\frac{n}{2}$, 可推知 $(1+|\xi|^2)^{-\frac{s}{2}}\in L^2(\mathbb{R}^n)$. 从而, $\widehat{f}(\xi)=(1+|\xi|^2)^{-\frac{s}{2}}(1+|\xi|^2)^{\frac{s}{2}}\widehat{f}(\xi)\in L^1(\mathbb{R}^n)\subset\mathscr{S}'(\mathbb{R}^n)$. 利用广义 Fourier 变换的性质知, $f=F^{-1}[\widehat{f}]\in\mathscr{S}'(\mathbb{R}^n)$, 即 $\langle f-F^{-1}[\widehat{f}],\varphi\rangle=0$, $\forall\varphi\in\mathscr{S}(\mathbb{R}^n)$, 并且由 $\widehat{f}\in L^1(\mathbb{R}^n)$, 可知 $F^{-1}[\widehat{f}]\in C_0(\mathbb{R}^n)$. 另外, 注意到 $f\in H^s(\mathbb{R}^n)\subset L^2(\mathbb{R}^n)$, $\forall\, s>0$, 这由下述事实可以得到

$$\|f\|^2_{L^2(\mathbb{R}^n)}=(2\pi)^{-n}\|\widehat{f}\|^2_{L^2(\mathbb{R}^n)}\leqslant(2\pi)^{-n}\int_{\mathbb{R}^n}(1+|\xi|^2)^s|\widehat{f}(\xi)|^2\mathrm{d}\xi=(2\pi)^{-n}\|f\|^2_{H^s(\mathbb{R}^n)}.$$

故 $\langle f-F^{-1}[\widehat{f}],\varphi\rangle$ 可以写成积分形式, 从而可得

$$0=\langle f-F^{-1}[\widehat{f}],\varphi\rangle=\int_{\mathbb{R}^n}(f(x)-F^{-1}[\widehat{f}](x))\varphi(x)\mathrm{d}x,\quad\forall\varphi\in\mathscr{S}(\mathbb{R}^n).$$

进一步, $f=F^{-1}[\widehat{f}]$ 在 $\mathbb{R}^n$ 上几乎处处成立. 通过调整一个零测度集, 可得 $f=F^{-1}[\widehat{f}]\in C_0(\mathbb{R}^n)$.

假定实数 $s>\frac{n}{2}+k$, k 为非负整数, 则对任意的 $f\in H^s(\mathbb{R}^n)$, 成立 $\partial^\alpha f\in H^{s-|\alpha|}(\mathbb{R}^n)$, $\forall\,|\alpha|\leqslant k$. 事实上,

$$\begin{aligned}\|\partial^\alpha f\|^2_{H^{s-|\alpha|}(\mathbb{R}^n)}&=\int_{\mathbb{R}^n}(1+|\xi|^2)^{s-|\alpha|}|\widehat{\partial^\alpha f}(\xi)|^2\mathrm{d}\xi\\&\leqslant\int_{\mathbb{R}^n}(1+|\xi|^2)^{s-|\alpha|}|\xi^\alpha\widehat{f}(\xi)|^2\mathrm{d}\xi\\&\leqslant\int_{\mathbb{R}^n}(1+|\xi|^2)^{s}|\widehat{f}(\xi)|^2\mathrm{d}\xi\\&=\|f\|^2_{H^s(\mathbb{R}^n)}.\end{aligned}$$

此外, 利用实指数 Sobolev 空间的定义即知 $H^{s-|\alpha|}(\mathbb{R}^n)\subseteq H^{s-k}(\mathbb{R}^n)$, $\forall\,|\alpha|\leqslant k$. 由于 $s-k>\frac{n}{2}$, 利用上面已证明的 $k=0$ 情形, 可知 $\partial^\alpha f\in C_0(\mathbb{R}^n)$, $|\alpha|\leqslant k$, 说明 $f\in C_0^k(\mathbb{R}^n)$.

下面验证嵌入的连续性. 对任意的 $f \in H^s(\mathbb{R}^n)$, $s > \dfrac{n}{2} + k$, 以及多重指标 $|\alpha| \leqslant k$. 成立

$$\begin{aligned}
|\partial^\alpha f(x)|^2 &= (2\pi)^{-2n}\left|\int_{\mathbb{R}^n} \mathrm{e}^{\mathrm{i}x\cdot\xi}\widehat{\partial^\alpha f}(\xi)\mathrm{d}\xi\right|^2 \\
&\leqslant (2\pi)^{-2n}\left(\int_{\mathbb{R}^n} |\xi|^{|\alpha|}|\widehat{f}(\xi)|\mathrm{d}\xi\right)^2 \\
&\leqslant (2\pi)^{-2n}\left(\int_{\mathbb{R}^n} (1+|\xi|^2)^{-\frac{s-k}{2}}(1+|\xi|^2)^{\frac{s}{2}}|\widehat{f}(\xi)|\mathrm{d}\xi\right)^2 \\
&\leqslant (2\pi)^{-2n}\int_{\mathbb{R}^n} (1+|\xi|^2)^{-(s-k)}\mathrm{d}\xi \int_{\mathbb{R}^n} (1+|\xi|^2)^{s}|\widehat{f}(\xi)|^2\mathrm{d}\xi \\
&\leqslant C\|f\|^2_{H^s(\mathbb{R}^n)}.
\end{aligned} \tag{3.5.24}$$

在式 (3.5.24) 的证明中, 用到了 $\displaystyle\int_{\mathbb{R}^n} (1+|\xi|^2)^{-(s-k)}\mathrm{d}\xi < \infty$, 这是因为 $s - k > \dfrac{n}{2}$.

由式 (3.5.24) 可得

$$\|f\|_{C^k(\mathbb{R}^n)} = \sum_{|\alpha|\leqslant k} \max_{x\in\mathbb{R}^n} |\partial^\alpha f(x)| \leqslant C\|f\|_{H^s(\mathbb{R}^n)}.$$

说明当 $s > \dfrac{n}{2} + k$ 时, 嵌入: $H^s(\mathbb{R}^n) \hookrightarrow C_0^k(\mathbb{R}^n)$ 确实是连续的.

设 $u \in H^s(\mathbb{R}^n)$, $s = \dfrac{n}{2} + k + \lambda$, $\lambda \in (0,1)$. 利用上述结果可知 $u \in C_0^k(\mathbb{R}^n)$. 对任意的多重指标 β, $|\beta| \leqslant k$, 以及 $h \in \mathbb{R}^n$, $|h| < 1$, 成立

$$\begin{aligned}
&|\partial^\beta u(x+h) - \partial^\beta u(x)| \\
&= (2\pi)^{-n}\left|\int_{\mathbb{R}^n} [\mathrm{e}^{\mathrm{i}(x+h)\cdot\xi} - \mathrm{e}^{\mathrm{i}x\cdot\xi}]\widehat{\partial^\beta u}(\xi)\mathrm{d}\xi\right| \\
&\leqslant (2\pi)^{-n}\int_{\mathbb{R}^n} |\mathrm{e}^{\mathrm{i}h\cdot\xi} - 1||\xi|^{|\beta|}|\widehat{u}(\xi)|\mathrm{d}\xi \\
&\leqslant (2\pi)^{-n}\int_{\mathbb{R}^n} |\mathrm{e}^{\mathrm{i}h\cdot\xi} - 1|(1+|\xi|)^{-\frac{n}{2}-\lambda}(1+|\xi|)^{\frac{n}{2}+k+\lambda}|\widehat{u}(\xi)|\mathrm{d}\xi \\
&\leqslant (2\pi)^{-n}\left(\int_{\mathbb{R}^n} |\mathrm{e}^{\mathrm{i}h\cdot\xi} - 1|^2(1+|\xi|)^{-n-2\lambda}\mathrm{d}\xi\right)^{\frac{1}{2}} \\
&\quad\times\left(\int_{\mathbb{R}^n} (1+|\xi|^2)^{\frac{n}{2}+k+\lambda}|\widehat{u}(\xi)|^2\mathrm{d}\xi\right)^{\frac{1}{2}} \\
&\leqslant (2\pi)^{-n}\|u\|_{H^s(\mathbb{R}^n)}\left(\int_{|\xi|\leqslant 1}\left|\int_0^1 \mathrm{i}h\cdot\xi\mathrm{e}^{\mathrm{i}sh\cdot\xi}\mathrm{d}s\right|^2(1+|\xi|)^{-n-2\lambda}\mathrm{d}\xi\right.
\end{aligned}$$

$$+\int_{|\xi|>1}|\mathrm{e}^{\mathrm{i}h\cdot\xi}-1|^{2-\lambda}\left|\int_0^1 \mathrm{i}h\cdot\xi\mathrm{e}^{\mathrm{i}sh\cdot\xi}\mathrm{d}s\right|^{\lambda}(1+|\xi|)^{-n-2\lambda}\mathrm{d}\xi\Bigg)^{\frac{1}{2}}$$

$$\leqslant(2\pi)^{-n}\|u\|_{H^s(\mathbb{R}^n)}\left(|h|^2\int_{|\xi|\leqslant 1}(1+|\xi|)^{-n+2(1-\lambda)}\mathrm{d}\xi\right.$$

$$\left.+2^{2-\lambda}|h|^{\lambda}\int_{|\xi|>1}(1+|\xi|)^{-n-\lambda}\mathrm{d}\xi\right)^{\frac{1}{2}}$$

$$\leqslant(2\pi)^{-n}\|u\|_{H^s(\mathbb{R}^n)}|h|^{\lambda},\quad \forall\, x\in\mathbb{R}^n.$$

说明

$$\sum_{|\beta|=0}^{k}[\partial^{\beta}u]_{\lambda,\mathbb{R}^n}\leqslant C\|u\|_{H^s(\mathbb{R}^n)}.$$

结合已证结论可得

$$\|u\|_{C^{k,\lambda}(\mathbb{R}^n)}=\sum_{|\beta|=0}^{k}(\|\partial^{\beta}u\|_{C(\mathbb{R}^n)}+[\partial^{\beta}u]_{\lambda,\mathbb{R}^n})\leqslant\widetilde{C}\|u\|_{H^s(\mathbb{R}^n)}.\qquad\square$$

3.6 Sobolev 紧嵌入定理

下面的引理 3.6.1 来自于 Adams 专著 [1] 中的定理 1.18.

引理 3.6.1 集合 A 在 Banach 空间 X 中是准紧集 (即 A 的闭包 $\overline{A}$ 为 X 中的紧集), 当且仅当对任意的 $\varepsilon>0$, 存在有限集子集 $N_\varepsilon\subset X$, 使得 $A\subseteq\bigcup\limits_{y\in N_\varepsilon}B_\varepsilon(y)$, 这里 N_ε 称为集合 A 的一个有限 ε-网.

下面的结论是关于 L^q 空间的准紧性.

引理 3.6.2 设 $\Omega\subset\mathbb{R}^n$ 为具有光滑边界的有界开集, B 为 $L^q(\Omega)$ $(1\leqslant q<\infty)$ 中的有界集合. 如果对任意的 $\varepsilon>0$, 存在 $\delta>0$ 以及紧集 $K\subset\Omega$, 使得下述两个条件成立:

(1) $\displaystyle\int_{\Omega\setminus K}|u(x)|^q\mathrm{d}x<\varepsilon,\ \forall\, u\in B$;

(2) 对任意的 $|h|<\delta$, 成立 $\|\tau_h\widetilde{u}-\widetilde{u}\|_{L^q(\mathbb{R}^n)}<\varepsilon,\ \forall\, u\in B$; 其中 $\widetilde{u}$ 为 u 在 Ω 外作零延拓后所得到的函数, τ_h 为平移算子: $\tau_h\widetilde{u}(x)=\widetilde{u}(x-h)$,

则集合 B 为 $L^q(\Omega)$ 中的准紧集, 即 B 的闭包 $\overline{B}$ 为 $L^q(\Omega)$ 中的紧集.

证明 为了叙述方面, 在下面的证明中, 记 u 为 $\widetilde{u}$, J_η 为前面介绍的正则化算子, 则对任意的 $u \in B$ 及 $1 \leqslant q < \infty$, 成立

$$\begin{aligned}|J_\eta u(x) - u(x)|^q &= \left|\int_{\mathbb{R}^n} j_\eta(y)(u(x-y)-u(x))\mathrm{d}y\right|^q \\ &\leqslant \left(\int_{\mathbb{R}^n} j_\eta^{1-\frac{1}{q}}(y) j_\eta^{\frac{1}{q}}(y)|u(x-y)-u(x)|\mathrm{d}y\right)^q \\ &\leqslant \left(\int_{\mathbb{R}^n} j_\eta(y)\mathrm{d}y\right)^{q-1} \int_{\mathbb{R}^n} j_\eta(y)|u(x-y)-u(x)|^q\mathrm{d}y \\ &= \int_{\mathbb{R}^n} j_\eta(y)|u(x-y)-u(x)|^q\mathrm{d}y \\ &= \int_{|y|\leqslant\eta} j_\eta(y)|\tau_y u(x)-u(x)|^q\mathrm{d}y.\end{aligned}$$

从而可得

$$\begin{aligned}\|J_\eta u - u\|_{L^q(\mathbb{R}^n)}^q &\leqslant \int_{|y|\leqslant\eta} j_\eta(y)\left[\int_{\mathbb{R}^n}|\tau_y u(x)-u(x)|^q\mathrm{d}x\right]\mathrm{d}y \\ &\leqslant \int_{|y|\leqslant\eta} j_\eta(y)\mathrm{d}y \max_{|y|\leqslant\eta}\|\tau_y u - u\|_{L^q(\mathbb{R}^n)}^q \\ &\leqslant \max_{|y|\leqslant\eta}\|\tau_y u - u\|_{L^q(\mathbb{R}^n)}^q.\end{aligned}$$

利用假设条件 (2), 可知当 $\eta \longrightarrow 0$ 时

$$\sup_{u\in B}\|J_\eta u - u\|_{L^q(\mathbb{R}^n)} \leqslant \sup_{u\in B}\max_{|y|\leqslant\eta}\|\tau_y u - u\|_{L^q(\mathbb{R}^n)} \longrightarrow 0.$$

因此存在 $\eta > 0$, 使得

$$\sup_{u\subset B}\|J_\eta u - u\|_{L^q(\mathbb{R}^n)} < \varepsilon. \tag{3.6.1}$$

下面验证 $\{J_\eta u\}$ 在 K 上关于 $u \in B$ 是一致有界且等度连续.

对任意的 $x \in K$, 成立

$$\begin{aligned}|J_\eta u(x)| &= \left|\int_{\mathbb{R}^n} j_\eta(x-y)u(y)\mathrm{d}y\right| \\ &\leqslant \int_{\mathbb{R}^n} j_\eta^{1-\frac{1}{q}}(x-y) j_\eta^{\frac{1}{q}}(x-y)|u(y)|\mathrm{d}y \\ &\leqslant \left(\int_{\mathbb{R}^n} j_\eta(x-y)\mathrm{d}y\right)^{1-\frac{1}{q}}\left(\int_{\mathbb{R}^n} j_\eta(x-y)|u(y)|^q\mathrm{d}y\right)^{\frac{1}{q}} \\ &= \left(\int_{\mathbb{R}^n} j_\eta(x-y)|u(y)|^q\mathrm{d}y\right)^{\frac{1}{q}} \leqslant \left(\sup_{z\in\mathbb{R}^n} j_\eta(z)\right)^{\frac{1}{q}}\|u\|_{L^q(\mathbb{R}^n)}.\end{aligned}$$

类似地, 对任意的 $x \in K$, $h \in \mathbb{R}^n$, 成立

$$
\begin{aligned}
&|J_\eta u(x+h) - J_\eta u(x)| \\
=&\left|\int_{\mathbb{R}^n} j_\eta(x-y)(u(y+h)-u(y))\mathrm{d}y\right| \\
\leqslant&\int_{\mathbb{R}^n} j_\eta^{1-\frac{1}{q}}(x-y) j_\eta^{\frac{1}{q}}(x-y)|\tau_{-h}u(y)-u(y)|\mathrm{d}y \\
\leqslant&\left(\int_{\mathbb{R}^n} j_\eta(x-y)\mathrm{d}y\right)^{1-\frac{1}{q}}\left(\int_{\mathbb{R}^n} j_\eta(x-y)|\tau_{-h}u(y)-u(y)|^q\mathrm{d}y\right)^{\frac{1}{q}} \\
=&\left(\int_{\mathbb{R}^n} j_\eta(x-y)|\tau_{-h}u(y)-u(y)|^q\mathrm{d}y\right)^{\frac{1}{q}} \\
\leqslant&\left(\sup_{z\in\mathbb{R}^n} j_\eta(z)\right)^{\frac{1}{q}}\|\tau_{-h}u-u\|_{L^q(\mathbb{R}^n)}.
\end{aligned}
$$

由于 $u \in B$ 在 $L^q(\mathbb{R}^n)$ 是一致有界的, 说明

$$
\sup_{u\in B}\|J_\eta u\|_{C(K)} \leqslant (\sup_{z\in\mathbb{R}^n} j_\eta(z))^{\frac{1}{q}} \sup_{u\in B}\|u\|_{L^q(\mathbb{R}^n)} \leqslant C(\eta). \tag{3.6.2}
$$

此外利用假设条件 (2), 可知, 对任意 $\varepsilon_1 > 0$, 存在 $\delta > 0$, 使得当 $|h| < \delta$ 时, 成立

$$
\sup_{u\in B}\|J_\eta u(\cdot+h)-J_\eta u\|_{C(K)} \leqslant \left(\sup_{z\in\mathbb{R}^n} j_\eta(z)\right)^{\frac{1}{q}} \sup_{u\in B}\|\tau_h u-u\|_{L^q(\mathbb{R}^n)} \leqslant C_1(\eta)\varepsilon_1. \tag{3.6.3}
$$

由式 (3.6.2), (3.6.3), 可推知 $\{J_\eta u\}$ 在 K 上关于 $u \in B$ 是一致有界且等度连续. 利用 Ascoli-Arzela 定理, 可知 $\{J_\eta u\}$ 在 $C(K)$ 中为准紧集. 利用引理 3.6.1 可知, 在 $C(K)$ 中可以找出有限集 $\{\psi_1, \psi_2, \cdots, \psi_\ell\}$, 并且对任意的 $u \in B$, 存在 $1 \leqslant j \leqslant \ell$, 使得

$$
\|\psi_j - J_\eta u\|_{C(K)} < \frac{\varepsilon}{|K|^{\frac{1}{q}}}. \tag{3.6.4}
$$

将集合 $\{\psi_1, \psi_2, \cdots, \psi_\ell\}$ 中的任一元素 ψ_k 在 K 外零延拓, 并仍记为 ψ_k. 利用式 (3.6.1), (3.6.4) 和假设条件 (1), 可得

$$
\begin{aligned}
\|u-\psi_j\|_{L^q(\Omega)} &= \|u-\psi_j\|_{L^q(\mathbb{R}^n)} \\
&= \|u\|_{L^q(\Omega\setminus K)} + \|u-\psi_j\|_{L^q(K)} \\
&\leqslant \|u\|_{L^q(\Omega\setminus K)} + \|u-J_\eta u\|_{L^q(K)} + \|J_\eta u-\psi_j\|_{L^q(K)} \\
&< 3\varepsilon.
\end{aligned} \tag{3.6.5}
$$

说明有限集合 $\{\psi_1, \psi_2, \cdots, \psi_\ell\}$ 在 $L^q(\Omega)$ 中构成 B 的一个有限 3ε-网, 利用引理 3.6.1 可知 B 为 $L^q(\Omega)$ 中的准紧集. □

定理 3.6.3 假定 $\Omega \subset \mathbb{R}^n$ $(n \geqslant 2)$ 是一个具有光滑边界的有界开集, 则当 $1 \leqslant p < n$ 时, 对任意的 $1 \leqslant q < p^* := \dfrac{np}{n-p}$, 嵌入映射: $W^{1,p}(\Omega) \hookrightarrow L^q(\Omega)$ 是紧的; 当 $p \geqslant n$ 时, 对任意的 $1 \leqslant q < \infty$, 嵌入映射: $W^{1,p}(\Omega) \hookrightarrow L^q(\Omega)$ 也是紧的.

证明 第一种情形: $1 \leqslant p < n$. 设 B 为 $W^{1,p}(\Omega)$ 中的有界集合. 利用 Sobolev 嵌入: $W^{1,p}(\Omega) \hookrightarrow L^{p^*}(\Omega)$, 可知 B 为 $L^{p^*}(\Omega)$ 中的有界集合, 即 $\sup\limits_{u\in B}\|u\|_{L^{p^*}(\Omega)} \leqslant C$. 对任意的紧集 $K \subset \Omega$ 以及 $1 \leqslant q < p^*$, 利用 Hölder 不等式, 可得

$$\begin{aligned}
\int_{\Omega\backslash K}|u(x)|^q\mathrm{d}x &\leqslant \left(\int_{\Omega\backslash K}|u(x)|^{p^*}\mathrm{d}x\right)^{\frac{q}{p^*}}|\Omega\backslash K|^{1-\frac{q}{p^*}}\\
&\leqslant \|u\|^q_{L^{p^*}(\Omega)}|\Omega\backslash K|^{1-\frac{q}{p^*}}\\
&\leqslant C|\Omega\backslash K|^{1-\frac{q}{p^*}}, \quad \forall u \in B.
\end{aligned}$$

因此, 可以取紧集 $K \subset \Omega$, 使得当 $|\Omega\backslash K|$ 充分小时, 成立

$$\sup_{u\in B}\int_{\Omega\backslash K}|u(x)|^q\mathrm{d}x < \varepsilon^q. \tag{3.6.6}$$

从而引理 3.6.2 中的条件 (1) 满足. 下面验证引理 3.6.2 中的条件 (2). 利用式 (3.6.6), 成立

$$\sup_{u\in B}\int_{\mathbb{R}^n\backslash K}|\widetilde{u}(x)|^q\mathrm{d}x = \sup_{u\in B}\int_{\Omega\backslash K}|u(x)|^q\mathrm{d}x < \varepsilon^q, \tag{3.6.7}$$

这里 $\widetilde{u}$ 为 u 在 Ω 外的零延拓.

取 $\varphi \in C_c^\infty(\mathbb{R}^n)$, $0 \leqslant \varphi \leqslant 1$, $\operatorname{supp}\varphi \subset \Omega$; 在 K 上, $\varphi \equiv 1$. 从而 $\operatorname{supp}((1-\varphi)\widetilde{u}) \subseteq \overline{\Omega\backslash K}$. 利用式 (3.6.7), 对任意的 $h \in \mathbb{R}^n$, 可得

$$\begin{aligned}
\|\tau_h\widetilde{u} - \widetilde{u}\|_{L^q(\mathbb{R}^n)} &= \|\tau_h(\varphi\widetilde{u}) - \varphi\widetilde{u} + \tau_h((1-\varphi)\widetilde{u}) - (1-\varphi)\widetilde{u}\|_{L^q(\mathbb{R}^n)}\\
&\leqslant \|\tau_h(\varphi\widetilde{u}) - \varphi\widetilde{u}\|_{L^q(\mathbb{R}^n)} + \|\tau_h((1-\varphi)\widetilde{u})\|_{L^q(\mathbb{R}^n)} + \|(1-\varphi)\widetilde{u}\|_{L^q(\mathbb{R}^n)}\\
&= \|\tau_h(\varphi\widetilde{u}) - \varphi\widetilde{u}\|_{L^q(\mathbb{R}^n)} + 2\|(1-\varphi)\widetilde{u}\|_{L^q(\mathbb{R}^n)}\\
&\leqslant \|\tau_h(\varphi\widetilde{u}) - \varphi\widetilde{u}\|_{L^q(\mathbb{R}^n)} + 2\|\widetilde{u}\|_{L^q(\mathbb{R}^n\backslash K)}\\
&\leqslant \|\tau_h(\varphi\widetilde{u}) - \varphi\widetilde{u}\|_{L^q(\mathbb{R}^n)} + 2\varepsilon.
\end{aligned} \tag{3.6.8}$$

注意到, 对任意的 $f \in W^{1,1}(\mathbb{R}^n)$, 成立

$$\begin{aligned}
\|\tau_h f - f\|_{L^1(\mathbb{R}^n)} &= \int_{\mathbb{R}^n}|f(x-h) - f(x)|\mathrm{d}x\\
&= \int_{\mathbb{R}^n}\left|\int_0^1 h\cdot\nabla f(x-th)\mathrm{d}t\right|\mathrm{d}x
\end{aligned}$$

$$
\begin{aligned}
&\leqslant |h|\int_0^1\int_{\mathbb{R}^n}|\nabla f(x-th)|\mathrm{d}x\mathrm{d}t\\
&=|h|\|\nabla f\|_{L^1(\mathbb{R}^n)}.
\end{aligned}
$$

从而对任意的 $1\leqslant q<p^*$, 利用 Sobolev 不等式和内插定理, 可得

$$
\begin{aligned}
&\|\tau_h(\varphi\widetilde{u})-\varphi\widetilde{u}\|_{L^q(\mathbb{R}^n)}\\
\leqslant&\|\tau_h(\varphi\widetilde{u})-\varphi\widetilde{u}\|_{L^1(\mathbb{R}^n)}^{\theta}\|\tau_h(\varphi\widetilde{u})-\varphi\widetilde{u}\|_{L^{p^*}(\mathbb{R}^n)}^{1-\theta}\\
\leqslant&|h|^{\theta}\|\nabla(\varphi\widetilde{u})\|_{L^1(\mathbb{R}^n)}^{\theta}(\|\tau_h(\varphi\widetilde{u})\|_{L^{p^*}(\mathbb{R}^n)}+\|\varphi\widetilde{u}\|_{L^{p^*}(\mathbb{R}^n)})^{1-\theta}\\
=&2^{1-\theta}|h|^{\theta}\|\nabla(\varphi\widetilde{u})\|_{L^1(\mathbb{R}^n)}^{\theta}\|\varphi\widetilde{u}\|_{L^{p^*}(\mathbb{R}^n)}^{1-\theta}\\
\leqslant&C|h|^{\theta}\|\nabla(\varphi\widetilde{u})\|_{L^1(\mathbb{R}^n)}^{\theta}\|\nabla(\varphi\widetilde{u})\|_{L^{p}(\mathbb{R}^n)}^{1-\theta}\\
=&C|h|^{\theta}\|\nabla(\varphi\widetilde{u})\|_{L^1(\operatorname{supp}\varphi)}^{\theta}\|\nabla(\varphi\widetilde{u})\|_{L^{p}(\operatorname{supp}\varphi)}^{1-\theta}\\
\leqslant&C|h|^{\theta}|\operatorname{supp}\varphi|^{(1-\frac{1}{p})\theta}\|\nabla(\varphi\widetilde{u})\|_{L^{p}(\operatorname{supp}\varphi)}\\
=&C|h|^{\theta}|\operatorname{supp}\varphi|^{(1-\frac{1}{p})\theta}\|\nabla(\varphi u)\|_{L^{p}(\operatorname{supp}\varphi)}\\
\leqslant&C|h|^{\theta}(\|u\nabla\varphi\|_{L^{p}(\operatorname{supp}\varphi)}+\|\varphi\nabla u\|_{L^{p}(\operatorname{supp}\varphi)})\\
\leqslant&C|h|^{\theta}(\|u\|_{L^{p}(\operatorname{supp}\varphi)}+\|\nabla u\|_{L^{p}(\operatorname{supp}\varphi)})\\
\leqslant&C|h|^{\theta}\|u\|_{W^{1,p}(\Omega)}\\
\leqslant&C|h|^{\theta},\quad\forall u\in B\subset W^{1,p}(\Omega),
\end{aligned}
$$

其中 $\theta\in(0,1]$ 满足 $\dfrac{1}{q}=\dfrac{\theta}{1}+\dfrac{1-\theta}{p^*}$. 从而当 $|h|$ 充分小时, 成立

$$
\|\tau_h(\varphi\widetilde{u})-\varphi\widetilde{u}\|_{L^q(\mathbb{R}^n)}<\varepsilon,\quad\forall u\in B\subset W^{1,p}(\Omega).
$$

结合式 (3.6.8), 当 $|h|$ 充分小时, 可知

$$
\|\tau_h\widetilde{u}-\widetilde{u}\|_{L^q(\mathbb{R}^n)}<\varepsilon+2\varepsilon=3\varepsilon,\quad\forall u\in B.
$$

说明引理 3.6.2 中的条件 (2) 成立. 因此, 利用引理 3.6.2 可知, 对任意的 $1\leqslant q<p^*:=\dfrac{np}{n-p}$, 嵌入映射: $W^{1,p}(\Omega)\hookrightarrow L^q(\Omega)$ 是紧的.

第二种情形: $p\geqslant n$. 对任意的 $1\leqslant m<\infty$, 由 Sobolev 嵌入定理可知, 当 $p=n$ 时, 嵌入映射: $W^{1,p}(\Omega)\hookrightarrow L^m(\Omega)$ 是连续的; 当 $p>n$ 时, 嵌入映射: $W^{1,p}(\Omega)\hookrightarrow C^{1-\frac{n}{p}}(\overline{\Omega})\hookrightarrow C(\overline{\Omega})$ 是连续的. 注意到 $C(\overline{\Omega}))\hookrightarrow L^m(\Omega)$ 也是连续的. 因此当 $p\geqslant n$ 时, 对任意的 $1\leqslant m<\infty$, 嵌入映射: $W^{1,p}(\Omega)\hookrightarrow L^m(\Omega)$ 是连续的, 即存在常数 $C>0$, 使得

$$
\|u\|_{L^m(\Omega)}\leqslant C\|u\|_{W^{1,p}(\Omega)},\quad\forall u\in W^{1,p}(\Omega).
$$

取 $1 \leqslant p_1 < n \leqslant p$, 由 Sobolev 空间性质可知, 当 $p \geqslant n$ 时, 嵌入映射: $W^{1,p}(\Omega) \hookrightarrow W^{1,p_1}(\Omega)$ 是连续的; 再利用 Sobolev 紧嵌入定理 (上述已证结论), 可得嵌入映射: $W^{1,p_1}(\Omega) \hookrightarrow L^1(\Omega)$ 是紧的. 从而嵌入映射: $W^{1,p}(\Omega) \hookrightarrow W^{1,p_1}(\Omega) \hookrightarrow L^1(\Omega)$ 是紧的. 假定 $\{u_N\} \subset W^{1,p}(\Omega)$ 是一有界序列, 即 $\sup\limits_N \|u_N\|_{W^{1,p}(\Omega)} < \infty$, 则存在函数 $u \in W^{1,p}(\Omega)$, 使得 (必要时抽取一串子列)

$$\lim_{N\to\infty} \|u_N - u\|_{L^1(\Omega)} = 0; \quad \|u\|_{W^{1,p}(\Omega)} \leqslant \liminf_{N\longrightarrow\infty} \|u_N\|_{W^{1,p}(\Omega)}. \tag{3.6.9}$$

对任意 $1 \leqslant q < \infty$. 取 m, 使得 $q < m < \infty$. 利用 Sobolev 不等式和内插定理, 可得

$$\begin{aligned}
\|u_N - u\|_{L^q(\Omega)} &\leqslant \|u_N - u\|^{\theta}_{L^1(\Omega)} \|u_N - u\|^{1-\theta}_{L^m(\Omega)} \\
&\leqslant C\|u_N - u\|^{1-\theta}_{W^{1,p}(\Omega)} \|u_N - u\|^{\theta}_{L^1(\Omega)} \\
&\leqslant C(\|u_N\|_{W^{1,p}(\Omega)} + \|u\|_{W^{1,p}(\Omega)})^{1-\theta} \|u_N - u\|^{\theta}_{L^1(\Omega)} \\
&\leqslant C(1 + \|u\|_{W^{1,p}(\Omega)})^{1-\theta} \|u_N - u\|^{\theta}_{L^1(\Omega)},
\end{aligned}$$

其中$\theta \in (0,1)$ 满足 $\dfrac{1}{q} = \dfrac{\theta}{1} + \dfrac{1-\theta}{m}$. 再利用式 (3.6.9), 可得 $\lim\limits_{N\to\infty} \|u_N - u\|_{L^q(\Omega)} = 0$. □

下面不加证明地给出在全空间 $\mathbb{R}^n$ 上的紧嵌入定理, 见文献 [16].

定理 3.6.4 假定 $n \geqslant 2$, 则对任意的 $2 < q < \dfrac{2n}{n-2}$, 嵌入映射: $H^1_r(\mathbb{R}^n) \hookrightarrow L^q(\mathbb{R}^n)$ 都是紧的, 这里 $H^1_r(\mathbb{R}^n) = \{u \in H^1(\mathbb{R}^n);\ u(x) = u(|x|)\}$.

对一般的 Sobolev 空间 $W^{m,p}$, 下述结论成立.

注 假定 $\Omega \subset \mathbb{R}^n$ 具有光滑边界的有界开集, $k, m \in \mathbb{N}$, $k \leqslant m$, $p \geqslant 1$, 则当 $kp < n$ 时, 对任意的 $1 \leqslant q < \dfrac{np}{n-kp}$, 嵌入映射: $W^{m,p}(\Omega) \hookrightarrow W^{m-k,q}(\Omega)$ 是紧的; 当 $kp \geqslant n$ 时, 对任意的 $1 \leqslant q < \infty$, 嵌入映射: $W^{m,p}(\Omega) \hookrightarrow W^{m-k,q}(\Omega)$ 也是紧的.

下面对区域的光滑性减弱后, 对 Sobolev 紧嵌入定理 $W^{1,p}(\Omega)$ 及相关性质进行总结. 设 $\Omega \subset \mathbb{R}^n$ 是有界区域, $1 \leqslant p < \infty$.

(i) 设 Ω 满足锥性质, 则当 $p \leqslant n$ 时, 下面的嵌入映射是紧的:

$$W^{1,p}(\Omega) \hookrightarrow L^q(\Omega), \quad 1 \leqslant q < p^* = \frac{np}{n-p}, \quad p < n,$$

$$W^{1,p}(\Omega) \hookrightarrow L^q(\Omega), \quad 1 \leqslant q < \infty, \quad p = n;$$

(ii) 若 $\partial\Omega$ 适当光滑, 则当 $p > n$ 时, 以下嵌入映射是紧的:

$$W^{1,p}(\Omega) \hookrightarrow C^{\alpha}(\overline{\Omega}), \quad 0 < \alpha < 1 - \frac{n}{p}.$$

需要说明的是: 上述性质中的 $W^{1,p}(\Omega)$ 可以被替换为 $W^{1,p}_0(\Omega)$, 结论仍然成立, 且对边界 $\partial\Omega$ 的正则性没有要求.

本节最后介绍一般的内插不等式, 该内插不等式是分析学中的一个常用工具, 在偏微分方程的先验估计中起着重要作用.

定理 3.6.5 假定 $X_0 \subset X \subset X_1$ 是三个 Banach 空间, 并且 $X_0 \hookrightarrow X$ 是紧嵌入, $X \hookrightarrow X_1$ 是连续嵌入, 则对任意的 $\varepsilon > 0$, 存在 $C_\varepsilon = C(\varepsilon, X_0, X, X_1) > 0$, 使得

$$\|u\|_X \leqslant \varepsilon \|u\|_{X_0} + C_\varepsilon \|u\|_{X_1}, \quad \forall u \in X_0.$$

证明 反证法, 则存在 $\varepsilon_0 > 0$ 和 $u_k \in X_0$, 使得

$$\|u_k\|_X > \varepsilon_0 \|u_k\|_{X_0} + k\|u_k\|_{X_1}.$$

令 $\widetilde{u}_k = \dfrac{u_k}{\|u_k\|_X}$, 则 $\varepsilon_0 \|\widetilde{u}_k\|_{X_0} + k\|\widetilde{u}_k\|_{X_1} < 1$. 从而

$$\|\widetilde{u}_k\|_{X_1} < \frac{1}{k}, \quad \|\widetilde{u}_k\|_{X_0} < \frac{1}{\varepsilon_0}.$$

说明 $\lim\limits_{k\to\infty} \|\widetilde{u}_k\|_{X_1} = 0$. 由于 $\|\widetilde{u}_k\|_{X_0} < \dfrac{1}{\varepsilon_0}$, 以及 $X_0 \hookrightarrow X$ 是紧嵌入, 故存在 $u \in X \subset X_1$, 以及子序列, 不妨仍记为 $\{\widetilde{u}_k\}$, 使得 $\lim\limits_{k\to\infty} \|\widetilde{u}_k - u\|_X = 0$. 利用假设条件: $X \hookrightarrow X_1$ 是连续嵌入, 可得 $\lim\limits_{k\to\infty} \|\widetilde{u}_k - u\|_{X_1} \leqslant C \lim\limits_{k\to\infty} \|\widetilde{u}_k - u\|_X = 0$. 再利用极限的唯一性可知 $u = 0$. 又因为 $\|\widetilde{u}_k\|_X = 1$ 以及 $\lim\limits_{k\to\infty} \|\widetilde{u}_k - u\|_X = 0$, 可推知 $\|u\|_X = 1$. 这是一个矛盾. □

定理 3.6.6 假定 Ω 是 $\mathbb{R}^n$ 中的有界光滑区域, $1 \leqslant p < \infty$, $j, k \in \mathbb{N}$, $j < k$, 则对任意小的 $\varepsilon > 0$, 存在 $C_\varepsilon = C(\varepsilon, k, p, n, \Omega)$, 使得

$$\|\partial^j u\|_{L^p(\Omega)} \leqslant \varepsilon \|\partial^k u\|_{L^p(\Omega)} + C_\varepsilon \|u\|_{L^p(\Omega)}, \quad \forall u \in W^{k,p}(\Omega).$$

证明 利用注知, 对于 $1 \leqslant p < \infty$, $j, k \in \mathbb{N}$, $j < k$, 嵌入

$$W^{k,p}(\Omega) \hookrightarrow W^{j,p}(\Omega) \hookrightarrow W^{j-1,p}(\Omega)$$

是紧嵌入. 利用定理 3.6.5, 对任意的 $\varepsilon_1 \in \left(0, \dfrac{1}{2}\right)$, 存在 $C_{\varepsilon_1} = C(\varepsilon_1, k, p, n, \Omega)$, 使得

$$\|u\|_{W^{j,p}(\Omega)} \leqslant \varepsilon_1 \|u\|_{W^{k,p}(\Omega)} + C_{\varepsilon_1} \|u\|_{W^{j-1,p}(\Omega)}, \quad \forall u \in W^{k,p}(\Omega). \tag{3.6.10}$$

从而还有

$$\|u\|_{W^{j-1,p}(\Omega)} \leqslant \varepsilon_1 \|u\|_{W^{k,p}(\Omega)} + C_{\varepsilon_1} \|u\|_{W^{j-2,p}(\Omega)};$$

重复利用式 (3.6.10) 可得

$$\|u\|_{W^{j,p}(\Omega)} \leqslant \varepsilon_1 \|u\|_{W^{k,p}(\Omega)} + \widetilde{C}_{\varepsilon_1} \|u\|_{L^p(\Omega)}, \quad \forall u \in W^{k,p}(\Omega).$$

注意到, $\|u\|_{W^{k,p}(\Omega)} = \|u\|_{W^{j,p}(\Omega)} + \sum\limits_{\ell=j+1}^{k} \|\partial^\ell u\|_{L^p(\Omega)}$. 因此, 对任意的 $u \in W^{k,p}(\Omega)$, 成立

$$\|u\|_{W^{j,p}(\Omega)} \leqslant \frac{\varepsilon_1}{1-\varepsilon_1} \sum_{\ell=j+1}^{k} \|\partial^\ell u\|_{L^p(\Omega)} + \frac{\widetilde{C}_{\varepsilon_1}}{1-\varepsilon_1}\|u\|_{L^p(\Omega)}. \tag{3.6.11}$$

利用式 (3.6.10), 成立

$$\|u\|_{W^{k-1,p}(\Omega)} \leqslant \varepsilon_1(\|u\|_{W^{k-1,p}(\Omega)} + \|\partial^k u\|_{L^p(\Omega)}) + C_{\varepsilon_1}\|u\|_{L^p(\Omega)}.$$

可得

$$\|u\|_{W^{k-1,p}(\Omega)} \leqslant \frac{\varepsilon_1}{1-\varepsilon_1}\|\partial^k u\|_{L^p(\Omega)} + \frac{C_{\varepsilon_1}}{1-\varepsilon_1}\|u\|_{L^p(\Omega)}. \tag{3.6.12}$$

再次利用式 (3.6.10), 成立

$$\|u\|_{W^{k-2,p}(\Omega)} \leqslant \varepsilon_1(\|u\|_{W^{k-2,p}(\Omega)} + \|u\|_{W^{k-1,p}(\Omega)} + \|\partial^k u\|_{L^p(\Omega)}) + C_{\varepsilon_1}\|u\|_{L^p(\Omega)}.$$

可知

$$\|u\|_{W^{k-2,p}(\Omega)} \leqslant \frac{\varepsilon_1}{1-\varepsilon_1}(\|u\|_{W^{k-1,p}(\Omega)} + \|\partial^k u\|_{L^p(\Omega)}) + \frac{C_{\varepsilon_1}}{1-\varepsilon_1}\|u\|_{L^p(\Omega)}.$$

结合式 (3.6.12), 成立

$$\|u\|_{W^{k-2,p}(\Omega)} \leqslant \left(\left(\frac{\varepsilon_1}{1-\varepsilon_1}\right)^2 + \frac{\varepsilon_1}{1-\varepsilon_1}\right)\|\partial^k u\|_{L^p(\Omega)} + C_{\varepsilon_1}^{k-2}\|u\|_{L^p(\Omega)}.$$

重复上述过程, 最后可得

$$\|u\|_{W^{j+1,p}(\Omega)} \leqslant \sum_{\ell=1}^{k-1-j} \left(\frac{\varepsilon_1}{1-\varepsilon_1}\right)^\ell \|\partial^k u\|_{L^p(\Omega)} + C_{\varepsilon_1}^{k-1-j}\|u\|_{L^p(\Omega)}.$$

因此

$$\sum_{\ell=j+1}^{k} \|\partial^\ell u\|_{L^p(\Omega)} \leqslant \sum_{\ell=j+1}^{k} \|u\|_{W^{\ell,p}(\Omega)} \leqslant C_1\varepsilon_1\|\partial^k u\|_{L^p(\Omega)} + C(\varepsilon_1)\|u\|_{L^p(\Omega)}. \tag{3.6.13}$$

将式 (3.6.13) 代入式 (3.6.12) 中可得

$$\|u\|_{W^{j,p}(\Omega)} \leqslant C_1\varepsilon_1^2\|\partial^k u\|_{L^p(\Omega)} + \widetilde{C}(\varepsilon_1)\|u\|_{L^p(\Omega)}.$$

对任意小的 $\varepsilon > 0$, 在上式中取 $\varepsilon_1 = \dfrac{\sqrt{\varepsilon}}{C_1}$, 即得

$$\|\partial^j u\|_{L^p(\Omega)} \leqslant \|u\|_{W^{j,p}(\Omega)} \leqslant \varepsilon\|\partial^k u\|_{L^p(\Omega)} + \overline{C}(\varepsilon)\|u\|_{L^p(\Omega)}.$$ □

3.7 迹定理

本节中, 考虑 $W^{1,p}(\Omega)$ 的函数 u 在边界 $\partial\Omega \in C^1$ 上取值的可能性. 如果 $u \in C(\overline{\Omega})$, 显然 $u|_{\partial\Omega}$ 是有意义的. 现在的问题是 $W^{1,p}(\Omega)$ 的函数 u 在 $\overline{\Omega}$ 上一般来说是不连续的, 而是仅在 Ω 中几乎处处有定义. 由于 $\partial\Omega$ 的 n 维 Lebesgue 测度是零, 故 u 在 $\partial\Omega$ 上没有直接的定义. 不过下面的迹定理可以很好地解决这个问题.

定理 3.7.1 存在有界线性算子 $\gamma: H^1(\mathbb{R}^n_+) \hookrightarrow H^{\frac{1}{2}}(\partial\mathbb{R}^n_+)$, 使得

(1) 如果 $u \in H^1(\mathbb{R}^n_+)\bigcap C(\overline{\mathbb{R}^n_+})$, 则 $\gamma u = u|_{\partial\mathbb{R}^n_+}$;

(2) 存在常数 $C > 0$, 使得 $\|\gamma u\|_{H^{\frac{1}{2}}(\partial\mathbb{R}^n_+)} \leqslant C\|u\|_{H^1(\mathbb{R}^n_+)}$.

证明 记 γ 是 $\varphi(x_1, x_2, \cdots, x_n) \in C(\overline{\mathbb{R}^n_+})$ 到边界 $\partial\mathbb{R}^n_+$ 上的值 $\varphi(x_1, x_2, \cdots, 0) \in C^\infty(\partial\mathbb{R}^n_+)$ 的映射. 下面证明 γ 可以连续地扩张到整个 $H^1(\mathbb{R}^n_+)$ 上, 且 $\gamma: H^1(\mathbb{R}^n_+) \to H^{\frac{1}{2}}(\partial\mathbb{R}^n_+)$ 是连续的.

设 $u \in H^1(\mathbb{R}^n_+)$, 利用稠密性可知, 存在函数序列 $\varphi_N \in C^\infty(\overline{\mathbb{R}^n_+})\bigcap H^1(\mathbb{R}^n_+)$, 使得 $\varphi_N \longrightarrow u\ (H^1(\mathbb{R}^n_+))$. 记 $\widehat{\varphi}_N(\xi', x_n)$ 为 $\varphi_N(x)$ 关于 $x' = (x_1, x_2, \cdots, x_{n-1})$ 的 Fourier 变换. 取截断函数 $a \in C_c^\infty(\mathbb{R}^1)$, $0 \leqslant a \leqslant 1$; $a(t) = 1$, $\forall\ |t| \leqslant 1$, 则成立

$$\begin{aligned}|\widehat{\varphi}_N(\xi', 0)|^2 =& -\int_0^\infty \frac{\partial}{\partial x_n}|a(x_n)\widehat{\varphi}_N(\xi', x_n)|^2 \mathrm{d}x_n\\ =& -2\mathrm{Re}\int_0^\infty [a(x_n)]^2\overline{\widehat{\varphi}_N(\xi', x_n)}\frac{\partial}{\partial x_n}\widehat{\varphi}_N(\xi', x_n)\mathrm{d}x_n\\ & -2\int_0^\infty a(x_n)a'(x_n)|\widehat{\varphi}_N(\xi', x_n)|^2\mathrm{d}x_n.\end{aligned}$$

在上式两端同乘以 $(1+|\xi'|^2)^{\frac{1}{2}}$, 并在 $\mathbb{R}^{n-1}$ 上积分, 利用 Parseval 等式, 可得

$$\begin{aligned}&\|\gamma\varphi_N\|^2_{H^{\frac{1}{2}}(\partial\mathbb{R}^n_+)}\\ =&\int_{\mathbb{R}^{n-1}}(1+|\xi'|^2)^{\frac{1}{2}}|\widehat{\varphi}_N(\xi', 0)|^2\mathrm{d}\xi'\\ =&-2\mathrm{Re}\int_{\mathbb{R}^n_+}[a(x_n)]^2(1+|\xi'|^2)^{\frac{1}{2}}\overline{\widehat{\varphi}_N(\xi', x_n)}\frac{\partial}{\partial x_n}\widehat{\varphi}_N(\xi', x_n)\mathrm{d}\xi'\mathrm{d}x_n\\ &-2\int_{\mathbb{R}^n_+}a(x_n)a'(x_n)(1+|\xi'|^2)^{\frac{1}{2}}|\widehat{\varphi}_N(\xi', x_n)|^2\mathrm{d}\xi'\mathrm{d}x_n\\ \leqslant&(1+2\|a'\|_{C(\mathbb{R}^1_+)})\int_{\mathbb{R}^n_+}|(\widehat{\varphi}_N(\xi', x_n)|^2+|\xi'|^2|\widehat{\varphi}_N(\xi', x_n)|^2)\mathrm{d}\xi'\mathrm{d}x_n\end{aligned}$$

$$
\begin{aligned}
&+\int_{\mathbb{R}_+^n}\left|\frac{\partial}{\partial x_n}\widehat{\varphi}_N(\xi',x_n)\right|^2 \mathrm{d}\xi'\mathrm{d}x_n\\
=&(1+2\|a'\|_{C(\mathbb{R}_+^1)})(2\pi)^{n-1}\\
&\times\int_{\mathbb{R}_+^n}(|\varphi_N(x',x_n)|^2+|\partial'\varphi_N(x',x_n)|^2)\mathrm{d}x'\mathrm{d}x_n\\
&+(2\pi)^{n-1}\int_{\mathbb{R}_+^n}\left|\frac{\partial}{\partial x_n}\varphi_N(x',x_n)\right|^2\mathrm{d}x'\mathrm{d}x_n\\
\leqslant&(1+2\|a'\|_{C(\mathbb{R}_+^1)})(2\pi)^{n-1}\|\varphi_N\|^2_{H^1(\mathbb{R}_+^n)}.
\end{aligned}\tag{3.7.1}
$$

由于 $\varphi_N \longrightarrow u\ (H^1(\mathbb{R}_+^n))$. 由式 (3.7.1), 可知 $\gamma\varphi_N$ 在 $H^{\frac{1}{2}}(\partial\mathbb{R}_+^n)$ 中构成一个 Cauchy 序列, 它的极限记为 γu, 称其为函数 u 在边界上的迹, 即

$$
\gamma\varphi_N \longrightarrow \gamma u(H^{\frac{1}{2}}(\partial\mathbb{R}_+^n)).
$$

此外在式 (3.7.1) 中令 $N\longrightarrow\infty$, 可得

$$
\gamma u\in H^{\frac{1}{2}}(\partial\mathbb{R}_+^n)\quad 且\quad \|\gamma u\|_{H^{\frac{1}{2}}(\partial\mathbb{R}_+^n)}\leqslant C\|u\|_{H^1(\mathbb{R}_+^n)}. \qquad \square
$$

注 称定理 3.7.1 中的 γu 为 u 在边界 $\partial\mathbb{R}_+^n$ 上的迹.

下面是迹定理的一个应用, 指出在什么条件下, 两个相邻区域中的 H^1 函数可以保持 H^1 性质衔接起来.

定理 3.7.2 设 $u_1\in H^1(\mathbb{R}_+^n)$, $u_2\in H^1(\mathbb{R}_-^n)$, 且在边界 $x_n=0$ 上, $\gamma u_1=\gamma u_2$. 定义 $u=\begin{cases}u_1, & \forall\, x_n>0,\\ u_2, & \forall\, x_n<0,\end{cases}$ 则 $u\in H^1(\mathbb{R}^n)$.

证明 假定 $u_1\in H^1(\mathbb{R}_+^n)$, 则对任意函数 $\varphi\in\mathscr{S}(\mathbb{R}^n)\bigcap H^1(\mathbb{R}^n)$, 成立

$$
\int_{\mathbb{R}_+^n}\frac{\partial u_1(x)}{\partial x_i}\varphi(x)\mathrm{d}x=-\int_{\mathbb{R}_+^n}u_1(x)\frac{\partial\varphi(x)}{\partial x_i}\mathrm{d}x,\quad i=1,2,\cdots,n-1 \tag{3.7.2}
$$

和

$$
\int_{\mathbb{R}_+^n}\frac{\partial u_1(x)}{\partial x_n}\varphi(x)\mathrm{d}x=-\int_{\partial\mathbb{R}_+^n}(\gamma u_1)\varphi(x',0)\mathrm{d}x'-\int_{\mathbb{R}_+^n}u_1(x)\frac{\partial\varphi(x)}{\partial x_n}\mathrm{d}x. \tag{3.7.3}
$$

事实上, 由于$u_1\in H^1(\mathbb{R}_+^n)$. 利用稠密性, 可知存在函数序列$u_{1N}\in C^\infty(\overline{\mathbb{R}_+^n})\bigcap H^1(\mathbb{R}_+^n)$, 使得 $u_{1N}\longrightarrow u_1\ (H^1(\mathbb{R}_+^n))$. 显然, 对于光滑函数 u_{1N}, 成立

$$
\int_{\mathbb{R}_+^n}\frac{\partial u_{1N}(x)}{\partial x_i}\varphi(x)\mathrm{d}x=-\int_{\mathbb{R}_+^n}u_{1N}(x)\frac{\partial\varphi(x)}{\partial x_i}\mathrm{d}x,\quad i=1,2,\cdots,n-1 \tag{3.7.4}
$$

和

$$\begin{aligned}&\int_{\mathbb{R}_+^n}\frac{\partial u_{1N}(x)}{\partial x_n}\varphi(x)\mathrm{d}x\\&=\int_{\mathbb{R}^{n-1}}\int_0^{\infty}\frac{\partial}{\partial x_n}(u_{1N}(x',x_n)\varphi(x',x_n)\mathrm{d}x_n\mathrm{d}x'-\int_{\mathbb{R}_+^n}u_{1N}(x)\frac{\partial\varphi(x)}{\partial x_n}\mathrm{d}x\\&=-\int_{\partial\mathbb{R}_+^n}u_{1N}(x',0)\varphi(x',0)\mathrm{d}x'-\int_{\mathbb{R}_+^n}u_{1N}(x)\frac{\partial\varphi(x)}{\partial x_n}\mathrm{d}x.\end{aligned}\tag{3.7.5}$$

注意到, 对任意函数 $\psi\in H^{\frac{1}{2}}(\mathbb{R}^{n-1})$, 成立

$$\begin{aligned}\|\psi\|_{L^2(\mathbb{R}^{n-1})}^2&=(2\pi)^{-(n-1)}\int_{\mathbb{R}^{n-1}}|\widehat{\psi}(\xi')|^2\mathrm{d}\xi'\\&\leqslant(2\pi)^{-(n-1)}\int_{\mathbb{R}^{n-1}}(1+|\xi'|^2)^{\frac{1}{2}}|\widehat{\psi}(\xi')|^2\mathrm{d}\xi'\\&=(2\pi)^{-(n-1)}\|\psi\|_{H^{\frac{1}{2}}(\mathbb{R}^{n-1})}^2.\end{aligned}$$

说明恒同映射: $H^{\frac{1}{2}}(\mathbb{R}^{n-1})\longrightarrow L^2(\mathbb{R}^{n-1})$ 是连续的. 从而迹映射

$$\gamma:H^1(\mathbb{R}_+^n)\longrightarrow H^{\frac{1}{2}}(\partial\mathbb{R}_+^n)\longrightarrow L^2(\mathbb{R}^{n-1})$$

是连续的, 即存在常数 $C>0$, 使得对任意的函数 $u\in H^1(\mathbb{R}_+^n)$, 成立

$$\|\gamma u\|_{L^2(\mathbb{R}^{n-1})}\leqslant C\|u\|_{H^1(\mathbb{R}_+^n)}.\tag{3.7.6}$$

由于 $u_{1N}\longrightarrow u_1(H^1(\mathbb{R}_+^n))$. 利用式 (3.7.6), 可知 $\gamma u_{1N}\longrightarrow\gamma u_1(L^2(\mathbb{R}^{n-1}))$. 在式 (3.7.4) 和式 (3.7.5) 中分别令 $N\longrightarrow\infty$, 可知式 (3.7.2) 和式 (3.7.3) 成立. 类似地, 可以证明存在函数序列 $u_{2N}\in C^{\infty}(\overline{\mathbb{R}_+^n})\bigcap H^1(\mathbb{R}_+^n)$, 使得 $u_{2N}\longrightarrow u_2(H^1(\mathbb{R}_+^n))$. 并且成立

$$\int_{\mathbb{R}_-^n}\frac{\partial u_2(x)}{\partial x_i}\varphi(x)\mathrm{d}x=-\int_{\mathbb{R}_-^n}u_2(x)\frac{\partial\varphi(x)}{\partial x_i}\mathrm{d}x,\quad i=1,2,\cdots,n-1\tag{3.7.7}$$

和

$$\int_{\mathbb{R}_-^n}\frac{\partial u_2(x)}{\partial x_n}\varphi(x)\mathrm{d}x=\int_{\partial\mathbb{R}_-^n}(\gamma u_2)\varphi(x',0)\mathrm{d}x'-\int_{\mathbb{R}_-^n}u_2(x)\frac{\partial\varphi(x)}{\partial x_n}\mathrm{d}x.\tag{3.7.8}$$

由假设条件, 在边界 $\partial\mathbb{R}_+^n$ 上, $\gamma u_1=\gamma u_2$. 由式 (3.7.2), (3.7.3), (3.7.7) 和式 (3.7.8), 并利用 u 的定义, 可得

$$\begin{aligned}&\int_{\mathbb{R}_+^n}\frac{\partial u_1(x)}{\partial x_i}\varphi(x)\mathrm{d}x+\int_{\mathbb{R}_-^n}\frac{\partial u_2(x)}{\partial x_i}\varphi(x)\mathrm{d}x\\&=-\int_{\mathbb{R}^n}u(x)\frac{\partial\varphi(x)}{\partial x_i}\mathrm{d}x,\quad i=1,2,\cdots,n.\end{aligned}\tag{3.7.9}$$

记

$$w_i=\begin{cases}\dfrac{\partial u_1(x)}{\partial x_i}\in L^2(\mathbb{R}^n_+), & x_n>0,\\ \dfrac{\partial u_2(x)}{\partial x_i}\in L^2(\mathbb{R}^n_-), & x_n<0,\end{cases}$$

则由式 (3.7.9), 对任意的 $\varphi\in\mathscr{S}(\mathbb{R}^n)\bigcap H^1(\mathbb{R}^n)$, 成立

$$\int_{\mathbb{R}^n} w_i(x)\varphi(x)\mathrm{d}x=-\int_{\mathbb{R}^n} u(x)\frac{\partial\varphi(x)}{\partial x_i}\mathrm{d}x,\quad i=1,2,\cdots,n.$$

由广义函数导数的定义可知, $w_i=\partial_i u, i=1,2,\cdots,n$. 从而 $\partial u=(w_1,w_2,\cdots,w_n)\in L^2(\mathbb{R}^n)$. 此外, 利用 u 的定义知, $u\in L^2(\mathbb{R}^n)$. 所以 $u\in H^1(\mathbb{R}^n)$. □

注 利用局部化技巧, 可以证明: 如果有一光滑曲面 L 将给定区域 $\Omega\subset\mathbb{R}^n$ 分成两个子区域 Ω_1, Ω_2. 若 $u_1\in H^1(\Omega_1)$, $u_2\in H^1(\Omega_2)$, 且在 $\Gamma=\Omega\cap L$ 上两侧的迹相等, 即 $\gamma u_1\,|_\Gamma=\gamma u_2\,|_\Gamma$, 则 $u\in H^1(\Omega)$, 这里 $u=\begin{cases}u_1, & \forall\, x\in\Omega_1,\\ u_2, & \forall\, x\in\Omega_2.\end{cases}$

下面是迹定理的逆形式.

定理 3.7.3 *假定 $f\in H^{\frac{1}{2}}(\mathbb{R}^{n-1})$, 则存在函数 $u\in H^1(\mathbb{R}^n_+)$, 使得 $\gamma u=f$.*

证明 先假定 $f\in\mathscr{S}(\mathbb{R}^{n-1})$. 取 $\psi\in C_c^\infty(\mathbb{R}^1)$, 使得 $\psi(t)\equiv 1$, $\forall |t|\leqslant 1$. 记 $x'=(x_1,x_2,\cdots,x_{n-1})$, $\xi'=(\xi_1,\xi_2,\cdots,\xi_{n-1})$, $\lambda=(1+|\xi'|^2)^{\frac{1}{2}}$; $\widehat{f}(\xi')$ 为 $f(x')$ 的 Fourier 变换. 令 $v(\xi',x_n)=\psi(\lambda x_n)\widehat{f}(\xi')$. 记 $c_n=(2\pi)^{-(n-1)}$, 以及

$$u(x',x_n)=\psi(\lambda x_n)f(x')=c_n\int_{\mathbb{R}^{n-1}}\mathrm{e}^{\mathrm{i}x'\cdot\xi'}v(\xi',x_n)\mathrm{d}\xi',$$

则 $u\in\mathscr{S}(\mathbb{R}^n)$, $\widehat{u}(\xi',x_n)=v(\xi',x_n)$, 且

$$\begin{aligned}u(x',0)&=\int_{\mathbb{R}^{n-1}}\mathrm{e}^{\mathrm{i}x'\cdot\xi'}v(\xi',0)\mathrm{d}\xi'\\&=c_n\int_{\mathbb{R}^{n-1}}\mathrm{e}^{\mathrm{i}x'\cdot\xi'}\widehat{f}(\xi')\mathrm{d}\xi'=f(x').\end{aligned}\tag{3.7.10}$$

利用 Parseval 恒等式, 可得

$$\begin{aligned}&\|u\|^2_{H^1(\mathbb{R}^n_+)}\leqslant\|u\|^2_{H^1(\mathbb{R}^n)}\\&=\|u\|^2_{L^2(\mathbb{R}^n)}+\sum_{k=1}^{n-1}\|\partial_k u\|^2_{L^2(\mathbb{R}^n)}+\|\partial_n u\|^2_{L^2(\mathbb{R}^n)}\\&=c_n\int_{\mathbb{R}^1}\|\widehat{u}\|^2_{L^2(\mathbb{R}^{n-1})}\mathrm{d}x_n\\&\quad+c_n\sum_{k=1}^{n-1}\int_{\mathbb{R}^1}\|\widehat{\partial_k u}\|^2_{L^2(\mathbb{R}^{n-1})}\mathrm{d}x_n+c_n\int_{\mathbb{R}^1}\|\widehat{\partial_n u}\|^2_{L^2(\mathbb{R}^{n-1})}\mathrm{d}x_n\end{aligned}$$

$$
\begin{aligned}
&= c_n \int_{\mathbb{R}^{n-1}} \int_{\mathbb{R}^1} |v(\xi', x_n)|^2 \mathrm{d}x_n \mathrm{d}\xi' \\
&\quad + c_n \sum_{k=1}^{n-1} \int_{\mathbb{R}^{n-1}} \int_{\mathbb{R}^1} |\xi_k v(\xi', x_n)|^2 \mathrm{d}x_n \mathrm{d}\xi' \\
&\quad + c_n \int_{\mathbb{R}^{n-1}} \int_{\mathbb{R}^1} |\partial_n v(\xi', x_n)|^2 \mathrm{d}x_n \mathrm{d}\xi' \\
&= c_n \int_{\mathbb{R}^{n-1}} \int_{\mathbb{R}^1} [(1+|\xi'|^2)|v(\xi', x_n)|^2 + |\partial_n v(\xi', x_n)|^2] \mathrm{d}x_n \mathrm{d}\xi' \\
&= c_n \int_{\mathbb{R}^{n-1}} \int_{\mathbb{R}^1} (1+|\xi'|^2)|\widehat{f}(\xi')|^2 (\psi^2(\lambda x_n) + \psi'^2(\lambda x_n)) \mathrm{d}x_n \mathrm{d}\xi' \\
&= c_n \int_{\mathbb{R}^{n-1}} \int_{\mathbb{R}^1} (1+|\xi'|^2)^{\frac{1}{2}} |\widehat{f}(\xi')|^2 (\psi^2(\lambda x_n) + \psi'^2(\lambda x_n)) \mathrm{d}\lambda x_n \mathrm{d}\xi' \\
&= c_n \int_{\mathbb{R}^{n-1}} (1+|\xi'|^2)^{\frac{1}{2}} |\widehat{f}(\xi')|^2 \mathrm{d}\xi' \int_{\mathbb{R}^1} (\psi^2(t) + \psi'^2(t)) \mathrm{d}t \\
&= c_n \int_{\mathbb{R}^1} (\psi^2(t) + \psi'^2(t)) \mathrm{d}t \|f\|^2_{H^{\frac{1}{2}}(\mathbb{R}^{n-1})}.
\end{aligned}
$$

说明

$$
\|u\|_{H^1(\mathbb{R}^n_+)} \leqslant C\|f\|_{H^{\frac{1}{2}}(\mathbb{R}^{n-1})}. \tag{3.7.11}
$$

前面已证 $\mathscr{S}(\mathbb{R}^{n-1})$ 在 $H^{\frac{1}{2}}(\mathbb{R}^{n-1})$ 中稠密, 对于 $f \in H^{\frac{1}{2}}(\mathbb{R}^{n-1})$, 存在 $f_N \in \mathscr{S}(\mathbb{R}^{n-1})$, 使得 $f_N \longrightarrow f\ (H^{\frac{1}{2}}(\mathbb{R}^{n-1}))$. 利用式 (3.7.10), (3.7.11), 知 $u_N(x', x_n) = \psi(\lambda x_n) f_N(x') \in \mathscr{S}(\mathbb{R}^n)$, 且 $\gamma u_N = f_N$, $\|u_N\|_{H^1(\mathbb{R}^n_+)} \leqslant C\|f_N\|_{H^{\frac{1}{2}}(\mathbb{R}^{n-1})}$. 由于 $f_N \longrightarrow f\ (H^{\frac{1}{2}}(\mathbb{R}^{n-1}))$. 可知 $\{u_N\}$ 是 $H^1(\mathbb{R}^n_+)$ 中的 Cauchy 序列. 从而存在 $u \in H^1(\mathbb{R}^n_+)$, 使得 $u_N \longrightarrow u\ (H^1(\mathbb{R}^n_+))$. 由迹定理知, 嵌入 $H^1(\mathbb{R}^n_+) \hookrightarrow H^{\frac{1}{2}}(\mathbb{R}^{n-1})$ 是连续的. 所以 γu_N 也是 $H^{\frac{1}{2}}(\mathbb{R}^{n-1})$ 中的 Cauchy 序列. 因此, 存在函数 $w := \gamma u \in H^{\frac{1}{2}}(\mathbb{R}^{n-1})$, 使得 $\gamma u_N \longrightarrow \gamma u\ (H^{\frac{1}{2}}(\mathbb{R}^{n-1}))$. 又已知 $\gamma u_N = f_N \longrightarrow f\ (H^{\frac{1}{2}}(\mathbb{R}^{n-1}))$, 可知 $\gamma u = f$. □

下面不加证明地给出迹定理及其逆定理的一般形式, 即得如下定理.

定理 3.7.4　*设 Ω 是 $\mathbb{R}^n$ 中具有光滑边界的区域, $1 < p < \infty$, 则存在线性连续算子 γ: $W^{1,p}(\Omega) \longrightarrow W^{1-\frac{1}{p},p}(\partial\Omega)$ 并且*

$$
\|\gamma(u)\|_{W^{1-\frac{1}{p},p}(\partial\Omega)} \leqslant C_1\|u\|_{W^{1,p}(\Omega)}, \quad \forall\, u \in W^{1,p}(\Omega);
$$

反之, 存在线性有界算子 γ^{-1}: $W^{1-\frac{1}{p},p}(\partial\Omega) \longrightarrow W^{1,p}(\Omega)$, 使得 $\gamma\gamma^{-1} = \gamma^{-1}\gamma = I$ (I 为恒同映射) 且

$$
\|\gamma^{-1}(v)\|_{W^{1,p}(\Omega)} \leqslant C_2\|v\|_{W^{1-\frac{1}{p},p}(\partial\Omega)}, \quad \forall\, v \in W^{1-\frac{1}{p},p}(\partial\Omega),
$$

其中 $C_j = C_j(n, p, \Omega)$, $j = 1, 2$.

更一般的形式, 即得如下定理.

定理 3.7.5 设 Ω 是 $\mathbb{R}^n$ 中具有光滑边界的区域, $m \in \mathbb{N}$, $1 < p < \infty$, 则存在线性有界算子 $\gamma = (\gamma_0, \gamma_1, \cdots, \gamma_{m-1}) : W^{m,p}(\Omega) \longrightarrow \prod_{j=0}^{m-1} W^{m-\frac{1}{p}-j,p}(\partial\Omega)$ 并且

$$\sum_{j=0}^{m-1} \|\gamma_j u\|_{W^{m-\frac{1}{p}-j,p}(\partial\Omega)} \leqslant C_3 \|u\|_{W^{m,p}(\Omega)}, \quad \forall\, u \in W^{m,p}(\Omega);$$

另外, 存在线性有界算子 $\gamma^{-1} : \prod_{j=0}^{m-1} W^{m-\frac{1}{p}-j,p}(\partial\Omega) \longrightarrow W^{m,p}(\Omega)$, 使得 $\gamma\gamma^{-1} = \gamma^{-1}\gamma = I$ (I 为恒同映射) 且

$$\|\gamma^{-1}(v)\|_{W^{1,p}(\Omega)} \leqslant C_4 \sum_{j=0}^{m-1} \|v\|_{W^{m-\frac{1}{p}-j,p}(\partial\Omega)}, \quad \forall\, v \in \prod_{j=0}^{m-1} W^{m-\frac{1}{p}-j,p}(\partial\Omega),$$

其中 $C_k = C_k(n, p, m, \Omega)$, $k = 3, 4$.

前面几节介绍了 Sobolev 空间的一些基本知识, 感兴趣的读者可进一步参考这方面的文献 [1], [6], [25].

3.8 Besov 空间及其性质

本节主要介绍 Besov 空间的定义, 并且不加证明地给出 Besov 空间的一些基本性质, 感兴趣的读者可以参见文献 [4]. 需要指出的是, 目前在 Besov 空间里研究偏微分方程已经变得非常的自然和普遍.

选取截断函数 $\eta \in C_c^\infty(\mathbb{R}^n)$, 满足:

$$\eta(\xi) = \begin{cases} 1, & |\xi| \leqslant 1, \\ 0, & |\xi| \geqslant 2. \end{cases}$$

定义函数序列 $\{\psi_j\}_{j\in\mathbb{Z}} \subset \mathscr{S}(\mathbb{R}^n)$ 如下

$$\psi_j(\xi) = \eta\left(\frac{\xi}{2^j}\right) - \eta\left(\frac{\xi}{2^{j-1}}\right).$$

显然,

$$\operatorname{supp} \psi_j \subset \{\xi \in \mathbb{R}^n \mid 2^{j-1} \leqslant |\xi| \leqslant 2^{j+1}\},$$

且

$$\sum_{j=-\infty}^{j=+\infty} \psi_j(\xi) = \begin{cases} 1, & \xi \neq 0, \\ 0, & \xi = 0. \end{cases}$$

设 $s \in \mathbb{R}^1$, $1 \leqslant p, q \leqslant \infty$. 定义 Besov 空间 $B_{p,q}^s(\mathbb{R}^n)$ 如下

$$B_{p,q}^s(\mathbb{R}^n) = \{u \in \mathscr{S}'(\mathbb{R}^n) \mid \|u\|_{B_{p,q}^s} < \infty\},$$

其中

$$\|u\|_{B^s_{p,q}}=\|F^{-1}(\eta\widehat{u})\|_{L^p(\mathbb{R}^n)}+\begin{cases}\left(\sum_{j=1}^{\infty}[2^{sj}\|F^{-1}(\psi_j\widehat{u})\|_{L^p(\mathbb{R}^n)}]^q\right)^{\frac{1}{q}}, & q<\infty,\\ \sup_{j\geqslant 1}[2^{sj}\|F^{-1}(\psi_j\widehat{u})\|_{L^p(\mathbb{R}^n)}], & q=\infty,\end{cases}$$

这里 F^{-1} 表示在缓增广义空间 $\mathscr{S}'(\mathbb{R}^n)$ 上的广义 Fourier 逆变换. 需要说明的是, 当 $f\in\mathscr{S}'(\mathbb{R}^n)$, $1\leqslant p\leqslant\infty$, 把 $\|f\|_{L^p(\mathbb{R}^n)}$ 理解为: 当 $f\in L^p(\mathbb{R}^n)$ 时, 为 $L^p(\mathbb{R}^n)$ 空间中的范数; 当 $f\in\mathscr{S}'(\mathbb{R}^n)\backslash L^p(\mathbb{R}^n)$ 时, $\|f\|_{L^p(\mathbb{R}^n)}$ 为 $+\infty$.

下面介绍 Besov 空间 $B^s_{p,q}(\mathbb{R}^n)$ 的一些基本性质, 详见文献 [4].

(1) $B^s_{p,q}(\mathbb{R}^n)$ 不依赖于截断函数 η 的选取, 即两个不同的截断函数产生的 Besov 空间具有等价范数.

(2) $B^s_{p,q}(\mathbb{R}^n)$ 是 Banach 空间, 并且当 $1<p,q<\infty$ 时, $B^s_{p,q}(\mathbb{R}^n)$ 是自反的. 此外, 当 $1\leqslant p,q<\infty$ 时, 其对偶空间 $[B^s_{p,q}(\mathbb{R}^n)]^*=B^{-s}_{p',q'}(\mathbb{R}^n)$, 其中 $\dfrac{1}{p}+\dfrac{1}{p'}=1$, $\dfrac{1}{q}+\dfrac{1}{q'}=1$.

(3) 如果 $s_1\geqslant s_2$, 则 $B^{s_1}_{p,q}(\mathbb{R}^n)\hookrightarrow B^{s_2}_{p,q}(\mathbb{R}^n)$; 如果 $1\leqslant q_1\leqslant q_2\leqslant\infty$, 则 $B^s_{p,q_1}(\mathbb{R}^n)\hookrightarrow B^s_{p,q_2}(\mathbb{R}^n)$.

(4) Sobolev 嵌入: 设 $s-\dfrac{n}{p}=s_1-\dfrac{n}{p_1}$, 其中 $s,s_1\in\mathbb{R}^1$, $1\leqslant p\leqslant p_1\leqslant\infty$, $1\leqslant q\leqslant q_1\leqslant\infty$. 成立 $B^s_{p,q}(\mathbb{R}^n)\hookrightarrow B^{s_1}_{p_1,q_1}(\mathbb{R}^n)$.

现在介绍一类 Sobolev 空间 $H^{s,p}(\mathbb{R}^n)$, 通过 Fourier 变换定义如下

$$H^{s,p}(\mathbb{R}^n)=\{u\in\mathscr{S}'(\mathbb{R}^n)\mid F^{-1}[(1+|\xi|^2)^{\frac{s}{2}}\widehat{u}]\in L^p(\mathbb{R}^n)\},$$

其中 $s\in\mathbb{R}^1$, $1\leqslant p\leqslant\infty$. 相应范数为: $\|u\|_{H^{s,p}}=\|F^{-1}[(1+|\xi|^2)^{\frac{s}{2}}\widehat{u}]\|_{L^p}$.

Besov 空间 $B^s_{p,q}(\mathbb{R}^n)$ 与 Sobolev 空间 $H^{s,p}(\mathbb{R}^n)$ 有如下的关系.

(1) 当 $1<p\leqslant 2$ 时, 成立 $B^s_{p,p}(\mathbb{R}^n)\hookrightarrow H^{s,p}(\mathbb{R}^n)\hookrightarrow B^s_{p,2}(\mathbb{R}^n)$;

(2) 当 $2<p<\infty$ 时, 成立 $B^s_{p,2}(\mathbb{R}^n)\hookrightarrow H^{s,p}(\mathbb{R}^n)\hookrightarrow B^s_{p,p}(\mathbb{R}^n)$;

(3) 特别地, 成立 $B^s_{p,2}(\mathbb{R}^n)=H^{s,p}(\mathbb{R}^n)=H^s(\mathbb{R}^n)$.

最后介绍齐次 Besov 空间 $\dot{B}^s_{p,q}(\mathbb{R}^n)$.

设 $s\in\mathbb{R}^1$, $1\leqslant p,q\leqslant\infty$. 对于 $u\in\mathscr{S}'(\mathbb{R}^n)$, 定义

$$\|u\|_{\dot{B}^s_{p,q}}=\begin{cases}\left(\sum_{j=-\infty}^{+\infty}[2^{sj}\|F^{-1}(\psi_j\widehat{u})\|_{L^p(\mathbb{R}^n)}]^q\right)^{\frac{1}{q}}, & q<\infty,\\ \sup_{j\in\mathbb{Z}}[2^{sj}\|F^{-1}(\psi_j\widehat{u})\|_{L^p(\mathbb{R}^n)}], & q=\infty.\end{cases}$$

注意到, $\|u\|_{\dot{B}^s_{p,q}}=0$ 当且仅当 $\mathrm{supp}u=\{0\}$, 即 u 是一个多项式.

此外, 当 $s>0$ 时, 成立

$$\|u\|_{B^s_{p,q}}=\|u\|_{L^p}+\|u\|_{\dot{B}^s_{p,q}};$$

当 $0<s<1$ 时, 成立

$$\|u\|_{\dot{B}^s_{p,q}}=\begin{cases}\left(\displaystyle\int_0^\infty\left[t^{-s}\sup_{|y|\leqslant t}\|u(\cdot-y)-u(\cdot)\|_{L^p(\mathbb{R}^n)}\right]^q\frac{\mathrm{d}t}{t}\right)^{\frac{1}{q}}, & q<\infty,\\ \sup\limits_{t>0}[t^{-s}\sup\limits_{|y|\leqslant t}\|u(\cdot-y)-u(\cdot)\|_{L^p(\mathbb{R}^n)}], & q=\infty.\end{cases}$$

3.9 一些重要的不等式

定理 3.9.1 (Poincaré 不等式) 假定 $1\leqslant p<\infty$.

(1) 设 $\Omega\subset\mathbb{R}^n$ 为有界区域, 若 $u\in W_0^{1,p}(\Omega)$, 则

$$\|u\|_{L^p(\Omega)}\leqslant C(n,p,\Omega)\|\nabla u\|_{L^p(\Omega)}. \tag{3.9.1}$$

(2) 若有界区域 Ω 的边界 $\partial\Omega$ 满足局部 Lipschitz 条件, 则对任意的 $u\in W^{1,p}(\Omega)$, 成立

$$\|u-u_\Omega\|_{L^p(\Omega)}\leqslant C(n,p,\Omega)\|\nabla u\|_{L^p(\Omega)}, \tag{3.9.2}$$

这里 $u_\Omega=\dfrac{1}{|\Omega|}\displaystyle\int_\Omega u(x)\mathrm{d}x$, $|\Omega|$ 表示 Ω 的 Lebesgue 测度.

此外, 对任意给定的常数 $\varepsilon>0$, 存在常数 $C=C(\varepsilon,p,\Omega)$, 使得对任意满足下述条件的

$$|\{x\in\Omega;\ u(x)=0\}|\geqslant\varepsilon|\Omega|,$$

函数 $u\in W^{1,p}(\Omega)$, 成立

$$\|u\|_{L^p(\Omega)}\leqslant C\|\nabla u\|_{L^p(\Omega)}.$$

(3) 令 $L_d=\left\{x\in\mathbb{R}^n;\ -\dfrac{d}{2}<x_n<\dfrac{d}{2}\right\}$, $d>0$ 为一常数. 假定 $\Omega\subset L_d$, 则对任意的 $u\in W_0^{1,p}(\Omega)$, 成立

$$\|u\|_{L^p(\Omega)}\leqslant d\|\nabla u\|_{L^p(\Omega)}. \tag{3.9.3}$$

证明 由于 $C_c^\infty(\Omega)$ 在 $W_0^{1,p}(\Omega)$ 中是稠密的, 故只需证明式 (3.9.1) 对任意的 $u\in C_c^\infty(\Omega)$ 成立即可. 选取包含区域 Ω 的方体 Q:

$$Q:=\{x\in\mathbb{R}^n;\ a_i<x_i<a_i+\mathrm{diam}\Omega,\ i=1,2,\cdots,n\}.$$

令

$$\widetilde{u}(x)=\begin{cases} u(x), & x\in\Omega, \\ 0, & x\in Q\backslash\Omega, \end{cases}$$

则 $\widetilde{u}\in C_c^\infty(Q)$. 对任意的 $x\in Q$, 成立

$$\begin{aligned} |\widetilde{u}(x)| &= \left|\int_{a_1}^{x_1}\partial_s\widetilde{u}(s,x_2,\cdots,x_n)\mathrm{d}s\right| \\ &\leqslant \int_{a_1}^{a_1+\mathrm{diam}\Omega}|\partial_s\widetilde{u}(s,x_2,\cdots,x_n)|\mathrm{d}s \\ &\leqslant \int_{a_1}^{a_1+\mathrm{diam}\Omega}|\partial_s\widetilde{u}(s,x_2,\cdots,x_n)|\mathrm{d}s. \end{aligned}$$

因此, 利用 Hölder 不等式, 可得

$$|\widetilde{u}(x)|^p\leqslant(\mathrm{diam}\Omega)^{p-1}\int_{a_1}^{a_1+\mathrm{diam}\Omega}|\partial_s\widetilde{u}(s,x_2,\cdots,x_n)|^p\mathrm{d}s.$$

从而,

$$\begin{aligned} \int_\Omega|u(x)|^p\mathrm{d}x &= \int_Q|\widetilde{u}(x)|^p\mathrm{d}x \\ &\leqslant (\mathrm{diam}\Omega)^{p-1}\int_Q\int_{a_1}^{a_1+\mathrm{diam}\Omega}|\partial_s\widetilde{u}(s,x_2,\cdots,x_n)|^p\mathrm{d}s\mathrm{d}x \\ &= (\mathrm{diam}\Omega)^p\int_Q|\partial_1\widetilde{u}(x_1,x_2,\cdots,x_n)|^p\mathrm{d}x \\ &\leqslant (\mathrm{diam}\Omega)^p\int_Q|\nabla\widetilde{u}(x)|^p\mathrm{d}x \\ &= (\mathrm{diam}\Omega)^p\int_\Omega|\nabla u(x)|^p\mathrm{d}x. \end{aligned}$$

取 $C(n,p,\Omega)=\mathrm{diam}\Omega$, 即可知式 (3.9.1) 成立.

下面验证式 (3.9.2) 成立. 仅就 $1<p<\infty$ 进行证明, $p=1$ 情形参见文献 [19]. 由于 u_Ω 是常数, 且在 u 上加任一常数, 式 (3.9.2) 不发生变化, 因此不妨假设 $u_\Omega=0$. 现在进行反证, 假设式 (3.9.2) 不成立, 则对任意的正整数 k, 存在函数列 $u_k\in W^{1,p}(\Omega)$, 满足 $\int_\Omega u_k(x)\mathrm{d}x=0$, 但是

$$\int_\Omega|u_k(x)|^p\mathrm{d}x>k\int_\Omega|\nabla u_k(x)|^p\mathrm{d}x.$$

令 $w_k(x)=\dfrac{u_k(x)}{\|u_k\|_{L^p(\Omega)}}$, 则 $w_k\in W^{1,p}(\Omega)$ 满足

$$\int_\Omega w_k(x)\mathrm{d}x=0;\quad \|w_k\|_{L^p(\Omega)}=1;\quad \int_\Omega|\nabla u_k(x)|^p\mathrm{d}x<\frac{1}{k},$$

可知 $\|w_k\|_{W^{1,p}(\Omega)} \leqslant C$, 由于嵌入 $W^{1,p}(\Omega) \hookrightarrow L^p(\Omega)$ 是紧的, 再结合 $W^{1,p}(\Omega)$ 中的有界集的弱列紧性质, 知存在函数 $w \in W^{1,p}(\Omega)$ 和一串子列, 不妨仍记为 $\{w_k\}$, 使得当 $k \longrightarrow \infty$ 时, 成立

$$w_k \to w \quad \text{在} \quad L^p(\Omega) \quad \text{中强收敛}; \quad \nabla w_k \rightharpoonup \nabla w \quad \text{在} \quad L^p(\Omega) \quad \text{中弱收敛}.$$

从而

$$\int_\Omega |\nabla w(x)|^p \mathrm{d}x \leqslant \liminf_{k \longrightarrow \infty} \int_\Omega |\nabla w_k(x)|^p \mathrm{d}x = 0,$$

可知, 在 Ω 中, $\nabla w(x) = 0$ 几乎处处成立. 因而在 Ω 中, $w=$ 常数. 另外,

$$\int_\Omega w(x)\mathrm{d}x = \lim_{k\to\infty} \int_\Omega w_k(x)\mathrm{d}x = 0,$$

说明在 Ω 中, $w = 0$. 这是一个矛盾, 因为 $\displaystyle\int_\Omega |w(x)|^p \mathrm{d}x = \lim_{k\to\infty}\int_\Omega |w_k(x)|^p\mathrm{d}x = 1$.

此外, 类似式 (3.9.2) 的 (反证) 证明过程, 假定对给定的常数 $\varepsilon > 0$, 存在函数 $u_m, u \in W^{1,p}(\Omega)$, 使得

$$|\{x \in \Omega;\ u_m(x) = 0\}| \geqslant \varepsilon|\Omega|,$$

$$\|u_m\|_{L^p(\Omega)} = 1, \quad \|\nabla u_m\|_{L^p(\Omega)} < \frac{1}{m},$$

$$\|u_m - u\|_{L^p(\Omega)} \longrightarrow 0, \quad \nabla u = 0, \quad \text{a.e.} x \in \Omega.$$

从而 $u=$ 常数, 且 $\|u\|_{L^p(\Omega)} = 1$. 说明 u 是非零常数. 于是

$$\begin{aligned}
0 &= \lim_{m\to\infty}\int_\Omega |u_m - u|^p \mathrm{d}x \\
&\geqslant \lim_{m\to\infty}\int_{\{x\in\Omega;\ u_m(x)=0\}} |u_m - u|^p\mathrm{d}x \\
&= \lim_{m\to\infty}\int_{\{x\in\Omega;\ u_m(x)=0\}} |u|^p\mathrm{d}x \\
&= |u|^p \lim_{m\to\infty} |\{x \in \Omega;\ u_m(x) = 0\}| \\
&\geqslant \varepsilon|\Omega||u|^p > 0,
\end{aligned}$$

这是一个矛盾. 证毕.

利用 $C_c^\infty(\Omega)$ 在 $W_0^{1,p}(\Omega)$ 中是稠密的性质, 只需证明式 (3.9.3) 对任意的 $u \in C_c^\infty(\Omega)$ 成立即可. 类似于式 (3.9.1) 的证明, 令

$$\widetilde{u}(x) = \begin{cases} u(x), & x \in \Omega, \\ 0, & x \in L_d \backslash \Omega, \end{cases}$$

则 $\widetilde{u} \in C_c^\infty(L_d)$. 对任意的 $x \in L_d$, 成立

$$
\begin{aligned}
|\widetilde{u}(x)| &= \left| \int_{-\frac{d}{2}}^{x_n} \partial_s \widetilde{u}(x_1, x_2, \cdots, x_{n-1}, s) \mathrm{d}s \right| \\
&\leqslant \int_{-\frac{d}{2}}^{\frac{d}{2}} |\partial_s \widetilde{u}(x_1, x_2, \cdots, x_{n-1}, s)| \mathrm{d}s.
\end{aligned}
$$

因此, 利用 Hölder 不等式, 可得

$$
|\widetilde{u}(x)|^p \leqslant d^{p-1} \int_{-\frac{d}{2}}^{\frac{d}{2}} |\partial_s \widetilde{u}(x_1, x_2, \cdots, x_{n-1}, s)|^p \mathrm{d}s.
$$

从而,

$$
\begin{aligned}
\int_\Omega |u(x)|^p \mathrm{d}x &= \int_{L_d} |\widetilde{u}(x)|^p \mathrm{d}x \\
&\leqslant d^{p-1} \int_{L_d} \int_{-\frac{d}{2}}^{\frac{d}{2}} |\partial_s \widetilde{u}(x_1, x_2, \cdots, x_{n-1}, s)|^p \mathrm{d}s \mathrm{d}x \\
&= d^p \int_{L_d} |\partial_n \widetilde{u}(x_1, x_2, \cdots, x_n)|^p \mathrm{d}x \\
&\leqslant d^p \int_{L_d} |\nabla \widetilde{u}(x)|^p \mathrm{d}x \\
&= d^p \int_\Omega |\nabla u(x)|^p \mathrm{d}x.
\end{aligned}
$$

由此即可知式 (3.9.3) 成立.□

注 1 设 $\Omega \subset \mathbb{R}^n$ 为有界区域, 边界 $\partial\Omega$ 满足局部 Lipschitz 条件, 进一步假定 $\Sigma \subset \partial\Omega$ 且 $|\Sigma| > 0$, 则对任意的 $u \in W^{1,p}(\Omega)$ $(1 \leqslant p < \infty)$, 成立 (参见文献 [18])

$$
\|u\|_{L^p(\Omega)} \leqslant C(n, p, \Omega, \Sigma) \left(\|\nabla u\|_{L^p(\Omega)} + \int_\Sigma |u| \mathrm{d}\sigma \right).
$$

注 2 假定有界区域 $\Omega \subset \mathbb{R}^n$ 的边界 $\partial\Omega$ 满足局部 Lipschitz 条件, 则对任意的 n 维向量函数 $\vec{u} \in W^{1,p}(\Omega)(1 \leqslant p < \infty)$, 且 $\vec{u} \cdot \vec{\nu}\,|_{\partial\Omega} = 0$, 成立 (参见文献 [18])

$$
\|\vec{u}\|_{L^p(\Omega)} \leqslant C(n, p, \Omega) \|\nabla \vec{u}\|_{L^p(\Omega)}.
$$

推论 3.9.2(球上的 Poincaré 不等式) 设 $B_R \subset \mathbb{R}^n$ 是以 R 为半径的球, 并假定 $1 \leqslant p < \infty$.

(1) 若 $u \in W_0^{1,p}(B_R)$, 则

$$
\|u\|_{L^p(B_R)} \leqslant C(n, p) R \|\nabla u\|_{L^p(B_R)}. \tag{3.9.4}
$$

(2) 对任意的 $u \in W^{1,p}(B_R)$, 成立

$$\|u - u_{B_R}\|_{L^p(B_R)} \leqslant C(n,p)R\|\nabla u\|_{L^p(B_R)}, \tag{3.9.5}$$

这里 $u_{B_R} = \dfrac{1}{|B_R|}\displaystyle\int_{B_R} u(x)\mathrm{d}x$, $|B_R|$ 表示 B_R 的 Lebesgue 测度.

证明 假定 u 定义在 $B_R = B_R(x_0)$ 上, 令 $v(x) = u(Rx + x_0)$, $x \in B_1(0)$, 则成立

$$\|v\|_{L^p(B_1(0))} = R^{-\frac{n}{p}}\|u\|_{L^p(B_R(x_0))};$$

$$\|\nabla v\|_{L^p(B_1(0))} = R^{1-\frac{n}{p}}\|\nabla u\|_{L^p(B_R(x_0))};$$

$$\begin{aligned} v_{B_1(0)} &= \frac{1}{|B_1(0)|}\int_{B_1(0)} u(Rx + x_0)\mathrm{d}x \\ &= \frac{R^{-n}}{|B_1(0)|}\int_{B_R(x_0)} u(y)\mathrm{d}y \\ &= \frac{1}{|B_R(x_0)|}\int_{B_R(x_0)} u(y)\mathrm{d}y = u_{B_R(x_0)}; \end{aligned}$$

$$\begin{aligned} \|v - v_{B_1(0)}\|^p_{L^p(B_1(0))} &= \int_{B_1(0)} |u(Rx + x_0) - u_{B_R(x_0)}|^p\mathrm{d}x \\ &= R^{-n}\int_{B_R(x_0)} |u(y) - u_{B_R(x_0)}|^p\mathrm{d}y. \end{aligned}$$

利用上述等式, 结合定理 3.9.1, 可知推论中式 (3.9.4) 和式 (3.9.5) 成立.□

定理 3.9.3(Sobolev-Poincaré 不等式) 假定 $1 \leqslant p < n$.

(1) 设 $\Omega \subset \mathbb{R}^n$ 为有界区域, 若 $u \in W_0^{1,p}(\Omega)$, 则对任意的 $1 \leqslant q \leqslant p^* = \dfrac{np}{n-p}$ 成立

$$\|u\|_{L^q(\Omega)} \leqslant C(n,p,q,\Omega)\|\nabla u\|_{L^p(\Omega)}. \tag{3.9.6}$$

(2) 若有界区域 Ω 的边界 $\partial\Omega$ 满足局部 Lipschitz 条件, 则对任意的 $u \in W^{1,p}(\Omega)$ 及 $1 \leqslant q \leqslant p^*$, 成立

$$\|u - u_\Omega\|_{L^q(\Omega)} \leqslant C(n,p,q,\Omega)\|\nabla u\|_{L^p(\Omega)}. \tag{3.9.7}$$

证明 利用 Hölder 不等式和 Sobolev 嵌入不等式, 对于 $u \in W_0^{1,p}(\Omega)$, 可得

$$\|u\|_{L^q(\Omega)} \leqslant |\Omega|^{\frac{1}{q}-\frac{1}{p^*}}\|u\|_{L^{p^*}(\Omega)} \leqslant C(n,p,q,\Omega)\|\nabla u\|_{L^p(\Omega)},$$

即式 (3.9.6) 成立.

利用定理 3.9.1 和 Sobolev 嵌入不等式, 可知

$$\begin{aligned}\|u-u_\Omega\|_{L^q(\Omega)} &\leqslant C\|u-u_\Omega\|_{W^{1,p}(\Omega)}\\ &\leqslant C_1(\|u-u_\Omega\|_{L^p(\Omega)}+\|\nabla u\|_{L^p(\Omega)})\\ &\leqslant C_2\|\nabla u\|_{L^p(\Omega)},\end{aligned}$$

说明 $C_i=C_i(n,p,q,\Omega)$, $i=1,2$. 说明式 (3.9.7) 成立.□

利用定理 3.9.3, 并结合定理 3.9.1 证明中的伸缩等式, 可推知下述结论成立.

推论 3.9.4(球上的 Sobolev-Poincaré 不等式) 假定 $1\leqslant p<n$, 并设 B_R 是 $\mathbb{R}^n$ 中以 R 为半径的球.

(1) 若 $u\in W_0^{1,p}(B_R)$, 则对任意的 $1\leqslant q\leqslant p^*=\dfrac{np}{n-p}$, 成立

$$\|u\|_{L^q(B_R)}\leqslant C(n,p)R^{n\left(\frac{1}{q}-\frac{1}{p^*}\right)}\|\nabla u\|_{L^p(B_R)}.$$

(2) 对任意的 $u\in W^{1,p}(B_R)$ 及 $1\leqslant q\leqslant p^*$, 成立

$$\|u-u_{B_R}\|_{L^q(B_R)}\leqslant C(n,p)R^{n\left(\frac{1}{q}-\frac{1}{p^*}\right)}\|\nabla u\|_{L^p(B_R)}.$$

注 1(Troisi 不等式) 假定 $1\leqslant q_i<\infty$, $i=1,2,\cdots,n$, 则对任意 $u\in C_c^\infty(\mathbb{R}^n)$, 成立 (参见文献 [18], [24]):

$$\|u\|_{L^s(\mathbb{R}^n)}\leqslant C\prod_{i=1}^n\|\partial_i u\|_{L^{q_i}(\mathbb{R}^n)}^{\frac{1}{n}},\quad \sum_{i=1}^n\frac{1}{q_i}>1,\quad s=\frac{n}{\displaystyle\sum_{i=1}^n\frac{1}{q_i}-1}.$$

注 2(Gagliardo-Nirenberg 不等式) 设 $1\leqslant p,q,r\leqslant\infty$. 两个整数 j,m 满足 $0\leqslant j<m$. 假定

$$\frac{1}{p}=\frac{j}{n}+a\left(\frac{1}{r}-\frac{m}{n}\right)+\frac{1-a}{q},$$

其中 $a\in\left[\dfrac{j}{m},1\right]$ $\left(\text{如果}r>1\text{且}m-j-\dfrac{n}{r}=0,\text{取}a<1\right)$. 存在 $C=C(n,m,j,a,q,r)$, 使得对任意 $u\in C_c^\infty(\mathbb{R}^n)$, 成立:

$$\sum_{|\alpha|=j}\|\partial^\alpha u\|_{L^p(\mathbb{R}^n)}\leqslant C\left(\sum_{|\alpha|=m}\|\partial^\alpha u\|_{L^r(\mathbb{R}^n)}\right)^a\|u\|_{L^q(\mathbb{R}^n)}^{1-a}.$$

常用的一种特殊情形 对任意 $u\in C_c^\infty(\mathbb{R}^n)$ $(n\geqslant 2)$, 成立

$$\int_{\mathbb{R}^n}|u(x)|^{2+\frac{4}{n}}\mathrm{d}x\leqslant\left(1+\frac{2}{n}\right)\|\Psi\|_{L^2(\mathbb{R}^n)}^{-\frac{4}{n}}\|\nabla u\|_{L^2(\mathbb{R}^n)}^2\|u\|_{L^2(\mathbb{R}^n)}^{\frac{4}{n}},$$

其中 Ψ 是下述椭圆方程的基态解 (极小能量正解):

$$-\Delta\Psi - \frac{2}{n}\Psi - \Psi^{1+\frac{4}{n}} = 0.$$

注 3(Caffarelli-Kohn-Nirenberg 不等式) 假定实数 $p, q, r, \alpha, \beta, \sigma$ 满足

$$p, q \geqslant 1, \quad r > 0, \quad 0 \leqslant a \leqslant 1,$$

并且

$$\frac{1}{p} + \frac{\alpha}{n} > 0, \quad \frac{1}{q} + \frac{\beta}{n} > 0, \quad \frac{1}{r} + \frac{\gamma}{n} > 0,$$

其中 $\gamma = a\sigma + (1-a)\beta$, 则存在常数 $C > 0$, 使得对任意 $u \in C_c^\infty(\mathbb{R}^n)$, 成立 (参见文献 [10])

$$\||x|^\gamma u\|_{L^r(\mathbb{R}^n)} \leqslant C\||x|^\alpha \nabla u\|_{L^p(\mathbb{R}^n)}^a \||x|^\beta u\|_{L^q(\mathbb{R}^n)}^{1-a}$$

当且仅当下述关系成立

$$\frac{1}{r} + \frac{\gamma}{n} = a\left(\frac{1}{p} + \frac{\alpha - 1}{n}\right) + (1-a)\left(\frac{1}{q} + \frac{\beta}{n}\right),$$

其中若 $a > 0$, 要求 $0 \leqslant \alpha - \sigma$; 若 $a > 0$ 且 $\frac{1}{p} + \frac{\alpha - 1}{n} = \frac{1}{r} + \frac{\gamma}{n}$, 要求 $\alpha - \sigma \leqslant 1$.

这里需要指出的是, 在偏微分方程的研究中, 上述 Caffarelli-Kohn-Nirenberg 不等式的一种特殊情形经常要用到, 即假定 $-\infty < a < \frac{N-2}{N}$, $a \leqslant b \leqslant a+1$, $p = \frac{2n}{n-2+2(b-a)}$, 则成立:

$$\left(\int_\Omega |x|^{-bp}|w|^p \mathrm{d}x\right)^{\frac{2}{p}} \leqslant C_{a,b}\int_\Omega |x|^{-2a}|\nabla w|^2 \mathrm{d}x, \quad \forall w \in H_0^1(\Omega, |x|^{-2a}),$$

这里 $\Omega \subseteq \mathbb{R}^n$ 可以无界.

注 4(Young 不等式) 设 $Tf(x) = \int_{\mathbb{R}^n} K(x,y)f(y)\mathrm{d}y$. 假定

$$\sup_{x\in\mathbb{R}^n}\left(\int_{\mathbb{R}^n} |K(x,y)|^r \mathrm{d}y\right)^{\frac{1}{r}}, \quad \sup_{y\in\mathbb{R}^n}\left(\int_{\mathbb{R}^n} |K(x,y)|^r \mathrm{d}x\right)^{\frac{1}{r}} \leqslant C_0,$$

其中 $r \geqslant 1$ 满足 $1 + \frac{1}{q} = \frac{1}{r} + \frac{1}{p}$, $1 \leqslant p \leqslant q \leqslant \infty$, 则成立 (参见文献 [17])

$$\|Tf\|_{L^q(\mathbb{R}^n)} \leqslant C_0\|f\|_{L^p(\mathbb{R}^n)}.$$

注 5(Hardy-Littlewood-Sobolev 不等式) 设

$$r > 1, \quad 1 < p < q < \infty, \quad 1 + \frac{1}{q} = \frac{1}{r} + \frac{1}{p},$$

则成立 (见文献 [11], [17])

$$\|I_r f\|_{L^q(\mathbb{R}^n)} \leqslant C_{p,q}\|f\|_{L^p(\mathbb{R}^n)},$$

其中 $I_r f(x) = \int_{\mathbb{R}^n} |x-y|^{-\frac{n}{r}} f(y)\mathrm{d}y$.

习 题 3

1. 设 $\Omega \subset \mathbb{R}^N (N \geqslant 1)$ 是有界区域. 试证明下面的 Poincaré 不等式成立

$$\|u\|_{L^2(\Omega)} \leqslant \lambda_1^{-\frac{1}{2}}\|\nabla u\|_{L^2(\Omega)}, \quad \forall\, u \in H_0^1(\Omega),$$

这里 λ_1 是算子 $-\Delta$ 在 $H_0^1(\Omega)$ 中的第一特征值.

2. 设 $\Omega \subset \mathbb{R}^N (N \geqslant 1)$ 是有界区域. 对任意 $\lambda < \lambda_1$, 试用 Poincaré 不等式证明: $\left(\int_\Omega (|\nabla u|^2 - \lambda|u|^2)\mathrm{d}x\right)^{\frac{1}{2}}$ 等价于通常意义下 $H_0^1(\Omega)$ 中的范数: $\left(\int_\Omega |\nabla u|^2 \mathrm{d}x\right)^{\frac{1}{2}}$.

3. 当 $s < -\dfrac{n}{2}$ 时, 求证: α_ε, $\delta \in H^s(\mathbb{R}^n)$ 且 $\lim\limits_{\varepsilon \to 0}\|\alpha_\varepsilon - \delta\|_{H^s(\mathbb{R}^n)} = 0$.

4. 设 Ω 是 $\mathbb{R}^n$ 中的开子集, 并假定 $\{u_k\} \subset L^p(\Omega)$, $1 \leqslant p < \infty$. 如果 $\{u_k\}$ 在 $L^p(\Omega)$ 有界, 且 $u_k \to u$ a.e. 在 Ω 中, 则成立

$$\lim_{k\to\infty}(\|u_k\|^p_{L^p(\Omega)} - \|u_k - u\|^p_{L^p(\Omega)}) = \|u\|^p_{L^p(\Omega)}.$$

上述关系式被称为**Brezis-Lieb 引理**.

5. 试问 Heaviside 函数, 即

$$H(x) = \begin{cases} 1, & x > 0, \\ 0, & x \leqslant 0 \end{cases}$$

属于何种 Sobolev 空间.

6. 假定 $T \in H^{-\frac{n}{2}}(\mathbb{R}^n)$, 且支集 $\mathrm{supp}T$ 是有限点集, 则在 $\mathbb{R}^n$ 中, $T \equiv 0$.

7. 假定 Ω 是 $\mathbb{R}^2$ 中的区域 (可以无界), 则下述不等式成立

$$\|u\|_{L^4(\Omega)} \leqslant 2^{\frac{1}{4}}\|u\|^{\frac{1}{2}}_{L^2(\Omega)}\|\nabla u\|^{\frac{1}{2}}_{L^2(\Omega)}, \quad \forall u \in H_0^1(\Omega).$$

8. 假定 Ω 是 $\mathbb{R}^3$ 中的区域 (可以无界), 则成立

$$\|u\|_{L^4(\Omega)} \leqslant 2^{\frac{1}{2}}\|u\|^{\frac{1}{4}}_{L^2(\Omega)}\|\nabla u\|^{\frac{3}{4}}_{L^2(\Omega)}, \quad \forall u \in H_0^1(\Omega).$$

第 4 章　几类偏微分方程

4.1　一般概念

1. *偏微分方程*

如果一个微分方程中出现的未知函数只含一个自变量, 这个方程称为常微分方程; 如果一个微分方程中出现多元函数的偏导数, 或者说如果未知函数和几个变量有关, 而且方程中出现未知函数对几个变量的导数，那么这种微分方程就是偏微分方程. 微分方程论是数学的重要分支之一, 它几乎和微积分同时产生, 并随实际需要而发展.

一般说来, 设 $\Omega \subset \mathbb{R}^n$ 为一开集, $k \in \mathbb{N}$. 以 u 为未知函数的 k 阶偏微分方程的一般形式是

$$F(\partial^k u(x), \partial^{k-1}u(x), \cdots, \partial u(x), u(x), x) = 0, \quad x \in \Omega, \tag{4.1.1}$$

这里函数 $F: \mathbb{R}^{n^k} \times \mathbb{R}^{n^{k-1}} \times \cdots \times \mathbb{R}^n \times \mathbb{R}^1 \times \Omega \longrightarrow \mathbb{R}^1$, $\partial^k u(x) = \sum\limits_{|\alpha|=k} \dfrac{\partial^\alpha u}{\partial x_1^{\alpha_1} \partial x_2^{\alpha_2} \cdots \partial x_n^{\alpha_n}}$, 所包含的偏导数的最高阶数 k 称为偏微分方程的阶数.

设 Ω 是 $\mathbb{R}^n$ 空间中一个区域, u 是在这个区域上定义的具 k 阶连续导数的函数. 如果它能使方程 (4.1.1) 在 Ω 上恒等成立, 那么就称 u 是该方程在 Ω 中的一个经典意义下的解, 简称为经典解或古典解. 在不致引起误会的情况下, 就称为解. 由于实际应用的需要, 除研究经典解外, 人们还常常研究各种广义意义下的解, 在按较弱的意义下满足方程, 称其为广义解.

如果偏微分方程 (4.1.1) 可以写成如下形式:

$$\sum_{|\alpha| \leqslant k} a_\alpha(x) \partial^\alpha u(x) = f(x), \tag{4.1.2}$$

其中 $a_\alpha(|\alpha| \leqslant k), f$ 为给定函数, 则称 (4.1.1) 为线性偏微分方程; 进一步, 若 $f = 0$, 则称 (4.1.1) 为齐次线性偏微分方程.

如果 (4.1.1) 可以写成

$$\sum_{|\alpha|=k} a_\alpha(x) \partial^\alpha u(x) + a_0(\partial^{k-1}u(x), \cdots, \partial u(x), u(x), x) = 0,$$

则称 (4.1.1) 为半线性偏微分方程.

如果 (4.1.1) 可以写成

$$\sum_{|\alpha|=k} a_\alpha(\partial^{k-1}u(x),\cdots,\partial u(x),u(x),x)\partial^\alpha u(x)+a_0(\partial^{k-1}u(x),\cdots,\partial u(x),u(x),x)=0,$$

则称式 (4.1.1) 为拟线性偏微分方程.

如果式 (4.1.1) 中的函数 F 关于最高阶导数项 $\partial^k u(x)$ 是非线性关系, 则称式 (4.1.1) 为完全非线性偏微分方程.

由若干个偏微分方程所构成的等式组就称为偏微分方程组. 其未知函数也可以是若干个. 当方程的个数超过未知函数的个数时, 就称这偏微分方程组为超定的; 当方程的个数少于未知函数的个数时, 就称为欠定的. 用数学符号可以将偏微分方程组表述如下

$$G(\partial^k u(x),\partial^{k-1}u(x),\cdots,\partial u(x),u(x),x)=0,\quad x\in\Omega,$$

这里函数 $G:\ \mathbb{R}^{mn^k}\times\mathbb{R}^{mn^{k-1}}\times\cdots\times\mathbb{R}^{mn}\times\mathbb{R}^m\times\Omega\longrightarrow\mathbb{R}^m$, $u:\ \Omega\longrightarrow\mathbb{R}^m$ 为未知函数, 所包含的偏导数的最高阶数 k 称为偏微分方程组的阶数. 上面关于方程的相关概念都可以平移到方程组上来, 这里略去.

偏微分方程理论主要专注于研究一个方程 (组) 是否有满足某些补充条件的解 (解的存在性)、有多少个解 (解的唯一性或自由度)、解的各种性质以及求解方法等, 并且还要尽可能地用偏微分方程来解释和预见自然现象以及把它用于各门科学和工程技术. 一个方程或方程组的定解问题一旦提出, 就产生下列三个问题: ① 存在性问题, 即这个定解问题是否有解. ② 唯一性问题, 即其解是否唯一. ③ 连续依赖性问题, 即解是否连续依赖于给定的初边值数据, 亦即解对初始数据在某种范数意义下是否是连续的. 若定解问题的解是存在的、唯一的、连续依赖于数据的, 则这个定解问题称为适定的. 对它就可以进行计算, 一般而言, 只有适定问题计算才有意义. 这样, 微分方程的研究成果才能为实际所应用. 如果对上述三个问题的回答有一个是否定的, 这个定解问题就称为不适定的. 一般讲, 不适定问题是原来用来刻画实际规律的数学模型不恰当, 必须另建合适的数学模型. 不适定问题也是需要研究的, 这种研究有时会导致理论上的新发展.

偏微分方程理论的形成和发展都与物理学和其他自然科学的发展密切相关, 并彼此促进和推动, 其他数学分支, 如分析学、几何学、代数学、拓扑学等理论的发展也都给予偏微分方程深刻的影响.

下面介绍一些常见的偏微分方程 (组).

(a) 线性偏微分方程.

$$\text{Laplace 方程}:-\Delta u=\sum_{j=1}^n \partial_{x_j}\partial_{x_j}u=0;$$

$$\text{输运方程}: \partial_t u + \sum_{j=1}^{n} b^j \partial_{x_j} u = 0;$$

$$\text{电报方程}: \partial_{tt} u + d\partial_t u(x,t) - \partial_{xx} u = 0;$$

$$\text{波束 (或梁) 方程}: \partial_t u + \partial_{xxxx} u = 0.$$

(b) 非线性偏微分方程.

$$\text{Possion 方程}: -\Delta u = f(u);$$

$$p\text{-Laplace 方程}: -\mathrm{div}(|\nabla u|^{p-2}\nabla u) = 0,\ \ p \neq 2;$$

$$\text{极小曲面方程}: -\mathrm{div}\left(\frac{\nabla u}{\sqrt{1+|\nabla u|^2}}\right) = 0;$$

$$\text{Monge-Ampère 方程}: \det(\partial^2 u) = f;$$

$$\text{Hamilton-Jacobi 方程}: \partial_t u + H(\nabla u, x) = 0;$$

$$\text{多孔介质方程}: \partial_t u - \Delta(u^\gamma) = 0;$$

$$\text{Korteweg-deVries (KdV) 方程}: \partial_t u + u\partial_x u + \partial_{xxx} u = 0.$$

(c) 线性偏微分方程组.

线性弹性力学的平衡态方程组: $\mu\Delta\vec{u} + (\lambda+\mu)\nabla(\mathrm{div}\ \vec{u}) = 0$;

线性弹性力学的发展方程组: $\partial_{tt}\vec{u} - \mu\Delta\vec{u} - (\lambda+\mu)\nabla(\mathrm{div}\ \vec{u}) = 0$;

$$\text{Maxwell 方程组}: \begin{cases} \partial_t \vec{E} = \mathrm{curl}\ \vec{B}, \\ \partial_t \vec{B} = -\mathrm{curl}\ \vec{E}, \\ \mathrm{div}\ \vec{E} = \mathrm{div}\ \vec{B} = 0. \end{cases}$$

(d) 非线性偏微分方程组.

$$\text{守恒律方程组}: \partial_t \vec{u} + \mathrm{div}\ F(\vec{u}) = 0;$$

$$\text{反映扩散方程组}: \partial_t \vec{u} - \Delta\vec{u} = f(\vec{u});$$

$$\text{不可压缩 Euler 方程组}: \partial_t \vec{u} + \vec{u}\cdot\nabla\vec{u} + \nabla p = 0,\ \ \nabla\cdot\vec{u} = 0;$$

$$\text{不可压缩 Navier-Stokes 方程组}: \partial_t \vec{u} - \Delta\vec{u} + \vec{u}\cdot\nabla\vec{u} + \nabla p = 0,\ \ \nabla\cdot\vec{u} = 0.$$

2. 三大类偏微分方程

在介绍偏微分方程基本理论时, 本书主要侧重于三大类线性偏微分方程, 即: 二阶椭圆型、抛物型和双曲型方程, 这也是后面第 5 章—第 7 章的主要内容. 这方面的中文教材可参照文献 [6], [26]—[30] 等.

设 $\Omega \subset \mathbb{R}^n$ 为开区域, 且具有光滑的边界.

二阶椭圆型方程:

$$-\sum_{i,j=1}^{n} a_{ij}(x)\frac{\partial^2 u}{\partial x_i \partial x_j} + \sum_{i=1}^{n} b_i(x)\frac{\partial u}{\partial x_i} + c(x)u = f(x).$$

二阶抛物型方程:

$$\partial_t u - \sum_{i,j=1}^{n} a_{ij}(x,t)\frac{\partial^2 u}{\partial x_i \partial x_j} + \sum_{i=1}^{n} b_i(x,t)\frac{\partial u}{\partial x_i} + c(x,t)u = f(x,t).$$

二阶双曲型方程:

$$\partial_{tt} u - \sum_{i,j=1}^{n} a_{ij}(x,t)\frac{\partial^2 u}{\partial x_i \partial x_j} + \sum_{i=1}^{n} b_i(x,t)\frac{\partial u}{\partial x_i} + c(x,t)u = f(x,t).$$

上述三类方程中的主项系数 a_{ij} 满足 $a_{ij} = a_{ji}$ 以及一致椭圆性条件: 存在常数 $\alpha > 0$, 使得

$$\sum_{i,j=1}^{n} a_{ij}(x)\xi_i\xi_j \geqslant \alpha|\xi|^2, \quad \forall \xi = (\xi_1, \xi_2, \cdots, \xi_n) \in \mathbb{R}^n, \quad \text{a.e. } x \in \mathbb{R}^n.$$

4.2 基　本　解

1. 基本解概念

δ 函数的定义和相关性质在科学研究中起着重要的作用. δ 函数的概念首先来源于物理学上描述集中分布量的需要, 在这个概念产生的初期, 人们曾对它作了一些粗糙的描述. 例如, 在一点为无穷大, 在其余点为零. 现在人们也用这些描述提供一些直观的理解, 但是这些说法是不严格的, 确切的定义需要在广义函数论的基础上加以严格阐述.

δ 函数的一个重要性质是用来定义偏微分方程的基本解的, 另外在研究具有变分结构和临界增长指数的椭圆型方程时, Fields 奖得主 P. L. Lions 就是用 δ 函数很好地刻画了这类方程对应能量泛函的紧性缺失, 即著名的 P. L. Lions 集中紧原理, 见文献 [13].

作为广义函数理论的应用, 特别是其 Fourier 变换理论可有效地用来研究偏微分方程的求解问题. 设 $P(\partial)$ 是 $\mathbb{R}^n$ 上 m 阶的常系数线性偏微分算子:

$$P(\partial)u=\sum_{|\alpha|\leqslant m}a_\alpha\partial^\alpha u=0. \tag{4.2.1}$$

如果一个广义函数 $E\in\mathcal{D}'(\mathbb{R}^n)$ 满足

$$P(\partial)E=\delta, \tag{4.2.2}$$

则称 E 为微分方程 (4.2.1) 的基本解或微分算子 $P(\partial)$ 的基本解.

如果 E 是 $P(\partial)$ 的基本解, 那么对于一般的非齐次方程

$$P(\partial)u=f, \tag{4.2.3}$$

可以通过卷积的方法来得到它的解 $u=E*f$，这里需要假定 $E*f$ 有意义. 事实上如果 $E*f$ 存在, 则由广义函数卷积的性质知

$$P(\partial)(E*f)=(P(\partial)E)*f=\delta*f=f.$$

说明 $E*f$ 就是问题 (4.2.3) 的解. 这样, 基本解就可以起到构造其他解的作用, 也可以利用它来讨论微分方程其他解的性质.

需要指出的是, 一个微分算子的基本解可能有很多个. 例如, 假若 E 是 $P(\partial)$ 的基本解, 而 F 是问题 (4.2.1) 的任意解, 则

$$P(\partial)(E+F)=P(\partial)E+P(\partial)F=\delta+0=\delta,$$

所以 $E+F$ 也是 $P(\partial)$ 的基本解.

例 1 前面已证 Heaviside 函数 $H(x)$ 满足

$$\frac{\mathrm{d}}{\mathrm{d}x}H(x)=\delta,$$

故 $H(x)$ 是方程 $\dfrac{\mathrm{d}y}{\mathrm{d}x}=0$ 的基本解.

例 2 求方程 $\dfrac{\mathrm{d}y}{\mathrm{d}x}+ay=0$ 的基本解, 其中 $a\in\mathbb{R}^1$ 为常数.

对任意函数 $\varphi\in C_c^\infty(\mathbb{R}^1)$, 在 $\dfrac{\mathrm{d}y}{\mathrm{d}x}+ay=\delta$ 的两边同时作用 $\mathrm{e}^{ax}\varphi(x)$, 得

$$\left\langle\frac{\mathrm{d}y}{\mathrm{d}x}+ay,\mathrm{e}^{ax}\varphi(x)\right\rangle=\langle\delta,\mathrm{e}^{ax}\varphi(x)\rangle.$$

注意到

$$
\begin{aligned}
&\left\langle \frac{\mathrm{d}y}{\mathrm{d}x}+ay, \mathrm{e}^{ax}\varphi(x)\right\rangle \\
=&-\left\langle y(x), \frac{\mathrm{d}}{\mathrm{d}x}(\mathrm{e}^{ax}\varphi(x))\right\rangle + \langle y(x), a\mathrm{e}^{ax}\varphi(x)\rangle \\
=&-\langle y(x), a\mathrm{e}^{ax}\varphi(x)+\mathrm{e}^{ax}\varphi'(x)\rangle + \langle y(x), a\mathrm{e}^{ax}\varphi(x)\rangle \\
=&-\langle y(x), \mathrm{e}^{ax}\varphi'(x)\rangle \\
=&\left\langle \frac{\mathrm{d}}{\mathrm{d}x}(\mathrm{e}^{ax}y(x)), \varphi(x)\right\rangle,
\end{aligned}
$$

以及

$$\langle \delta, \mathrm{e}^{ax}\varphi(x)\rangle = [\mathrm{e}^{ax}\varphi(x)]|_{x=0} = \varphi(0) = \langle \delta, \varphi\rangle.$$

从而可得

$$\left\langle \frac{\mathrm{d}}{\mathrm{d}x}(\mathrm{e}^{ax}y(x)), \varphi(x)\right\rangle = \langle \delta, \varphi\rangle.$$

说明

$$\frac{\mathrm{d}}{\mathrm{d}x}(\mathrm{e}^{ax}y(x)) = \delta.$$

利用例 1 的结论, 可知

$$\mathrm{e}^{ax}y(x) = H(x),$$

即 $y(x)=\mathrm{e}^{-ax}H(x)$ 为所求基本解. 注意, 由于常数的广义导数为零, 故对于任意常数 C, $y(x)=\mathrm{e}^{-ax}(H(x)+C)$ 也是所求基本解.

2. 调和方程的基本解

例 3　求二维调和方程的基本解, 即求 E, 使其满足 $-\Delta E=\delta$.

简单计算表明, 直接用 Fourier 变换的方式求基本解是非常困难的, 下面利用基本解的定义在极坐标系 (r,θ) 中去求解, 这里 (r,θ) 与 $(x,y)\in\mathbb{R}^2$ 的关系:

$$\begin{cases} x = r\cos\theta, \\ y = r\sin\theta, \end{cases} \quad \theta\in[0,2\pi].$$

此外, Δ 算子在极坐标系 (r,θ) 中可以表示为

$$\Delta = \frac{\partial^2}{\partial r^2}+\frac{1}{r}\frac{\partial}{\partial r}+\frac{1}{r^2}\frac{\partial^2}{\partial\theta^2}.$$

对任意的 $\varphi\in C_c^\infty(\mathbb{R}^2)$, 记

$$\overline{\varphi}(r) = \frac{1}{2\pi}\int_0^{2\pi}\varphi(r,\theta)\mathrm{d}\theta,$$

则 $\overline{\varphi}(r)$ 与 θ 无关, 且当 r 充分大时, $\overline{\varphi}(r)=0$. 此外还有

$$\int_0^{2\pi}\frac{\partial^2}{\partial\theta^2}\varphi(r,\theta)\mathrm{d}\theta=\partial_\theta\varphi(r,2\pi)-\partial_\theta\varphi(r,0)=0.$$

从而成立

$$\begin{aligned}\Delta\overline{\varphi}(r)&=\left(\frac{\partial^2}{\partial r^2}+\frac{1}{r}\frac{\partial}{\partial r}+\frac{1}{r^2}\frac{\partial^2}{\partial\theta^2}\right)\overline{\varphi}(r)\\&=\left(\frac{\partial^2}{\partial r^2}+\frac{1}{r}\frac{\partial}{\partial r}\right)\overline{\varphi}(r)\\&=\left(\frac{\partial^2}{\partial r^2}+\frac{1}{r}\frac{\partial}{\partial r}\right)\frac{1}{2\pi}\int_0^{2\pi}\varphi(r,\theta)\mathrm{d}\theta\\&=\frac{1}{2\pi}\int_0^{2\pi}\left(\frac{\partial^2}{\partial r^2}+\frac{1}{r}\frac{\partial}{\partial r}\right)\varphi(r,\theta)\mathrm{d}\theta\\&=\frac{1}{2\pi}\int_0^{2\pi}\left(\frac{\partial^2}{\partial r^2}+\frac{1}{r}\frac{\partial}{\partial r}+\frac{1}{r^2}\frac{\partial^2}{\partial\theta^2}\right)\varphi(r,\theta)\mathrm{d}\theta\\&=\frac{1}{2\pi}\int_0^{2\pi}\Delta\varphi(r,\theta)\mathrm{d}\theta\\&=\overline{\Delta\varphi}(r).\end{aligned}$$

下面假定所求的基本解 E 仅依赖于 r, 即 $E(x)=E(|x|)=E(r)$, 并假定 E 是局部可积函数, 即 $E\in L^1_{\mathrm{loc}}(\mathbb{R}^1)$. 利用上述关系式, 可得

$$\begin{aligned}\langle\Delta E,\varphi\rangle&=\langle E,\Delta\varphi\rangle\\&=\int_{\mathbb{R}^2}E(r)\Delta\varphi(x,y)\mathrm{d}x\mathrm{d}y\\&=\int_0^\infty\int_0^{2\pi}E(r)\Delta\varphi(r,\theta)r\mathrm{d}\theta\mathrm{d}r\\&=2\pi\int_0^\infty E(r)\overline{\Delta\varphi}(r)r\mathrm{d}r\\&=2\pi\int_0^\infty E(r)\Delta\overline{\varphi}(r)r\mathrm{d}r\\&=2\pi\int_0^\infty E(r)\left(\frac{\partial^2}{\partial r^2}+\frac{1}{r}\frac{\partial}{\partial r}\right)\overline{\varphi}(r)r\mathrm{d}r\\&=2\pi\int_0^\infty E(r)\left(r\frac{\partial^2}{\partial r^2}+\frac{\partial}{\partial r}\right)\overline{\varphi}(r)\mathrm{d}r\\&=2\pi\int_0^\infty E(r)\frac{\mathrm{d}}{\mathrm{d}r}\left(r\frac{\mathrm{d}}{\mathrm{d}r}\overline{\varphi}(r)\right)\mathrm{d}r\\&=2\pi\left[E(r)r\frac{\mathrm{d}}{\mathrm{d}r}\overline{\varphi}(r)\right]\Big|_0^\infty-2\pi\int_0^\infty E'(r)r\overline{\varphi}'(r)\mathrm{d}r\\&\quad(\text{假定}\ \lim_{r\longrightarrow 0}(rE(r))=0)\end{aligned}$$

$$
\begin{aligned}
&= -2\pi \int_0^{\infty} E'(r) r \overline{\varphi}'(r) \mathrm{d}r \\
&\quad \left(\text{假定} \quad rE'(r) = -\frac{1}{2\pi} \right) \\
&= \int_0^{\infty} \overline{\varphi}'(r) \mathrm{d}r = -\overline{\varphi}(0) = -\frac{1}{2\pi} \int_0^{2\pi} \varphi(0,\theta) \mathrm{d}\theta \\
&= -\frac{1}{2\pi} \int_0^{2\pi} \varphi(0,0) \mathrm{d}\theta = -\varphi(0) = -\langle \delta, \varphi \rangle,
\end{aligned}
$$

即

$$\langle -\Delta E, \varphi \rangle = \langle \delta, \varphi \rangle.$$

因此, 只需解 $rE'(r) = -\dfrac{1}{2\pi}$, 简单计算可得

$$E(r) = \frac{1}{2\pi} \log \frac{1}{r} \quad \text{或} \quad E(x) = \frac{1}{2\pi} \log \frac{1}{|x|}, \quad x \in \mathbb{R}^2,$$

它在原点处的奇性确实低一阶, 即 $\lim\limits_{r \to 0} (rE(r)) = 0$.

注　当 $n \geqslant 3$ 时, Laplace 方程的基本解 E (即 $-\Delta E = \delta$) 为

$$E(x) = \frac{1}{n(n-2)\omega_n |x|^{n-2}}, \quad x \in \mathbb{R}^n,$$

其中 ω_n 表示 $\mathbb{R}^n$ 中单位球 $B_1(0)$ 的体积, 即 $\omega_n = |B_1(0)| = \dfrac{\pi^{\frac{n}{2}}}{\Gamma\left(\frac{n}{2}+1\right)}$. 此时单位球面 $\partial B_1(0)$ 的面积可表示为 $|\partial B_1(0)| = n\omega_n$.

3. 热方程 Cauchy 问题的基本解

考虑 m 阶的常系数微分算子 $P(\partial)$ 的 Cauchy 问题:

$$\partial_t u(x,t) - P(\partial) u(x,t) = f(x,t), \quad (x,t) \in \mathbb{R}_+^{n+1}, \tag{4.2.4}$$

$$u(x,0) = u_0(x), \quad x \in \mathbb{R}^n, \tag{4.2.5}$$

这里 $u_0 \in \mathcal{D}'(\mathbb{R}^n)$. 目的是在空间 $C([0,+\infty), \mathcal{D}'(\mathbb{R}^n))$ 中寻求 Cauchy 问题 (4.2.4), (4.2.5) 的解 u. 为了将基本解方法应用到偏微分方程 Cauchy 问题 (4.2.4), (4.2.5) 的求解中, 下面介绍 Cauchy 问题基本解的概念. 考虑下述齐次方程

$$\partial_t E(x,t) - P(\partial) E(x,t) = 0, \quad (x,t) \in \mathbb{R}^n \times (0,\infty). \tag{4.2.6}$$

称方程 (4.2.6) 满足初始条件 $E(x,0) = \delta(x)$ 的解 E 为 Cauchy 问题 (4.2.6) 的基本解.

与方程的基本解作用类似, 如果知道了 Cauchy 问题 (4.2.6) 的基本解 $E(x,t)$, 那么 Cauchy 问题 (4.2.4), (4.2.5) 的解 u 就可以表示为

$$u(x,t)=\int_{\mathbb{R}^n}E(x-y,t)u_0(y)\mathrm{d}y+\int_0^t\int_{\mathbb{R}^n}E(x-y,t-s)f(y,s)\mathrm{d}y\mathrm{d}s.$$

以上需要假定这些积分 (或卷积) 存在. 下面形式上进行验证.

$$\begin{aligned}&\partial_t u(x,t)-P(\partial)u(x,t)\\=&\int_{\mathbb{R}^n}(\partial_t E(x-y,t)-P(\partial_x)E(x-y,t))u_0(y)\mathrm{d}y\\&+\int_0^t\int_{\mathbb{R}^n}[\partial_t E(x-y,t-s)-P(\partial_x)E(x-y,t-s)]f(y,s)\mathrm{d}y\mathrm{d}s\\&+\int_{\mathbb{R}^n}[E(x-y,0)f(y,t)]\mathrm{d}y\\=&\int_{\mathbb{R}^n}[\delta(x-y)f(y,t)]\mathrm{d}y=f(x,t),\end{aligned}$$

以及

$$\begin{aligned}u(x,0)&=\lim_{t\to0^+}u(x,t)\\&=\lim_{t\to0^+}\left[\int_{\mathbb{R}^n}E(x-y,t)u_0(y)\mathrm{d}y+\int_0^t\int_{\mathbb{R}^n}E(x-y,t-s)f(y,s)\mathrm{d}y\mathrm{d}s\right]\\&=\int_{\mathbb{R}^n}E(x-y,0)u_0(y)\mathrm{d}y=\int_{\mathbb{R}^n}\delta(x-y)u_0(y)\mathrm{d}y=u_0(x).\end{aligned}$$

例 4 求热传导方程的基本解, 即求下述方程 Cauchy 问题的基本解

$$\begin{cases}\partial_t E(x,t)=a\Delta E(x,t), & (x,t)\in\mathbb{R}^n\times(0,\infty),\\ E(x,0)=\delta(x), & x\in\mathbb{R}^n,\end{cases}$$

其中 $a\in(0,\infty)$.

在上述方程两边关于 x 取广义 Fourier 变换, 得

$$\frac{\mathrm{d}\widehat{E}(\xi,t)}{\mathrm{d}t}+a|\xi|^2\widehat{E}(\xi,t)=0,$$

从而,

$$\frac{\mathrm{d}}{\mathrm{d}t}\log\widehat{E}(\xi,t)=-a|\xi|^2.$$

由上式可得

$$\log\widehat{E}(\xi,t)-\log\widehat{E}(\xi,0)=-a|\xi|^2t,$$

注意到 $\widehat{E}(\xi,0)=\widehat{\delta}=1$ 以及 $\log\widehat{E}(\xi,0)=\log 1=0$. 进一步利用上式可知

$$\widehat{E}(\xi,t)=\mathrm{e}^{-a|\xi|^2t}.$$

进行 Fourier 逆变换, 可得

$$\begin{aligned}E(x,t)&=\mathcal{F}^{-1}(\widehat{E}(\cdot,t))(x)=(2\pi)^{-n}\int_{\mathbb{R}^n}\mathrm{e}^{\mathrm{i}x\cdot\xi}\mathrm{e}^{-a|\xi|^2t}\mathrm{d}\xi\\&=(2\pi)^{-n}\mathrm{e}^{-\frac{|\xi|^2}{4at}}\int_{\mathbb{R}^n}\mathrm{e}^{-at(\xi+\frac{\mathrm{i}x}{2at})^2}\mathrm{d}\xi\\&=(2\pi)^{-n}\mathrm{e}^{-\frac{|\xi|^2}{4at}}\int_{\mathbb{R}^n}\mathrm{e}^{-at|y|^2}\mathrm{d}y=(4a\pi t)^{-\frac{n}{2}}\mathrm{e}^{-\frac{|\xi|^2}{4at}}.\end{aligned}$$

这里用到 $\displaystyle\int_{\mathbb{R}^n}\mathrm{e}^{-|y|^2}\mathrm{d}y=\pi^{\frac{n}{2}}$.

4. 基本解的应用

本节中总假定 $\Omega\subset\mathbb{R}^n, n\geqslant 2$ 是有界 C^1 光滑的开区域. 首先介绍调和函数的定义和一个性质. 如果 $u\in C^1(\Omega)$ 满足 $-\Delta u(x)=0$, $x\in\Omega$, 则称 u 是 Ω 中的调和函数.

引理 4.2.1　假定 $u\in C^2(\Omega)$ 是 Ω 中的调和函数, 则对任意的 $B_r(x)\in\Omega$, 成立

$$u(x)=\frac{1}{\omega_n r^{n-1}}\int_{\partial B_r(x)}u(y)\mathrm{d}S_y.$$

证明　引理 4.2.1 的证明在后面定理 5.4.2 中给出了详细证明. 为了叙述的连贯性, 这里给出简单的证明. 设 $u\in C^2(\Omega)$ 是 Ω 中的调和函数, $B_r(x)\in\Omega$ 以及 $\rho\in(0,r)$, 则

$$\begin{aligned}0&=\int_{B_\rho(x)}\Delta u(y)\mathrm{d}y=\sum_{j=1}^n\int_{B_\rho(x)}\frac{\partial^2u(y)}{\partial y_j^2}\mathrm{d}y\\&=\sum_{j=1}^n\int_{\partial B_\rho(x)}\frac{\partial u(y)}{\partial y_j}\nu_j(y)\mathrm{d}S_y=\sum_{j=1}^n\int_{|\omega|=1}\frac{\partial u(x+\rho\omega)}{\partial(\rho\omega_j)}\omega_j\rho^{n-1}\mathrm{d}S_\omega\\&=\rho^{n-1}\int_{\partial B_1(0)}\frac{\partial u}{\partial\rho}(x+\rho\omega)\mathrm{d}S_\omega=\rho^{n-1}\frac{\mathrm{d}}{\mathrm{d}\rho}\int_{\partial B_1(0)}u(x+\rho\omega)\mathrm{d}S_\omega.\end{aligned}$$

上述推导过程中用到这样的事实:

$$\frac{\partial u}{\partial\rho}(x+\rho\omega)=\sum_{j=1}^n\frac{\partial u(x+\rho\omega)}{\partial(\rho\omega_j)}\frac{\partial(\rho\omega_j)}{\partial\rho}=\sum_{j=1}^n\frac{\partial u(x+\rho\omega)}{\partial(\rho\omega_j)}\omega_j.$$

从而

$$\frac{\mathrm{d}}{\mathrm{d}\rho}\int_{\partial B_1(0)}u(x+\rho\omega)\mathrm{d}S_\omega=0,\quad\forall\,\rho\in(0,r).$$

将 ρ 从 0 到 r 积分, 可得

$$\int_{\partial B_1(0)} u(x+\rho\omega)\mathrm{d}S_\omega = \int_{\partial B_1(0)} u(x)\mathrm{d}S_\omega = \omega_n u(x).$$

说明

$$u(x) = \frac{1}{\omega_n}\int_{\partial B_1(0)} u(x+\rho\omega)\mathrm{d}S_\omega = \frac{1}{\omega_n r^{n-1}}\int_{\partial B_r(x)} u(y)\mathrm{d}S_y. \qquad \square$$

下面介绍 Green 函数的定义及其性质, 这是基本解的一个重要的应用.

设 Laplace 方程在 $\mathbb{R}^n$ $(n \geqslant 2)$ 空间中的基本解 U 为

$$U(x,a) = \begin{cases} \dfrac{1}{n(n-2)\omega_n \mid x-a\mid^{n-2}}, & n \geqslant 3, \\ \dfrac{1}{2\pi}\log\dfrac{1}{\mid x-a\mid}, & n=2, \end{cases}$$

即 $-\Delta_x U(x,a) = \delta_a(x)$. 其中 ω_n 表示 $\mathbb{R}^n$ 中单位球面的面积.

对任意的 $x \in \Omega$, 令 $\Phi(x,\cdot) \in C^2(\Omega)\bigcap C^1(\overline{\Omega})$ 满足下述边值问题

$$\begin{cases} \Delta_y \Phi(x,y) = 0, & y \in \Omega, \\ \Phi(x,y) = U(x,y), & y \in \partial\Omega. \end{cases}$$

定义 Green 函数 $G(x,y)$ 如下

$$G(x,y) = U(x,y) - \Phi(x,y), \quad x,y \in \Omega, \quad x \neq y,$$

则对任意的 $x \in \Omega$, $G(x,\cdot) \in C^2(\Omega\backslash\{x\})\bigcap C^1(\overline{\Omega}\backslash\{x\})$ 满足下述边值问题

$$\begin{cases} \Delta_y G(x,y) = 0, & y \in \Omega, \\ G(x,y) = 0, & y \in \partial\Omega. \end{cases}$$

定理 4.2.2 假定 $u \in C^2(\Omega)\bigcap C^1(\overline{\Omega})$ 满足边值问题

$$\begin{cases} -\Delta u(x) = f(x), & x \in \Omega, \\ u(x) = \varphi, & x \in \partial\Omega, \end{cases}$$

其中 $f \in C(\overline{\Omega})$, $\varphi \in C(\partial\Omega)$, 则对任意的 $x \in \Omega$, 成立

$$u(x) = \int_\Omega G(x,y)f(y)\mathrm{d}y - \int_{\partial\Omega}\varphi(y)\frac{\partial G}{\partial\nu_y}(x,y)\mathrm{d}S_y.$$

证明 设 $x \in \Omega$, 则当 $r>0$ 充分小时, $B_r(x) \subset \Omega$. 由于 $G(x,y) \in C^2(\Omega\backslash B_r(x))$ $\bigcap C^1\overline{(\Omega\backslash B_r(x))}$ 以及 $u \in C^2(\Omega)\bigcap C^1(\overline{\Omega})$. 因此, 在 $\Omega\backslash B_r(x)$ 上进行分部积分, 可

得

$$\begin{aligned}&\int_{\Omega\backslash B_r(x)}(G(x,y)\Delta u(y)-u(y)\Delta_y G(x,y))\mathrm{d}y\\=&\int_{\partial\Omega}\left(G(x,y)\frac{\partial u(y)}{\partial\nu}-u(y)\frac{\partial G(x,y)}{\partial\nu}\right)\mathrm{d}S_y\\&-\int_{\partial B_r(x)}\left(G(x,y)\frac{\partial u(y)}{\partial\nu}-u(y)\frac{\partial G(x,y)}{\partial\nu}\right)\mathrm{d}S_y.\end{aligned}$$

注意到, $\Delta_y G(x,y)=0,\ \forall\, y\in\Omega\backslash B_r(x)$, 以及 $G(x,y)=0,\ y\in\partial\Omega,\ x\in\Omega$. 从而有

$$\begin{aligned}&-\int_{\Omega}G(x,y)f(y)\mathrm{d}y=\int_{\Omega}G(x,y)\Delta u(y)\mathrm{d}y\\=&\lim_{r\to0}\int_{\Omega\backslash B_r(x)}G(x,y)\Delta u(y)\mathrm{d}y\\=&-\int_{\partial\Omega}\varphi(y)\frac{\partial G(x,y)}{\partial\nu}\mathrm{d}S_y\\&-\lim_{r\to0}\int_{\partial B_r(x)}\left(G(x,y)\frac{\partial u(y)}{\partial\nu}-u(y)\frac{\partial G(x,y)}{\partial\nu}\right)\mathrm{d}S_y.\end{aligned}\tag{4.2.7}$$

已知

$$G(x,y)=U(x,y)-\Phi(x,y),\quad x,y\in\Omega,\quad x\neq y,$$

其中 $\Phi(x,\cdot)\in C^2(\Omega)\bigcap C^1(\overline{\Omega})$ 是正则的函数. 从而

$$\begin{aligned}&\int_{\partial B_r(x)}\left(G(x,y)\frac{\partial u(y)}{\partial\nu}-u(y)\frac{\partial G(x,y)}{\partial\nu}\right)\mathrm{d}S_y\\=&\int_{\partial B_r(x)}\left(U(x,y)\frac{\partial u(y)}{\partial\nu}-u(y)\frac{\partial U(x,y)}{\partial\nu}\right)\mathrm{d}S_y\\&-\int_{\partial B_r(x)}\left(\Phi(x,y)\frac{\partial u(y)}{\partial\nu}-u(y)\frac{\partial \Phi(x,y)}{\partial\nu}\right)\mathrm{d}S_y.\end{aligned}\tag{4.2.8}$$

利用基本解 $U(x,y)$ 的表达式, 可知

$$\begin{aligned}&\left|\int_{\partial B_r(x)}U(x,y)\frac{\partial u(y)}{\partial\nu}\mathrm{d}S_y\right|\\\leqslant&\begin{cases}\dfrac{1}{n(n-2)\omega_n r^{n-2}}\displaystyle\int_{\partial B_r(x)}\left|\frac{\partial u(y)}{\partial\nu}\right|\mathrm{d}S_y, & n\geqslant 3,\\ \dfrac{|\log r|}{2\pi}\displaystyle\int_{\partial B_r(x)}\left|\frac{\partial u(y)}{\partial\nu}\right|\mathrm{d}S_y, & n=2\end{cases}\end{aligned}$$

$$
\begin{aligned}
&\leqslant \begin{cases} \dfrac{|\partial B_r(x)|}{n(n-2)\omega_n r^{n-2}} \sup\limits_{y\in\partial B_r(x)} |Du(y)|, & n\geqslant 3, \\ \dfrac{2\pi r|\log r|}{2\pi} \displaystyle\int_{\partial B_r(x)} \sup\limits_{y\in\partial B_r(x)} |Du(y)|, & n=2 \end{cases} \\
&\leqslant \begin{cases} \dfrac{r}{n-2} \sup\limits_{y\in\overline{\Omega}} |Du(y)|, & n\geqslant 3, \\ r|\log r| \sup\limits_{y\in\overline{\Omega}} |Du(y)|, & n=2. \end{cases} \\
&\to 0, \quad r \longrightarrow 0,
\end{aligned} \tag{4.2.9}
$$

以及

$$
\begin{aligned}
&\int_{\partial B_r(x)} u(y)\frac{\partial U(x,y)}{\partial\nu}\mathrm{d}S_y \\
&= \begin{cases} \left(\dfrac{\mathrm{d}}{\mathrm{d}r}\dfrac{1}{n(n-2)\omega_n r^{n-2}}\right)\displaystyle\int_{\partial B_r(x)} u(y)\mathrm{d}S_y, & n\geqslant 3, \\ \left(\dfrac{\mathrm{d}}{\mathrm{d}r}\dfrac{\log\frac{1}{r}}{2\pi}\right)\displaystyle\int_{\partial B_r(x)} u(y)\mathrm{d}S_y, & n=2 \end{cases} \\
&= \begin{cases} -\dfrac{1}{n\omega_n r^{n-1}}\displaystyle\int_{\partial B_r(x)} u(y)\mathrm{d}S_y, & n\geqslant 3, \\ -\dfrac{1}{2\pi r}\displaystyle\int_{\partial B_r(x)} u(y)\mathrm{d}S_y, & n=2 \end{cases} \\
&= -\frac{1}{|\partial B_r(x)|}\int_{\partial B_r(x)} u(y)\mathrm{d}S_y \\
&\to -u(x), \quad r \longrightarrow 0.
\end{aligned} \tag{4.2.10}
$$

$$
\begin{aligned}
&\left|\int_{\partial B_r(x)}\left(\Phi(x,y)\frac{\partial u(y)}{\partial\nu} - u(y)\frac{\partial\Phi(x,y)}{\partial\nu}\right)\mathrm{d}S_y\right| \\
&\leqslant\left(\sup_{y\in\partial B_r(x)}|\Phi(x,y)||Du(y)| + \sup_{y\in\partial B_r(x)}|u(y)||D_y\Phi(x,y)|\right)|\partial B_r(x)| \\
&\leqslant \sup_{y\in\overline{\Omega}}[(|\Phi(x,y)|+|D_y\Phi(x,y)|)(|u(y)|+|Du(y)|)]|\partial B_r(0)| \\
&\to 0, \quad r\longrightarrow 0.
\end{aligned} \tag{4.2.11}
$$

结合式 (4.2.7)—(4.2.11), 可得

$$
-\int_\Omega G(x,y)f(y)\mathrm{d}y = -\int_{\partial\Omega}\varphi(y)\frac{\partial G(x,y)}{\partial\nu}\mathrm{d}S_y - u(x). \qquad \square
$$

注 定理 4.2.2 表明, 对任意函数 $u\in C^2(\Omega)\bigcap C^1(\overline{\Omega})$, 成立

$$
u(x) = -\int_\Omega G(x,y)\Delta u(y)\mathrm{d}y - \int_{\partial\Omega} u(y)\frac{\partial G(x,y)}{\partial\nu_y}\mathrm{d}S_y, \quad \forall\, x\in\Omega.
$$

特别地, 取 $u(x)\equiv 1$, 可得

$$\int_{\partial\Omega}\frac{\partial G(x,y)}{\partial\nu_y}\mathrm{d}S_y=-1,\quad \forall\, x\in\Omega.$$

下面介绍 Green 函数的对称性.

定理 4.2.3　对任意的 $x,y\in\Omega$, $x\neq y$, 成立 $G(x,y)=G(y,x)$.

证明　设 $x_1,x_2\in\Omega$, $x_1\neq x_2$. 取 $r>0$ 充分小, 使得 $B_r(x_1)\bigcap B_r(x_2)=\varnothing$ 且 $B_r(x_j)\subset\Omega$, $j=1,2$. 令 $G_1(y)=G(x_1,y)$, $G_2(y)=G(x_2,y)$. 在 $\Omega\backslash(B_r(x_1)\cup B_r(x_2))$ 上关于 G_j $(j=1,2)$ 进行分部积分, 可得

$$\begin{aligned}&\int_{\Omega\backslash(B_r(x_1)\bigcup B_r(x_2))}(G_1(y)\Delta G_2(y)-G_2(y)\Delta G_1(y))\mathrm{d}y\\=&\int_{\partial\Omega}\left(G_1(y)\frac{\partial G_2(y)}{\partial\nu}-G_2(y)\frac{\partial G_1(y)}{\partial\nu}\right)\mathrm{d}S_y\\&-\int_{\partial B_r(x_1)}\left(G_1(y)\frac{\partial G_2(y)}{\partial\nu}-G_2(y)\frac{\partial G_1(y)}{\partial\nu}\right)\mathrm{d}S_y\\&-\int_{\partial B_r(x_2)}\left(G_1(y)\frac{\partial G_2(y)}{\partial\nu}-G_2(y)\frac{\partial G_1(y)}{\partial\nu}\right)\mathrm{d}S_y.\end{aligned}$$

由于 G_j $(j=1,2)$ 满足: $\Delta G_j(y)=0$, $\forall\, y\in\Omega\backslash B_r(x_j)$, 并且 $G_j(y)=0$, $\forall\, y\in\partial\Omega$. 因此, 由上式可得

$$\begin{aligned}&\int_{\partial B_r(x_1)}\left(G_1(y)\frac{\partial G_2(y)}{\partial\nu}-G_2(y)\frac{\partial G_1(y)}{\partial\nu}\right)\mathrm{d}S_y\\&+\int_{\partial B_r(x_2)}\left(G_1(y)\frac{\partial G_2(y)}{\partial\nu}-G_2(y)\frac{\partial G_1(y)}{\partial\nu}\right)\mathrm{d}S_y=0.\end{aligned}\tag{4.2.12}$$

将 G_j $(j=1,2)$ 代入式 (4.2.12), 可得

$$\begin{aligned}&\int_{\partial B_r(x_1)}\left(U(x_1,y)\frac{\partial G_2(y)}{\partial\nu}-G_2(y)\frac{\partial U(x_1,y)}{\partial\nu}\right)\mathrm{d}S_y\\&-\int_{\partial B_r(x_1)}\left(\Phi(x_1,y)\frac{\partial G_2(y)}{\partial\nu}-G_2(y)\frac{\partial \Phi(x_1,y)}{\partial\nu}\right)\mathrm{d}S_y\\&+\int_{\partial B_r(x_2)}\left(G_1(y)\frac{\partial U(x_2,y)}{\partial\nu}-U(x_2,y)\frac{\partial G_1(y)}{\partial\nu}\right)\mathrm{d}S_y\\&-\int_{\partial B_r(x_2)}\left(G_1(y)\frac{\partial \Phi(x_2,y)}{\partial\nu}-\Phi(x_2,y)\frac{\partial G_1(y)}{\partial\nu}\right)\mathrm{d}S_y=0.\end{aligned}\tag{4.2.13}$$

利用基本解表达式并进行分部积分, 可知

$$
\begin{aligned}
&\int_{\partial B_r(x_1)} U(x_1,y)\frac{\partial G_2(y)}{\partial \nu}\mathrm{d}S_y\\
=&\begin{cases}\dfrac{1}{n(n-2)\omega_n r^{n-2}}\displaystyle\int_{\partial B_r(x_1)}\frac{\partial G_2(y)}{\partial \nu}\mathrm{d}S_y, & n\geqslant 3,\\ \dfrac{\log\dfrac{1}{r}}{2\pi}\displaystyle\int_{\partial B_r(x_1)}\frac{\partial G_2(y)}{\partial \nu}\mathrm{d}S_y, & n=2\end{cases}\\
=&\begin{cases}\dfrac{1}{n(n-2)\omega_n r^{n-2}}\displaystyle\int_{B_r(x_1)}\Delta G_2(y)\mathrm{d}y, & n\geqslant 3,\\ \dfrac{\log\dfrac{1}{r}}{2\pi}\displaystyle\int_{B_r(x_1)}\Delta G_2(y)\mathrm{d}y, & n=2\end{cases}\\
=&0.
\end{aligned}\tag{4.2.14}
$$

同理,

$$
\int_{\partial B_r(x_2)} U(x_2,y)\frac{\partial G_1(y)}{\partial \nu}\mathrm{d}S_y=0.\tag{4.2.15}
$$

另外, 利用引理 4.2.1, 可得

$$
\begin{aligned}
&\int_{\partial B_r(x_1)} G_2(y)\frac{\partial U(x_1,y)}{\partial \nu}\mathrm{d}S_y\\
=&\begin{cases}\left(\dfrac{\mathrm{d}}{\mathrm{d}r}\dfrac{1}{n(n-2)\omega_n r^{n-2}}\right)\displaystyle\int_{\partial B_r(x_1)}G_2(y)\mathrm{d}S_y, & n\geqslant 3,\\ \left(\dfrac{\mathrm{d}}{\mathrm{d}r}\dfrac{1}{2\pi}\log\dfrac{1}{r}\right)\displaystyle\int_{\partial B_r(x_1)}G_2(y)\mathrm{d}S_y, & n=2\end{cases}\\
=&\begin{cases}-\dfrac{1}{n\omega_n r^{n-1}}\displaystyle\int_{B_r(x_1)}G_2(y)\mathrm{d}y, & n\geqslant 3,\\ -\dfrac{1}{2\pi r}\displaystyle\int_{B_r(x_1)}G_2(y)\mathrm{d}y, & n=2\end{cases}\\
=&-\frac{1}{|\partial B_r(x_1)|}\int_{B_r(x_1)}G_2(y)\mathrm{d}y=-G_2(x_1).
\end{aligned}\tag{4.2.16}
$$

同理,

$$
\int_{\partial B_r(x_2)} G_1(y)\frac{\partial U(x_2,y)}{\partial \nu}\mathrm{d}S_y=-G_1(x_2).\tag{4.2.17}
$$

最后估计在式 (4.2.13) 中与 Φ 有关的项. 注意到, 对任意的$x\in\Omega$, $\Phi(x,\cdot)\in C^2(\Omega)\bigcap C^1(\overline{\Omega})$ 满足 $\Delta_y\Phi(x,y)=0$, $\forall y\in\Omega$. 从而进行分部积分, 可得

$$
\begin{aligned}
&\int_{\partial B_r(x_1)}\left(\Phi(x_1,y)\frac{\partial G_2(y)}{\partial \nu}-G_2(y)\frac{\partial \Phi(x_1,y)}{\partial \nu}\right)\mathrm{d}S_y\\
=&\int_{B_r(x_1)}\mathrm{div}_y\big(\Phi(x_1,y)\nabla G_2(y)-G_2(y)\nabla_y\Phi(x_1,y)\big)\mathrm{d}y
\end{aligned}
$$

$$
\begin{aligned}
&= \int_{B_r(x_1)} \big(\nabla_y \Phi(x_1,y)\cdot \nabla G_2(y) + \Phi(x_1,y)\Delta G_2(y) \\
&\quad -\nabla G_2(y)\cdot \nabla_y \Phi(x_1,y) - G_2(y)\Delta_y \Phi(x_1,y)\big)\mathrm{d}y \\
&= \int_{B_r(x_1)} \big(\Phi(x_1,y)\Delta G_2(y) - G_2(y)\Delta_y \Phi(x_1,y)\big)\mathrm{d}y \\
&= 0.
\end{aligned} \tag{4.2.18}
$$

同理,

$$
\int_{\partial B_r(x_2)} \Big(G_1(y)\frac{\partial \Phi(x_2,y)}{\partial \nu} - \Phi(x_2,y)\frac{\partial G_1(y)}{\partial \nu}\Big)\mathrm{d}S_y = 0. \tag{4.2.19}
$$

结合式 (4.2.13)—(4.2.19), 可推知 $G_2(x_1) - G_1(x_2) = 0$ 或者写成 $G(x_1,x_2) = G(x_2,x_1)$, $\forall\, x_1, x_2 \in \Omega$, $x_1 \neq x_2$. □

本节最后, 我们不加证明地给出 Laplace 方程基本解 U 的另一个重要应用, 详细的证明见参考文献 [7], [14].

定理 4.2.4　假定 Ω 是 $\mathbb{R}^n$ $(n \geqslant 2)$ 中的有界区域, $\partial\Omega \in C^1$, 则 Ω 是一个椭球, 即

$$
\Omega = \left\{ x = (x_1, x_2, \cdots, x_n) \in \mathbb{R}^n \,\middle|\, \sum_{j=1}^n \frac{x_j^2}{r_j^2} < 1,\ \ r_j > 0,\ \ j = 1, 2, \cdots, n \right\},
$$

当且仅当下式成立

$$
\int_\Omega U(x-y)\mathrm{d}y = \frac{1}{2}\sum_{j=1}^n \lambda_j x_j^2 + C, \quad x \in \Omega,
$$

其中 $C = \displaystyle\int_\Omega U(y)\mathrm{d}y$,

$$
\lambda_j = \frac{r_1 r_2 \cdots r_n}{2}\int_0^\infty \frac{\mathrm{d}s}{(r_j^2+s)\sqrt{(r_1^2+s)(r_2^2+s)\cdots(r_n^2+s)}}, \quad j = 1, 2, \cdots, n.
$$

注　当 $n = 2$ 时, 可以计算得出: $\lambda_1 + \lambda_2 = 1$, 其中

$$
\lambda_1 = \frac{r_2}{r_1 + r_2}, \quad \lambda_2 = \frac{r_1}{r_1 + r_2}.
$$

习　题　4

1. 假定 Ω 是 $\mathbb{R}^n (n \geqslant 2)$ 中的开集, 以及 $u \in C(\Omega)$. 试证: 下述两个条件 (I), (II) 是等价的:

(Ⅰ) $u(x)=\dfrac{1}{|\partial B_r(x)|}\displaystyle\int_{\partial B_r(x)}u(y)\mathrm{d}S_y, B_r(x)\subset\Omega;$

(Ⅱ) $u(x)=\dfrac{1}{|B_r(x)|}\displaystyle\int_{B_r(x)}u(y)\mathrm{d}y, B_r(x)\subset\Omega.$

2. 验证: 二维 $\Delta=\displaystyle\sum_{i=1}^{2}\frac{\partial^2}{\partial x_i^2}$ 算子在极坐标 (r,θ) 之下有如下形式:

$$\Delta=\frac{\partial}{\partial r}\left(r\frac{\partial}{\partial r}\right)+\frac{1}{r}\frac{\partial^2}{\partial\theta^2}.$$

3. 验证: 三维 $\Delta=\displaystyle\sum_{i=1}^{3}\frac{\partial^2}{\partial x_i^2}$ 算子在极坐标 (r,θ,φ) 之下有如下形式:

$$\Delta=\frac{1}{r^2}\frac{\partial}{\partial r}\left(r^2\frac{\partial}{\partial r}\right)+\frac{1}{r^2\sin\theta}\frac{\partial}{\partial\theta}\left(\sin\theta\frac{\partial}{\partial\theta}\right)+\frac{1}{r^2\sin\theta^2}\frac{\partial^2}{\partial\varphi^2}.$$

4. 设 $\Gamma(x,t)=(4\pi t)^{-\frac{n}{2}}\mathrm{e}^{-\frac{|x|^2}{4t}}$ $(n\geqslant 2)$ 是热方程算子 $\partial_t-\Delta$ 的基本解. $U(x,a)$ 表示椭圆方程算子 $-\Delta$ 的基本解, 即 $-\Delta_x U(x,a)=\delta_a(x)$ (见本章中关于基本解的应用部分), 则成立

$$U(x,0)=\int_0^\infty\Gamma(x,t)\mathrm{d}t,\quad x\in\mathbb{R}^n,\quad n\geqslant 2.$$

第 5 章　二阶椭圆型方程

椭圆型偏微分方程, 简称椭圆型方程, 是一类重要的偏微分方程. 早在 1900 年 Hilbert 提出的著名的 23 个问题中, 就有三个问题是关于椭圆型方程与变分法的. 一百多年来, 椭圆型方程的研究获得了丰硕的成果. 椭圆型方程在流体力学、弹性力学、电磁学、几何学和变分法中都有广泛的应用, 其中调和方程是椭圆型方程最典型的特例, 本章主要研究二阶线性椭圆型方程边值问题, 包括边值问题的可解性, 解的唯一性、正则性等.

5.1　预备知识

1. 第一边值问题的广义解

设 $\Omega \subset \mathbb{R}^n$ 为有界区域, 且具有光滑的边界 (如 $\partial\Omega \in C^\infty$). 讨论如下形式的线性非散度型椭圆方程的 Dirichlet 边值 (或称第一边值) 问题

$$\begin{cases} Lu = -\sum_{i,j=1}^{n} a_{ij}(x)\dfrac{\partial^2 u}{\partial x_i \partial x_j} + \sum_{i=1}^{n} b_i(x)\dfrac{\partial u}{\partial x_i} + c(x)u = f(x), \\ u|_{\partial\Omega} = 0, \end{cases} \tag{5.1.1}$$

或者线性散度型椭圆方程的 Dirichlet 边值问题

$$\begin{cases} Lu = -\sum_{i,j=1}^{n} \dfrac{\partial}{\partial x_j}\Big(a_{ij}(x)\dfrac{\partial u}{\partial x_i}\Big) + \sum_{i=1}^{n} b_i(x)\dfrac{\partial u}{\partial x_i} + c(x)u = f(x), \\ u|_{\partial\Omega} = 0, \end{cases} \tag{5.1.1$'$}$$

这里需要假定系数 a_{ij} 满足 $a_{ij} = a_{ji}$ 以及一致椭圆性条件: 存在常数 $\alpha > 0$, 使得

$$\sum_{i,j=1}^{n} a_{ij}(x)\xi_i\xi_j \geqslant \alpha|\xi|^2, \quad \forall \xi = (\xi_1, \xi_2, \cdots, \xi_n) \in \mathbb{R}^n. \tag{5.1.2}$$

问题 (5.1.1) 中的非散度型方程非常适合最大值原理的应用, 而 (5.1.1)$'$ 中的散度型方程则更适合基于分部积分技巧的能量方法的运用. 当然, 如果 $a_{ij} \in C^1(\overline{\Omega})$, 则 (5.1.1)$'$ 中的散度型方程可以转化为问题 (5.1.1) 中的非散度型方程.

在偏微分方程的经典理论中, 问题 (5.1.1) 的解必须在 $C^2(\Omega)\bigcap C(\overline{\Omega})$ 中寻找, 引进广义函数理论后就可以在具有更低正则性的空间里建立问题 (5.1.1) 的广义解. 下面用一个例子来解释说明.

设 Ω 为平面 $\mathbb{R}^2$ 中的有界光滑区域, $f\in C(\overline{\Omega})$. 泛函

$$J(u)=\frac{1}{2}\int_{\Omega}|\nabla u(x_1,x_2)|^2\mathrm{d}x_1\mathrm{d}x_2-\int_{\Omega}u(x_1,x_2)f(x_1,x_2)\mathrm{d}x_1\mathrm{d}x_2 \tag{5.1.3}$$

在空间 $X=\{u\in C^2(\Omega)\bigcap C(\overline{\Omega});u|_{\partial\Omega}=0\}$ 中取极小值问题等价于 Poisson 方程的齐次 Dirichlet 问题求解:

$$\begin{cases}-\Delta u=f & \text{在 } \Omega \text{ 中},\\ u=0 & \text{在 } \partial\Omega \text{ 上},\end{cases} \tag{5.1.4}$$

事实上, 假定 $u\in X$, 使得泛函 J 在 X 中达到极小值, 即

$$J(u)=\inf_{v\in X}J(v).$$

从而成立

$$\frac{\mathrm{d}}{\mathrm{d}\varepsilon}J(u+\varepsilon\varphi)|_{\varepsilon=0}=0,\quad \forall\varphi\in C_c^{\infty}(\Omega),$$

即对任意函数 $\varphi\in C_c^{\infty}(\Omega)$, 成立

$$\begin{aligned}0=&\lim_{\varepsilon\to0}\frac{1}{\varepsilon}[J(u+\varepsilon\varphi)-J(u)]\\ =&\lim_{\varepsilon\to0}\frac{1}{\varepsilon}\left\{\frac{1}{2}\int_{\Omega}(|\nabla(u+\varepsilon\varphi)|^2-|\nabla u|^2)\mathrm{d}x_1\mathrm{d}x_2-\int_{\Omega}((u+\varepsilon\varphi)-u)f\mathrm{d}x_1\mathrm{d}x_2\right\}\\ =&\lim_{\varepsilon\to0}\frac{1}{\varepsilon}\left\{\frac{1}{2}\int_{\Omega}\varepsilon^2|\nabla\varphi|^2+2\varepsilon\nabla u\cdot\nabla\varphi)\mathrm{d}x_1\mathrm{d}x_2-\varepsilon\int_{\Omega}\varphi f\mathrm{d}x_1\mathrm{d}x_2\right\}\\ =&\int_{\Omega}\nabla u\cdot\nabla\varphi\mathrm{d}x_1\mathrm{d}x_2-\int_{\Omega}\varphi f\mathrm{d}x_1\mathrm{d}x_2.\end{aligned}$$

上式可写为

$$\int_{\Omega}(-\Delta u-f)\varphi\mathrm{d}x_1\mathrm{d}x_2=0,\quad \forall\varphi\in C_c^{\infty}(\Omega).$$

利用 φ 的任意性, 可知 $u\in X$ 满足 Poisson 方程: $-\Delta u=f$.

另外, 假定 $u\in C^2(\Omega)\bigcap C(\overline{\Omega})$ (经典意义下) 满足问题 (5.1.4), 则对任意函数 $\varphi\in X$, 成立

$$\int_{\Omega}(-\Delta u-f)\varphi\mathrm{d}x_1\mathrm{d}x_2=0.$$

经过简单的分部积分, 利用 $u|_{\partial\Omega}=0$, 可得

$$\int_{\Omega}(\nabla u\cdot\nabla\varphi-f\varphi)\mathrm{d}x_1\mathrm{d}x_2=0.$$

从而成立

$$\begin{aligned}J(u+\varphi)=&\frac{1}{2}\int_{\Omega}|\nabla(u+\varphi)|^2\mathrm{d}x_1\mathrm{d}x_2-\int_{\Omega}(u+\varphi)f\mathrm{d}x_1\mathrm{d}x_2\\=&\frac{1}{2}\int_{\Omega}|\nabla u|^2\mathrm{d}x_1\mathrm{d}x_2-\int_{\Omega}uf\mathrm{d}x_1\mathrm{d}x_2\\&+\int_{\Omega}(\nabla u\cdot\nabla\varphi-f\varphi)\mathrm{d}x_1\mathrm{d}x_2+\frac{1}{2}\int_{\Omega}|\nabla\varphi|^2\mathrm{d}x_1\mathrm{d}x_2\\=&J(u)+\frac{1}{2}\int_{\Omega}|\nabla\varphi|^2\mathrm{d}x_1\mathrm{d}x_2\\\geqslant&J(u).\end{aligned}$$

利用 $\varphi\in X$ 的任意性, 可知 $J(u)$ 在 $u\in X$ 处取极小值. 上述讨论对于任意 $n\geqslant 3$ 维空间中的有界区域也都成立.

由于在泛函 $J(u)$ 的表达式中仅出现函数 u 及其一阶偏导数的平方可积, 而且有例子表明, $J(u)$ 的极小值在函数类 X 中不一定达到. 于是, 在更大的含有一阶广义导数的函数空间 $H_0^1(\Omega)$ 中考虑 $J(u)$ 的极小值成为自然. 基于前面论证的求泛函 $J(u)$ 的极小值与求解 Poisson 方程齐次 Dirichlet 问题的等价性, 可以认为在空间 $H_0^1(\Omega)$ 中使 $J(u)$ 的极小值达到的元素是上述 Dirichlet 问题 (5.1.4) 的某种广义意义下的解.

问题 (5.1.1) 的广义解 (或称弱解) 的定义. 设 $f\in H^{-1}(\Omega)$. 若 $u\in H_0^1(\Omega)$ 满足

$$\begin{aligned}&\int_{\Omega}\sum_{i,j=1}^{n}\left(a_{ij}(x)\frac{\partial u}{\partial x_i}\frac{\partial\varphi}{\partial x_j}+\frac{\partial a_{ij}}{\partial x_j}\frac{\partial u}{\partial x_i}\varphi\right)\mathrm{d}x\\&+\int_{\Omega}\left(\sum_{i=1}^{n}b_i(x)\frac{\partial u}{\partial x_i}+c(x)u\right)\varphi\mathrm{d}x=\int_{\Omega}f(x)\varphi(x)\mathrm{d}x,\quad\forall\varphi\in C_c^{\infty}(\Omega),\end{aligned}$$

则称 u 为问题 (5.1.1) 的广义解或弱解.

与经典的理论相似, 在偏微分方程的近代理论中广义解或古典解的存在性和唯一性都是需要研究的最基本问题. 另一个基本问题是广义解或弱解的正则性问题, 当然关于正则性的研究还有独立的意义.

非齐次边界条件是指形式:$u|_{\partial\Omega}=g$, 这里 $g\in H^{\frac{1}{2}}(\partial\Omega)$ 是给定的在边界 $\partial\Omega$ 上的函数, 利用迹嵌入定理的逆形式: $H^1(\Omega)\hookrightarrow H^{\frac{1}{2}}(\partial\Omega)$ 可知, 函数 g 可以延拓成为 $H^1(\Omega)$ 函数, 记为 $\widetilde{g}$. 令 $\widetilde{u}=u-\widetilde{g}$, 则

$$\begin{cases}L\widetilde{u}=f-L\widetilde{g},\\\widetilde{u}|_{\partial\Omega}=0.\end{cases}$$

由于 $f - L\widetilde{g} \in H^{-1}(\Omega)$, 因此具有非齐次边界条件的线性椭圆方程 $Lu = f$ 可以转化为上述 Dirichlet 问题.

2. 第二、第三边值问题的广义解

椭圆算子 L 的第二边值条件, 即 Neumann 边值条件叙述如下

$$\left.\frac{\partial u}{\partial \nu}\right|_{\partial \Omega} = 0, \tag{5.1.5}$$

这里 $\dfrac{\partial}{\partial \nu}$ 表示沿边界 $\partial \Omega$ 余法向求导数, 即

$$\frac{\partial u}{\partial \nu} = \sum_{i,j=1}^{n} a_{ij}(x)\nu_i \frac{\partial u}{\partial x_j}, \quad x \in \partial \Omega,$$

其中 $\nu = \nu(x) = (\nu_1, \nu_2, \cdots, \nu_n)$ 表示边界 $\partial \Omega$ 上点 x 处的单位外法向量.

设 $u \in H^2(\Omega)$, $v \in H^1(\Omega)$. 经过简单运算, 可得

$$(Lu, v)_{L^2(\Omega)} = a(u, v) - \left(\frac{\partial u}{\partial \nu}, v\right)_{L^2(\partial \Omega)},$$

其中

$$\begin{aligned} a(u,v) = &\int_{\Omega} \sum_{i,j=1}^{n} \left(a_{ij}(x) \frac{\partial u}{\partial x_i} \frac{\partial v}{\partial x_j} + \frac{\partial a_{ij}}{\partial x_j} \frac{\partial u}{\partial x_i} v\right) \mathrm{d}x \\ &+ \int_{\Omega} \left(\sum_{i=1}^{n} b_i(x) \frac{\partial u}{\partial x_i} + c(x)u\right) v \mathrm{d}x. \end{aligned}$$

因此, 若 $u \in H^2(\Omega)$ 满足方程 $Lu = f$, $f \in L^2(\Omega)$, 则成立

$$a(u, v) - \left(\frac{\partial u}{\partial \nu}, v\right)_{L^2(\partial \Omega)} = (f, v)_{L^2(\Omega)}, \quad \forall v \in H^1(\Omega). \tag{5.1.6}$$

若 $u \in H^2(\Omega)$ 还满足 Neumann 边值条件 (5.1.5), 则对任意 $v \in H^1(\Omega)$, 成立

$$a(u, v) = (f, v). \tag{5.1.7}$$

注意到, 式 (5.1.7) 中仅出现 u 的一阶广义导数, 因此可以这样给出第二边值问题的广义解定义.

若 $u \in H^1(\Omega)$ 满足式 (5.1.7) , 则称 u 是带有 Neumann 边值条件 (5.1.5) 的方程 $Lu = f \in L^2(\Omega)$ 的广义解或弱解.

注 假定 $f \in L^2(\Omega)$, 利用椭圆方程的正则性理论 (后面章节中介绍) 可推知, $u \in H^2(\Omega)$.

第三边值问题 (或称 Robin 问题)　椭圆算子 L 的第三边值条件, 即 Robin 边值条件叙述如下

$$\left(\frac{\partial u}{\partial \nu}+\sigma u\right)\Big|_{\partial\Omega}=0, \tag{5.1.8}$$

其中 $\sigma=\sigma(x)\in L^\infty(\Omega)$.

注意到, 利用式 (5.1.6), 式 (5.1.8), 可得

$$a(u,v)+(\sigma u,v)_{L^2(\partial\Omega)}=(f,v)_{L^2(\Omega)},\quad \forall\, v\in H^1(\Omega). \tag{5.1.9}$$

仿照第二边值问题的定义, 可以这样给出第三边值问题的广义解定义.

若 $u\in H^1(\Omega)$ 满足式 (5.1.9), 则称 u 是带有 Robin 边值条件 (5.1.8) 的方程 $Lu=f$ 的广义解或弱解.

5.2　边值问题的可解性

1. 算子 $L+\lambda$ 的可逆性

本节讨论二阶线性椭圆方程 Dirichlet 问题的可解性, 前面已经说明, 问题 (5.1.1) 的求解相当于在 $H_0^1(\Omega)$ 上定义的算子 L 的可逆性, 即 $u\in H_0^1(\Omega)$ 是问题 (5.1.1) 的解, 则算子 L 是可逆的, 且 $u=L^{-1}f$. 一般来说, 算子 L 是不可逆的. 但是, 下面的定理表明, 对于充分大的正数 λ, 算子

$$L+\lambda: H_0^1(\Omega)\longrightarrow H^{-1}(\Omega)\quad \text{是可逆的.}$$

定理 5.2.1　设 Ω 是 $\mathbb{R}^n(n\geqslant 1)$ 中的光滑区域, L 为 5.1 节给出的二阶线性椭圆算子. 进一步假定算子 L 的系数满足

$$\sum_{i,j=1}^n\|a_{ij}\|_{W^{1,\infty}(\Omega)}+\sum_{i=1}^n\|b_i\|_{L^\infty(\Omega)}+\|c\|_{L^\infty(\Omega)}<\infty,$$

则存在常数 $\Lambda>0$, 使得对任意的 $\mathrm{Re}\lambda>\Lambda$ 及 $f\in H^{-1}(\Omega)$, 方程

$$(L+\lambda)u=f \tag{5.2.1}$$

存在唯一的解 $u\in H_0^1(\Omega)$.

证明　对任意的 $\mathrm{Re}\,\lambda>0$, 定义

$$B_\lambda[u,v]=a(u,v)+\mathrm{Re}\lambda\,(u,v)_{L^2(\Omega)},\quad u,v\in H_0^1(\Omega),$$

其中 $a(u,v)=\mathrm{Re}\langle Lu,v\rangle,\ \ u,v\in H_0^1(\Omega)$.

显然, $B_\lambda[u,v]$ 是定义在 $H_0^1(\Omega)\times H_0^1(\Omega)$ 上的双线性形式, 且对任意的 $u,v\in H_0^1(\Omega)$, 成立

$$\begin{aligned}|B_\lambda[u,v]|\leqslant&|\lambda|\|u\|_{L^2(\Omega)}\|v\|_{L^2(\Omega)}\\&+\sum_{i,j=1}^n\Bigg(\|a_{ij}\|_{L^\infty(\Omega)}\left\|\frac{\partial u}{\partial x_i}\right\|_{L^2(\Omega)}\left\|\frac{\partial u}{\partial x_j}\right\|_{L^2(\Omega)}\\&+\left\|\frac{\partial a_{ij}}{\partial x_j}\right\|_{L^\infty(\Omega)}\left\|\frac{\partial u}{\partial x_i}\right\|_{L^2(\Omega)}\|u\|_{L^2(\Omega)}\Bigg)\\&+\Bigg(\sum_{i=1}^n\|b_i\|_{L^\infty(\Omega)}\left\|\frac{\partial u}{\partial x_i}\right\|_{L^2(\Omega)}\|u\|_{L^2(\Omega)}+\|c\|_{L^\infty(\Omega)}\|u\|_{L^2(\Omega)}^2\Bigg)\\\leqslant&C\|u\|_{H_0^1(\Omega)}\|v\|_{H_0^1(\Omega)}.\end{aligned}$$

另外, 利用一致椭圆性条件, 对任意的 $u\in H_0^1(\Omega)$, 成立

$$\begin{aligned}a(u,u)=&\mathrm{Re}\Bigg\{\int_\Omega\sum_{i,j=1}^n\left(a_{ij}(x)\frac{\partial u}{\partial x_i}\frac{\partial u}{\partial x_j}+\frac{\partial a_{ij}}{\partial x_j}\frac{\partial u}{\partial x_i}u\right)\mathrm{d}x\\&+\int_\Omega\left(\sum_{i=1}^n b_i(x)\frac{\partial u}{\partial x_i}+c(x)u\right)u\Bigg\}\mathrm{d}x\\\geqslant&\alpha\int_\Omega|\nabla u|^2\mathrm{d}x-\sum_{i=1}^n\int_\Omega\left(\sum_{j=1}^n\left|\frac{\partial a_{ij}}{\partial x_j}\right|+|b_i|\right)\left|\frac{\partial u}{\partial x_i}\right||u|\mathrm{d}x-\int_\Omega|c||u|^2\mathrm{d}x\\\geqslant&\alpha\int_\Omega(|\nabla u|^2+|u|^2)\mathrm{d}x-\sum_{i=1}^n\left(\sum_{j=1}^n\left\|\frac{\partial a_{ij}}{\partial x_j}\right\|_{L^\infty(\Omega)}+\|b_i\|_{L^\infty(\Omega)}\right)\\&\times\int_\Omega|\nabla u||u|\mathrm{d}x-(\alpha+\|c\|_{L^\infty(\Omega)})\int_\Omega|u|^2\mathrm{d}x\\\geqslant&\alpha\|u\|_{H^1(\Omega)}^2-C\|\nabla u\|_{L^2(\Omega)}\|u\|_{L^2(\Omega)}-C\|u\|_{L^2(\Omega)}^2\\\geqslant&\alpha\|u\|_{H^1(\Omega)}^2-(\varepsilon\|\nabla u\|_{L^2(\Omega)}^2+C_\varepsilon\|u\|_{L^2(\Omega)}^2)-C\|u\|_{L^2(\Omega)}^2\\=&(\alpha-\varepsilon)\|u\|_{H^1(\Omega)}^2-(C_\varepsilon+C)\|u\|_{L^2(\Omega)}^2.\end{aligned}$$

在上述估计中, 选取 $\varepsilon=\dfrac{\alpha}{2}$, $C_0=C_\varepsilon+C$, 可知

$$a(u,u)\geqslant\frac{\alpha}{2}\|u\|_{H^1(\Omega)}^2-C_0\|u\|_{L^2(\Omega)}^2,\quad\forall\,u\in H_0^1(\Omega).$$

取 $\Lambda=C_0>0$, 从而对任意 $\mathrm{Re}\lambda>\Lambda$, 成立

$$B_\lambda[u,u]\geqslant\frac{\alpha}{2}\|u\|_{H^1(\Omega)}^2+(\mathrm{Re}\lambda-C_0)\|u\|_{L^2(\Omega)}^2\geqslant\frac{\alpha}{2}\|u\|_{H^1(\Omega)}^2,\quad\forall\,u\in H_0^1(\Omega).$$

因此, 对任意的 $f\in H^{-1}$, 利用下面的 Lax-Milgram 定理, 可知, 存在唯一的 $u\in H:=H_0^1(\Omega)$, 使得

$$B[u,v]=\langle f,v\rangle,\quad\forall\,v\in H_0^1(\Omega).$$

由弱解的定义知, 当 $\mathrm{Re}\lambda > \Lambda$ 时, $u \in H_0^1(\Omega)$ 是方程 $(L+\lambda)u = f$ 的唯一弱解. □

Lax-Milgram 定理　(见文献 [8])　设 H 为 Hilbert 空间, $B[u,v]$ 是 $H \times H$ 上的双线性形式, 并且存在常数 $C_1, C_2 > 0$ 使得

$$|B[u,v]| \leqslant C_1 \|u\|_H \|v\|_H, \quad \forall\, u, v \in H;$$

$$B[u,u] \geqslant C_2 \|u\|_H^2, \quad \forall\, u \in H,$$

则对 H 上任意的有界线性泛函 f, 即 $f \in H^*$, 存在唯一的 $u \in H$, 使得

$$B[u,v] = \langle f, v\rangle, \quad \forall\, v \in H.$$

注 1　由定理 5.2.1 的证明知, 存在常数 $C_1 > 0, C_2 > 0$, 使得

$$\mathrm{Re}\langle Lu, u\rangle_{H^{-1}(\Omega), H_0^1(\Omega)} \geqslant C_1 \|u\|_{H^1(\Omega)}^2 - C_2 \|u\|_{L^2(\Omega)}^2, \quad \forall\, u \in H_0^1(\Omega). \tag{5.2.2}$$

注 2　存在常数 $C > 0$ 及 $\Lambda > 0$, 当 $\mathrm{Re}\lambda > \Lambda$ 时, 成立

$$\|Lu + \lambda u\|_{H^{-1}(\Omega)} \geqslant C \|u\|_{H^1(\Omega)}, \quad \forall\, u \in H_0^1(\Omega). \tag{5.2.3}$$

事实上, 在式 (5.2.2) 中取 $\Lambda = C_2$, 当 $\mathrm{Re}\lambda > \Lambda$, 可得

$$\begin{aligned}
&\mathrm{Re}\langle Lu + \lambda u, u\rangle_{H^{-1}(\Omega), H_0^1(\Omega)} \\
=\,&\mathrm{Re}\langle Lu, u\rangle_{H^{-1}(\Omega), H_0^1(\Omega)} + (\mathrm{Re}\lambda)(u,u)_{L^2(\Omega)} \\
\geqslant\,& C_1 \|u\|_{H^1(\Omega)}^2 + (\mathrm{Re}\lambda - C_2)\|u\|_{L^2(\Omega)}^2 \\
\geqslant\,& C_1 \|u\|_{H^1(\Omega)}^2.
\end{aligned}$$

另外,

$$\begin{aligned}
\mathrm{Re}\langle Lu + \lambda u, u\rangle_{H^{-1}(\Omega), H_0^1(\Omega)} &\leqslant |\mathrm{Re}\langle Lu + \lambda u, u\rangle_{H^{-1}(\Omega), H_0^1(\Omega)}| \\
&\leqslant \|Lu + \lambda u\|_{H^{-1}(\Omega)} \|u\|_{H_0^1(\Omega)}.
\end{aligned}$$

因此, 当 $\mathrm{Re}\lambda > \Lambda$, 可得

$$\|Lu + \lambda u\|_{H^{-1}(\Omega)} \|u\|_{H_0^1(\Omega)} \geqslant C_1 \|u\|_{H^1(\Omega)}^2.$$

说明, 当 $\mathrm{Re}\lambda > \Lambda$, 成立

$$\|Lu + \lambda u\|_{H^{-1}(\Omega)} \geqslant C_1 \|u\|_{H^1(\Omega)}.$$

□

2. 两择性定理

定理 5.2.1 只是部分地回答了椭圆型算子 L 对应的 Dirichlet 问题的可解性, 并未回答问题 (5.1.1) 是否可解. 事实上, 问题 (5.1.1) 的可解性最终归结为一个两择性定理.

下面在有界光滑区域 $\Omega \subset \mathbb{R}^n$ $(n \geqslant 1)$ 上考虑椭圆型算子 L 的 Dirichlet 问题

$$\begin{cases} Lu = f, & \text{在 } \Omega \text{ 中}, \\ u = 0, & \text{在 } \partial\Omega \text{ 上}. \end{cases} \tag{5.2.4}$$

由定理 5.2.1 知, 存在 $\lambda_0 > 0$, 使得对任意的 $f \in H^{-1}(\Omega)$, 下述问题

$$\begin{cases} (L+\lambda_0)u = f, & \text{在 } \Omega \text{ 中}, \\ u = 0, & \text{在 } \partial\Omega \text{ 上}. \end{cases} \tag{5.2.5}$$

存在唯一解 $u \in H_0^1(\Omega)$, 且由式 (5.2.3) 知,

$$\|(L+\lambda_0)^{-1}f\|_{H^1(\Omega)} = \|u\|_{H^1(\Omega)} \leqslant C\|(L+\lambda_0)u\|_{H^{-1}(\Omega)} = C\|f\|_{H^{-1}(\Omega)}.$$

注意这里的 $f \in H^{-1}(\Omega)$ 是任意的, 故算子

$$(L+\lambda_0)^{-1} : H^{-1}(\Omega) \longrightarrow H_0^1(\Omega)$$

是连续的. 下面验证算子 $(L+\lambda_0)^{-1}$ 的线性性质.

假定 $f_1, f_2 \in H^{-1}(\Omega)$. 利用已证结论, 问题 (5.2.5) 存在相应的解 $u_1, u_2 \in H_0^1(\Omega)$, 即对于 u_j, $j = 1, 2$, 成立

$$\begin{cases} (L+\lambda_0)u_j = f_j, & \text{在 } \Omega \text{ 中}, \\ u_j = 0, & \text{在 } \partial\Omega \text{ 上}, \end{cases}$$

以及对任意的实数 α_1, α_2,

$$\begin{cases} (L+\lambda_0)(\alpha_1 u_1 + \alpha_2 u_2) = \alpha_1 f_1 + \alpha_2 f_2, & \text{在 } \Omega \text{ 中}, \\ \alpha_1 u_1 + \alpha_2 u_2 = 0, & \text{在 } \partial\Omega \text{ 上}. \end{cases}$$

由于 $(L+\lambda_0)^{-1}$ 是可逆的, 即 $(L+\lambda_0)^{-1}$ 是存在的. 从而有

$$(L+\lambda_0)^{-1}f_1 = u_1, \quad (L+\lambda_0)^{-1}f_2 = u_2,$$

$$(L+\lambda_0)^{-1}(\alpha_1 f_1 + \alpha_2 f_2) = \alpha_1 u_1 + \alpha_2 u_2.$$

进而可得

$$(L+\lambda_0)^{-1}(\alpha_1 f_1+\alpha_2 f_2)=\alpha_1(L+\lambda_0)^{-1}f_1+\alpha_2(L+\lambda_0)^{-1}f_2.$$

说明算子 $(L+\lambda_0)^{-1}$ 是线性的.

注意到, 利用紧嵌入定理知,

$$i_1: L^2(\Omega)\longrightarrow H^{-1}(\Omega),\quad i_2: H_0^1(\Omega)\longrightarrow L^2(\Omega)$$

均是紧嵌入映射. 故定义的复合映射 $i_2\circ(L+\lambda_0)^{-1}\circ i_1: L^2(\Omega)\longrightarrow L^2(\Omega)$ 为全连续算子 (或称紧算子), 仍记为 $(L+\lambda_0)^{-1}$. 该复合映射可以用下述交换图来表示.

$$\begin{array}{ccc} H^{-1}(\Omega) & \xleftarrow{\ i_1\ } & L^2(\Omega) \\ {\scriptstyle (L+\lambda_0)^{-1}}\big\downarrow & & \\ H_0^1(\Omega) & \xrightarrow[\ i_2\ ]{} & L^2(\Omega) \end{array}$$

因此,

$$\begin{aligned} &\begin{cases} Lu=f,\\ u|_{\partial\Omega}=0 \end{cases}\\ \Longleftrightarrow\ &\begin{cases} (L+\lambda_0)u-\lambda_0 u=f,\\ u|_{\partial\Omega}=0 \end{cases}\\ \Longleftrightarrow\ & u-\lambda_0(L+\lambda_0)^{-1}u=(L+\lambda_0)^{-1}f\\ \Longleftrightarrow\ & u-\lambda_0 Mu=Mf, \end{aligned}\tag{5.2.6}$$

其中 $M=(L+\lambda_0)^{-1}$.

同样可以证明, 算子

$$(L^*+\lambda_0)^{-1}: H^{-1}(\Omega)\longrightarrow H_0^1(\Omega)$$

也是线性连续的. 并且, 复合映射 $i_2\circ(L^*+\lambda_0)^{-1}\circ i_1: L^2(\Omega)\longrightarrow L^2(\Omega)$ 也是全连续算子 (或称紧算子), 简单起见, 仍记为 $(L^*+\lambda_0)^{-1}$. 记 M^* 为算子 $M=(L+\lambda_0)^{-1}$ 的共轭算子, 则

$$(Mu,v)_{L^2(\Omega)}=(u,M^*v)_{L^2(\Omega)},\quad \forall\, v\in L^2(\Omega).$$

另外, 由 M 的表达式, 有

$$\begin{aligned} (Mu,v)_{L^2(\Omega)} &=((L+\lambda_0)^{-1}u,(L^*+\lambda_0)(L^*+\lambda_0)^{-1}v)_{L^2(\Omega)}\\ &=((L+\lambda_0)(L+\lambda_0)^{-1}u,(L^*+\lambda_0)^{-1}v)_{L^2(\Omega)}\\ &=(u,(L^*+\lambda_0)^{-1}v)_{L^2(\Omega)}. \end{aligned}$$

从而成立

$$(u, M^*v)_{L^2(\Omega)} = (u, (L^* + \lambda_0)^{-1}v)_{L^2(\Omega)}, \quad \forall\, v \in L^2(\Omega),$$

说明 $M^* = (L^* + \lambda_0)^{-1}$.

利用式 (5.2.6), 并结合上述讨论, 可导出下述结论.

引理 5.2.2 设 Ω 是有界的光滑区域. 与椭圆型算子 L 有关的一组 Dirichlet 问题

$$Lu = f, \quad u|_{\partial\Omega} = 0; \tag{5.2.7}$$

$$Lu = 0, \quad u|_{\partial\Omega} = 0; \tag{5.2.8}$$

$$L^*v = g, \quad v|_{\partial\Omega} = 0; \tag{5.2.9}$$

$$L^*v = 0, \quad v|_{\partial\Omega} = 0 \tag{5.2.10}$$

分别等价于与全连续算子 M 相关的方程:

$$u - \lambda_0 Mu = Mf; \tag{5.2.7$'$}$$

$$u - \lambda_0 Mu = 0; \tag{5.2.8$'$}$$

$$v - \lambda_0 M^*v = M^*g; \tag{5.2.9$'$}$$

$$v - \lambda_0 M^*v = 0. \tag{5.2.10$'$}$$

下面不加证明地介绍 Fredholm 两择性定理, 其证明在一般常见的泛函分析教程中都可以找到.

定理 5.2.3 设 H 为 Hilbert 空间, 算子 $T: H \longrightarrow H$ 为全连续算子, T^* 为 T 的共轭算子, 则

(1) 齐次算子方程

$$u - Tu = 0 \quad 与 \quad v - T^*v = 0$$

的解空间

$$N(T) = \{u \in H;\ u - Tu = 0\},$$

$$N(T^*) = \{v \in H;\ v - T^*v = 0\}$$

都是 H 中的有限维子空间, 且维数相同, 即 $\dim N(T) = \dim N(T^*)$.

(2) 算子方程 $u - Tu = f$ 有解 $\Longleftrightarrow f \in N(T^*)^\perp$, 这里 $N(T^*)^\perp$ 为 $N(T^*)$ 在 H 中的正交补, 即 $H = N(T^*) \bigoplus N(T^*)^\perp$.

利用引理 5.2.2 和 Fredholm 两择性定理 5.2.3, 可建立方程 (5.2.7)–(5.2.10) 的两择性定理.

定理 5.2.4　齐次问题 (5.2.8), (5.2.10) 的解空间 $Q(L), Q(L^*)$:

$$Q(L) = \{v \in H_0^1(\Omega);\ \ Lv = 0\},\ \ Q(L^*) = \{v \in H_0^1(\Omega);\ \ L^*v = 0\}$$

都是 $L^2(\Omega)$ 中的有限维子空间, 且维数相同, 即 $\dim Q(L) = \dim Q(L^*)$.

证明　因为 (5.2.8) $\Longleftrightarrow$ (5.2.8)$'$, (5.2.10) $\Longleftrightarrow$ (5.2.10)$'$. 而 (5.2.8)$'$, (5.2.10)$'$ 的解空间 $N(\lambda_0 M), N(\lambda_0 M^*)$ 是有限维的且具有相同的维数, 依据是定理 5.2.2 中的结论 (1). 其中在定理 5.2.2 中取 $H = L^2(\Omega)$, $T = \lambda_0 M$.

定理 5.2.5　设 $f \in H^{-1}(\Omega)$, 则问题 (5.2.7) 有解, 当且仅当

$$\langle f, v\rangle = 0, \quad \forall\, v \in Q(L^*).$$

证明　问题 (5.2.7) 有解 $\Longleftrightarrow$ 方程 (5.2.7)$'$ 有解. 在定理 5.2.3 中取 $H = L^2(\Omega)$, $T = \lambda_0 M$, 则由定理 5.2.3 中的 (2) 知,

$$\text{方程 (5.2.7)}'\text{ 有解} \iff Mf \in N(\lambda_0 M^*)^{\perp} \iff \langle Mf, v\rangle = 0, \quad \forall\, v \in N(\lambda_0 M^*).$$

由于 $v \in N(\lambda_0 M^*)$, 故成立 $v - \lambda_0 M^* v = 0$, 从而 $M^* v = \dfrac{1}{\lambda_0} v$. 因此,

$$\langle Mf, v\rangle = \langle f, M^* v\rangle = \left\langle f, \frac{1}{\lambda_0} v\right\rangle.$$

说明对任意的 $v \in N(\lambda_0 M^*) = Q(L^*)$

$$\langle Mf, v\rangle = 0 \Longleftrightarrow \langle f, v\rangle = 0. \qquad \square$$

3. 特征值问题

假定二阶椭圆型算子 L 为式 (5.1.1) 给定. 若存在常数 λ, 使得下述问题

$$\begin{cases} Le = \lambda e & \text{在 } \Omega \text{ 中}, \\ e = 0 & \text{在 } \partial\Omega \text{ 上} \end{cases} \tag{5.2.11}$$

有非平凡解 $e \in H_0^1(\Omega)$, 则称 λ 为 L 的 Dirichlet 问题的特征值, 相应的非平凡解 e 称为特征函数.

定理 5.2.6　设 $\Omega \subset \mathbb{R}^n$ $(n \geqslant 1)$ 是有界的光滑区域, 算子 L 为式 (5.1.1) 给定, 且 $L = L^*$, 则问题 (5.2.11) 存在可列个特征值:

$$\lambda_1 \leqslant \lambda_2 \leqslant \cdots \leqslant \lambda_k \leqslant \cdots, \quad \lim_{k\to\infty} \lambda_k = +\infty; \tag{5.2.12}$$

对应的特征函数 $e_1, e_2, \cdots, e_k, \cdots$, 满足

$$Le_j = \lambda_j e_j, \quad (e_i, e_j)_{L^2(\Omega)} = \delta_{ij} = \begin{cases} 1, & i = j, \\ 0, & i \neq j, \end{cases} \tag{5.2.13}$$

且

$$\{e_j\}_{j=1}^{\infty} \text{ 在 } L^2(\Omega) \text{ 中完备, 即 } \overline{\text{span}\{e_1, e_2, \cdots\}_{L^2}} = L^2(\Omega). \tag{5.2.14}$$

定理 5.2.6 的证明依赖于下述关于 Hilbert 空间中全连续算子特征值问题的一般结论, 其证明在一般泛函分析教程中都可找到.

定理 5.2.7 设 H 是 Hilbert 空间, $T: H \longrightarrow H$ 为全连续算子, $T = T^*$, 则关于算子 T, 存在特征值序列 $\{\mu_j\}_{j=1}^{\infty}$, 以及相应的特征函数列 $\{e_j\}_{j=1}^{\infty}$, 即 $Te_j = \mu_j e_j$, 并且具有下列性质:

$$|\mu_1| \geqslant |\mu_2| \geqslant \cdots \geqslant |\mu_k| \geqslant \cdots, \quad \lim_{k\to\infty} \mu_k = 0; \tag{5.2.15}$$

$$\{e_j\}_{j=1}^{\infty} \text{ 构成 } R(T) \text{ 的完备正交基}. \tag{5.2.16}$$

定理 5.2.6 的证明 由式 (5.2.3) 以及 Sobolev 紧嵌入定理可知, 存在充分大常数 λ_0, 使得对任意的 $-\lambda \geqslant \lambda_0$, 算子

$$(L + (-\lambda))^{-1}: L^2(\Omega) \longrightarrow L^2(\Omega)$$

为全连续算子. 记 $\mu = \dfrac{1}{\lambda + \lambda_0}$, 则可将问题 (5.2.11) 转化为全连续算子方程

$$Mu = \mu u, \quad M = (L + \lambda_0)^{-1}. \tag{5.2.17}$$

另外, 前面已证 $M^* = (L^* + \lambda_0)^{-1}$, 再利用假设 $L^* = L$, 可得

$$M^* = (L^* + \lambda_0)^{-1} = (L + \lambda_0)^{-1} = M.$$

因此, $M: L^2(\Omega) \longrightarrow L^2(\Omega)$ 为自共轭的全连续算子. 下面验证: 对任意的 $-\lambda \geqslant \lambda_0$, λ 不可能是问题 (5.2.11) 的特征值. 事实上, 若存在 $-\lambda \geqslant \lambda_0$ 是问题 (5.2.11) 的特征值, $e \in H_0^1(\Omega)$ 为相应特征函数, 则 $Le = \lambda e$ 或 $(L + (-\lambda))e = 0$. 注意到算子 $L + (-\lambda)$ 是可逆的, 故 $e = (L + \lambda)^{-1}0 = 0$, 这是一个矛盾, 因为在特征值的定义中要求对应的特征函数是非平凡的. 从而问题 (5.2.11) 的所有特征值 λ_j 满足: $-\lambda_j < \lambda_0$. 因此, 相应的算子方程 (5.2.17) 的所有特征值 $\mu_j = \dfrac{1}{\lambda_j + \lambda_0}$ 均严格大于 0. 利用定理 5.2.7 的结论可知, 特征值序列 $\mu_k = |\mu_k|$ 满足: $|\mu_k|$ 是单调递减的, $\lim\limits_{k\to\infty} \mu_k = 0$ 且对应的特征函数序列 $\{e_j\}_{j=1}^{\infty}$ 构成 $R(M)$ 的完备正交基. 注意到 (5.2.11) 和 (5.2.17) 是等价的问题. 从而 (5.2.11) 的特征值序列 $\lambda_k = -\lambda_0 + \dfrac{1}{\mu_k}$ 是单调递增: $\lambda_1 \leqslant \lambda_2 \leqslant \cdots \leqslant \lambda_k \leqslant \cdots$, 且 $\lim\limits_{k\to\infty} \lambda_k = +\infty$, 即满足 (5.2.12), 相应的特征值序列也为 $\{e_j\}_{j=1}^{\infty}$. 已知 $M: L^2(\Omega) \longrightarrow L^2(\Omega)$, 故 $\overline{R(M)} \subseteq L^2(\Omega)$.

下证: $\overline{R(M)} = L^2(\Omega)$. 事实上, $\forall\ \varphi \in C_c^{\infty}(\Omega)$, $(L + \lambda_0)\varphi \in L^2(\Omega)$. 从而 $\varphi = (L+\lambda_0)^{-1}(L+\lambda_0)\varphi = M(L+\lambda_0)\varphi \in R(M)$. 说明 $C_c^{\infty}(\Omega) \subset R(M)$. 因为 $C_c^{\infty}(\Omega)$

在 $L^2(\Omega)$ 是稠密的, 以及 $R(M)$ 的范数也取 $\|\cdot\|_{L^2(\Omega)}$. 故可推知 $\overline{R(M)}=L^2(\Omega)$. 至此, 式 (5.2.12)—(5.2.14) 均已被验证成立. □

当特征值问题 (5.2.11) 中的二阶椭圆型算子 L 取为 Laplace 算子时, 其特征值序列有更好的性质.

定理 5.2.8 设 $\Omega\subset\mathbb{R}^n$ $(n\geqslant 1)$ 是有界的光滑区域, 则 Laplace 算子特征值问题

$$\begin{cases}-\Delta u=\lambda u & \text{在 } \Omega \text{ 中},\\ u=0 & \text{在 } \partial\Omega \text{ 上}\end{cases}\tag{5.2.18}$$

存在特征值序列 $\{\lambda_j\}_{j=1}^{\infty}$, 以及相应的特征函数列 $\{e_j\}_{j=1}^{\infty}$, 且具有下列性质:

$$\lambda_1\leqslant\lambda_2\leqslant\cdots\leqslant\lambda_k\leqslant\cdots,\quad \lim_{k\to\infty}\lambda_k=+\infty;\tag{5.2.19}$$

$$\{e_j\}_{j=1}^{\infty} \text{ 构成 } H_0^1(\Omega) \text{ 的完备非标准正交基}.\tag{5.2.20}$$

证明 在定理 5.2.6 中取 $a_{ij}=\delta_{ij}, b_i=0, c=0$, 可知, 问题 (5.2.18) 存在特征值序列 $\{\lambda_j\}_{j=1}^{\infty}$, 以及相应的特征函数列 $\{e_j\}_{j=1}^{\infty}$, 并且

$$\lambda_1\leqslant\lambda_2\leqslant\cdots\leqslant\lambda_k\leqslant\cdots,\quad \lim_{k\to\infty}\lambda_k=+\infty;$$

说明式 (5.2.19) 成立. 此外还成立

$$-\Delta e_j=\lambda_j e_j,\quad \overline{\operatorname{span}\{e_1,e_2,e_3,\cdots\}}=R(-\Delta)=L^2(\Omega),$$

$$(e_i,e_j)_{L^2(\Omega)}=\delta_{ij}=\begin{cases}1, & i=j,\\ 0, & i\neq j,\end{cases}$$

由于 $e_j\in H_0^1(\Omega)$, 故

$$(\nabla e_k,\nabla e_j)_{L^2(\Omega)}=-(\Delta e_k,e_j)_{L^2(\Omega)}.$$

所以可得

$$\begin{aligned}(e_k,e_j)_{H_0^1(\Omega)}&=(e_k,e_j)_{L^2(\Omega)}+(\nabla e_k,\nabla e_j)_{L^2(\Omega)}\\&=(e_k-\Delta e_k,e_j)_{L^2(\Omega)}\\&=(e_k+\lambda_k e_k,e_j)_{L^2(\Omega)}\\&=(1+\lambda_k)(e_k,e_j)_{L^2(\Omega)}\\&=(1+\lambda_k)\delta_{kj}.\end{aligned}$$

说明 $\{e_j\}_{j=1}^{\infty}$ 构成 $H_0^1(\Omega)$ 的 (非标准) 正交基.

下证: $\{e_j\}_{j=1}^{\infty}$ 在 $H_0^1(\Omega)$ 中是完备的, 即

$$\overline{\operatorname{span}\{e_1,e_2,e_3,\cdots\}_{H^1}}=H_0^1(\Omega).\tag{5.2.21}$$

假定

$$H_0^1(\Omega)=\overline{\text{span}\{e_1,e_2,e_3,\cdots\}_{H^1}}\oplus\overline{\text{span}\{e_1,e_2,e_3,\cdots\}_{H^1}}^{\perp},$$

以及 $f\in\overline{\text{span}\{e_1,e_2,e_3,\cdots\}_{H^1}}^{\perp}$, 则对任意 $e_k\in H_0^1(\Omega)$, 成立

$$(f,e_k)_{H_0^1(\Omega)}=0,\quad k=1,2,\cdots. \tag{5.2.22}$$

注意到 $f,\nabla f\in L^2(\Omega)$, 以及 $e_k\in H_0^1(\Omega)$ 满足 $-\Delta e_k=\lambda_k e_k$, 即

$$(\nabla e_k,\nabla\phi)_{L^2(\Omega)}=\lambda_k(e_k,\phi)_{L^2(\Omega)},\quad \forall\phi\in H_0^1(\Omega),$$

特别地,

$$\lambda_k=\lambda_k(e_k,e_k)_{L^2(\Omega)}=(\nabla e_k,\nabla e_k)_{L^2(\Omega)}>0,\quad k=1,2,\cdots.$$

从而利用式 (5.2.22), 可得

$$\begin{aligned}0&=(f,e_k)_{H_0^1(\Omega)}\\&=(f,e_k)_{L^2(\Omega)}+(\nabla f,\nabla e_k)_{L^2(\Omega)}\\&=(f,e_k)_{L^2(\Omega)}+(f,\lambda_k e_k)_{L^2(\Omega)}\\&=(1+\lambda_k)(f,e_k)_{L^2(\Omega)},\quad k=1,2,\cdots.\end{aligned}$$

说明 $(f,e_k)_{L^2(\Omega)}=0, k=1,2,\cdots$. 又已知 $\{e_j\}_{j=1}^{\infty}$ 是 $L^2(\Omega)$ 的完备标准正交基, 所以

$$f=\sum_{k=1}^{\infty}(f,e_k)_{L^2(\Omega)}e_k=0,$$

说明式 (5.2.21) 成立. □

注 1 假定在两个有界区域 Ω 和 Ω^* 上, 问题 (5.2.18) 在这两个区域上的第 k 个特征值分别记为 $\lambda_k(\Omega)$ 和 $\lambda_k(\Omega^*)$. 若 $\Omega\supseteq\Omega^*$, 则成立 $\lambda_k(\Omega)\leqslant\lambda_k(\Omega^*)$. 特别地, 若 Ω^* 是 Ω 的真子区域时, 即 $\Omega\supset\supset\Omega^*$, 则 $\lambda_k(\Omega)<\lambda_k(\Omega^*)$.

注 2 $\lambda_k(\Omega)$ 对于 Ω 的连续性. 设 $f=(f_1,f_2,\cdots,f_n)\in C^1$.

$$y=x+\varepsilon f(x):\ \Omega\longrightarrow\Omega_\varepsilon^*.$$

若 $\|f\|_{C^1(\overline{\Omega})}\leqslant 1$, 则称区域 Ω_ε^* 以准确度 ε 逼近于 Ω. 当 $\varepsilon\longrightarrow 0$ 时, 称区域 Ω_ε^* 连续地变形为 Ω.

区域 Ω 在上述意义下连续地变形时, 问题 (5.2.21) 的第 k 个特征值 $\lambda_k(\Omega)$ 也连续地改变, 即对任意正整数 k, 成立

$$\lim_{\varepsilon\to 0}\lambda_k(\Omega_\varepsilon^*)=\lambda_k(\Omega).$$

注 3　假定 $\lambda_1(\Omega)$ 和 e_1 是问题 (5.2.18) 的第一个特征值和相应的特征函数，则 $0<\lambda_1(\Omega)<\lambda_2(\Omega)\leqslant\lambda_3(\Omega)\leqslant\cdots$，且可选取 $e_1(x)>0, \forall\, x\in\Omega$，并且 $\lambda_1(\Omega)$ 可以表示为

$$\lambda_1(\Omega)=\inf_{\varphi\in H_0^1(\Omega)\setminus\{0\}}\frac{\|\nabla\varphi\|_{L^2(\Omega)}^2}{\|\varphi\|_{L^2(\Omega)}^2}.$$

此外，对应于同一特征值只有有限个线性无关的特征函数，或者说，对应于每一个特征值的特征函数空间是有限维的.

注 4　对任意 $\varphi\in L^2(\Omega)$，成立

$$\lim_{j\to\infty}(e_j,\varphi)_{L^2(\Omega)}=0,\quad \text{即}\quad e_j\rightharpoonup 0\ \ (L^2(\Omega)).$$

第一种方法. 利用已知性质: $\overline{\mathrm{span}\{e_1,e_2,\cdots\}}_{L^2}=L^2(\Omega)$，对任意的 $\varphi\in L^2(\Omega)$，成立

$$\varphi=\sum_{j=1}^{\infty}(e_j,\varphi)_{L^2(\Omega)}e_j,$$

以及

$$\|\varphi\|_{L^2(\Omega)}^2=\sum_{j=1}^{\infty}|(e_j,\varphi)_{L^2(\Omega)}|^2.$$

从而有 $\lim\limits_{j\to\infty}(e_j,\varphi)_{L^2(\Omega)}=0$.

第二种方法. 利用特征值的性质. 事实上，对任意 $\varepsilon>0$，由于 $C_c^\infty(\Omega)$ 在 $L^2(\Omega)$ 中是稠密的，故存在 $\varphi_N\in C_c^\infty(\Omega)$，使得

$$\|\varphi_N-\varphi\|_{L^2(\Omega)}<\varepsilon.$$

注意到 $e_j=\lambda_j^{-1}(-\Delta e_j)$，即 $(e_j,\varphi_N)_{L^2(\Omega)}=\lambda_j^{-1}\langle-\Delta e_j,\varphi_N\rangle_{H^{-1}(\Omega),H_0^1(\Omega)}$. 从而成立

$$\begin{aligned}|(e_j,\varphi)_{L^2(\Omega)}|&\leqslant|(e_j,\varphi_N)_{L^2(\Omega)}|+|(e_j,\varphi-\varphi_N)_{L^2(\Omega)}|\\&\leqslant\lambda_j^{-1}|\langle-\Delta e_j,\varphi_N\rangle_{H^{-1}(\Omega),H_0^1(\Omega)}|+\|e_j\|_{L^2(\Omega)}\|\varphi_N-\varphi\|_{L^2(\Omega)}\\&=\lambda_j^{-1}|(e_j,-\Delta\varphi_N)_{L^2(\Omega)}|+\|e_j\|_{L^2(\Omega)}\|\varphi_N-\varphi\|_{L^2(\Omega)}\\&<\lambda_j^{-1}\|e_j\|_{L^2(\Omega)}\|\Delta\varphi_N\|_{L^2(\Omega)}+\|e_j\|_{L^2(\Omega)}\varepsilon\\&=\lambda_j^{-1}\|\Delta\varphi_N\|_{L^2(\Omega)}+\varepsilon.\end{aligned}$$

结合特征值的性质: $\lim\limits_{j\to\infty}\lambda_j=+\infty$，可得

$$\lim_{j\to\infty}|(e_j,\varphi)_{L^2(\Omega)}|\leqslant\varepsilon.$$

说明 $\lim\limits_{j\to\infty}(e_j,\varphi)_{L^2(\Omega)}=0$.

5.3 弱解的正则性

通常状况下我们希望偏微分方程的解满足给定的光滑性, 而弱解的正则性是需要许多复杂的估计. 关于正则性的研究是一个非常有价值的研究领域. 在一定的假设条件下, 利用一些方法和技巧, 可以获得偏微分方程弱解的正则性. 对于二阶椭圆型方程的 Dirichlet 问题 (5.1.1), 当右端 $f \in H^k$ 时, 可以得到 $u \in H^{k+2}$, 这个事实在偏微分方程理论中是很重要的. 本节先讨论 $\mathbb{R}^n_+$ 的情形, 然后在此基础上讨论推广到为一般区域的情形. 需要指出的是, 半空间 $\mathbb{R}^n_+$ 的无界性以及边界的平坦性, 使得 $x_1, x_2, \cdots, x_{n-1}$ 方向的差商运算可以无障碍地进行, 从而可以专注于处理 $x_n > 0$ 方向的运算、论证. 下面的结论表明, 通过差商代替部分导数运算, 然后通过差商的一致有界性, 可以提高椭圆型方程弱解的正则性.

1. *差商算子*

记 L 为定义在半空间 $\mathbb{R}^n_+$ 上的椭圆型算子:

$$L = -\sum_{i,j=1}^{n} a_{ij}(x)\frac{\partial^2}{\partial x_i \partial x_j} + \sum_{i=1}^{n} b_i(x)\frac{\partial}{\partial x_i} + c(x), \tag{5.3.1}$$

假定系数 a_{ij} 满足对称性: $a_{ij} = a_{ji}$ 以及椭圆一致性条件: 存在常数 $\alpha > 0$, 使得

$$\sum_{i,j=1}^{n} a_{ij}(x)\xi_i\xi_j \geqslant \alpha|\xi|^2, \quad \xi = (\xi_1, \xi_2, \cdots, \xi_n) \in \mathbb{R}^n, \quad \text{a.e. } x \in \mathbb{R}^n_+. \tag{5.3.2}$$

在定理 5.2.1 中关于系数函数的假设条件下, 由式 (5.2.2), (5.2.3) 知, 存在常数 $C_1 > 0, C_2 > 0$, 使得对任意的 $u \in H^1_0(\mathbb{R}^n_+)$, 成立

$$\mathrm{Re}\langle Lu, u\rangle_{H^{-1}(\Omega), H^1_0(\Omega)} \geqslant C_1\|u\|^2_{H^1(\mathbb{R}^n_+)} - C_2\|u\|^2_{L^2(\mathbb{R}^n_+)}. \tag{5.3.3}$$

此外, 还存在常数 $C > 0$ 及 $\Lambda > 0$, 当 $\mathrm{Re}\lambda > \Lambda$, 成立

$$\|Lu + \lambda u\|_{H^{-1}(\mathbb{R}^n_+)} \geqslant C\|u\|_{H^1(\mathbb{R}^n_+)}, \quad u \in H^1_0(\mathbb{R}^n_+). \tag{5.3.4}$$

下面介绍位移算子的定义和差商算子的一些性质.

对于 $h \in \mathbb{R}^1 \backslash \{0\}$, 定义

$$(\tau_h u)(x) = u(x_1 + h, x_2, \cdots, x_n), \quad x \in \mathbb{R}^n_+.$$

称算子 τ_h 为 x_1 方向的平移算子, 简称平移算子.

引理 5.3.1　设 $u,v\in L^2(\mathbb{R}^n_+)$, 则

$$(\tau_h u,v)_{L^2(\mathbb{R}^n_+)}=(u,\tau_{-h}v)_{L^2(\mathbb{R}^n_+)},\tag{5.3.5}$$

$$\|\tau_h u\|_{L^2(\mathbb{R}^n_+)}=\|u\|_{L^2(\mathbb{R}^n_+)}.\tag{5.3.6}$$

证明　简单计算可得

$$\begin{aligned}(\tau_h u,v)_{L^2(\mathbb{R}^n_+)}&=\int_{\mathbb{R}^n_+}u(x_1+h,x_2,\cdots,x_n)\overline{v}(x_1,x_2,\cdots,x_n)\mathrm{d}x\\&=\int_{\mathbb{R}^n_+}u(x_1,x_2,\cdots,x_n)\overline{v}(x_1-h,x_2,\cdots,x_n)\mathrm{d}x\\&=(u,\tau_{-h}v)_{L^2(\mathbb{R}^n_+)},\end{aligned}$$

此即为式 (5.3.5) . 在式 (5.3.5) 中, 取 $v=\tau_h u$, 即得

$$\|\tau_h u\|^2_{L^2(\mathbb{R}^n_+)}=(\tau_h u,\tau_h u)_{L^2(\mathbb{R}^n_+)}=(u,\tau_{-h}(\tau_h u))_{L^2(\mathbb{R}^n_+)}=(u,u)_{L^2(\mathbb{R}^n_+)}=\|u\|^2_{L^2(\mathbb{R}^n_+)},$$

此即为式 (5.3.6). □

对于 $h\in\mathbb{R}^1\backslash\{0\}$, 定义

$$\nabla_h u=\frac{1}{h}(\tau_h u-u).$$

称算子 ∇_h 为差商算子. 显然, 若 $u\in H^m(\mathbb{R}^n_+)$, $m\in\mathbb{N}\cup\{0\}$, 则 $\nabla_h u\in H^m(\mathbb{R}^n_+)$.

引理 5.3.2　设 $u\in H^1(\mathbb{R}^n_+)$, 则成立

$$\|\nabla_h u\|_{L^2(\mathbb{R}^n_+)}\leqslant\left\|\frac{\partial u}{\partial x_1}\right\|_{L^2(\mathbb{R}^n_+)},\quad\forall\, h\in\mathbb{R}^1\backslash\{0\}.\tag{5.3.7}$$

证明　设 $u\in C^\infty(\overline{\mathbb{R}^n_+})\bigcap H^1(\mathbb{R}^n_+)$ 以及 $h\in\mathbb{R}^1\backslash\{0\}$, 则

$$\begin{aligned}(\nabla_h u)(x)&=\frac{1}{h}\int_0^1\frac{\mathrm{d}}{\mathrm{d}s}u(x_1+sh,x_2,\cdots,x_n)\mathrm{d}s\\&=\int_0^1\frac{\partial}{\partial x_1}u(x_1+sh,x_2,\cdots,x_n)\mathrm{d}s.\end{aligned}$$

从而, 利用 Hölder 不等式, 可得

$$\begin{aligned}\int_{\mathbb{R}^n_+}|\nabla_h u|^2(x)\mathrm{d}x&\leqslant\int_{\mathbb{R}^n_+}\left|\int_0^1\frac{\partial}{\partial x_1}u(x_1+sh,x_2,\cdots,x_n)\mathrm{d}s\right|^2\mathrm{d}x\\&\leqslant\int_{\mathbb{R}^n_+}\int_0^1\left|\frac{\partial}{\partial x_1}u(x_1+sh,x_2,\cdots,x_n)\right|^2\mathrm{d}s\mathrm{d}x\\&=\int_0^1\int_{\mathbb{R}^n_+}\left|\frac{\partial}{\partial x_1}u(x_1+sh,x_2,\cdots,x_n)\right|^2\mathrm{d}x\mathrm{d}s\\&=\int_{\mathbb{R}^n_+}\left|\frac{\partial}{\partial x_1}u(x_1,x_2,\cdots,x_n)\right|^2\mathrm{d}x.\end{aligned}$$

说明

$$\|\nabla_h u\|_{L^2(\mathbb{R}^n_+)} \leqslant \left\|\frac{\partial u}{\partial x_1}\right\|_{L^2(\mathbb{R}^n_+)}. \tag{5.3.8}$$

由于 $C^\infty(\overline{\mathbb{R}^n_+})\bigcap H^1(\mathbb{R}^n_+)$ 在 $H^1(\mathbb{R}^n_+)$ 中是稠密的. 故对任意的 $u \in H^1(\mathbb{R}^n_+)$, 存在 $u_N \in C^\infty(\overline{\mathbb{R}^n_+})\bigcap H^1(\mathbb{R}^n_+)$, 使得

$$\lim_{N\to\infty} \|u_N - u\|_{H^1(\mathbb{R}^n_+)} = 0.$$

特别地,

$$\lim_{N\to\infty} \|u_N - u\|_{L^2(\mathbb{R}^n_+)} = 0, \qquad \lim_{N\to\infty} \left\|\frac{\partial u}{\partial x_1} - \frac{\partial u_N}{\partial x_1}\right\|_{L^2(\mathbb{R}^n_+)} = 0. \tag{5.3.9}$$

利用式 (5.3.6), (5.3.8), 成立

$$\begin{aligned}\|\nabla_h u\|_{L^2(\mathbb{R}^n_+)} &\leqslant \|\nabla_h u_N\|_{L^2(\mathbb{R}^n_+)} + \|\nabla_h(u-u_N)\|_{L^2(\mathbb{R}^n_+)} \\ &= \|\nabla_h u_N\|_{L^2(\mathbb{R}^n_+)} + \frac{1}{|h|}\|\tau_h(u-u_N) - (u-u_N)\|_{L^2(\mathbb{R}^n_+)} \\ &\leqslant \left\|\frac{\partial u_N}{\partial x_1}\right\|_{L^2(\mathbb{R}^n_+)} + \frac{2}{|h|}\|u-u_N\|_{L^2(\mathbb{R}^n_+)}.\end{aligned} \tag{5.3.10}$$

在式 (5.3.10) 中, 令 $N \longrightarrow \infty$, 再利用式 (5.3.9) , 可得

$$\|\nabla_h u\|_{L^2(\mathbb{R}^n_+)} \leqslant \left\|\frac{\partial u}{\partial x_1}\right\|_{L^2(\mathbb{R}^n_+)}.$$

此即为式 (5.3.7) . □

引理 5.3.3 设 $u \in H^1(\mathbb{R}^n_+)$, 则

$$\lim_{h\to 0} \left\|\nabla_h u - \frac{\partial u}{\partial x_1}\right\|_{L^2(\mathbb{R}^n_+)} = 0. \tag{5.3.11}$$

证明 设 $u \in C^\infty(\overline{\mathbb{R}^n_+})\bigcap H^1(\mathbb{R}^n_+)$ 以及 $h \in \mathbb{R}^1\backslash\{0\}$. 由引理 5.3.1, 并利用 Hölder 不等式, 可得

$$\begin{aligned}&\left\|\nabla_h u - \frac{\partial u}{\partial x_1}\right\|^2_{L^2(\mathbb{R}^n_+)} \\ =&\int_{\mathbb{R}^n_+} \left|\nabla_h u - \frac{\partial u}{\partial x_1}\right|^2 \mathrm{d}x\end{aligned}$$

$$
\begin{aligned}
&= \int_{\mathbb{R}_+^n} \left| \int_0^1 \frac{\partial}{\partial x_1} u(x_1+\lambda h, x_2, \cdots, x_n) \mathrm{d}\lambda - \frac{\partial u}{\partial x_1} \right|^2 \mathrm{d}x \\
&\leqslant \int_{\mathbb{R}_+^n} \left| \int_0^1 [\tau_{\lambda h}(\partial_1 u) - \partial_1 u] \mathrm{d}\lambda \right|^2 \mathrm{d}x \\
&\leqslant \int_0^1 \int_{\mathbb{R}_+^n} \left| \tau_{\lambda h}(\partial_1 u) - \partial_1 u \right|^2 \mathrm{d}x \mathrm{d}\lambda \\
&= \int_0^1 (\tau_{\lambda h}(\partial_1 u) - \partial_1 u, \tau_{\lambda h}(\partial_1 u) - \partial_1 u)_{L^2(\mathbb{R}_+^n)} \mathrm{d}\lambda \\
&= \int_0^1 [(\tau_{\lambda h}(\partial_1 u), \tau_{\lambda h}(\partial_1 u))_{L^2(\mathbb{R}_+^n)} + (\partial_1 u, \partial_1 u)_{L^2(\mathbb{R}_+^n)} \\
&\quad -2(\tau_{\lambda h}(\partial_1 u), \partial_1 u)_{L^2(\mathbb{R}_+^n)}] \mathrm{d}\lambda \\
&= \int_0^1 [\|\tau_{\lambda h}(\partial_1 u)\|_{L^2(\mathbb{R}_+^n)}^2 + \|\partial_1 u\|_{L^2(\mathbb{R}_+^n)}^2 - 2(\tau_{\lambda h}(\partial_1 u), \partial_1 u)_{L^2(\mathbb{R}_+^n)}] \mathrm{d}\lambda \\
&= 2\|\partial_1 u\|_{L^2(\mathbb{R}_+^n)}^2 - 2\int_0^1 (\tau_{\lambda h}(\partial_1 u), \partial_1 u)_{L^2(\mathbb{R}_+^n)} \mathrm{d}\lambda \\
&= 2[(\partial_1 u, \partial_1 u)_{L^2(\mathbb{R}_+^n)} - (\tau_{\lambda_0 h}(\partial_1 u), \partial_1 u)_{L^2(\mathbb{R}_+^n)}] (\lambda_0 \in [0,1]) \\
&= -2(\tau_{\lambda_0 h}(\partial_1 u) - \partial_1 u, \partial_1 u)_{L^2(\mathbb{R}_+^n)} \\
&= -2I(h) = -2(I_{1R}(h) + I_{2R}(h)),
\end{aligned}
\tag{5.3.12}
$$

其中

$$
I_{1R}(h) = \int_{Q_{1R}} (\tau_{\lambda_0 h}(\partial_1 u) - \partial_1 u) \partial_1 u \mathrm{d}x,
$$

$$
I_{2R}(h) = \int_{Q_{2R}} (\tau_{\lambda_0 h}(\partial_1 u) - \partial_1 u) \partial_1 u \mathrm{d}x,
$$

$$
Q_{1R} = \mathbb{R}_+^n \cap \{x \in \mathbb{R}^n;\ |x| \leqslant R\}, \quad Q_{2R} = \mathbb{R}_+^n \cap \{x \in \mathbb{R}^n;\ |x| > R\}.
$$

由于 $\partial_1 u \in L^2(\mathbb{R}_+^n)$, 因此对任意的 $\varepsilon > 0$, 存在充分大的 $R = R(\varepsilon)$, 使得 $\|\partial_1 u\|_{L^2(Q_{2R})} < \varepsilon$. 从而由引理 5.3.2, 并利用 Hölder 不等式, 可得

$$
\begin{aligned}
|I_{2R}(h)| &\leqslant \|\tau_{\lambda_0 h}(\partial_1 u) - \partial_1 u\|_{L^2(Q_{2R})} \|\partial_1 u\|_{L^2(Q_{2R})} \\
&\leqslant (\|\tau_{\lambda_0 h}(\partial_1 u)\|_{L^2(Q_{2R})} + \|\partial_1 u\|_{L^2(Q_{2R})}) \|\partial_1 u\|_{L^2(Q_{2R})} \\
&\leqslant 2\|\partial_1 u\|_{L^2(\mathbb{R}_+^n)} \|\partial_1 u\|_{L^2(Q_{2R})} \\
&\leqslant 2\|\partial_1 u\|_{L^2(\mathbb{R}_+^n)} \varepsilon.
\end{aligned}
$$

另外, 已知 $u \in C^\infty(\overline{\mathbb{R}_+^n}) \bigcap H^1(\mathbb{R}_+^n)$. 利用 Hölder 不等式, 可得

$$
\begin{aligned}
|I_{1R}(h)| &= \left| \int_{Q_{1R}} (\tau_{\lambda_0 h}(\partial_1 u) - \partial_1 u) \partial_1 u \mathrm{d}x \right| \\
&= \left| \int_{Q_{1R}} \int_0^1 \frac{\mathrm{d}}{\mathrm{d}s} \tau_{s\lambda_0 h}(\partial_1 u) \partial_1 u \mathrm{d}s \mathrm{d}x \right|
\end{aligned}
$$

$$
\begin{aligned}
&= \left|\lambda_0 h \int_{Q_{1R}} \tau_{s_0\lambda_0 h}(\partial_1\partial_1 u)\partial_1 u \mathrm{d}x\right| (s_0 \in (0,1)) \\
&\leqslant |h| \sup_{x\in Q_{1R}} |\tau_{s_0\lambda_0 h}(\partial_1\partial_1 u)(x)| \|\partial_1\partial_1 u\|_{L^1(Q_{1R})} \\
&\leqslant |h| |Q_{1R}|^{\frac{1}{2}} \sup_{x\in Q_{1R^2}} |\partial_1\partial_1 u(x)| \|\partial_1\partial_1 u\|_{L^2(Q_{1R})}.
\end{aligned}
$$

上述讨论表明

$$
\varlimsup_{h\to 0} |I(h)| \leqslant \varlimsup_{h\to 0} (|I_{1R}(h)| + |I_{2R}(h)|) \leqslant 2\|\partial_1 u\|_{L^2(\mathbb{R}^n_+)}\varepsilon.
$$

由 $\varepsilon > 0$ 的任意性, 可推知

$$
\lim_{h\to 0} |I(h)| = 0. \tag{5.3.13}
$$

结合式 (5.3.12), (5.3.13), 可知

$$
\lim_{h\to 0} \left\|\nabla_h u - \frac{\partial u}{\partial x_1}\right\|^2_{L^2(\mathbb{R}^n_+)} \leqslant 2\lim_{h\to 0} |I(h)| = 0.
$$

说明, 对于 $u \in C^\infty(\overline{\mathbb{R}^n_+}) \bigcap H^1(\mathbb{R}^n_+)$, 成立

$$
\lim_{h\to 0} \left\|\nabla_h u - \frac{\partial u}{\partial x_1}\right\|_{L^2(\mathbb{R}^n_+)} = 0. \tag{5.3.14}
$$

假定 $u \in H^1(\mathbb{R}^n_+)$, 由于 $C^\infty(\overline{\mathbb{R}^n_+}) \bigcap H^1(\mathbb{R}^n_+)$ 在 $H^1(\mathbb{R}^n_+)$ 中是稠密的. 故对于任意 $\varepsilon > 0$, 存在 $v \in C^\infty(\overline{\mathbb{R}^n_+}) \bigcap H^1(\mathbb{R}^n_+)$, 使得

$$
\|\partial_1 u - \partial_1 v\|_{L^2(\mathbb{R}^n_+)} \leqslant \|u - v\|_{H^1(\mathbb{R}^n_+)} < \varepsilon. \tag{5.3.15}
$$

利用式 (5.3.14), (5.3.15) , 并结合引理 5.3.2, 可推知

$$
\begin{aligned}
&\varlimsup_{h\to 0} \left\|\nabla_h u - \frac{\partial u}{\partial x_1}\right\|_{L^2(\mathbb{R}^n_+)} \\
\leqslant &\varlimsup_{h\to 0} \left[\|\nabla_h u - \nabla_h v\|_{L^2(\mathbb{R}^n_+)} + \left\|\nabla_h v - \frac{\partial v}{\partial x_1}\right\|_{L^2(\mathbb{R}^n_+)} + \left\|\frac{\partial v}{\partial x_1} - \frac{\partial u}{\partial x_1}\right\|_{L^2(\mathbb{R}^n_+)}\right] \\
\leqslant &2\left\|\frac{\partial v}{\partial x_1} - \frac{\partial u}{\partial x_1}\right\|_{L^2(\mathbb{R}^n_+)} \\
< &2\varepsilon.
\end{aligned}
$$

由 ε 的任意性, 可得

$$
\lim_{h\to 0} \left\|\nabla_h u - \frac{\partial u}{\partial x_1}\right\|_{L^2(\mathbb{R}^n_+)} = 0.
$$

此即为式 (5.3.11) . □

注 前面定义的平移算子 τ_h 和差商算子 ∇_h 均是关于 x_1 方向的, 若将这两算子定义为其他变量 $x_2, x_3, \cdots, x_{n-1}$ 的平移算子和差商算子, 则引理 5.3.1— 引理 5.3.3 中的结论仍然成立.

2. 椭圆方程的 Dirichlet 问题

引理 5.3.4 设算子 L 为本节给出. 假定 $u\in H_0^1(\mathbb{R}_+^n)$, $Lu\in L^2(\mathbb{R}_+^n)$, 则对任意的 $h\in\mathbb{R}^1\backslash\{0\}$, 成立

$$|\langle L\nabla_h u,\nabla_h u\rangle_{H^{-1}(\mathbb{R}_+^n),H_0^1(\mathbb{R}_+^n)}|\leqslant C\|\nabla_h u\|_{H^1(\mathbb{R}_+^n)}(\|u\|_{H^1(\mathbb{R}_+^n)}+\|Lu\|_{L^2(\mathbb{R}_+^n)}),$$

这里常数 $C>0$ 与 u,h 无关.

证明 假定 $u\in H_0^1(\mathbb{R}_+^n)$, 则 $\forall\, h\in\mathbb{R}^1\backslash\{0\}$, 有 $\nabla_h u\in H_0^1(\mathbb{R}_+^n)$. 经过一个简单的运算, 成立

$$L\nabla_h u=\nabla_h Lu+R_h u, \tag{5.3.16}$$

其中

$$R_h u=-\left(\sum_{i,j=1}^n\nabla_h a_{ij}(x)\tau_h u_{x_ix_j}+\sum_{i=1}^n\nabla_h b_i(x)\tau_h u_{x_i}+\nabla_h c(x)\tau_h u\right)\in H^{-1}(\mathbb{R}_+^n).$$

利用式 (5.3.16) , 可得

$$\begin{aligned}
&|\langle L\nabla_h u,\nabla_h u\rangle_{H^{-1}(\mathbb{R}_+^n),H_0^1(\mathbb{R}_+^n)}|\\
\leqslant&|\langle \nabla_h Lu,\nabla_h u\rangle_{H^{-1}(\mathbb{R}_+^n),H_0^1(\mathbb{R}_+^n)}|+|\langle R_h u,\nabla_h u\rangle_{H^{-1}(\mathbb{R}_+^n),H_0^1(\mathbb{R}_+^n)}|\\
\leqslant&\|\nabla_h Lu\|_{H^{-1}(\mathbb{R}_+^n)}\|\nabla_h u\|_{H^1(\mathbb{R}_+^n)}\\
&+C\Bigg(\sum_{i,j=1}^n\|\tau_h u_{x_ix_j}\|_{H^{-1}(\mathbb{R}_+^n)}\|\nabla_h u\|_{H^1(\mathbb{R}_+^n)}\\
&+\sum_{i=1}^n\|\tau_h u_{x_i}\|_{L^2(\mathbb{R}_+^n)}\|\nabla_h u\|_{L^2(\mathbb{R}_+^n)}+\|\tau_h u\|_{L^2(\mathbb{R}_+^n)}\|\nabla_h u\|_{L^2(\mathbb{R}_+^n)}\Bigg)\\
\leqslant&C\|\nabla_h u\|_{H^1(\mathbb{R}_+^n)}\Bigg(\|\nabla_h Lu\|_{H^{-1}(\mathbb{R}_+^n)}+\sum_{i,j=1}^n\|\tau_h u_{x_ix_j}\|_{H^{-1}(\mathbb{R}_+^n)}\\
&+\sum_{i=1}^n\|\tau_h u_{x_i}\|_{L^2(\mathbb{R}_+^n)}+\|\tau_h u\|_{L^2(\mathbb{R}_+^n)}\Bigg).
\end{aligned}\tag{5.3.17}$$

注意到, 对任意的 $h\in\mathbb{R}^1\backslash\{0\}$, 利用引理 5.3.2, 可知成立

$$\|\nabla_h Lu\|_{H^{-1}(\mathbb{R}_+^n)}=\sup_{\|\varphi\|_{H_0^1(\mathbb{R}_+^n)}=1}\left|\left\langle\frac{1}{h}(\tau_h-I)Lu,\varphi\right\rangle\right|$$

$$
\begin{aligned}
&= \sup_{\|\varphi\|_{H_0^1(\mathbb{R}_+^n)}=1} \left|\left\langle Lu, \frac{1}{h}(\tau_{-h}-I)\varphi\right\rangle\right| \\
&= \sup_{\|\varphi\|_{H_0^1(\mathbb{R}_+^n)}=1} |\langle Lu, -\nabla_{-h}\varphi\rangle| \\
&\leqslant \sup_{\|\varphi\|_{H_0^1(\mathbb{R}_+^n)}=1} [\|Lu\|_{L^2(\mathbb{R}_+^n)}\|\nabla_{-h}\varphi\|_{L^2(\mathbb{R}_+^n)}] \\
&\leqslant \sup_{\|\varphi\|_{H_0^1(\mathbb{R}_+^n)}=1} [\|Lu\|_{L^2(\mathbb{R}_+^n)}\|\partial_1\varphi\|_{L^2(\mathbb{R}_+^n)}] \\
&\leqslant \|Lu\|_{L^2(\mathbb{R}_+^n)};
\end{aligned} \tag{5.3.18}
$$

$$
\begin{aligned}
\|\tau_h u_{x_ix_j}\|_{H^{-1}(\mathbb{R}_+^n)} &= \sup_{\|\varphi\|_{H_0^1(\mathbb{R}_+^n)}=1} |\langle \tau_h u_{x_ix_j}, \varphi\rangle| \\
&= \sup_{\|\varphi\|_{H_0^1(\mathbb{R}_+^n)}=1} |\langle \partial_{x_i}(\tau_h u_{x_j}), \varphi\rangle| \\
&= \sup_{\|\varphi\|_{H_0^1(\mathbb{R}_+^n)}=1} |\langle \tau_h u_{x_j}, \partial_{x_i}\varphi\rangle| \\
&= \sup_{\|\varphi\|_{H_0^1(\mathbb{R}_+^n)}=1} |\langle u_{x_j}, \tau_{-h}\partial_{x_i}\varphi\rangle| \\
&\leqslant \sup_{\|\varphi\|_{H_0^1(\mathbb{R}_+^n)}=1} [\|u_{x_j}\|_{L^2(\mathbb{R}_+^n)}\|\tau_{-h}\partial_{x_i}\varphi\|_{L^2(\mathbb{R}_+^n)}] \\
&= \sup_{\|\varphi\|_{H_0^1(\mathbb{R}_+^n)}=1} [\|u_{x_j}\|_{L^2(\mathbb{R}_+^n)}\|\partial_{x_i}\varphi\|_{L^2(\mathbb{R}_+^n)}] \\
&\leqslant \|u_{x_j}\|_{L^2(\mathbb{R}_+^n)} \leqslant \|u\|_{H^1(\mathbb{R}_+^n)}.
\end{aligned} \tag{5.3.19}
$$

将式 (5.3.18), (5.3.19) 代入式 (5.3.17) 中, 可得

$$
|\langle L\nabla_h u, \nabla_h u\rangle_{H^{-1}(\mathbb{R}_+^n), H_0^1(\mathbb{R}_+^n)}| \leqslant C\|\nabla_h u\|_{H^1(\mathbb{R}_+^n)}(\|u\|_{H^1(\mathbb{R}_+^n)} + \|Lu\|_{L^2(\mathbb{R}_+^n)}). \qquad \square
$$

定理 5.3.5 设算子 L 为本节给出, 假定 $u \in H_0^1(\mathbb{R}_+^n)$, $Lu \in L^2(\mathbb{R}_+^n)$, 则 $u \in H^2(\mathbb{R}_+^n)\bigcap H_0^1(\mathbb{R}_+^n)$, 且成立

$$
\|u\|_{H^2(\mathbb{R}_+^n)} \leqslant C(\|u\|_{L^2(\mathbb{R}_+^n)} + \|Lu\|_{L^2(\mathbb{R}_+^n)}),
$$

这里常数 $C>0$ 与 u 无关.

证明 假定 $u \in H_0^1(\mathbb{R}_+^n)$.

第一步. 存在与 h 无关的常数 $C>0$, 使得

$$
\|\nabla_h u\|_{H^1(\mathbb{R}_+^n)} \leqslant C(\|u\|_{H^1(\mathbb{R}_+^n)} + \|Lu\|_{L^2(\mathbb{R}_+^n)}). \tag{5.3.20}
$$

事实上, 由于 $\nabla_h u \in H_0^1(\mathbb{R}_+^n)$. 由定理 5.2.1、引理 5.3.2、引理 5.3.4, 可得

$$\begin{aligned}C_1\|\nabla_h u\|^2_{H^1(\mathbb{R}^n_+)} &\leqslant \langle L\nabla_h u, \nabla_h u\rangle_{H^{-1}(\mathbb{R}^n_+),H^1_0(\mathbb{R}^n_+)} + C_2\|\nabla_h u\|^2_{L^2(\mathbb{R}^n_+)}\\ &\leqslant C\|\nabla_h u\|_{H^1(\mathbb{R}^n_+)}(\|u\|_{H^1(\mathbb{R}^n_+)} + \|Lu\|_{L^2(\mathbb{R}^n_+)}) + C_2\|\partial_1 u\|^2_{L^2(\mathbb{R}^n_+)}\\ &\leqslant \frac{C_1}{2}\|\nabla_h u\|^2_{H^1(\mathbb{R}^n_+)} + C(\|u\|^2_{H^1(\mathbb{R}^n_+)} + \|Lu\|^2_{L^2(\mathbb{R}^n_+)}).\end{aligned}$$

由此可得

$$\|\nabla_h u\|^2_{H^1(\mathbb{R}^n_+)} \leqslant C(\|u\|^2_{H^1(\mathbb{R}^n_+)} + \|Lu\|^2_{L^2(\mathbb{R}^n_+)}).$$

由此可知式 (5.3.20) 成立.

第二步. $\dfrac{\partial u}{\partial x_i} \in H^1_0(\mathbb{R}^n_+)$, $i = 1, 2, \cdots, n-1$, 且成立

$$\sum_{i=1}^{n-1}\left\|\frac{\partial u}{\partial x_i}\right\|_{H^1(\mathbb{R}^n_+)} \leqslant C(\|u\|_{H^1(\mathbb{R}^n_+)} + \|Lu\|_{L^2(\mathbb{R}^n_+)}). \tag{5.3.21}$$

利用泛函分析中的弱收敛方法 (见第 1 章): 设 X 为自反的 Banach 空间, 则 X 空间中的任何有界集都是弱闭紧的, 即设 $\{f_k\} \subset X$ 且 $\|f_k\|_X \leqslant C$, 其中 C 与 k 无关, 则可选取一串子列, 仍记为 $\{f_k\}$, 以及存在 $f \in X$, 使得当 $k \longrightarrow \infty$ 时, 成立

$$f_k \rightharpoonup f, \quad 即\ \langle f_k, \varphi\rangle \longrightarrow \langle f, \varphi\rangle, \quad \forall\, \varphi \in X^*,$$

且

$$\|f\|_X \leqslant \liminf_{k\longrightarrow\infty}\|f_k\|_X.$$

利用式 (5.3.20), 可知, 存在 $\{\nabla_h u\}$ 的一串子序列, 不妨仍记为 $\{\nabla_h u\}$, 以及函数 $g \in H^1_0(\mathbb{R}^n_+)$, 使得

$$\nabla_h u \rightharpoonup g \quad 在 \quad H^1_0(\mathbb{R}^n_+)\ 中, \tag{5.3.22}$$

$$\|g\|_{H^1_0(\mathbb{R}^n_+)} \leqslant \liminf_{h\longrightarrow 0}\|\nabla_h u\|_{H^1_0(\mathbb{R}^n_+)}, \tag{5.3.23}$$

以及

$$\lim_{h\to 0}\nabla_h u(x) = g(x) \ \text{ a.e. } \mathbb{R}^n_+. \tag{5.3.24}$$

式 (5.3.24) 可以按如下方式得到.

对任意充分大的 $R > 0$, 利用 Sobolev 紧嵌入定理, 可知

$$H^1_0(\mathbb{R}^n_+ \cap B_R(0)) \hookrightarrow L^2(\mathbb{R}^n_+ \cap B_R(0))$$

是紧的, 故存在 $\{\nabla_h u\}$ 的一串子序列, 不妨仍记为 $\{\nabla_h u\}$, 以及函数 $g_1 \in H^1_0(\mathbb{R}^n_+ \cap B_R(0))$, 使得

$$\nabla_h u \rightharpoonup g_1 \ \ 在\ \ H^1_0(\mathbb{R}^n_+ \cap B_R(0))\ \ 中, \tag{5.3.25}$$

以及

$$\lim_{h\to 0}\|\nabla_h u - g_1\|_{L^2(\mathbb{R}^n_+\cap B_R(0))}=0.$$

从而可抽取 $\{\nabla_h u\}$ 的一串子序列, 仍记为 $\{\nabla_h u\}$, 使得

$$\lim_{h\to 0}\nabla_h u(x)=g_1(x)\ \text{ a.e. }\ \mathbb{R}^n_+\cap B_R(0).$$

利用 R 的任意充分大可知,

$$\lim_{h\to 0}\nabla_h u(x)=g_1(x)\ \text{ a.e. }\ \mathbb{R}^n_+. \tag{5.3.26}$$

利用式 (5.3.22), (5.3.25), 可得 $g=g_1$ a. e. $\mathbb{R}^n_+\cap B_R(0)$. 再利用 R 的任意充分大以及式 (5.3.26) 可知式 (5.3.24) 成立.

最后, 利用引理 5.3.4, 可知

$$\lim_{h\to 0}\|\nabla_h u - \partial_1 u\|_{L^2(\mathbb{R}^n_+)}=0,$$

以及

$$\lim_{h\to 0}\nabla_h u(x)=\partial_1 u(x)\ \text{ a. e. }\ \mathbb{R}^n_+. \tag{5.3.27}$$

利用式 (5.3.20), (5.3.23), (5.3.24), 式 (5.3.27), 可知 $\partial_1 u = g\in H^1_0(\mathbb{R}^n_+)$, 并且

$$\|\partial_1 u\|_{H^1_0(\mathbb{R}^n_+)}\leqslant \liminf_{h\longrightarrow 0}\|\nabla_h u\|_{H^1_0(\mathbb{R}^n_+)}\leqslant C(\|u\|_{H^1(\mathbb{R}^n_+)}+\|Lu\|_{L^2(\mathbb{R}^n_+)}). \tag{5.3.28}$$

同理可证, $\partial_i u\in H^1_0(\mathbb{R}^n_+), 2\leqslant i\leqslant n-1$, 且

$$\|\partial_i u\|_{H^1(\mathbb{R}^n_+)}\leqslant C(\|u\|_{H^1(\mathbb{R}^n_+)}+\|Lu\|_{L^2(\mathbb{R}^n_+)}). \tag{5.3.29}$$

结合式 (5.3.28), (5.3.29), 可推知

$$\sum_{i=1}^{n-1}\|\partial_i u\|_{H^1(\mathbb{R}^n_+)}\leqslant C(\|u\|_{H^1(\mathbb{R}^n_+)}+\|Lu\|_{L^2(\mathbb{R}^n_+)}).$$

此即为式 (5.3.21).

第三步. $\dfrac{\partial^2 u}{\partial x_n^2}\in L^2(\mathbb{R}^n_+)$, 且成立

$$\left\|\frac{\partial^2 u}{\partial x_n^2}\right\|_{L^2(\mathbb{R}^n_+)}\leqslant C(\|u\|_{H^1(\mathbb{R}^n_+)}+\|Lu\|_{L^2(\mathbb{R}^n_+)}). \tag{5.3.30}$$

注意 a_{ij} 满足 $a_{ij}=a_{ji}$, 且一致椭圆性条件成立, 即存在常数 $\alpha>0$, 使得

$$\sum_{i,j=1}^{n}a_{ij}(x)\xi_i\xi_j\geqslant \alpha|\xi|^2,\quad \forall \xi=(\xi_1,\xi_2,\cdots,\xi_n)\in\mathbb{R}^n.$$

特别地, 取 $\xi_1=\xi_2=\cdots=\xi_{n-1}=0,\ \xi_n=1$, 可得

$$a_{nn}(x)\geqslant\alpha>0. \tag{5.3.31}$$

利用算子 L 的表达式, 可知成立

$$-a_{nn}(x)u_{x_nx_n}=Lu+\sum_{\substack{i,j=1\\ i+j<2n}}^{n}a_{ij}(x)\frac{\partial^2u}{\partial x_i\partial x_j}-\sum_{i=1}^{n}b_i(x)\frac{\partial u}{\partial x_i}-c(x)u.$$

利用式 (5.3.21), (5.3.31), 以及假设 $Lu\in L^2(\mathbb{R}^n_+)$, 可得

$$\begin{aligned}
&\alpha\|u_{x_nx_n}\|_{L^2(\mathbb{R}^n_+)}\\
\leqslant&\|a_{nn}u_{x_nx_n}\|_{L^2(\mathbb{R}^n_+)}\\
\leqslant&\|Lu\|_{L^2(\mathbb{R}^n_+)}+\sum_{\substack{1\leqslant i,j\leqslant n\\ i+j<2n}}\left\|a_{ij}\frac{\partial^2u}{\partial x_i\partial x_j}\right\|_{L^2(\mathbb{R}^n_+)}\\
&+\sum_{i=1}^{n}\left\|b_i\frac{\partial u}{\partial x_i}\right\|_{L^2(\mathbb{R}^n_+)}+\|cu\|_{L^2(\mathbb{R}^n_+)}\\
\leqslant&\|Lu\|_{L^2(\mathbb{R}^n_+)}+\sum_{\substack{1\leqslant i,j\leqslant n\\ i+j<2n}}\|a_{ij}\|_{L^\infty(\mathbb{R}^n_+)}\left\|\frac{\partial^2u}{\partial x_i\partial x_j}\right\|_{L^2(\mathbb{R}^n_+)}\\
&+\sum_{i=1}^{n}\|b_i\|_{L^\infty(\mathbb{R}^n_+)}\left\|\frac{\partial u}{\partial x_i}\right\|_{L^2(\mathbb{R}^n_+)}+\|c\|_{L^\infty(\mathbb{R}^n_+)}\|u\|_{L^2(\mathbb{R}^n_+)}\\
\leqslant&\|Lu\|_{L^2(\mathbb{R}^n_+)}+C\left(\sum_{\substack{1\leqslant i\leqslant n\\ 1\leqslant j<n-1}}\left\|\frac{\partial^2u}{\partial x_i\partial x_j}\right\|_{L^2(\mathbb{R}^n_+)}+\|\partial u\|_{L^2(\mathbb{R}^n_+)}+\|u\|_{L^2(\mathbb{R}^n_+)}\right)\\
\leqslant&\|Lu\|_{L^2(\mathbb{R}^n_+)}+C\left(\sum_{j=1}^{n-1}\left\|\frac{\partial u}{\partial x_j}\right\|_{H^1(\mathbb{R}^n_+)}+\|\partial u\|_{L^2(\mathbb{R}^n_+)}+\|u\|_{L^2(\mathbb{R}^n_+)}\right)\\
\leqslant&C\Big(\|Lu\|_{L^2(\mathbb{R}^n_+)}+\|u\|_{H^1(\mathbb{R}^n_+)}\Big).
\end{aligned}$$

由此式即知式 (5.3.30) 成立.

由式 (5.3.21), (5.3.30), 可知成立

$$\begin{aligned}
\|u\|_{H^2(\mathbb{R}^n_+)}=&\|u\|_{L^2(\mathbb{R}^n_+)}+\|\partial u\|_{L^2(\mathbb{R}^n_+)}+\|\partial^2u\|_{L^2(\mathbb{R}^n_+)}\\
\leqslant&C\Bigg(\|u\|_{L^2(\mathbb{R}^n_+)}+\|\partial u\|_{L^2(\mathbb{R}^n_+)}\\
&+\|u_{x_nx_n}\|_{L^2(\mathbb{R}^n_+)}+\sum_{i=1}^{n-1}\|\partial_iu\|_{H^1(\mathbb{R}^n_+)}\Bigg)\\
\leqslant&C(\|u\|_{L^2(\mathbb{R}^n_+)}+\|\partial u\|_{L^2(\mathbb{R}^n_+)}+\|Lu\|_{L^2(\mathbb{R}^n_+)}).
\end{aligned}\tag{5.3.32}$$

注意到,

$$\begin{aligned}\|\partial u\|_{L^2(\mathbb{R}^n_+)} &= \sqrt{(\partial u, \partial u)_{L^2(\mathbb{R}^n_+)}} \\ &= \sqrt{-(\Delta u, u)_{L^2(\mathbb{R}^n_+)}} \\ &\leqslant \sqrt{\|\Delta u\|_{L^2(\mathbb{R}^n_+)}}\sqrt{\|u\|_{L^2(\mathbb{R}^n_+)}} \\ &\leqslant \varepsilon\|u\|_{H^2(\mathbb{R}^n_+)} + C(\varepsilon)\|u\|_{L^2(\mathbb{R}^n_+)}.\end{aligned}$$

将上式代入式 (5.3.32) 中, 可得

$$\|u\|_{H^2(\mathbb{R}^n_+)} \leqslant C\varepsilon\|u\|_{H^2(\mathbb{R}^n_+)} + \widetilde{C}(\varepsilon)(\|u\|_{L^2(\mathbb{R}^n_+)} + \|Lu\|_{L^2(\mathbb{R}^n_+)}).$$

取 $\varepsilon = \dfrac{1}{2C}$, 即可得

$$\|u\|_{H^2(\mathbb{R}^n_+)} \leqslant C(\|u\|_{L^2(\mathbb{R}^n_+)} + \|Lu\|_{L^2(\mathbb{R}^n_+)}).$$

□

注 1 定理 5.3.5 中第二步的结论告诉我们: 对任意的函数 $u \in H_0^1(\mathbb{R}^n_+) \bigcap H^2(\mathbb{R}^n_+)$, 成立

$$\frac{\partial u}{\partial x_j} \in H_0^1(\mathbb{R}^n_+), \quad j = 1, 2, \cdots, n-1,$$

且满足如下估计:

$$\sum_{j=1}^{n-1} \left\|\frac{\partial u}{\partial x_j}\right\|_{H_0^1(\mathbb{R}^n_+)} \leqslant C(\|u\|_{H^1(\mathbb{R}^n_+)} + \|\Delta u\|_{L^2(\mathbb{R}^n_+)}).$$

下面不加证明地给出椭圆型方程弱解的一般全局正则性估计, 见文献 [2].

定理 5.3.6 *设 $\Omega \subset \mathbb{R}^n$ 是有界的光滑开区域, 考虑下述一致椭圆问题:*

$$\begin{cases} -\displaystyle\sum_{i,j=1}^{n} a_{ij}(x)\frac{\partial^2 u}{\partial x_i \partial x_j} + \sum_{i=1}^{n} b_i(x)\frac{\partial u}{\partial x_i} + c(x)u = f(x), \\ u \,|_{\partial\Omega} = g. \end{cases} \tag{5.3.33}$$

结论一 *假定 a_{ij}, b_i, $c \in C^\alpha(\overline{\Omega})$, $c(x) \geqslant 0$, $0 < \alpha < 1$. 如果 $f \in C^\alpha(\overline{\Omega})$, $g \in C^{2+\alpha}(\overline{\Omega})$, 则问题 (5.3.33) 存在唯一的解 $u \in C^{2+\alpha}(\overline{\Omega})$, 并有 Schauder 估计:*

$$\|u\|_{C^{2+\alpha}(\overline{\Omega})} \leqslant C(\|f\|_{C^\alpha(\overline{\Omega})} + \|g\|_{C^{2+\alpha}(\overline{\Omega})} + \|u\|_{C(\overline{\Omega})}).$$

结论二 *假定 $a_{ij} \in C(\overline{\Omega})$, b_i, $c \in L^\infty(\Omega)$, $c(x) \geqslant 0$. 如果 $f \in L^p(\Omega)$, $g \in W^{1-\frac{1}{p},p}(\partial\Omega)$, $1 < p < \infty$, 则问题 (5.3.33) 存在唯一的解 $u \in W^{2,p}(\Omega)$, 且成立*

$$\|u\|_{W^{2,p}(\Omega)} \leqslant C(\|f\|_{L^p(\Omega)} + \|g\|_{W^{1-\frac{1}{p},p}(\partial\Omega)} + \|u\|_{L^p(\Omega)}).$$

需要指出的是, 在问题 (5.3.33) 中, 对于一般的边值问题: $\left[\dfrac{\partial u}{\partial \nu} + b(x)u\right]\Big|_{\partial\Omega} = 0$, 仍有类似于结论一、结论二的结果.

注 定理 5.3.6 称为椭圆型方程弱解的全局正则性定理. 由于定理中给出了边界条件 $u\,|_{\partial\Omega}=g$, 定理 5.3.6 实际上是椭圆型方程非齐次 Dirichlet 边值问题解的全局正则性定理. 一般来讲, 椭圆型方程边值问题解的正则性与边界条件有关. 假设 $\partial\Omega\in C^\infty$, a_{ij}, b_i, $c\in C^\infty(\overline{\Omega})$, $c(x)\geqslant 0$. 若 $f,g\in C^\infty(\overline{\Omega})$, 利用定理 5.3.6 的结论和 Sobolev 嵌入定理, 可以证明 $u\in C^\infty(\overline{\Omega})$.

5.4 调和函数及其性质

本节中, 主要介绍调和函数的一些简单性质, 例如, 调和函数的等价性描述、最大值原理、梯度估计、解析性质、Hanack 不等式和 Liouvill 型定理等, 这些知识都是初等的, 但是包含了很多在偏微分方程研究中经常使用的重要方法和思想.

1. 平均值性质

定义 5.4.1 设 Ω 是 $\mathbb{R}^n$ 中的连通开集, $u\in C(\Omega)$.

(1) 如果下式成立:

$$u(x)=\frac{1}{|\partial B_r(x)|}\int_{\partial B_r(x)}u(y)\mathrm{d}S_y,\quad \forall\, B_r(x)\subset\Omega.$$

称 u 满足第一平均值性质.

(2) 如果

$$u(x)=\frac{1}{|B_r(x)|}\int_{B_r(x)}u(y)\mathrm{d}y,\quad \forall\, B_r(x)\subset\Omega$$

成立, 则称 u 满足第二平均值性质.

注 1 上述定义中的 (1) 和 (2) 是等价的. 事实上, 假如 (1) 成立, 则

$$u(x)r^{n-1}=\frac{1}{|\partial B_1(x)|}\int_{\partial B_r(x)}u(y)\mathrm{d}S_y,\quad \forall\, B_r(x)\subset\Omega.$$

从而,

$$\begin{aligned}\frac{u(x)r^n}{n}&=u(x)\int_0^r s^{n-1}\mathrm{d}s\\&=\frac{1}{|\partial B_1(x)|}\int_0^r\int_{\partial B_s(x)}us^{n-1}\mathrm{d}S\mathrm{d}s\\&=\frac{1}{|\partial B_1(x)|}\int_{B_r(x)}u(y)\mathrm{d}y.\end{aligned}$$

说明

$$u(x)=\frac{n}{r^n|\partial B_1(x)|}\int_{B_r(x)}u(y)\mathrm{d}y=\frac{1}{|B_r(x)|}\int_{B_r(x)}u(y)\mathrm{d}y,\quad \forall\, B_r(x)\subset\Omega.$$

此即为式 (2) .

设式 (2) 成立, 则

$$u(x)r^n=\frac{1}{|B_1(x)|}\int_{B_r(x)}u(y)\mathrm{d}y=\frac{1}{|B_1(x)|}\int_0^r\int_{\partial B_s(x)}u\mathrm{d}S\mathrm{d}s,\quad \forall\, B_r(x)\subset\Omega.$$

两边关于 r 求导, 成立

$$nu(x)r^{n-1}=\frac{1}{|B_1(x)|}\int_{\partial B_r(x)}u\mathrm{d}S,\quad \forall\, B_r(x)\subset\Omega.$$

从而可得

$$u(x)=\frac{1}{nr^{n-1}|B_1(x)|}\int_{\partial B_r(x)}u\mathrm{d}S=\frac{1}{|\partial B_r(x)|}\int_{\partial B_r(x)}u\mathrm{d}S,\quad \forall\, B_r(x)\subset\Omega.$$

此即为式 (1) .

注 2 上述关于第一、二平均值性质的定义还可以分别用下述等价方式表述.

(1)′ 如果下式

$$u(x)=\frac{1}{|\partial B_1(0)|}\int_{\partial B_1(0)}u(x+r\omega)\mathrm{d}S_\omega,\quad \forall\, B_r(x)\subset\Omega$$

成立, 则 u 满足第一平均值性质.

事实上, 对任意的 $B_r(x)\subset\Omega$

$$\begin{aligned}u(x)&=\frac{1}{|\partial B_1(x)|r^{n-1}}\int_{\partial B_r(x)}u(y)\mathrm{d}S_y\\&=\frac{1}{|\partial B_1(0)|}\int_{\partial B_1(0)}u(x+r\omega)\mathrm{d}S_\omega.\end{aligned}$$

(2)′ 如果

$$u(x)=\frac{1}{|B_1(0)|}\int_{B_1(0)}u(x+rz)\mathrm{d}z,\quad \forall\, B_r(x)\subset\Omega$$

成立, 则 u 满足第二平均值性质.

事实上, 对任意的 $B_r(x)\subset\Omega$

$$\begin{aligned}u(x)&=\frac{1}{|B_1(x)|r^n}\int_{B_r(x)}u(y)\mathrm{d}y\\&=\frac{1}{|B_1(0)|}\int_{\partial B_1(0)}u(x+rz)\mathrm{d}z,\quad \forall\, B_r(x)\subset\Omega.\end{aligned}$$

下面对满足平均值性质的函数, 建立最大值原理.

定理 5.4.2 假定 Ω 是 $\mathbb{R}^n$ 中的有界连通开集, 设 $u\in C(\overline{\Omega})$ 在 Ω 中满足平均值性质. 如果 u 在 Ω 中不恒为常数, 则 u 只能在 Ω 的边界 $\partial\Omega$ 上达到最大、最小值.

证明 利用已知条件可知, u 在 $\overline{\Omega}$ 上可以取到最大值 M, 即 $M=\max\limits_{x\in\overline{\Omega}}u(x)$. 令

$$\Sigma=\{x\in\Omega|\ u(x)=M\},$$

则 $\Sigma\subset\Omega$. 如果 $\Sigma\neq\varnothing$. 由于 $u\in C(\overline{\Omega})$, 故 Σ 是 Ω 中的闭集. 另外, 对任意的 $x_0\in\Sigma$, 由于 Ω 是 $\mathbb{R}^n$ 中的开集, 利用开集的定义可知, 可以取 $B_r(x_0)\subset\Omega$. 再利用 u 满足平均值性质, 可得

$$M=u(x_0)=\frac{1}{|B_r(x_0)|}\int_{B_r(x_0)}u(y)\mathrm{d}y\leqslant\frac{M}{|B_r(x_0)|}\int_{B_r(x_0)}\mathrm{d}y=M.$$

由此可知, $u(x)\equiv M$, $\forall x\in B_r(x_0)$. 事实上, 如果在 $B_r(x_0)$ 上, $u(x)\not\equiv M$, 则对充分小 $\delta>0$, 存在 $x_1\in B_r(x_0)$, 使得 $u(x_1)\leqslant M-\delta$. 再利用 $u\in C(\overline{\Omega})$, 可知存在 $0<r_0<r$, 使得 $B_{r_0}(x_1)\subset B_r(x_0)$, 并且

$$u(x)\leqslant M-\frac{\delta}{2},\quad\forall\, x\in B_{r_0}(x_1).$$

从而

$$\begin{aligned}M=u(x_0)&=\frac{1}{|B_r(x_0)|}\left(\int_{B_r(x_0)\backslash B_{r_0}(x_1)}u(y)\mathrm{d}y+\int_{B_{r_0}(x_1)}u(y)\mathrm{d}y\right)\\&\leqslant\frac{1}{|B_r(x_0)|}\left(M\int_{B_r(x_0)\backslash B_{r_0}(x_1)}\mathrm{d}y+\left(M-\frac{\delta}{2}\right)\int_{B_{r_0}(x_1)}u(y)\mathrm{d}y\right)\\&=\frac{1}{|B_r(x_0)|}\left(M|B_r(x_0)|-\frac{\delta}{2}|B_{r_0}(x_1)|\right)<M.\end{aligned}$$

这是一个矛盾. 从而可知, $B_r(x_0)\subset\Sigma$. 说明 Σ 是 Ω 中的开集. 前面已知集合 Σ 是 Ω 中的闭集. 说明 $\Sigma=\varnothing$, 说明 u 的最大值只能在边界 $\partial\Omega$ 上达到. u 的最小值只能在边界 $\partial\Omega$ 的可达性类似上述证明, 只需讨论 $-u$ 的情形. □

现在介绍调和函数的定义. 设 $u\in C^2(\Omega)$ 满足 $\Delta u(x)=0,\forall\, x\in\Omega$, 则称 u 是 Ω 中的调和函数.

定理 5.4.3 假定 $u\in C^2(\Omega)$ 是 Ω 中的调和函数, 则 u 在 Ω 中满足平均值性质.

证明 设 $B_r(x)\subset\Omega$, $\rho\in(0,r)$, 则

$$\begin{aligned}\int_{B_\rho(x)}\Delta u(y)\mathrm{d}y&=\int_{\partial B_\rho(x)}\sum_{j=1}^n\nu_j\frac{\partial u(y)}{\partial y_j}\mathrm{d}S_y\\&=\int_{\partial B_1(0)}\sum_{j=1}^n\frac{\partial u(x+\rho\omega)}{\partial(\rho\omega_j)}\omega_j\rho^{n-1}\mathrm{d}S_\omega\\&=\rho^{n-1}\int_{\partial B_1(0)}\frac{\partial u(x+\rho\omega)}{\partial\rho}\mathrm{d}S_\omega\\&=\rho^{n-1}\frac{\mathrm{d}}{\mathrm{d}\rho}\int_{\partial B_1(0)}u(x+\rho\omega)\mathrm{d}S_\omega.\end{aligned}\tag{5.4.1}$$

上述证明过程中用到这样的事实:

$$\frac{\partial u(x+\rho\omega)}{\partial\rho}=\sum_{j=1}^n\frac{\partial u(x+\rho\omega)}{\partial(\rho\omega_j)}\frac{\partial(\rho\omega_j)}{\partial\rho}=\sum_{j=1}^n\frac{\partial u(x+\rho\omega)}{\partial(\rho\omega_j)}\omega_j.$$

由于 $u\in C^2(\Omega)$ 是 Ω 中的调和函数, 故由式 (5.4.66) 可得

$$\frac{\mathrm{d}}{\mathrm{d}\rho}\int_{\partial B_1(0)}u(x+\rho\omega)\mathrm{d}S_\omega=0,\quad\forall\,\rho\in(0,r).$$

进而成立

$$\int_{\partial B_1(0)}u(x+\rho\omega)\mathrm{d}S_\omega=\int_{\partial B_1(0)}u(x)\mathrm{d}S_\omega=|\partial B_1(0)|u(x),\quad\forall\,\rho\in(0,r),$$

或写为

$$u(x)=\frac{1}{|\partial B_1(0)|}\int_{\partial B_1(0)}u(x+\rho\omega)\mathrm{d}S_\omega=\frac{1}{|\partial B_r(x)|}\int_{\partial B_r(x)}u(y)\mathrm{d}S_y.$$ □

在平均值性质的定义中, 要求 $u\in C(\Omega)$, 而调和函数的定义中要求 $u\in C^2(\Omega)$. 下面的定理表明, 这两种定义是等价的.

定理 5.4.4 *设 $u\in C(\Omega)$ 在 Ω 中满足平均值性质, 则 u 在 Ω 中是光滑的且是调和函数.*

证明 选取截断函数 $\varphi\in C_c^\infty(B_1(0))$, $\varphi(x)=\varphi(|x|)$, $\int_{B_1(0)}\varphi=1$. 令 $\varphi_\varepsilon(z)=\varepsilon^{-n}\varphi\left(\frac{x}{\varepsilon}\right)$, $\varepsilon>0$, 则对任意的 $x\in\Omega$ 以及 $0<\varepsilon<\mathrm{dist}(x,\partial\Omega)$, 利用平均值性质, 可

得

$$
\begin{aligned}
\int_{\Omega} u(y)\varphi_\varepsilon(x-y)\mathrm{d}y &= \int_{\Omega} u(y)\varphi_\varepsilon(y-x)\mathrm{d}y \\
&= \int_{\Omega} u(x+y)\varphi_\varepsilon(y)\mathrm{d}y \\
&= \varepsilon^{-n}\int_{|y|<\varepsilon} u(x+y)\varphi\left(\frac{y}{\varepsilon}\right)\mathrm{d}y \\
&= \int_{|y|<1} u(x+\varepsilon y)\varphi(y)\mathrm{d}y \\
&= \int_0^1\int_{\partial B_r(0)} u(x+\varepsilon r\omega)\varphi(r)\mathrm{d}S_\omega \mathrm{d}r \\
&= \int_0^1 r^{n-1}|\partial B_1(0)|\varphi(r)\left(\frac{1}{|\partial B_1(0)|}\int_{\partial B_1(0)} u(x+\varepsilon r\omega)\mathrm{d}S_\omega\right)\mathrm{d}r \\
&= u(x)\int_0^1 r^{n-1}|\partial B_1(0)|\varphi(r)\mathrm{d}r \\
&= u(x)\int_{B_1(0)}\varphi(y)\mathrm{d}y = u(x).
\end{aligned}
$$

说明对任意的 $x\in\Omega$ 以及 $0<\varepsilon<\mathrm{dist}(x,\partial\Omega)$, $u(x)=(\varphi_\varepsilon * u)(x)$. 利用 $x\in\Omega$ 的任意性知, $u\in C^\infty(\Omega)$. 再利用式 (5.4.66), 并结合 u 的平均值性质, 对任意的 $B_r(x)\subset\Omega$, 可得

$$
\int_{B_r(0)}\Delta u(y)\mathrm{d}y = r^{n-1}\frac{\mathrm{d}}{\mathrm{d}r}\int_{\partial B_1(0)} u(x+r\omega)\mathrm{d}S_\omega = r^{n-1}\frac{\mathrm{d}}{\mathrm{d}r}(|\partial B_1(0)|u(x)) = 0.
$$

进而对任意的 $x\in\Omega$, 成立

$$
\Delta u(x) = \lim_{r\to 0+}\frac{1}{|B_r(0)|}\int_{B_r(x)}\Delta u(y)\mathrm{d}y = 0,
$$

即 u 在 Ω 中是调和函数.□

注 1　定理 5.4.2—定理 5.4.4 表明, 调和函数是光滑的, 且满足平均值性质, 进而满足如下**最大值原理**.

假定 Ω 是 $\mathbb{R}^n$ 中的有界连通开集, 设 $u\in C^2(\Omega)\bigcap C(\overline{\Omega})$ 在 Ω 中是调和函数. 如果 u 在 Ω 中不恒为常数, 则 u 只能在 Ω 的边界 $\partial\Omega$ 上达到最大值、最小值.

利用上述调和函数的最大值原理, 可以推断出 Dirichlet 问题的解在空间 $C(\overline{\Omega})$ 中的唯一性.

$$
\begin{cases}
\Delta u(x) = f(x), & x\in\Omega,\\
u(x) = \varphi(x), & x\in\partial\Omega,
\end{cases}
$$

其中 $f \in C(\Omega)$, $\varphi \in C(\partial\Omega)$, $\Omega \subset \mathbb{R}^n$ 是有界光滑区域. 事实上, 假定 $u_1, u_2 \in C(\overline{\Omega})$ 是上述问题的两个解. 令 $w = u_1 - u_2$, 则 w 满足

$$\begin{cases} \Delta w(x) = 0, & x \in \Omega, \\ w(x) = 0, & x \in \partial\Omega. \end{cases}$$

如果 w 恒为常数, 由于 $w|_{\partial\Omega} = 0$, 则 $w \equiv 0$; 如果 w 不恒为常数, 由于 w 在 Ω 中是调和函数, 可知 $w \in C^2(\Omega)$. 故应用调和函数的最大值原理 (即定理 5.4.1), w 的最大值和最小值只能在 $\partial\Omega$ 上达到. 从而成立

$$\max_{\overline{\Omega}} w = \max_{\partial\Omega} w = 0; \quad \min_{\overline{\Omega}} w = \min_{\partial\Omega} w = 0.$$

上述讨论表明: 在 Ω 中, $u_1 = u_2$. 唯一性得到验证.

注 2 一般讲, 在无界区域上, 唯一性是不成立的, 因为当区域为无界情形时, 不能保证最大值原理成立. 例如,

$$\begin{cases} \Delta u(x) = 0, & x \in \Omega, \\ u(x) = 0, & x \in \partial\Omega. \end{cases}$$

显然, 0 是上述问题的一个 (平凡) 解.

(1) $\Omega = \{x \in \mathbb{R}^n \mid |x| > 1\}$, 即 Ω 是外区域. 容易验证,

$$u(x) = \begin{cases} \log|x|, & n = 2, \\ |x|^{2-n} - 1, & n \geqslant 3 \end{cases}$$

是上述问题的一个非平凡解, 且

$$\lim_{|x|\to\infty} u(x) = \begin{cases} +\infty, & n = 2, \\ -1, & n \geqslant 3. \end{cases}$$

(2) $\Omega = \{x \in \mathbb{R}^n \mid x_n > 0\}$, 即 Ω 是上半空间. 容易验证, $u(x) = x_n$ 是上述问题的一个非平凡解, 且 $\lim\limits_{x_n\to+\infty} u(x) = +\infty$.

下面介绍调和函数的梯度估计.

引理 5.4.5 设 $u \in C(\mathbb{R}^n)$ 是 $\mathbb{R}^n$ 中的调和函数, 则对任意的 $B_R(x_0) \subset \mathbb{R}^n$, 成立

$$|Du(x_0)| \leqslant \frac{n}{R} \max_{x \in \overline{B_R(x_0)}} |u(x)|.$$

证明 由于调和函数 u 在 $\mathbb{R}^n$ 中是光滑的, 对于 $B_R = B_R(x_0) \subset \mathbb{R}^n$, 不妨设 $u \in C^1(\overline{B_R(x_0)})$. 注意到 $\Delta(\partial_{x_i} u) = 0$, $i = 1, 2, \cdots, n$, 即 $\partial_{x_i} u$ 在 B_R 中也是调和函数. 因此, 利用平均值性质, 成立

$$\partial_{x_i} u(x_0) = \frac{1}{|B_R|} \int_{B_R} \partial_{y_i} u(y) \mathrm{d}y = \frac{1}{|B_R|} \int_{\partial B_R} u(y) \nu_i \mathrm{d}S_y, \quad i = 1, 2, \cdots, n,$$

其中 $\nu=(\nu_1,\nu_2,\cdots,\nu_n)$ 表示 ∂B_R 上的单位外法向量.

因此,

$$|\partial_{x_i}u(x_0)|\leqslant\frac{1}{|B_R|}\int_{\partial B_R}|u(y)||\nu_i|\mathrm{d}S_y\leqslant\frac{|\partial B_R|}{|B_R|}\max_{\partial B_R}|u|\leqslant\frac{n}{R}\max_{\overline{B_R}}|u|.\qquad\square$$

引理 5.4.6　设 $u\in C(\mathbb{R}^n)$ 是 $\mathbb{R}^n$ 中的非负调和函数, 则对任意的 $B_R(x_0)\subset\mathbb{R}^n$, 成立

$$|Du(x_0)|\leqslant\frac{n}{R}u(x_0).$$

证明　在引理 5.4.5 中已证得

$$|\partial_{x_i}u(x_0)|\leqslant\frac{1}{|B_R|}\int_{\partial B_R}|u(y)||\nu_i|\mathrm{d}S_y.$$

再利用 u 的非负性和调和函数的平均值性质, 可得

$$|\partial_{x_i}u(x_0)|\leqslant\frac{1}{|B_R|}\int_{\partial B_R}u(y)\mathrm{d}S_y=\frac{n}{R}u(x_0).\qquad\square$$

引理 5.4.7　设 $u\in C(\mathbb{R}^n)$ 是 $\mathbb{R}^n$ 中的调和函数, 如果 u 在 $\mathbb{R}^n$ 中有上界或下界, 则 u 在 $\mathbb{R}^n$ 中必为常数.

证明　设 $\mathbb{R}^n$ 中的调和函数 u 在 $\mathbb{R}^n$ 中有上界 M, 即

$$\Delta u(x)=0,\quad u(x)\leqslant M,\quad\forall\,x\in\mathbb{R}^n,$$

则 $w(x)=-(u(x)-M)\geqslant 0$, $x\in\mathbb{R}^n$, 且满足

$$\Delta w(x)=0,\quad\forall\,x\in\mathbb{R}^n.$$

对任意的 $B_R(x)\subset\mathbb{R}^n$, 对非负调和函数 w 应用引理 5.4.6, 可得

$$|\partial w(x)|\leqslant\frac{n}{R}w(x).$$

在上式中令 $R\longrightarrow\infty$,

$$Du(x)=-\partial w(x)=0,\quad\forall\,x\in\mathbb{R}^n.$$

说明 u 在 $\mathbb{R}^n$ 中为常数. 对于下界情形, 对 $-u$ 重复上述证明过程, 即可证得同样结果. □

注　调和函数还有很多具有广泛应用的性质, 如 Hopf 引理、解析性质、Hanack 不等式等, 本书作为一门偏微分方程的入门课程, 这里就不详细叙述了, 感兴趣的读者可以参见文献 [12].

习 题 5

1. 设 Ω 是 $\mathbb{R}^n$ 中的开区域, $f \in L^2(\Omega)$, $0 \leqslant \sigma = \sigma(x) \in L^\infty(\Omega)$. 考虑 Poisson 方程的第三边值问题:

$$\begin{cases} -\Delta u = f, \\ \left(\dfrac{\partial u}{\partial \nu} + \sigma u\right)\Big|_{\partial\Omega} = 0. \end{cases}$$

证明: 上述问题存在弱解 $u \in H^1(\Omega)$ 当且仅当 u 是下述泛函的极小值点, 即

$$J(u) = \inf_{v \in H^1(\Omega)} J(v),$$

其中

$$J(v) = \int_\Omega \left(\frac{1}{2}|\nabla u|^2 - uf\right)\mathrm{d}x + \frac{1}{2}\int_{\partial\Omega} \sigma(x)|u|^2 \mathrm{d}S_x.$$

2. 设 Ω 是 $\mathbb{R}^n$ 中的区域, $f \in H^{-1}(\Omega)$, $g \in H^{\frac{1}{2}}(\partial\Omega)$. 假定 $u \in H^1(\Omega)$ 是下述问题的弱解:

$$\begin{cases} Lu := \displaystyle\sum_{i,j=1}^n a_{ij}(x)\frac{\partial^2 u}{\partial x_i \partial x_j} + \sum_{i=1}^n b_i(x)\frac{\partial u}{\partial x_i} + c(x)u = f(x), \\ u|_{\partial\Omega} = g, \end{cases}$$

其中系数 $a_{ij}, b_i, c \in C^\infty(\overline{\Omega})$, 且 $\displaystyle\sum_{i,j=1}^n \|a_{ij}\|_{L^\infty(\Omega)} + \sum_{i=1}^n \|b_i\|_{L^\infty(\Omega)} + \|c\|_{L^\infty(\Omega)} < \infty$. 此外, a_{ij} 还满足 $a_{ij} = a_{ji}$ 以及一致椭圆性条件, 即存在常数 $\alpha > 0$, 使得

$$\sum_{i,j=1}^n a_{ij}(x)\xi_i\xi_j \geqslant \alpha|\xi|^2, \quad \forall \xi = (\xi_1, \xi_2, \cdots, \xi_n) \in \mathbb{R}^n.$$

证明: 存在常数 $C > 0$, 使得

$$\|u\|_{H^1(\Omega)} \leqslant C(\|u\|_{L^2(\Omega)} + \|g\|_{H^{\frac{1}{2}}(\partial\Omega)} + \|f\|_{H^{-1}(\Omega)}).$$

进一步, 若 $f \in H^k(\Omega)$, $g \in H^{k+1+\frac{1}{2}}(\partial\Omega)$, $k \geqslant -1$ 为整数, 则弱解 $u \in H^{k+2}(\Omega)$, 且成立

$$\|u\|_{H^{k+2}(\Omega)} \leqslant C(\|u\|_{L^2(\Omega)} + \|g\|_{H^{k+1+\frac{1}{2}}(\partial\Omega)} + \|f\|_{H^k(\Omega)}).$$

3. 设 Ω 是 $\mathbb{R}^3$ 中的有界连通开区域, $f \in C(\overline{\Omega})$, 证明下述外问题的解是唯一的:

$$\begin{cases} -\Delta u(x) = 0, \quad x \in \mathbb{R}^3 \backslash \overline{\Omega}, \\ u(x)\big|_{\partial\Omega} = f(x), \\ \displaystyle\lim_{|x|\to\infty} u(x) = 0. \end{cases}$$

4. 设 Ω 是 $\mathbb{R}^n$ 中的有界连通开区域, $u \in C(\overline{\Omega}) \bigcap C^2(\Omega)$ 满足

$$\begin{cases} -\Delta u = |\nabla u|^2 - u, \quad x \in \Omega, \\ u\big|_{\partial\Omega} = 0. \end{cases}$$

试证: $u(x) \equiv 0, \forall\, x \in \Omega$.

5. 设 Ω 是 $\mathbb{R}^n$ 中的有界连通开区域, $u \in C(\overline{\Omega}) \bigcap C^2(\Omega)$ 满足方程

$$-\Delta u = -u^2, \quad x \in \Omega.$$

试证: u 不可能在 Ω 内部达到最大值, 除非 $u(x) \equiv 0, \forall\, x \in \overline{\Omega}$.

第 6 章　双曲型方程

6.1　能量不等式

1. **定解问题**

在实际应用问题中, 二阶双曲型方程一般被用于描述波动方程. 本节中讨论二阶双曲型方程与对称双曲组的初边值问题.

一般说来, 以 u 为未知函数的二阶双曲型方程的一般形式为

$$Lu := \frac{\partial^2 u}{\partial t^2} - \left(\sum_{i,j=1}^{n} \frac{\partial}{\partial x_i}\left(a_{ij}(x,t)\frac{\partial u}{\partial x_j}\right) + \sum_{i=1}^{n} b_i(x,t)\frac{\partial u}{\partial x_i} + c(x,t)u \right) = f(x,t), \quad (6.1.1)$$

其中 $x = (x_1, x_2, \cdots, x_n) \in \Omega$, $t \in [0,T)$ 是自变量, $0 < T \leqslant \infty$, 系数 $a_{ij}, b_i, c \in C^\infty(\overline{\Omega})$, $a_{ij} = a_{ji}$, $i,j = 1,2,\cdots,n$. 此外, 一致椭圆型条件成立, 即存在常数 $\alpha > 0$, 使得对一切 x,t, 成立

$$\sum_{i,j=1}^{n} a_{ij}(x,t)\xi_i\xi_j \geqslant \alpha|\xi|^2, \quad \forall \xi \in \mathbb{R}^n.$$

对于双曲型方程 (6.1.1), 一般讨论两类定解问题. 其一是 Cauchy 问题, 即 $\Omega = \mathbb{R}^n$, 初始条件为

$$u|_{t=0} = \varphi_0(x), \quad u_t|_{t=0} = \varphi_1(x).$$

其二是初边值问题, 此时 Ω 为 $\mathbb{R}^n$ 中一个具有光滑边界的区域, 初始条件在形式上相同, 边界条件可以取为齐次 Dirichlet 条件: $u|_{\Omega\times(0,T)} = 0$, 也可以讨论 Neumann (第二) 边值条件或 Robin (第三) 边值条件.

2. **能量不等式**

首先介绍 Gronwall 不等式, 这是在发展方程的研究中起着极其重要作用的一个非常有用的不等式.

引理 6.1.1　*设 $E(t) \in C([0,T))$, $0 < T \leqslant \infty$, 满足*

$$E(t) \leqslant C_0 \int_0^t E(s)\mathrm{d}s + M, \quad C_0,\ M > 0, \tag{6.1.2}$$

则成立

$$E(t) \leqslant M\mathrm{e}^{C_0 t}. \tag{6.1.3}$$

证明　令 $I(t)=\int_0^t E(s)\mathrm{d}s$, 利用假设条件 (6.1.2), $I(t)$ 满足

$$\frac{\mathrm{d}I(t)}{\mathrm{d}t}\leqslant C_0I(t)+M, \tag{6.1.4}$$

两边同乘以 e^{-C_0t}, 可得

$$\frac{\mathrm{d}}{\mathrm{d}t}\left(I(t)\mathrm{e}^{-C_0t}\right)=\mathrm{e}^{-C_0t}\frac{\mathrm{d}I(t)}{\mathrm{d}t}-C_0I(t)\mathrm{e}^{-C_0t}\leqslant M\mathrm{e}^{-C_0t}.$$

两边关于 t 积分, 并利用 $I(0)=0$, 可得

$$I(t)\mathrm{e}^{-C_0t}\leqslant M\int_0^t \mathrm{e}^{-C_0s}\mathrm{d}s=\frac{M}{C_0}(1-\mathrm{e}^{-C_0t}).$$

从而可知

$$I(t)\leqslant\frac{M}{C_0}(\mathrm{e}^{C_0t}-1).$$

将其代入式 (6.1.4) 中, 即可得知式 (6.1.3) 成立. □

注 1　Gronwall 不等式的一般表达形式: 假定 $0\leqslant\lambda\in L^1(0,T)$,$0<T\leqslant\infty$, 进一步假设 $\varphi\in L^1(0,T)$, 且满足 $\lambda\varphi\in L^1(0,T)$, 以及

$$\varphi(t)\leqslant C_1+C_2\int_0^t\lambda(s)\varphi(s)\mathrm{d}s,\quad C_1,\ C_2>0,$$

则成立

$$\varphi(t)\leqslant C_1\mathrm{e}^{C_2\int_0^t\lambda(s)\mathrm{d}s}\ \text{ a.e. }\ t\in(0,T).$$

事实上, 令 $\psi(t)=C_1+C_2\int_0^t\lambda(s)\varphi(s)\mathrm{d}s$, 可得 $\varphi(t)\leqslant\psi(t)$, a.e. $t\in(0,T)$. 由于 $\psi(t)$ 关于 t 是绝对连续的, 故几乎处处可微. 因此对几乎处处的 $t\in(0,T)$, 利用假定条件, 可知成立

$$\psi'(t)\leqslant C_2\lambda(t)\varphi(t)\leqslant C_2\lambda(t)\psi(t).$$

从而

$$\frac{\mathrm{d}}{\mathrm{d}t}\left(\psi(t)\mathrm{e}^{-C_2\int_0^t\lambda(s)\mathrm{d}s}\right)\leqslant 0\ \text{ a.e. }\ t\in(0,T).$$

注意到 $\psi(0)=C_1$, 因此可得

$$\varphi(t)\leqslant\psi(t)\leqslant C_1\mathrm{e}^{C_2\int_0^t\lambda(s)\mathrm{d}s}\ \text{ a.e. }\ t\in(0,T). \qquad \square$$

需要指出的是, 在上述不等式中, 若 $C_1=0$, $\varphi\geqslant 0$ *a. e.*, 则 $\varphi(t)=0$ a.e. $t\in(0,T)$, 这一情形常被用来证明演化方程解的唯一性.

注 2　具有奇性的 Gronwall 不等式.

令 $0<T<\infty, A\geqslant 0, 0\leqslant\beta\leqslant\alpha, 1<\gamma\leqslant\infty, \beta+\dfrac{1}{\gamma}<1$. 假定 $0\leqslant\varphi\in C([0,T])$, $0\leqslant f\in L^{\gamma}(0,T)$, 满足

$$\varphi(t)\leqslant At^{-\alpha}+\int_0^t\frac{1}{(t-s)^{\beta}}f(s)\varphi(s)\mathrm{d}s,\quad \forall t\in(0,T),$$

则成立

$$\varphi(t)\leqslant CAt^{-\alpha},\quad \forall t\in(0,T),$$

其中常数 C 仅依赖于 T,α,β,γ 以及 $\|f\|_{L^{\gamma}(0,T)}$.

事实上, 令 $\psi(t)=t^{\alpha}\varphi(t)$, 以及 $\theta(t)=\sup\limits_{0\leqslant s\leqslant t}(s^{\alpha}\varphi(s))$, $t\in(0,T)$. 显然, $\theta\in C([0,T])$, 且成立

$$\psi(t)\leqslant A+t^{\alpha}\int_0^t\frac{1}{(t-s)^{\beta}}\frac{1}{s^{\alpha}}f(s)\theta(s)\mathrm{d}s,\quad \forall t\in(0,T).$$

利用假设条件: $\beta+\dfrac{1}{\gamma}<1$, 可知对任意的 $\varepsilon\in(0,T)$, 成立

$$\|t^{-\beta}\|_{L^{\gamma'}(0,\varepsilon T)}=\Big(\int_0^{\varepsilon T}t^{-\beta\gamma'}\mathrm{d}t\Big)^{\frac{1}{\gamma'}}=\Big(\frac{(\varepsilon T)^{1-\beta\gamma'}}{1-\beta\gamma'}\Big)^{\frac{1}{\gamma'}},\quad \frac{1}{\gamma'}=1-\frac{1}{\gamma}.$$

从而可得

$$\begin{aligned}
\psi(t)\leqslant& A+t^{\alpha}\theta(t)\int_{(1-\varepsilon)t}^t\frac{1}{(t-s)^{\beta}}\frac{1}{s^{\alpha}}f(s)\mathrm{d}s\\
&+t^{\alpha}\int_0^{(1-\varepsilon)t}\frac{1}{(t-s)^{\beta}}\frac{1}{s^{\alpha}}f(s)\theta(s)\mathrm{d}s\\
\leqslant& A+t^{\alpha}\theta(t)((1-\varepsilon)t)^{-\alpha}\int_{(1-\varepsilon)t}^t\frac{1}{(t-s)^{\beta}}f(s)\mathrm{d}s\\
&+\varepsilon^{-\beta}t^{\alpha-\beta}\int_0^{(1-\varepsilon)t}\frac{1}{s^{\alpha}}f(s)\theta(s)\mathrm{d}s\\
\leqslant& A+\theta(t)(1-\varepsilon)^{-\alpha}\Big(\int_{(1-\varepsilon)t}^t\frac{1}{(t-s)^{\beta\gamma'}}\mathrm{d}s\Big)^{\frac{1}{\gamma'}}\Big(\int_{(1-\varepsilon)t}^t f^{\gamma}(s)\mathrm{d}s\Big)^{\frac{1}{\gamma}}\\
&+\varepsilon^{-\beta}t^{\alpha-\beta}\int_0^{(1-\varepsilon)t}\frac{1}{s^{\alpha}}f(s)\theta(s)\mathrm{d}s\\
\leqslant& A+\theta(t)(1-\varepsilon)^{-\alpha}\Big(\int_0^{\varepsilon t}\frac{1}{\tau^{\beta\gamma'}}\mathrm{d}\tau\Big)^{\frac{1}{\gamma'}}\Big(\int_0^T f^{\gamma}(s)\mathrm{d}s\Big)^{\frac{1}{\gamma}}\\
&+\varepsilon^{-\beta}T^{\alpha-\beta}\int_0^t\frac{1}{s^{\alpha}}f(s)\theta(s)\mathrm{d}s\\
\leqslant& A+\theta(t)(1-\varepsilon)^{-\alpha}\Big(\frac{(\varepsilon T)^{1-\beta\gamma'}}{1-\beta\gamma'}\Big)^{\frac{1}{\gamma'}}\|f\|_{L^{\gamma}(0,T)}\\
&+\varepsilon^{-\beta}T^{\alpha-\beta}\int_0^t\frac{1}{s^{\alpha}}f(s)\theta(s)\mathrm{d}s
\end{aligned}$$

$$\leqslant A + \frac{1}{2}\theta(t) + \varepsilon^{-\beta} T^{\alpha-\beta} \int_0^t \frac{1}{s^\alpha} f(s)\theta(s) \mathrm{d}s.$$

在上述的证明中, 取 $\varepsilon \in (0,1)$ 充分小, 使得

$$(1-\varepsilon)^{-\alpha} \Big(\frac{(\varepsilon T)^{1-\beta\gamma'}}{1-\beta\gamma'} \Big)^{\frac{1}{\gamma'}} \|f\|_{L^\gamma(0,T)} \leqslant \frac{1}{2}.$$

从而可得

$$\theta(t) \leqslant 2A + 2\varepsilon^{-\beta} T^{\alpha-\beta} \int_0^t \frac{1}{s^\alpha} f(s)\theta(s) \mathrm{d}s.$$

注意到, $\int_0^T \frac{1}{s^\alpha} f(s) \mathrm{d}s < \infty$, 利用注 1 中的 Gronwall 不等式, 可推知

$$\theta(t) \leqslant 2A\mathrm{e}^{2\varepsilon^{-\beta} T^{\alpha-\beta} \int_0^T \frac{1}{s^\alpha} f(s) \mathrm{d}s}.$$

回忆函数 $\theta(t)$ 的定义, 可知

$$\varphi(t) \leqslant 2A\mathrm{e}^{2\varepsilon^{-\beta} T^{\alpha-\beta} \int_0^T \frac{1}{s^\alpha} f(s) \mathrm{d}s} t^{-\alpha}, \quad \forall t \in (0,T). \qquad \square$$

定理 6.1.2　设 Ω 为 $\mathbb{R}^n$ $(n \geqslant 1)$ 中的区域. 假定 $u \in C^\infty(\overline{\Omega \times (0,T)})$ 满足 $u|_{\partial\Omega\times(0,T)} = 0$, $0 < T < \infty$, 则成立如下能量不等式:

$$E(t) \leqslant C\Big(E(0) + \int_0^t \int_\Omega |Lu(x,s)|^2 \mathrm{d}x\mathrm{d}s\Big),$$

这里

$$E(t) = \int_\Omega (|u(x,t)|^2 + |\partial_t u(x,t)|^2 + |\nabla u(x,t)|^2) \mathrm{d}x,$$

常数 C 仅依赖于 T,

$$\max_{(x,t)\in\overline{\Omega\times(0,T)}} |c(x,t)|, \quad \max_{(x,t)\in\overline{\Omega\times(0,T)}} |b_i(x,t)|, \quad \max_{(x,t)\in\overline{\Omega\times(0,T)}} |a_{ij}(x,t)|,$$
$$\max_{(x,t)\in\overline{\Omega\times(0,T)}} |\partial_t a_{ij}(x,t)|, \quad 1 \leqslant i,j \leqslant n.$$

证明　用 $\frac{\partial u}{\partial s}$ 乘以 Lu, 并在 $\Omega \times (0,t)$ 上分部积分, 可得

$$\begin{aligned}
&\int_0^t \int_\Omega \frac{\partial u}{\partial s} Lu \mathrm{d}x\mathrm{d}s \\
=&\int_0^t \int_\Omega \frac{\partial u}{\partial s} \bigg(\frac{\partial^2 u}{\partial s^2} - \Big(\sum_{i,j=1}^n \frac{\partial}{\partial x_i}\Big(a_{ij}\frac{\partial u}{\partial x_j}\Big) + \sum_{i=1}^n b_i \frac{\partial u}{\partial x_i} + cu \Big) \bigg) \mathrm{d}x\mathrm{d}s \\
=&\frac{1}{2}\int_0^t \int_\Omega \frac{\partial}{\partial s}\Big(\frac{\partial u}{\partial s}\Big)^2 \mathrm{d}x\mathrm{d}s + \int_0^t \int_\Omega \sum_{i,j=1}^n a_{ij} \frac{\partial u}{\partial x_j} \frac{\partial^2 u}{\partial x_i \partial s} \mathrm{d}x\mathrm{d}s \\
&- \int_0^t \int_\Omega \frac{\partial u}{\partial s} \Big(\sum_{i=1}^n b_i \frac{\partial u}{\partial x_i} + cu \Big) \mathrm{d}x\mathrm{d}s
\end{aligned}$$

$$\geqslant \frac{1}{2}\int_\Omega (\partial_t u)^2 \mathrm{d}x - \frac{1}{2}\int_\Omega |\partial_t u(x,0)|^2 \mathrm{d}x + \int_0^t \int_\Omega \sum_{i,j=1}^n a_{ij} \frac{\partial u}{\partial x_j}\frac{\partial^2 u}{\partial x_i \partial s}\mathrm{d}x\mathrm{d}s$$
$$-C_0 \int_0^t \int_\Omega (u^2 + |\nabla u|^2 + (\partial_s u)^2)\mathrm{d}x\mathrm{d}s, \tag{6.1.5}$$

这里常数 C_0 仅依赖于 $\max\limits_{(x,t)\in\overline{\Omega\times(0,T)}}|c(x,t)|$, $\max\limits_{(x,t)\in\overline{\Omega\times(0,T)}}|b_i(x,t)|$, $1 \leqslant i \leqslant n$.

简单的分部积分运算, 可知

$$\int_0^t \int_\Omega \sum_{i,j=1}^n a_{ij} \frac{\partial u}{\partial x_j}\frac{\partial^2 u}{\partial x_i \partial s}\mathrm{d}x\mathrm{d}s = \int_0^t \int_\Omega \sum_{i,j=1}^n \frac{\partial}{\partial s}\left(a_{ij}\frac{\partial u}{\partial x_j}\frac{\partial u}{\partial x_i}\right)\mathrm{d}x\mathrm{d}s$$
$$- \int_0^t \int_\Omega \sum_{i,j=1}^n \frac{\partial a_{ij}}{\partial s}\frac{\partial u}{\partial x_j}\frac{\partial u}{\partial x_i}\mathrm{d}x\mathrm{d}s$$
$$- \int_0^t \int_\Omega \sum_{i,j=1}^n a_{ij}\frac{\partial u}{\partial x_i}\frac{\partial^2 u}{\partial x_j \partial s}\mathrm{d}x\mathrm{d}s.$$

再利用对称性假设: $a_{ij} = a_{ji}$, 可得

$$\int_0^t \int_\Omega \sum_{i,j=1}^n a_{ij} \frac{\partial u}{\partial x_j}\frac{\partial^2 u}{\partial x_i \partial s}\mathrm{d}x\mathrm{d}s$$
$$= \frac{1}{2}\int_\Omega \sum_{i,j=1}^n a_{ij}(x,t)\frac{\partial u}{\partial x_j}\frac{\partial u}{\partial x_i}\mathrm{d}x$$
$$- \frac{1}{2}\int_\Omega \sum_{i,j=1}^n a_{ij}(x,0)\frac{\partial u(x,0)}{\partial x_j}\frac{\partial u(x,0)}{\partial x_i}\mathrm{d}x$$
$$- \frac{1}{2}\int_0^t \int_\Omega \sum_{i,j=1}^n \frac{\partial a_{ij}}{\partial s}\frac{\partial u}{\partial x_j}\frac{\partial u}{\partial x_i}\mathrm{d}x\mathrm{d}s. \tag{6.1.6}$$

将式 (6.1.6) 代入式 (6.1.5), 再利用椭圆一致性条件, 可得

$$\frac{1}{2}\int_0^t \int_\Omega (|\partial_s u|^2 + |Lu|^2)\mathrm{d}x\mathrm{d}s \geqslant \int_0^t \int_\Omega \frac{\partial u}{\partial s} Lu\mathrm{d}x\mathrm{d}s$$
$$\geqslant \frac{1}{2}\int_\Omega |\partial_t u|^2 \mathrm{d}x - \frac{1}{2}\int_\Omega |\partial_t u(x,0)|^2 \mathrm{d}x + \frac{1}{2}\int_\Omega \sum_{i,j=1}^n a_{ij}(x,t)\frac{\partial u}{\partial x_j}\frac{\partial u}{\partial x_i}\mathrm{d}x$$
$$- \frac{1}{2}\int_\Omega \sum_{i,j=1}^n a_{ij}(x,0)\frac{\partial u(x,0)}{\partial x_j}\frac{\partial u(x,0)}{\partial x_i}\mathrm{d}x$$
$$- \frac{1}{2}\int_0^t \int_\Omega \sum_{i,j=1}^n \frac{\partial a_{ij}}{\partial s}\frac{\partial u}{\partial x_j}\frac{\partial u}{\partial x_i}\mathrm{d}x\mathrm{d}s - C_0\int_0^t E(s)\mathrm{d}s$$
$$\geqslant \frac{1}{2}\int_\Omega |\partial_t u|^2 \mathrm{d}x - \frac{1}{2}\int_\Omega |\partial_t u(x,0)|^2 \mathrm{d}x + \frac{\alpha}{2}\int_\Omega |\nabla u|^2 \mathrm{d}x$$

$$
\begin{aligned}
&-C_1\int_\Omega|\nabla u(x,0)|^2\mathrm{d}x-C_2\int_0^t\int_\Omega|\nabla u|^2\mathrm{d}x\mathrm{d}s-C_0\int_0^t E(s)\mathrm{d}s\\
\geqslant&\frac{1}{2}\min\{\alpha,1\}\int_\Omega(|\partial_t u|^2+|\nabla u|^2)\mathrm{d}x\\
&-\left(\frac{1}{2}+C_1\right)E(0)-(C_2+C_0)\int_0^t E(s)\mathrm{d}s,
\end{aligned}
$$

这里常数 C_1 仅依赖于 $\max\limits_{x\in\overline{\Omega}}|a_{ij}(x,0)|$, C_2 仅依赖于 $\max\limits_{(x,t)\in\overline{\Omega\times(0,T)}}|\partial_t a_{ij}(x,t)|$, $1\leqslant i,j\leqslant n$.

从而可得

$$
\int_\Omega(|\partial_t u|^2+|\nabla u|^2)\mathrm{d}x\leqslant C_3\left(E(0)+\int_0^t E(s)\mathrm{d}s+\int_0^t\int_\Omega|Lu|^2\mathrm{d}x\mathrm{d}s\right). \tag{6.1.7}
$$

另外, 由于

$$
\begin{aligned}
u^2(x,t)&=u^2(x,0)+\int_0^t\frac{\partial}{\partial s}u^2(x,s)\mathrm{d}s\\
&=u^2(x,0)+2\int_0^t u(x,s)\partial_s u(x,s)\mathrm{d}s\\
&\leqslant u^2(x,0)+\int_0^t(|u(x,s)|^2+|\partial_s u(x,s)|^2)\mathrm{d}s.
\end{aligned}
$$

因此成立

$$
\begin{aligned}
\int_\Omega|u(x,t)|^2\mathrm{d}x&\leqslant\int_\Omega u^2(x,0)\mathrm{d}x+\int_0^t\int_\Omega(|u(x,s)|^2+|\partial_s u(x,s)|^2)\mathrm{d}x\mathrm{d}s\\
&\leqslant E(0)+\int_0^t E(s)\mathrm{d}s.
\end{aligned} \tag{6.1.8}
$$

结合式 (6.1.7) 和 (6.1.8), 可得

$$
E(t_1)\leqslant(1+C_3)\left(E(0)+\int_0^{t_1}E(s)\mathrm{d}s+\int_0^{t_1}\int_\Omega|Lu|^2\mathrm{d}x\mathrm{d}s\right),\quad\forall\, t_1\in(0,T).
$$

选取 $M=(1+C_3)\left(E(0)+\int_0^{t_1}\int_\Omega|Lu|^2\mathrm{d}x\mathrm{d}s\right)$, 则对任意的 $t\leqslant t_1<T$, 成立

$$
\begin{aligned}
E(t)&\leqslant(1+C_3)\left(E(0)+\int_0^t E(s)\mathrm{d}s+\int_0^{t_1}\int_\Omega|Lu|^2\mathrm{d}x\mathrm{d}s\right)\\
&\leqslant(1+C_3)\int_0^t E(s)\mathrm{d}s+M.
\end{aligned}
$$

利用引理 6.1.1 中的 Gronwall 不等式, 可得对任意的 $t\leqslant t_1$, 成立

$$
E(t)\leqslant M\mathrm{e}^{(1+C_3)t}\leqslant(1+C_3)\left(E(0)+\int_0^{t_1}\int_\Omega|Lu|^2\mathrm{d}x\mathrm{d}s\right)\mathrm{e}^{(1+C_3)T}.
$$

特别地, 在上述估计中, 取 $t_1=t$, 可推知

$$E(t)\leqslant(1+C_3)\mathrm{e}^{(1+C_3)T}\left(E(0)+\int_0^t\int_\Omega|Lu|^2\mathrm{d}x\mathrm{d}s\right).\qquad\square$$

注 1　由于在定理 6.1.2 中的能量不等式的证明过程中出现了直至二阶的时空弱导数, 利用广义函数的性质, 可以证明: 当 $u\in H^1(0,T;H_0^1(\Omega))\cap H^2(0,T;L^2(\Omega))$ 时, 上述能量不等式也成立.

注 2　由定理 6.1.2 中的能量不等式, 可以导出下述问题的解 $u\in H^1(0,T;H_0^1(\Omega))\cap H^2(0,T;L^2(\Omega))$ 的唯一性和稳定性:

$$\begin{cases}Lu=f(x,t), & (x,t)\in\Omega\times(0,T),\\ u(x,t)=0, & (x,t)\in\partial\Omega\times(0,T),\\ u(x,0)=\varphi_0(x), & x\in\Omega,\\ \partial_t u(x,0)=\varphi_1(x), & x\in\Omega.\end{cases}$$

其中 $f\in L^2(0,T;L^2(\Omega))$. 事实上, 假定 $u_1,u_2\in H^1(0,T;H_0^1(\Omega))\cap H^2(0,T;L^2(\Omega))$ 是上述问题的两个解. 令 $w=u_1-u_2$, 则 w 满足

$$\begin{cases}Lw=0, & (x,t)\in\Omega\times(0,T),\\ w(x,t)=0, & (x,t)\in\partial\Omega\times(0,T),\\ w(x,0)=\partial_t w(x,0)=0, & x\in\Omega.\end{cases}$$

利用能量不等式, 可知对几乎处处的 $t\in(0,T)$, 成立

$$0\leqslant\int_\Omega(|w(x,t)|^2+|\partial_t w(x,t)|^2+|\nabla w(x,t)|^2)\mathrm{d}x=E(t)\leqslant 0.$$

说明 $w=0$, 即 $u_1=u_2$ 几乎处处于 $\Omega\times(0,T)$.

需要说明的是, 这里稳定性的意思是指, 若初边值和外力函数变化比较小时, 相应的解也变化比较小, 即假定初始函数 (φ_0,φ_1) 和 $(\widetilde{\varphi}_0,\widetilde{\varphi}_1)$, 以及外力函数 $f(x,t)$, $\widetilde{f}(x,t)$ 对应的 $H^1(0,T;H_0^1(\Omega))\cap H^2(0,T;L^2(\Omega))$ 空间中的解分别为 u 和 $\widetilde{u}$. 若对任意小的 $\varepsilon>0$, 满足

$$\|\varphi_0-\widetilde{\varphi}_0\|_{H^1(\Omega)}+\|\varphi_1-\widetilde{\varphi}_1\|_{L^2(\Omega)}+\|f-\widetilde{f}\|_{L^2(\Omega\times(0,T))}<\varepsilon,$$

则存在充分小的 $\delta>0$, 使得

$$\|u(t)-\widetilde{u}(t)\|_{H^1(\Omega)}+\|\partial_t u(t)-\partial_t\widetilde{u}(t)\|_{L^2(\Omega)}<\delta,\quad\forall t\in[0,T].$$

利用能量不等式, 即可得知这一关于稳定性的结论是成立的.

注 3 若将 Dirichlet 边界条件改为 Neumann (第二) 边界条件:

$$\partial_\nu u|_{\partial\Omega\times(0,T)}=0;$$

或 Robin (第三) 边界条件:

$$[\partial_\nu u+\sigma u]|_{\partial\Omega\times(0,T)}=0,$$

这里 $\sigma\geqslant 0$, ν 为边界 $\partial\Omega$ 上的单位外法向量, $\partial_\nu=\sum\limits_{i,j}a_{ij}\cos(\nu,x_i)\dfrac{\partial}{\partial x_i}$, 则仍成立相应的能量不等式 (证明略).

6.2 初边值问题解的存在性

1. 取值于 Banach 空间中的函数

本节中, 将用 Galerkin 方法对双曲方程的初边值问题建立解的存在性. 在研究随时间演化的偏微分方程时, 时间变量 t 有着特殊的重要地位. 例如, 未知函数 $u(x,t)$ 可以看成是从变量 t 到某个函数空间的映射. 下面对取值于 Banach 空间中的函数进行简单介绍.

设 X 是 Banach 空间, I 是实数轴中的某一开区间. 映射 $f: I\ni t\longrightarrow f(t)\in X$ 称为定义在 I 上取值于 Banach 空间 X 中的函数. 类似于常义函数, 也可以引进连续和可导的概念. 设 $t_0\in I$, 当 $|t-t_0|\longrightarrow 0$ 时, 若成立 $\|f(t)-f(t_0)\|_X\longrightarrow 0$ (这里 $\|\cdot\|_X$ 表示 Banach 空间 X 的范数), 则称 $f(t)$ 在 t_0 点连续; 若 $f(t)$ 在 I 上点点连续, 则称 f 在 I 上连续, 记为 $f\in C(I,X)$. 假如存在元素 $f_0\in X$, 使得

$$\lim_{h\to 0}\Big\|\frac{f(t_0+h)-f(t_0)}{h}-f_0\Big\|_X=0,$$

则称 f 在 t_0 点可导, 记为 $f'(t_0)$, 且导数 $f'(t_0)=f_0$, 如果 $f'(t)\in C(I,X)$, 则称 f 在 I 上具有连续的一阶导数, 记为 $f\in C^1(I,X)$. 以此类推, 可定义 k 阶连续可导的概念, 记为 $f\in C^k(I,X)$.

对于取值于 Banach 空间中的函数, 也可以定义可测函数和积分的概念. 设 I 是有限个不相交的可测子集 I_k 的并集, 即 $I=\bigcup\limits_{k=1}^m I_k$, 并且 $f(t)=c_k(c_k\in X$ 是常数), $\forall\, t\in I_k$ $(1\leqslant k\leqslant m)$, 则称 $f(t)$ 为阶梯函数.

定义 6.2.1 设 $f(t)$ 是定义在 I 上取值于 Banach 空间 X 中的函数. 如果存在阶梯函数列 $\{f_k(t)\}$, 对几乎处处的 $t\in I$, 成立

$$\lim_{k\to\infty}\|f_k(t)-f(t)\|_X=0,$$

则称 $f(t)$ 为强可测函数 (简称可测函数). 由此定义出发, 可知连续函数是强可测函数. 此外, 强可测函数 f 的范数 $\|f(t)\|_X$ 是 I 上的 Lebesgue 可测函数. 假定 $f(t)$ 是 $I=\bigcup\limits_{k=1}^{m} I_k$ 上的阶梯函数, 即 $f(t)=f_k\in X, \forall\, t\in I_k\ (1\leqslant k\leqslant m)$, 则可以定义

$$\int_I f(t)\mathrm{d}t=\sum_{k=1}^{m} f_k|I_k|,$$

这里 $|I_k|$ 表示集合 I_k 的 Lebesgue 测度. 由上述积分定义, 可得

$$\Big\|\int_I f(t)\mathrm{d}t\Big\|_X\leqslant\int_I \|f(t)\|_X\mathrm{d}t.$$

若 $\|f(t)\|_X\in L^1(I)$, 则称 $f\in L^1(I,X)$. 假定 $f\in L^1(I,X)$, 类似定义 Lebesgue 积分的方法, 可以定义 $\varPhi(f)=\displaystyle\int_I f(t)\mathrm{d}t$, 则 $\varPhi: L^1(I,X)\longrightarrow X$ 是一个线性的连续映照, 称 $\varPhi(f)$ 为 Bochnel 积分. 若 $f\in L^1(I,X)$, 定义 f 的范数: $\|f\|_{L^1(I,X)}=\displaystyle\int_I \|f(t)\|_X\mathrm{d}t$. 可以证明, 在此范数意义下, $L^1(I,X)$ 是 Banach 空间, 且 $C_c^\infty(I,X)$ 在 $L^1(I,X)$ 中是稠密的. 类似地, 可以定义 Banach 空间 $L^p(I,X)$, 其范数为: $\|f\|_{L^p(I,X)}=\left(\displaystyle\int_I \|f(t)\|_X^p\mathrm{d}t\right)^{\frac{1}{p}}, 1\leqslant p<\infty$; $\|f\|_{L^\infty(I,X)}=\operatorname{ess}\sup\limits_{t\in I}\|f(t)\|_X$.

在实际的应用中, 经常取 Banach 空间 X 为 Sobolev 空间 $W^{k,p}(\varOmega)$. 特别地, 若取 $I=(0,T)$, $X=L^p(\varOmega)$, 则由 $L^p(I,X)$ 的定义, 不难验证:

$$L^p(I,X)=L^p((0,T),L^p(\varOmega))=L^p(\varOmega\times(0,T)),\quad 1\leqslant p\leqslant\infty.$$

Galerkin 方法的应用

结合弱收敛方法, Galerkin 方法成为当前研究非线性偏微分方程整体弱解存在性的一个非常有力的工具, 本节我们用 Galerkin 方法建立线性双曲方程的初边值问题解的存在性.

假定 $\varOmega$ 是 $\mathbb{R}^n$ 中的区域 (可以无界), $0<T\leqslant\infty$. 假定算子 L 的系数函数充分光滑且各阶时空导数均有界. 考虑下述初边值问题:

$$\begin{cases} Lu(x,t)=f(x,t), & (x,t)\in\varOmega\times(0,T),\\ u(x,t)=0, & (x,t)\in\partial\varOmega\times(0,T),\\ u|_{t=0}=\varphi_0(x), & x\in\varOmega,\\ \partial_t u|_{t=0}=\varphi_1(x), & x\in\varOmega. \end{cases} \tag{6.2.1}$$

首先给出问题 (6.2.1) 的广义解定义. 假定 $\varphi_0\in H_0^1(\varOmega)$, $\varphi_1\in L^2(\varOmega)$, $f\in L^2(\varOmega\times(0,T))$. 称 $u\in L^\infty(0,T;H_0^1(\varOmega))$, $\partial_t u\in L^\infty(0,T;L^2(\varOmega))$ 是问题 (6.2.1) 的弱

解 (或广义解), 如果对任意的 $\psi_1 \in C_c^\infty((0,T),H_0^1(\Omega))$, 下式成立:

$$\int_0^T \int_\Omega \left(-\partial_t u \partial_t \psi_1 + \sum_{i,j=1}^n a_{ij}(x,t)\frac{\partial u}{\partial x_i}\frac{\partial \psi_1}{\partial x_j} - \sum_{i=1}^n b_i(x,t)\frac{\partial u}{\partial x_i}\psi_1 - c(x,t)u\psi_1\right)\mathrm{d}x\mathrm{d}t$$
$$= \int_0^T \int_\Omega f(x,t)\psi_1(x,t)\mathrm{d}x\mathrm{d}t;$$

此外, 对任意的 $\psi_2 \in C_c^\infty(\Omega)$, 还成立

$$\lim_{t\to 0}\int_\Omega u(x,t)\psi_2(x)\mathrm{d}x = \int_\Omega \varphi_0(x)\psi_2(x)\mathrm{d}x,$$

以及

$$\lim_{t\to 0}\int_\Omega \partial_t u(x,t)\psi_2(x)\mathrm{d}x = \int_\Omega \varphi_1(x)\psi_2(x)\mathrm{d}x.$$

定理 6.2.2　*假定 Ω 是 $\mathbb{R}^n$ 中的有界光滑区域. 设 $\varphi_0 \in H_0^1(\Omega)$, $\varphi_1 \in L^2(\Omega)$, $f \in L^2(\Omega\times(0,T))$, $0 < T \leqslant \infty$, 则问题 (6.3.1) 存在唯一的解 $u \in L^\infty(0,T;H_0^1(\Omega))$, 满足 $\partial_t u \in L^\infty(0,T;L^2(\Omega))$.*

证明　第一步. 存在性. 设 $\{e_1,e_2,\cdots\}$ 是算子 $-\Delta$ 在 $H_0^1(\Omega)$ 中的特征函数列, 第 5 章中已经证明, 该特征函数列构成了 $H_0^1(\Omega)$ 中的一组完备的正交基, 同时在 $L^2(\Omega)$ 中形成一组完备的标准正交基. 故对于 $\varphi_0 \in H_0^1(\Omega)$, $\varphi_1 \in L^2(\Omega)$, 成立

$$\lim_{m\to\infty}\left\|\varphi_0 - \sum_{k=1}^m (\varphi_0,e_k)_{H_0^1(\Omega)}/(e_k,e_k)_{H_0^1(\Omega)}e_k\right\|_{H_0^1(\Omega)} = 0,$$

$$\lim_{m\to\infty}\left\|\varphi_1 - \sum_{k=1}^m (\varphi_1,e_k)_{L^2(\Omega)}e_k\right\|_{H_0^1(\Omega)} = 0.$$

定义 $u_m^k(t)$ $(1\leqslant k\leqslant m)$ 为下面常微分方程组的初值问题的解:

$$\begin{cases} \dfrac{\mathrm{d}^2}{\mathrm{d}t^2}u_m^k(t) + a\left(\displaystyle\sum_{j=1}^m u_m^j(t)e_j, e_k\right) = (f,e_k)_{L^2(\Omega)}, \quad 0\leqslant t < T, \\ u_m^k(0) = (\varphi_0,e_k)_{H_0^1(\Omega)}/(e_k,e_k)_{H_0^1(\Omega)}, \\ \dfrac{\mathrm{d}}{\mathrm{d}t}u_m^k(0) = (\varphi_1,e_k)_{L^2(\Omega)}, \end{cases} \tag{6.2.2}$$

其中 a 为 $H_0^1(\Omega)\times H_0^1(\Omega)$ 上的二次形式, 其定义如下: 对任意的 $v_1,v_2 \in H_0^1(\Omega)$,

$$a(v_1,v_2) = \int_\Omega \left(\sum_{i,j=1}^n a_{ij}(x,t)\frac{\partial v_1}{\partial x_i}\frac{\partial v_2}{\partial x_j} - \sum_{i=1}^n b_i(x,t)\frac{\partial v_1}{\partial x_i}v_2 - c(x,t)v_1v_2\right)\mathrm{d}x.$$

在 $e_1, e_2, \cdots, e_m$ 已确定的情况下, $u_m^k(t)$ 就是上述二阶常微分方程组的解, 并且当 $f \in L^2(0,T;L^2(\Omega))$ 时, $u_m^k(t) \in C^1([0,T))$. 事实上, 利用二阶常微分方程组的正则性理论, 可知 $\frac{\mathrm{d}^2}{\mathrm{d}t^2}u_m^k(t) \in L^2(0,T)$. 已知, 对任意的 $t \in [0,T)$, 成立

$$\frac{\mathrm{d}}{\mathrm{d}t}u_m^k(t) = \frac{\mathrm{d}}{\mathrm{d}t}u_m^k(0) + \int_0^t \frac{\mathrm{d}^2}{\mathrm{d}s^2}u_m^k(s)\mathrm{d}s = (\varphi_1, e_k)_{L^2(\Omega)} + \int_0^t \frac{\mathrm{d}^2}{\mathrm{d}s^2}u_m^k(s)\mathrm{d}s.$$

因此, 对任意的 $0 < t < T' < T$ (注意, T 可以取为 $T = \infty$), $\frac{\mathrm{d}}{\mathrm{d}t}u_m^k(t) \in C([0,T'])$. 再利用下述积分恒等式:

$$u_m^k(t) = u_m^k(0) + \int_0^t \frac{\mathrm{d}}{\mathrm{d}s}u_m^k(s)\mathrm{d}s = (\varphi_0, e_k)_{H_0^1(\Omega)}/(e_k, e_k)_{H_0^1(\Omega)} + \int_0^t \frac{\mathrm{d}}{\mathrm{d}s}u_m^k(s)\mathrm{d}s,$$

可知, $u_m^k(t) \in C([0,T'])$. 因此, $u_m^k(t) \in C^1([0,T'])$. 令 $u_m(t) = \sum_{k=1}^m u_m^k(t)e_k$, 则 $u_m(t) \in C^1([0,T'], H_0^1(\Omega))$, 以及 $\partial_{tt}u_m(t) \in L^2([0,T'], H_0^1(\Omega))$. 利用 $\{e_k\}$ 是 $L^2(\Omega)$ 的标准正交基, 可以将问题 (6.2.2) 中的方程改写为

$$(\partial_{tt}u_m(t), e_k)_{L^2(\Omega)} + a(u_m(t), e_k) = (f, e_k)_{L^2(\Omega)}, \quad 1 \leqslant k \leqslant m. \tag{6.2.3}$$

在式 (6.3.3) 的两端同乘以 $\frac{\mathrm{d}}{\mathrm{d}t}u_m^k(t)$, 关于 k 求和, 并利用 $\partial_t u_m(t) = \sum_{k=1}^m \cdot \frac{\mathrm{d}}{\mathrm{d}t}u_m^k(t)e_k$, 可得

$$(\partial_{tt}u_m^k(t), \partial_t u_m(t))_{L^2(\Omega)} + a(u_m(t), \partial_t u_m(t)) = (f, \partial_t u_m(t))_{L^2(\Omega)}. \tag{6.2.4}$$

检查 6.1 节建立能量不等式的过程, 可以由式 (6.2.4) 得到下述估计式:

$$\begin{aligned}
&\|u_m(t)\|_{H^1(\Omega)}^2 + \|\partial_t u_m(t)\|_{L^2(\Omega)}^2 \\
\leqslant & C\left(\|u_m(0)\|_{H^1(\Omega)}^2 + \|\partial_t u_m(0)\|_{L^2(\Omega)}^2 + \int_0^t \int_\Omega |f(x,s)|^2 \mathrm{d}x\mathrm{d}s\right) \\
\leqslant & C\left(\|\varphi_0\|_{H^1(\Omega)}^2 + \|\varphi_1\|_{L^2(\Omega)}^2 + \int_0^T \int_\Omega |f(x,s)|^2 \mathrm{d}x\mathrm{d}s\right).
\end{aligned} \tag{6.2.5}$$

上述证明过程中用到:

$$\begin{aligned}
\|u_m(0)\|_{H^1(\Omega)}^2 &= \left(\sum_{k=1}^m \frac{(\varphi_0, e_k)_{H^1(\Omega)}}{(e_k, e_k)_{H^1(\Omega)}} e_k, \sum_{\ell=1}^m \frac{(\varphi_0, e_\ell)_{H^1(\Omega)}}{(e_\ell, e_\ell)_{H^1(\Omega)}} e_\ell\right)_{H^1(\Omega)} \\
&= \sum_{k=1}^m \frac{(\varphi_0, e_k)_{H^1(\Omega)}}{(e_k, e_k)_{H^1(\Omega)}} \left(e_k, \sum_{\ell=1}^m \frac{(\varphi_0, e_\ell)_{H^1(\Omega)}}{(e_\ell, e_\ell)_{H^1(\Omega)}} e_\ell\right)_{H^1(\Omega)}
\end{aligned}$$

$$
\begin{aligned}
&=\sum_{k=1}^{m}\left(\frac{(\varphi_0,e_k)_{H^1(\Omega)}}{(e_k,e_k)_{H^1(\Omega)}}\right)^2(e_k,e_k)_{H^1(\Omega)}\\
&\leqslant\sum_{k=1}^{\infty}\left(\frac{(\varphi_0,e_k)_{H^1(\Omega)}}{(e_k,e_k)_{H^1(\Omega)}}\right)^2(e_k,e_k)_{H^1(\Omega)}=\|\varphi_0\|^2_{H^1(\Omega)},
\end{aligned}
$$

以及

$$
\begin{aligned}
\|\partial_t u_m(0)\|^2_{L^2(\Omega)}&=\left(\sum_{k=1}^{m}(\varphi_1,e_k)_{L^2(\Omega)}e_k,\sum_{\ell=1}^{m}(\varphi_0,e_\ell)_{L^2(\Omega)}e_\ell\right)_{L^2(\Omega)}\\
&=\sum_{k=1}^{m}(\varphi_1,e_k)_{L^2(\Omega)}\left(e_k,\sum_{\ell=1}^{m}(\varphi_1,e_\ell)_{L^2(\Omega)}e_\ell\right)_{L^2(\Omega)}\\
&=\sum_{k=1}^{m}(\varphi_1,e_k)^2_{L^2(\Omega)}\leqslant\sum_{k=1}^{\infty}(\varphi_1,e_k)^2_{L^2(\Omega)}=\|\varphi_1\|^2_{L^2(\Omega)},
\end{aligned}
$$

现在回顾泛函分析理论中的弱收敛定理 (详见本书第 1 章). 特别地, 在本书中主要用到如下两种情形. 设 $Q\subseteq\mathbb{R}^n$, 这里 Q 可以无界.

假定 $1<q<\infty$, 以及 $\|f_k\|_{L^q(Q)}\leqslant C$, C 与 k 无关, 则存在函数 $f\in L^p(Q)$, 以及 $\{f_k\}$ 的一子序列, 不妨仍记为 $\{f_k\}$, 使得下式成立

$$
\lim_{k\to\infty}\int_Q f_k(x)g(x)\mathrm{d}x=\int_Q f(x)g(x)\mathrm{d}x,\quad \forall g\in L^{\frac{q}{q-1}}(Q).
$$

记为 $f_k\rightharpoonup f\ (L^q(Q))$. 另一种情形是当 $q=\infty$ 时, 尽管此时 $L^\infty(Q)$ 不是自反的 Banach 空间, 但仍然有类似的弱收敛结论.

假定 $\|f_k\|_{L^\infty(Q)}\leqslant C$, C 与 k 无关, 则存在函数 $f\in L^\infty(Q)$, 以及 $\{f_k\}$ 的一子序列, 不妨仍记为 $\{f_k\}$, 使得下式成立

$$
\lim_{k\to\infty}\int_Q f_k(x)g(x)\mathrm{d}x=\int_Q f(x)g(x)\mathrm{d}x,\quad \forall g\in L^1(Q).\quad \text{记为 } f_k\overset{*}{\rightharpoonup} f\ (L^\infty(Q)).
$$

因此, 对任意的 $0<T'<T$, 由式 (6.2.5) 可知

$$
\begin{aligned}
&\int_0^{T'}\left(\|u_m(t)\|^2_{H^1(\Omega)}+\|\partial_t u_m(t)\|^2_{L^2(\Omega)}\right)\mathrm{d}t\\
&\leqslant CT'\left(\|\varphi_0\|^2_{H^1(\Omega)}+\|\varphi_1\|^2_{L^2(\Omega)}+\int_0^T\int_\Omega|f(x,s)|^2\mathrm{d}x\mathrm{d}s\right).
\end{aligned}\tag{6.2.6}
$$

利用弱收敛定理, 并由式 (6.2.5), (6.2.6) 可推知, 存在函数 $u\in L^\infty(0,T;H_0^1(\Omega))$, $\partial_t u\in L^\infty(0,T;L^2(\Omega))$, 以及 $\{u_m\}$ 的一子序列, 不妨仍记为 $\{u_m\}$, 使得当 $m\longrightarrow\infty$ 时,

$$
u_m\rightharpoonup u\ (L^2(0,T';H_0^1(\Omega)));\quad \partial_t u_m\rightharpoonup\partial_t u\ (L^2(0,T';L^2(\Omega))),\tag{6.2.7}
$$

以及

$$u_m \overset{*}{\rightharpoonup} u\ (L^\infty(0,T;H_0^1(\Omega)));\quad \partial_t u_m \overset{*}{\rightharpoonup} \partial_t u\ (L^\infty(0,T;L^2(\Omega))). \tag{6.2.8}$$

对任意的 $\psi \in C_c^\infty(0,T)$, 由式 (6.2.4), 对任意的 $1 \leqslant k \leqslant m$, 可得

$$-\int_0^T (\partial_t u_m(t), \partial_t \psi e_k)_{L^2(\Omega)} \mathrm{d}t + \int_0^T a(u_m(t), \psi e_k) \mathrm{d}t = \int_0^T (f, \psi e_k)_{L^2(\Omega)} \mathrm{d}t. \tag{6.2.9}$$

利用弱收敛性质式 (6.2.7), 在式 (6.2.9) 中令 $m \longrightarrow \infty$, 对任意的 $1 \leqslant k < \infty$, 可得

$$-\int_0^T (\partial_t u(t), \partial_t \psi e_k)_{L^2(\Omega)} \mathrm{d}t + \int_0^T a(u(t), \psi e_k) \mathrm{d}t = \int_0^T (f, \psi e_k)_{L^2(\Omega)} \mathrm{d}t. \tag{6.2.10}$$

由于 $\{e_1, e_2, \cdots\}$ 在 $H_0^1(\Omega)$ 中是完备的, 故对于任意的 $\varphi \in H_0^1(\Omega)$, 存在系数序列 β_k, 使得 $\varphi_m := \sum\limits_{k=1}^m \beta_k e_k$ 满足: 当 $m \longrightarrow \infty$ 时, 成立 $\varphi_m \longrightarrow \varphi\ (H_0^1(\Omega))$. 在式 (6.2.10) 中通过一个极限过程, 可知, 对任意的 $\varphi \in H_0^1(\Omega)$ 以及 $\psi \in C_c^\infty(0,T)$, 成立

$$-\int_0^T (\partial_t u(t), \partial_t \psi\varphi)_{L^2(\Omega)} \mathrm{d}t + \int_0^T a(u(t), \psi\varphi) \mathrm{d}t = \int_0^T (f, \psi\varphi)_{L^2(\Omega)} \mathrm{d}t.$$

说明 u 在广义意义下满足问题 (6.2.1) 中的微分方程及边值条件. 下面验证 u 在广义意义下满足问题 (6.2.1) 中的初始条件.

注意到, 利用式 (6.2.8) 可知, 上述讨论中得到的函数 u 满足 $u \in L^\infty(0,T; H_0^1(\Omega))$ 以及 $\partial_t u \in L^\infty(0,T;L^2(\Omega))$. 故 $u \in W^{1,q}(0,T';L^2(\Omega))$, $\forall\ 1 < q < \infty$. 再利用 Sobolev 嵌入定理, 可知 $u \in C([0,T'],L^2(\Omega))$. 此外, 还知道逼近解序列 $u_m \in C^1([0,T'],H_0^1(\Omega))$. 令 $v_m = u_m - u$, 则由式 (6.2.7) 可知

$$v_m \rightharpoonup 0\ (L^2(0,T';H_0^1(\Omega)));\quad \partial_t v_m \rightharpoonup 0\ (L^2(0,T';L^2(\Omega))). \tag{6.2.11}$$

注意到, 对任意 $\varphi \in C_c^\infty(\Omega)$, 下式成立

$$(v_m(0),\varphi)_{L^2(\Omega)} = (v_m(t),\varphi)_{L^2(\Omega)} - \int_0^t (v_m'(\tau),\varphi)_{L^2(\Omega)} \mathrm{d}\tau.$$

进一步, 对任意的 $0 < t < T' < T$, 可得

$$T'(v_m(0),\varphi)_{L^2(\Omega)} = \int_0^{T'} (v_m(t),\varphi)_{L^2(\Omega)} \mathrm{d}t - \int_0^{T'}\int_0^t (v_m'(\tau),\varphi)_{L^2(\Omega)} \mathrm{d}\tau \mathrm{d}t. \tag{6.2.12}$$

从而, 利用式 (6.2.5), 对任意的 $0 < t < T'$, 成立

$$\begin{aligned}
&\left|\int_0^t (v_m'(\tau),\varphi)_{L^2(\Omega)}\mathrm{d}\tau\right| \\
\leqslant &\int_0^t |(v_m'(\tau),\varphi)_{L^2(\Omega)}|\mathrm{d}\tau \\
\leqslant &\int_0^{T'} \|v_m'(\tau)\|_{L^2(\Omega)}\|\varphi\|_{L^2(\Omega)}\mathrm{d}\tau \\
\leqslant &\|\varphi\|_{L^2(\Omega)}\int_0^{T'} (\|u_m(\tau)\|_{L^2(\Omega)}+\|u(\tau)\|_{L^2(\Omega)})\mathrm{d}\tau \\
\leqslant &T'\|\varphi\|_{L^2(\Omega)}(\|u_m\|_{L^\infty(0,T';L^2(\Omega))}+\|u_m\|_{L^\infty(0,T';L^2(\Omega))}) \\
\leqslant &T'\|\varphi\|_{L^2(\Omega)}\big(\|\varphi_0\|_{H^1(\Omega)}+\|\varphi_1\|_{L^2(\Omega)}+\|f\|_{L^2(0,T;L^2(\Omega))}\big).
\end{aligned} \tag{6.2.13}$$

由式 (6.2.11), 可知, 对任意的 $0 < t < T'$, 下式成立

$$\lim_{m\to\infty}\int_0^t (v_m'(\tau),\varphi)_{L^2(\Omega)}\mathrm{d}\tau = 0. \tag{6.2.14}$$

由式 (6.2.13), (6.2.14), 利用 Lebesgue 控制收敛定理, 成立

$$\lim_{m\to\infty}\int_0^{T'}\int_0^t (v_m'(\tau),\varphi)_{L^2(\Omega)}\mathrm{d}\tau\mathrm{d}t = 0. \tag{6.2.15}$$

类似式 (6.2.14) 的讨论, 可知

$$\lim_{m\to\infty}\int_0^{T'} (v_m(t),\varphi)_{L^2(\Omega)}\mathrm{d}t = 0. \tag{6.2.16}$$

利用式 (6.2.12), (6.2.15) 和 (6.2.16), 可知

$$\lim_{m\to\infty}(v_m(0),\varphi)_{L^2(\Omega)} = 0, \quad \forall\, \varphi\in C_c^\infty(\Omega).$$

从而可得

$$\lim_{m\to\infty}(u_m(0),\varphi)_{L^2(\Omega)} = \lim_{m\to\infty}(v_m(0),\varphi)_{L^2(\Omega)} + (u(0),\varphi)_{L^2(\Omega)} = (u(0),\varphi)_{L^2(\Omega)}.$$

另外, 已知 $\lim\limits_{m\to\infty}\|u_m(0)-\varphi_0\|_{H_0^1(\Omega)} = 0$, 说明

$$\lim_{m\to\infty}(u_m(0),\varphi)_{L^2(\Omega)} = (\varphi_0,\varphi)_{L^2(\Omega)}.$$

因此可得

$$(u(0),\varphi)_{L^2(\Omega)} = (\varphi_0,\varphi)_{L^2(\Omega)} = 0, \quad \forall\, \varphi\in C_c^\infty(\Omega).$$

利用 φ 的任意性可知, 在 Ω 中, $u(0)=\varphi_0$ 几乎处处成立. 从而对任意的 $\psi_2\in C_c^\infty(\Omega)$, 利用式 (6.2.5), 可得

$$\begin{aligned}&\left|\int_\Omega u(x,t)\psi_2(x)\mathrm{d}x-\int_\Omega\varphi_0(x)\psi_2(x)\mathrm{d}x\right|\\=&\left|\int_\Omega[u(x,t)-u(x,0)]\psi_2(x)\mathrm{d}x\right|\\=&\left|\int_\Omega\int_0^1 t\partial_t u(x,st)\psi_2(x)\mathrm{d}s\mathrm{d}x\right|\\\leqslant& t\|\partial_t u\|_{L^\infty(0,T;L^2(\Omega))}\int_\Omega|\psi_2(x)|\mathrm{d}x\\\leqslant& Ct(\|\varphi_0\|_{H_0^1(\Omega)}+\|\varphi_1\|_{L^2(\Omega)}+\|f\|_{L^2(0,T;L^2(\Omega))})\|\psi_2\|_{L^1(\Omega)}.\end{aligned}$$

说明对任意的 $\psi_2\in C_c^\infty(\Omega)$, 成立

$$\lim_{t\to0^+}\int_\Omega u(x,t)\psi_2(x)\mathrm{d}x=\int_\Omega\varphi_0(x)\psi_2(x)\mathrm{d}x.$$

下面证明: 在 Ω 中, $\partial_t u(0)=\varphi_1$ 几乎处处成立.

已知函数 u 满足 $u\in L^\infty(0,T;H_0^1(\Omega))$, 以及 $\partial_t u\in L^\infty(0,T;L^2(\Omega))$. 利用 Sobolev 空间的性质, 可知 $u,\partial_x u,\partial_x^2 u\in L^\infty(0,T;H^{-1}(\Omega))$. 此外, 对任意的 $0<T'<T$,$f\in L^2(0,T';L^2(\Omega))\subseteq L^2(0,T';H^{-1}(\Omega))$. 利用 u 满足的方程可知, $\partial_{tt}u\in L^2(0,T';H^{-1}(\Omega))$, 从而可推知 $\partial_t u\in W^{1,2}(0,T';H^{-1}(\Omega))$. 再利用 Sobolev 嵌入定理, 可知 $\partial_t u\in C([0,T'],H^{-1}(\Omega))$.

此外, 还知道逼近解序列 $u_m\in C^1([0,T'],H_0^1(\Omega))$.

注意到, 对任意 $e_j\in H_0^1(\Omega)$, 这里 $\{e_j\}$ 是 $H_0^1(\Omega)$ 的完备正交基, 下式成立

$$\langle v_m'(0),e_j\rangle_{H^{-1}(\Omega),H_0^1(\Omega)}=\langle v_m'(t),e_j\rangle_{H^{-1}(\Omega),H_0^1(\Omega)}-\int_0^t\langle v_m''(\tau),e_j\rangle_{H^{-1}(\Omega),H_0^1(\Omega)}\mathrm{d}\tau.$$

这里 $v_m=u_m-u$.

进一步, 对任意的 $0<t<T'<T$, 成立

$$\begin{aligned}T'\langle v_m'(0),e_j\rangle_{H^{-1}(\Omega),H_0^1(\Omega)}=&\int_0^{T'}(v_m'(t),e_j)_{L^2(\Omega)}\mathrm{d}t\\&-\int_0^{T'}\int_0^t\langle v_m''(\tau),e_j\rangle_{H^{-1}(\Omega),H_0^1(\Omega)}\mathrm{d}\tau\mathrm{d}t.\end{aligned}\tag{6.2.17}$$

注意到, 对任意的 $1\leqslant j\leqslant m$, u_m,u 分别满足

$$\langle u'',e_j\rangle_{H^{-1}(\Omega),H_0^1(\Omega)}-a(u,e_j)=\langle f,e_j\rangle_{H^{-1}(\Omega),H_0^1(\Omega)};$$

$$\langle u_m'',e_j\rangle_{H^{-1}(\Omega),H_0^1(\Omega)}-a(u_m,e_j)=\langle f,e_j\rangle_{H^{-1}(\Omega),H_0^1(\Omega)}.$$

因此, 对于 $1 \leqslant j \leqslant m$, $v_m = u_m - u$ 满足

$$\langle v_m'', e_j \rangle_{H^{-1}(\Omega), H_0^1(\Omega)} = a(v_m, e_j).$$

因此, 对任意的 $1 \leqslant j \leqslant m$, 成立

$$\int_0^{T'} \int_0^t \langle v_m''(\tau), e_j \rangle_{H^{-1}(\Omega), H_0^1(\Omega)} \mathrm{d}\tau \mathrm{d}t = \int_0^{T'} \int_0^t a(v_m(\tau), e_j) \mathrm{d}\tau, \tag{6.2.18}$$

由式 (6.2.7) 知, $v_m \rightharpoonup 0$ $(L^2(0,T;H_0^1(\Omega)))$, 再利用 $a(v_m, e_j)$ 的表达式, 可得

$$\lim_{m\to\infty} \int_0^t a(v_m(\tau), e_j) \mathrm{d}\tau = 0. \tag{6.2.19}$$

此外, 利用式 (6.2.5), 对任意的 $1 \leqslant j \leqslant m$, $0 < t < T'$, 成立

$$\begin{aligned}
&\left| \int_0^t a(v_m(\tau), e_j) \mathrm{d}\tau \right| \\
\leqslant & C \int_0^{T'} \|v_m(\tau)\|_{H^1(\Omega)} \|e_j\|_{H^1(\Omega)} \mathrm{d}\tau \\
\leqslant & C \|e_j\|_{H^1(\Omega)} \int_0^{T'} (\|u_m(\tau)\|_{H^1(\Omega)} + \|u(\tau)\|_{H^1(\Omega)}) \mathrm{d}\tau \\
\leqslant & CT' \|e_j\|_{H^1(\Omega)} (\|u_m\|_{L^\infty(0,T';H^1(\Omega))} + \|u_m\|_{L^\infty(0,T';H^1(\Omega))}) \\
\leqslant & CT' \|e_j\|_{H^1(\Omega)} \big(\|\varphi_0\|_{H^1(\Omega)} + \|\varphi_1\|_{L^2(\Omega)} + \|f\|_{L^2(0,T;L^2(\Omega))} \big).
\end{aligned} \tag{6.2.20}$$

由式 (6.2.7) 可知, $\partial_t v_m \rightharpoonup 0$ $(L^2(0,T;L^2(\Omega)))$. 从而,

$$\lim_{m\to\infty} \int_0^t a(v_m(\tau), e_j) \mathrm{d}\tau = 0, \quad 1 \leqslant j < \infty.$$

结合式 (6.2.20), 并利用 Lebesgue 控制收敛定理, 对任意的 $1 \leqslant j < \infty$, 可得

$$\lim_{m\to\infty} \int_0^{T'} \int_0^t a(v_m(\tau), e_j) \mathrm{d}\tau \mathrm{d}t = 0.$$

再由式 (6.2.18), 下式成立

$$\lim_{m\to\infty} \int_0^{T'} \int_0^t \langle v_m''(\tau), e_j \rangle_{H^{-1}(\Omega), H_0^1(\Omega)} \mathrm{d}\tau \mathrm{d}t = 0, \quad 1 \leqslant j < \infty. \tag{6.2.21}$$

此外, 由式 (6.2.11), 对任意的 $0 < t < T'$, 成立

$$\lim_{m\to\infty} \int_0^t (v_m'(\tau), e_j)_{L^2(\Omega)} \mathrm{d}\tau = 0, \quad 1 \leqslant j < \infty. \tag{6.2.22}$$

利用式 (6.2.17), (6.2.21) 和 (6.2.22), 可知

$$\lim_{m\to\infty}\langle v_m'(0), e_j\rangle_{H^{-1}(\Omega),H_0^1(\Omega)} = 0, \quad 1\leqslant j<\infty.$$

从而可得

$$\begin{aligned}&\lim_{m\to\infty}\langle u_m'(0), e_j\rangle_{H^{-1}(\Omega),H_0^1(\Omega)}\\ =&\lim_{m\to\infty}\langle v_m'(0), e_j\rangle_{H^{-1}(\Omega),H_0^1(\Omega)} + \langle u'(0), e_j\rangle_{H^{-1}(\Omega),H_0^1(\Omega)}\\ =&\langle u'(0), e_j\rangle_{H^{-1}(\Omega),H_0^1(\Omega)}, \quad 1\leqslant j<\infty.\end{aligned}$$

另外, 已知 $\lim\limits_{m\to\infty}\|u_m'(0)-\varphi_1\|_{L^2(\Omega)}=0$, 说明

$$\lim_{m\to\infty}\langle u_m'(0), e_j\rangle_{H^{-1}(\Omega),H_0^1(\Omega)} = \langle \varphi_1, e_j\rangle_{H^{-1}(\Omega),H_0^1(\Omega)}, \quad 1\leqslant j<\infty.$$

因此可得

$$\langle u'(0), e_j\rangle_{H^{-1}(\Omega),H_0^1(\Omega)} = \langle \varphi_1, e_j\rangle_{H^{-1}(\Omega),H_0^1(\Omega)}, \quad 1\leqslant j<\infty.$$

由于 $\{e_j\}$ 是 $H_0^1(\Omega)$ 的完备标准正交基, 故通过一个标准的极限过程, 可得

$$\langle u'(0), \varphi\rangle_{H^{-1}(\Omega),H_0^1(\Omega)} = \langle \varphi_1, \varphi\rangle_{H^{-1}(\Omega),H_0^1(\Omega)}, \quad \forall\, \varphi\in H_0^1(\Omega).$$

利用 $\varphi\in H_0^1(\Omega)$ 的任意性, 可知 $u'(0)=\varphi_1$ 在 Ω 中几乎处处成立. 此外, 前面已证: 对任意的函数 $\psi_2\in C_c^\infty(\Omega)$, 成立

$$\langle u'', \psi_2\rangle_{H^{-1}(\Omega),H_0^1(\Omega)} = -a(u,\psi_2)+(f,\psi_2)_{L^2(\Omega)}.$$

因此,

$$\begin{aligned}&\left|\int_\Omega \partial_t u(x,t)\psi_2(x)\mathrm{d}x-\int_\Omega \varphi_1(x)\psi_2(x)\mathrm{d}x\right|\\ =&\left|\int_\Omega [\partial_t u(x,t)-\partial_t u(x,0)]\psi_2(x)\mathrm{d}x\right|\\ =&\left|\int_\Omega\int_0^1 t\partial_{tt}u(x,st)\psi_2(x)\mathrm{d}s\mathrm{d}x\right|\\ =&t\left|\int_0^1[-a(u(st),\psi_2)+(f(st),\psi_2)_{L^2(\Omega)}]\right|\\ \leqslant& Ct(\|u\|_{L^\infty(0,T;H^1(\Omega))}+t^{-\frac12}\|f\|_{L^2(0,t;L^2(\Omega))})\|\psi_2\|_{L^2(\Omega)}\\ \leqslant& C(t\|\varphi_0\|_{H_0^1(\Omega)}+t\|\varphi_1\|_{L^2(\Omega)}+t^{\frac12}\|f\|_{L^2(0,T;L^2(\Omega))})\|\psi_2\|_{L^2(\Omega)}.\end{aligned}$$

从而对任意的 $\psi_2\in C_c^\infty(\Omega)$, 成立

$$\lim_{t\to0^+}\int_\Omega \partial_t u(x,t)\psi_2(x)\mathrm{d}x=\int_\Omega \varphi_1(x)\psi_2(x)\mathrm{d}x.$$

第二步. 唯一性. 由于在能量不等式的证明过程中, 假定函数 $u \in C^\infty(\overline{Q_T})$, 掩盖了对函数正则性的最低要求, 事实上, 关于正则性的要求主要来自其中的两项, 即: ① $\iint\limits_{Q_T} \frac{\partial^2 u}{\partial t^2}\frac{\partial u}{\partial t}\mathrm{d}x\mathrm{d}t$, 要求 $u \in H^2(0,T;L^2(\Omega))$; ② $\iint\limits_{Q_T} a_{ij}\frac{\partial^2 u}{\partial x_i \partial t}\frac{\partial u}{\partial x_j}\mathrm{d}x\mathrm{d}t$, 要求 $\partial_t u \in L^2(0,T;H_0^1(\Omega))$ 或 $u \in H^1(0,T;H_0^1(\Omega))$.

然而, 上述第一步中得到的解 u 不具有如此高的正则性, 而只是满足:

$$u \in L^\infty(0,T;H_0^1(\Omega)), \quad \partial_t u \in L^\infty(0,T;L^2(\Omega)), \quad \partial_{tt} u \in L^\infty(0,T;H^{-1}(\Omega)).$$

因此, 在解的唯一性证明中不能直接应用能量不等式, 需要抬高解的正则性.

假定 $u_k \in L^\infty(0,T;H_0^1(\Omega))$, $\partial_t u_k \in L^\infty(0,T;L^2(\Omega))$ $(k=1,2)$ 是问题 (6.2.1) 的两个弱解, 则 $u = u_1 - u_2$ 在广义意义下满足

$$\begin{cases} Lu(x,t) = 0, & (x,t) \in \Omega \times (0,T), \\ u(x,t) = 0, & (x,t) \in \partial\Omega \times (0,T), \\ u|_{t=0} = \partial_t u|_{t=0} = 0, & x \in \Omega. \end{cases} \tag{6.2.23}$$

令 $U(t) = \int_0^t u(\tau)\mathrm{d}\tau$, 则 $U \in H^1(0,T;H_0^1(\Omega)) \bigcap H^2(0,T;L^2(\Omega))$, 且对任意的 $0 \leqslant t < T$, 由式 (6.2.23), 可知

$$\begin{cases} \frac{\partial}{\partial t}\left(\frac{\partial^2 U}{\partial t^2} - M\left(x,t,\frac{\partial}{\partial x}\right)U\right) + M_t\left(x,t,\frac{\partial}{\partial x}\right)U = 0, & (x,t) \in \Omega \times (0,T), \\ U(x,t) = \partial_t U(x,t) = 0, & (x,t) \in \partial\Omega \times (0,T), \\ U|_{t=0} = \partial_t U|_{t=0} = \partial_{tt} U|_{t=0} = 0, & x \in \Omega, \end{cases} \tag{6.2.24}$$

其中

$$M\left(x,t,\frac{\partial}{\partial x}\right) = \sum_{i,j=1}^n \frac{\partial}{\partial x_i}\left(a_{ij}(x,t)\frac{\partial}{\partial x_j}\right) + \sum_{i=1}^n b_i(x,t)\frac{\partial}{\partial x_i} + c(x,t);$$

$$M_t\left(x,t,\frac{\partial}{\partial x}\right) = \sum_{i,j=1}^n \frac{\partial}{\partial x_i}\left(a_{ijt}(x,t)\frac{\partial}{\partial x_j}\right) + \sum_{i=1}^n b_{it}(x,t)\frac{\partial}{\partial x_i} + c_t(x,t).$$

在问题 (6.2.24) 中的方程两边关于 t 积分, 并利用初始条件, 可得

$$\begin{cases} \frac{\partial^2 U}{\partial t^2} - M\left(x,t,\frac{\partial}{\partial x}\right)U = -\int_0^t M_\tau\left(x,\tau,\frac{\partial}{\partial x}\right)U(\tau)\mathrm{d}\tau, & (x,t) \in \Omega \times (0,T), \\ U(x,t) = \partial_t U(x,t) = 0, & (x,t) \in \partial\Omega \times (0,T), \\ U|_{t=0} = \partial_t U|_{t=0} = \partial_{tt} U|_{t=0} = 0, & x \in \Omega. \end{cases} \tag{6.2.25}$$

注意到, $U_t \in L^\infty(0,T;H_0^1(\Omega))$, $\partial_{tt}U \in L^\infty(0,T;L^2(\Omega))$, 以及 $\displaystyle\int_0^t M_\tau\left(x,\tau,\frac{\partial}{\partial x}\right)U(\tau)\mathrm{d}\tau \in H^2(0,T;H^{-1}(\Omega))$. 类似于前面证明能量不等式的过程, 对任意的 $0 \leqslant t < T$, 由问题 (6.2.25), 可得

$$\begin{aligned}
&\int_\Omega \left(|\partial_t U(x,t)|^2 + \alpha|\nabla U(x,t)|^2\right)\mathrm{d}x\\
\leqslant& \int_\Omega \left(|\partial_t U(x,t)|^2 + \alpha|\nabla U(x,t)|^2\right)\mathrm{d}x\Big|_{t=0}\\
&+C_1\int_0^t\int_\Omega \left(|\partial_\tau U(x,\tau)|^2 + |\nabla U(x,\tau)|^2 + |U(x,\tau)|^2\right)\mathrm{d}x\mathrm{d}\tau\\
&+\left|\int_0^t\int_\Omega \left(\partial_s U(x,s)\right)\left(-\int_0^s M_\tau\left(x,\tau,\frac{\partial}{\partial x}\right)U(x,\tau)\mathrm{d}\tau\right)\mathrm{d}x\mathrm{d}s\right|,
\end{aligned}\tag{6.2.26}$$

这里

$$\int_0^t\int_\Omega \left(\partial_s U(x,s)\right)\left(-\int_0^s M_\tau\left(x,\tau,\frac{\partial}{\partial x}\right)U(x,\tau)\mathrm{d}\tau\right)\mathrm{d}x\mathrm{d}s$$

是为了书写方便, 实际上应理解为

$$\begin{aligned}
&\int_0^t\int_\Omega \left(\partial_s U(x,s)\right)\left(-\int_0^s M_\tau\left(x,\tau,\frac{\partial}{\partial x}\right)U(x,\tau)\mathrm{d}\tau\right)\mathrm{d}x\mathrm{d}s\\
=&\int_0^t\left\langle -\int_0^s M_\tau\left(x,\tau,\frac{\partial}{\partial x}\right)U(x,\tau)\mathrm{d}\tau, \partial_s U(x,s)\right\rangle_{H^{-1}(\Omega),H_0^1(\Omega)}\mathrm{d}s.
\end{aligned}$$

在接下来的证明过程中, 出现的类似项也可以这样来理解.

注意到,

$$\begin{aligned}
&\left|\int_0^t\int_\Omega \left(\partial_s U(x,s)\right)\left(-\int_0^s M_\tau\left(x,\tau,\frac{\partial}{\partial x}\right)U(x,\tau)\mathrm{d}\tau\right)\mathrm{d}x\mathrm{d}s\right|\\
=&\left|\int_\Omega\int_0^t \partial_s\left(U(x,s)\int_0^s M_\tau\left(x,\tau,\frac{\partial}{\partial x}\right)U(x,\tau)\mathrm{d}\tau\right)\mathrm{d}s\mathrm{d}x\right.\\
&\left.-\int_0^t\int_\Omega U(x,s)M_s\left(x,s,\frac{\partial}{\partial x}\right)U(x,s)\mathrm{d}x\mathrm{d}s\right|\\
=&\left|\int_\Omega U(x,t)\int_0^t M_\tau\left(x,\tau,\frac{\partial}{\partial x}\right)U(x,\tau)\mathrm{d}\tau\mathrm{d}x\right.\\
&\left.-\int_0^t\int_\Omega U(x,s)M_s\left(x,s,\frac{\partial}{\partial x}\right)U(x,s)\mathrm{d}x\mathrm{d}s\right|\\
=&\left|\int_0^t\int_\Omega \left(U(x,t)-U(x,s)\right)M_s\left(x,s,\frac{\partial}{\partial x}\right)U(x,s)\mathrm{d}x\mathrm{d}s\right|
\end{aligned}$$

$$
\begin{aligned}
&= \Bigg| - \int_0^t \int_\Omega \sum_{i,j=1}^n a_{ijs}(x,s) \frac{\partial}{\partial x_i}\Big(U(x,t)-U(x,s)\Big)\frac{\partial U(x,s)}{\partial x_j}\mathrm{d}x\mathrm{d}s \\
&\quad + \int_0^t \int_\Omega \Big(U(x,t)-U(x,s)\Big)\Bigg(\sum_{i=1}^n b_{is}(x,s)\frac{\partial U(x,s)}{\partial x_i} \\
&\quad + c_s(x,s)U(x,s)\Bigg)\mathrm{d}x\mathrm{d}s\Bigg| \\
&\leqslant C\int_0^t \int_\Omega \Big(|U(x,s)|^2 + |\nabla U(x,s)|^2\Big)\mathrm{d}x\mathrm{d}s \\
&\quad + Ct\int_\Omega \Big(|U(x,t)|^2 + |\nabla U(x,t)|^2\Big)\mathrm{d}x.
\end{aligned} \tag{6.2.27}
$$

另一方面,

$$
\begin{aligned}
\int_\Omega |U(x,t)|^2\mathrm{d}x &= \int_\Omega \Big(|U(x,t)|^2 - |U(x,0)|^2\Big)\mathrm{d}x \\
&= \int_\Omega \int_0^t \frac{\partial}{\partial s}|U(x,s)|^2\mathrm{d}x \\
&= 2\int_\Omega \int_0^t U(x,s)\partial_s U(x,s)\mathrm{d}x \\
&\leqslant \int_0^t \int_\Omega \Big(|U(x,s)|^2 + |\partial_s U(x,s)|^2\Big)\mathrm{d}x\mathrm{d}s.
\end{aligned} \tag{6.2.28}
$$

令

$$
I(t) = \int_\Omega \Big(|U(x,t)|^2 + |\partial_t U(x,t)|^2 + |\nabla U(x,t)|^2\Big)\mathrm{d}x,
$$

则由式 (6.2.26)–(6.2.28), 可得

$$
I(t) \leqslant C_1 t I(t) + C\int_0^t I(s)\mathrm{d}s.
$$

从而有

$$
(1 - C_1 t)I(t) \leqslant C\int_0^t I(s)\mathrm{d}s.
$$

由于 $I(0) = 0$, 利用 Gronwall 不等式, 可知, 当 $0 \leqslant t \leqslant \dfrac{1}{2C_1}$ 时, 可得到 $I(t) = 0$. 特别地, $I\left(\dfrac{1}{2C_1}\right) = 0$. 重复上述步骤, 可得 $I(t) = 0, \forall\, t \in \left[\dfrac{1}{2C_1}, \dfrac{2}{2C_1}\right]$, 经过有限步骤后, 对任意的 $0 < T' < T$, 可得 $I(t) = 0, \forall\, 0 \leqslant t < T'$. 于是有 $U(x,t) = \partial_t U(x,t) = 0, \forall\, 0 \leqslant t < T$.□

利用上述证明过程中使用的 Galerkin 的方法, 可以证明: 当初始条件与双曲方程右端项函数 f 有更高的正则性时, 相应的解也会有更高的正则性, 即如下定理.

定理 6.2.3 假定 Ω 是 $\mathbb{R}^n$ 中的有界光滑区域. 设 $\varphi_0 \in H_0^1(\Omega)\bigcap H^2(\Omega)$, $\varphi_1 \in H_0^1(\Omega)$, $f \in L^2(0,T;H_0^1(\Omega))$, $\partial_t f \in L^2(\Omega\times(0,T))$, $0<T\leqslant\infty$, 则在定理 6.2.2 中建立的问题 (6.2.1) 的唯一解 u 满足: $u \in L^\infty(0,T;H_0^1(\Omega)\bigcap H^2(\Omega))$, 并且成立

$$\partial_t u \in L^\infty(0,T;H_0^1(\Omega)), \quad \partial_{tt}u \in L^\infty(0,T;L^2(\Omega)).$$

6.3 对称双曲组的可解性

在现代偏微分方程理论中, 除讨论偏微分方程 (组) 定解问题的古典解外, 还可以考虑各种广义意义下的弱解, 即在广义函数的意义下满足方程及其在各种特定意义下的定解条件. 从而在各类问题的研究中通常先研究弱解, 然后再考虑弱解的正则性等.

本节主要介绍含有多个自变量的一阶线性对称双曲组弱解定义、存在性和唯一性, 所用方法为能量估计和黏性消失技巧. 许多数学物理中的偏微分方程, 如气体动力学方程、Maxwell 方程等都可以化为一阶对称双曲组. 设 $T>0$, 考察 n 个自变量 m 个未知函数的一阶偏微分方程组:

$$\begin{cases} \partial_t u + \sum\limits_{j=1}^n B_j\partial_{x_j}u = f, & (x,t)\in\mathbb{R}^n\times(0,T], \\ u(x,0)=g, & x\in\mathbb{R}^n. \end{cases} \tag{6.3.1}$$

假定矩阵 $B_j \in C^2(\mathbb{R}^n\times[0,T];\mathbb{R}^m\times\mathbb{R}^m)$ 是对称的, $0\leqslant j\leqslant n$, 且满足

$$\sup_{\mathbb{R}^n\times[0,T]}(|B_j|+|\partial_x\partial_t B_j|+|\partial_x^2\partial_t B_j|)<\infty, \quad 0\leqslant j\leqslant n; \tag{6.3.2}$$

$$g\in H^1(\mathbb{R}^n,\mathbb{R}^m), \quad f\in H^1(\mathbb{R}^n\times(0,T);\mathbb{R}^m). \tag{6.3.3}$$

弱解定义 称 $u\in L^2(0,T;H^1(\mathbb{R}^n,\mathbb{R}^m))$, $\partial_t u\in L^2(0,T;L^2(\mathbb{R}^n,\mathbb{R}^m))$ 是对称双曲组 (6.3.1) 的弱解, 如果成立: $u(0)=g$, 并且

$$(\partial_t u, v)_{L^2} + B[u,v;t] = (f,v)_{L^2}, \quad \forall\, v\in H^1(\mathbb{R}^n,\mathbb{R}^m) \quad \text{以及几乎处处的 } 0\leqslant t\leqslant T.$$

上述双线性形式 $B[\cdot,\cdot;t]$ 定义如下: $\forall\, 0\leqslant t\leqslant T,\quad u_1,u_2\in H^1(\mathbb{R}^n,\mathbb{R}^m)$,

$$B[u_1,u_2;t] := \int_{\mathbb{R}^n}\sum_{j=1}^n (B_j(x,t)\partial_{x_j}u_1(x))\cdot u_2(x)\mathrm{d}x.$$

注 由 $u\in L^2(0,T;H^1(\mathbb{R}^n,\mathbb{R}^m))$, $\partial_t u\in L^2(0,T;L^2(\mathbb{R}^n,\mathbb{R}^m))$, 利用 7.1 节的注 1 可知, $u\in C([0,T];L^2(\mathbb{R}^n,\mathbb{R}^m))$, 从而上述定义中的 $u(0)=g$ 是有意义的.

下面利用泛函分析中的不动点定理 (详见第 1 章), 建立问题 (6.3.1) 的近似解的存在性. 设 $\varepsilon > 0$, $g^\varepsilon = J_\varepsilon * g$, 其中 J_ε 是磨光算子. 考虑

$$\begin{cases} \partial_t u^\varepsilon - \varepsilon\Delta u^\varepsilon + \sum_{j=1}^n B_j \partial_{x_j} u^\varepsilon = f, & (x,t) \in \mathbb{R}^n \times (0,T], \\ u^\varepsilon(x,0) = g^\varepsilon, & x \in \mathbb{R}^n. \end{cases} \tag{6.3.4}$$

定理 6.3.1 *假定式 (6.3.2), (6.3.3) 成立, 则对任意 $\varepsilon > 0$, 问题 (6.3.4) 存在唯一的解 u^ε, 且满足:*

$$u^\varepsilon \in L^2(0,T;H^3(\mathbb{R}^n,\mathbb{R}^m)), \quad \partial_t u^\varepsilon \in L^2(0,T;H^1(\mathbb{R}^n,\mathbb{R}^m)). \tag{6.3.5}$$

证明 第一步. 令 $X = L^\infty(0,T;H^1(\mathbb{R}^n,\mathbb{R}^m))$. 设 $v \in X$, 考虑如下线性方程组:

$$\begin{cases} \partial_t u - \varepsilon\Delta u = f - \sum_{j=1}^n B_j \partial_{x_j} v, & (x,t) \in \mathbb{R}^n \times (0,T], \\ u(x,0) = g^\varepsilon, & x \in \mathbb{R}^n. \end{cases} \tag{6.3.6}$$

注意到方程 (6.3.6) 右端

$$F(x,t) = f(x,t) - \sum_{j=1}^n B_j(x,t)\partial_{x_j} v(x,t) \in L^2(0,T;L^2(\mathbb{R}^n,\mathbb{R}^m)),$$

可知问题 (6.3.6) 存在唯一的解 $u \in L^2(0,T;H^2(\mathbb{R}^n,\mathbb{R}^m))$,$\partial_t u \in L^2(0,T;L^2(\mathbb{R}^n,\mathbb{R}^m))$. 事实上, 利用热方程的基本解 $\Gamma_\varepsilon(x,t) = (4\pi\varepsilon t)^{-\frac{n}{2}} \mathrm{e}^{-\frac{|x|^2}{4\varepsilon t}}$, 问题 (6.3.6) 的解可以表示为

$$u(x,t) = (\Gamma_\varepsilon(\cdot,t) * g^\varepsilon)(x) - \int_0^t \int_{\mathbb{R}^n} \Gamma_\varepsilon(x-y,t-s)F(y,s)\mathrm{d}y\mathrm{d}s.$$

类似地, 对于另一元素 $\widetilde{v} \in X$, 存在唯一的解 $\widetilde{u} \in L^2(0,T;H^2(\mathbb{R}^n,\mathbb{R}^m))$, $\partial_t \widetilde{u} \in L^2(0,T;L^2(\mathbb{R}^n,\mathbb{R}^m))$, 满足:

$$\begin{cases} \partial_t \widetilde{u} - \varepsilon\Delta \widetilde{u} = f - \sum_{j=1}^n B_j \partial_{x_j} \widetilde{v}, & (x,t) \in \mathbb{R}^n \times (0,T], \\ \widetilde{u}(x,0) = g^\varepsilon, & x \in \mathbb{R}^n. \end{cases}$$

第二步. 令 $\widehat{u} = u - \widetilde{u}$, 则 $\widehat{u}$ 满足:

$$\begin{cases} \partial_t \widehat{u} - \varepsilon\Delta \widehat{u} = -\sum_{j=1}^n B_j \partial_{x_j} \widehat{v}, & (x,t) \in \mathbb{R}^n \times (0,T], \\ \widehat{u}(x,0) = 0, & x \in \mathbb{R}^n, \end{cases}$$

其中 $\widehat{v} = v - \widetilde{v} \in X$. 利用热方程的基本解, $\widehat{u}$ 可以表示为

$$\widehat{u}(x,t) = \int_0^t \int_{\mathbb{R}^n} \Gamma_\varepsilon(x-y,t-s)\bigg(\sum_{j=1}^n B_j\partial_{x_j}\widehat{v}\bigg)(y,s)\mathrm{d}y\mathrm{d}s.$$

利用 Young 不等式, 可得

$$\begin{aligned}
\|\widehat{u}(t)\|_{L^2(\mathbb{R}^n,\mathbb{R}^m)} &\leqslant \int_0^t \|\Gamma_\varepsilon(\cdot,t-s)\|_{L^1(\mathbb{R}^n)}\bigg\|\sum_{j=1}^n \big(B_j\partial_{x_j}\widehat{v}\big)(\cdot,s)\bigg\|_{L^2(\mathbb{R}^n,\mathbb{R}^m)}\mathrm{d}s \\
&\leqslant \int_0^t \bigg\|\sum_{j=1}^n \big(B_j\partial_{x_j}\widehat{v}\big)(\cdot,s)\bigg\|_{L^2(\mathbb{R}^n,\mathbb{R}^m)}\mathrm{d}s \\
&\leqslant T\bigg\|\sum_{j=1}^n B_j\partial_{x_j}\widehat{v}\bigg\|_{L^\infty(0,T;L^2(\mathbb{R}^n,\mathbb{R}^m))},
\end{aligned}$$

以及

$$\begin{aligned}
\|\nabla\widehat{u}(t)\|_{L^2(\mathbb{R}^n,\mathbb{R}^m)} &\leqslant \int_0^t \|\nabla\Gamma_\varepsilon(\cdot,t-s)\|_{L^1(\mathbb{R}^n)}\bigg\|\sum_{j=1}^n \big(B_j\partial_{x_j}\widehat{v}\big)(\cdot,s)\bigg\|_{L^2(\mathbb{R}^n,\mathbb{R}^m)}\mathrm{d}s \\
&\leqslant C\varepsilon^{-\frac{1}{2}}\int_0^t (t-s)^{-\frac{1}{2}}\bigg\|\sum_{j=1}^n \big(B_j\partial_{x_j}\widehat{v}\big)(\cdot,s)\bigg\|_{L^2(\mathbb{R}^n,\mathbb{R}^m)}\mathrm{d}s \\
&\leqslant C\varepsilon^{-\frac{1}{2}}\bigg\|\sum_{j=1}^n B_j\partial_{x_j}\widehat{v}\bigg\|_{L^\infty(0,T;L^2(\mathbb{R}^n,\mathbb{R}^m))}\int_0^t (t-s)^{-\frac{1}{2}}\mathrm{d}s \\
&\leqslant C\varepsilon^{-\frac{1}{2}}T^{\frac{1}{2}}\bigg\|\sum_{j=1}^n B_j\partial_{x_j}\widehat{v}\bigg\|_{L^\infty(0,T;L^2(\mathbb{R}^n,\mathbb{R}^m))}.
\end{aligned}$$

利用上述两式, 可得

$$\begin{aligned}
&\|\widehat{u}(t)\|_{L^\infty(0,T;H^1(\mathbb{R}^n,\mathbb{R}^m))} \\
\leqslant{}& C(T+\varepsilon^{-\frac{1}{2}}T^{\frac{1}{2}})\|\sum_{j=1}^n B_j\partial_{x_j}\widehat{v}\|_{L^\infty(0,T;L^2(\mathbb{R}^n,\mathbb{R}^m))} \\
\leqslant{}& C(T+\varepsilon^{-\frac{1}{2}}T^{\frac{1}{2}})\sum_{j=1}^n \sup_{\mathbb{R}^n\times[0,T]}|B_j|\|\partial_{x_j}\widehat{v}\|_{L^\infty(0,T;L^2(\mathbb{R}^n,\mathbb{R}^m))} \\
\leqslant{}& C(\varepsilon)(T+T^{\frac{1}{2}})\|\widehat{v}\|_{L^\infty(0,T;H^1(\mathbb{R}^n,\mathbb{R}^m))}.
\end{aligned} \tag{6.3.7}$$

如果 $T>0$ 非常小, 使得

$$C(\varepsilon)(T+T^{\frac{1}{2}}) \leqslant \frac{1}{2}. \tag{6.3.8}$$

利用式 (6.3.7), (6.3.8), 可得

$$\|\widehat{u}\|_{L^\infty(0,T;H^1(\mathbb{R}^n,\mathbb{R}^m))} \leqslant \frac{1}{2}\|\widehat{v}\|_{L^\infty(0,T;H^1(\mathbb{R}^n,\mathbb{R}^m))}$$

或写为

$$\|u-\widetilde{u}\|_{L^\infty(0,T;H^1(\mathbb{R}^n,\mathbb{R}^m))}\leqslant\frac{1}{2}\|v-\widetilde{v}\|_{L^\infty(0,T;H^1(\mathbb{R}^n,\mathbb{R}^m))}.$$

根据 Banach 空间中的不动点定理 (见第 1 章), 可知, 在式 (6.3.8) 成立的情况下, 映射 $u=\Psi(v)$: $X\longrightarrow X$ 有唯一的不动点 $u=v=u^\varepsilon$, 即 $u^\varepsilon\in X$ 是问题 (6.3.4) 在 $\mathbb{R}^n\times[0,T]$ 上的解.

如果式 (6.3.8) 不成立, 选取 $0<T_1<T$, 使得 $C(\varepsilon)(T_1+T_1^{\frac{1}{2}})=\frac{1}{2}$. 可推知 $u^\varepsilon\in X$ 是问题 (6.3.4) 在 $\mathbb{R}^n\times[0,T_1]$ 上的解. 以 T_1 为初始时刻, 重复上述讨论, 可知, 存在 $T_2>T_1$ 满足: $C(\varepsilon)(T_2-T_1+(T_2-T_1)^{\frac{1}{2}})=\frac{1}{2}$, 由此可知, $T_2=T_1+c_0(\varepsilon)$, $c_0(\varepsilon)>0$ 仅依赖于 ε, 使得 $u^\varepsilon\in X$ 是问题 (6.3.4) 在 $\mathbb{R}^n\times[0,T_2]$ 上的解. 如果 $T_2<T$, 可选取 $T_2<T_3<T$, 满足: $C(\varepsilon)(T_3-T_2+(T_3-T_2)^{\frac{1}{2}})=\frac{1}{2}$, 由此可知, $T_3=T_2+c_0(\varepsilon)$, 使得 $u^\varepsilon\in X$ 是问题 (6.3.4) 在 $\mathbb{R}^n\times[0,T_3]$ 上的解. 经过有限步之后, 可知 $u^\varepsilon\in X$ 是问题 (6.4.4) 在 $\mathbb{R}^n\times[0,T]$ 上的解.

利用式 (6.3.2), (6.3.3), 以及 $u^\varepsilon\in X=L^\infty(0,T;H^1(\mathbb{R}^n,\mathbb{R}^m))$, 可知

$$Q=f-\sum_{j=1}^n B_j\partial_{x_j}u^\varepsilon\in L^2(0,T;L^2(\mathbb{R}^n,\mathbb{R}^m)),$$

利用经典抛物方程理论 (见定理 7.1.3) 可知,

$$u^\varepsilon\in L^2(0,T;H^2(\mathbb{R}^n,\mathbb{R}^m)),\quad \partial_t u^\varepsilon\in L^2(0,T;L^2(\mathbb{R}^n,\mathbb{R}^m)).$$

从而, 进一步成立

$$Q=f-\sum_{j=1}^n B_j\partial_{x_j}u^\varepsilon\in L^2(0,T;H^1(\mathbb{R}^n,\mathbb{R}^m)),$$

再次利用经典抛物方程理论可知,

$$u^\varepsilon\in L^2(0,T;H^3(\mathbb{R}^n,\mathbb{R}^m)),\quad \partial_t u^\varepsilon\in L^2(0,T;H^1(\mathbb{R}^n,\mathbb{R}^m)).$$

说明式 (6.3.5) 成立. □

下面对问题 (6.3.4) 的解 u^ε 建立能量估计, 以此估计为基础可以得到问题 (6.3.1) 的弱解.

定理 6.3.2 假定 u^ε $(0<\varepsilon<1)$ 是定理 6.3.1 中得到的关于问题 (6.3.4) 的唯一解, 则存在常数 $C>0$(这里常数 C 仅依赖于维数 n 和问题 (6.3.1) 中方程的系数), 使得

$$\begin{aligned}&\|u^\varepsilon\|_{L^\infty(0,T;H^1(\mathbb{R}^n,\mathbb{R}^m))}+\|\partial_t u^\varepsilon\|_{L^\infty(0,T;L^2(\mathbb{R}^n,\mathbb{R}^m))}\\ \leqslant\, & C\big(\|g\|_{H^1(\mathbb{R}^n,\mathbb{R}^m)}+\|f\|_{L^2(0,T;H^1(\mathbb{R}^n,\mathbb{R}^m))}+\|\partial_t f\|_{L^2(0,T;L^2(\mathbb{R}^n,\mathbb{R}^m))}\big).\end{aligned}\tag{6.3.9}$$

证明 第一步. 利用问题 (6.3.4) 中的方程可知, 对任意的 $0 < t \leqslant T$, 成立

$$\begin{aligned}&\frac{1}{2}\frac{\mathrm{d}}{\mathrm{d}t}\|u^\varepsilon(t)\|^2_{L^2(\mathbb{R}^n,\mathbb{R}^m)} = \big(u^\varepsilon(t), \partial_t u^\varepsilon(t)\big)_{L^2(\mathbb{R}^n,\mathbb{R}^m)}\\ &= \left(u^\varepsilon(t), \varepsilon\Delta u^\varepsilon(t) + f(\cdot,t) - \sum_{j=1}^n B_j(\cdot,t)\partial_{x_j}u^\varepsilon(t)\right)_{L^2(\mathbb{R}^n,\mathbb{R}^m)}.\end{aligned} \tag{6.3.10}$$

注意到,

$$\big(u^\varepsilon(t), \varepsilon\Delta u^\varepsilon(t)\big)_{L^2(\mathbb{R}^n,\mathbb{R}^m)} = -\varepsilon\|\nabla u^\varepsilon(t)\|_{L^2(\mathbb{R}^n,\mathcal{M}^{m\times n})} \leqslant 0; \tag{6.3.11}$$

$$\big|(u^\varepsilon(t), f(\cdot,t))\big|_{L^2(\mathbb{R}^n,\mathbb{R}^m)} \leqslant \|u^\varepsilon(t)\|^2_{L^2(\mathbb{R}^n,\mathbb{R}^m)} + \|f(\cdot,t)\|^2_{L^2(\mathbb{R}^n,\mathbb{R}^m)}. \tag{6.3.12}$$

假定 $v \in C_c^\infty(\mathbb{R}^n,\mathbb{R}^m)$, 则成立

$$\begin{aligned}&\left(v, \sum_{j=1}^n B_j(\cdot,t)\partial_{x_j}v\right)_{L^2(\mathbb{R}^n,\mathbb{R}^m)} = \sum_{j=1}^n \int_{\mathbb{R}^n} (B_j\partial_{x_j}v)\cdot v\mathrm{d}x\\ &= \frac{1}{2}\sum_{j=1}^n\int_{\mathbb{R}^n}(B_j v\cdot v)_{x_j}\mathrm{d}x - \frac{1}{2}\sum_{j=1}^n\int_{\mathbb{R}^n}(B_{j,x_j}v\cdot v)\mathrm{d}x\\ &= -\frac{1}{2}\sum_{j=1}^n\int_{\mathbb{R}^n}(B_{j,x_j}v\cdot v)\mathrm{d}x.\end{aligned}$$

因此可得

$$\begin{aligned}\left|\left(v, \sum_{j=1}^n B_j(\cdot,t)\partial_{x_j}v\right)_{L^2(\mathbb{R}^n,\mathbb{R}^m)}\right| &\leqslant \frac{1}{2}\sum_{j=1}^n\left|\int_{\mathbb{R}^n}(B_{j,x_j}v\cdot v)\right|\mathrm{d}x\\ &\leqslant \frac{1}{2}\sum_{j=1}^n\sup_{x\subset\mathbb{R}^n}|B_{j,x_j}|\|v\|^2_{L^2(\mathbb{R}^n,\mathbb{R}^m)}\\ &\leqslant C\|v\|^2_{L^2(\mathbb{R}^n,\mathbb{R}^m)}.\end{aligned}$$

通过一个极限过程, 对任意 $t \in [0,T]$, 可知下式成立

$$\left|\left(u^\varepsilon(t), \sum_{j=1}^n B_j(\cdot,t)\partial_{x_j}u^\varepsilon(t)\right)_{L^2(\mathbb{R}^n,\mathbb{R}^m)}\right| \leqslant C\|u^\varepsilon(t)\|^2_{L^2(\mathbb{R}^n,\mathbb{R}^m)}. \tag{6.3.13}$$

将式 (6.3.11)—式 (6.3.13) 代入式 (6.3.10) 中可得

$$\frac{\mathrm{d}}{\mathrm{d}t}\|u^\varepsilon(t)\|^2_{L^2(\mathbb{R}^n,\mathbb{R}^m)} \leqslant C\big(\|u^\varepsilon(t)\|^2_{L^2(\mathbb{R}^n,\mathbb{R}^m)} + \|f(\cdot,t)\|^2_{L^2(\mathbb{R}^n,\mathbb{R}^m)}\big).$$

对上述估计式应用 Gronwall 不等式, 可得

$$\begin{aligned}\|u^\varepsilon\|^2_{L^\infty(0,T;L^2(\mathbb{R}^n,\mathbb{R}^m))} &\leqslant C\big(\|g^\varepsilon\|^2_{L^2(\mathbb{R}^n,\mathbb{R}^m)} + \|f\|^2_{L^\infty(0,T;L^2(\mathbb{R}^n,\mathbb{R}^m))}\big)\\ &\leqslant C\big(\|g\|^2_{L^2(\mathbb{R}^n,\mathbb{R}^m)} + \|f\|^2_{L^\infty(0,T;L^2(\mathbb{R}^n,\mathbb{R}^m))}\big).\end{aligned}\tag{6.3.14}$$

第二步. 记 $v^k=\partial_{x_k}u^\varepsilon$, $k=1,2,\cdots,n$. 对问题 (6.3.4) 中的方程关于 x_k 求导, 可得

$$\begin{aligned}\partial_t v^k - \varepsilon\Delta v^k + \sum_{j=1}^n B_j\partial_{x_j}v_k = \partial_{x_k}f - \sum_{j=1}^n B_{j,x_k}\partial_{x_j}u^\varepsilon, \quad (x,t)\in\mathbb{R}^n\times(0,T],\\ v^k(x,0)=\partial_{x_k}g^\varepsilon, \quad x\in\mathbb{R}^n.\end{aligned}\tag{6.3.15}$$

重复上述证明过程, 可得

$$\begin{aligned}&\frac{\mathrm{d}}{\mathrm{d}t}\|v^k\|^2_{L^2(\mathbb{R}^n,\mathbb{R}^m)} \leqslant C\left(\|\partial_{x_k}g^\varepsilon\|^2_{L^2(\mathbb{R}^n,\mathbb{R}^m)} + \left\|\partial_{x_k}f - \sum_{j=1}^n B_{j,x_k}\partial_{x_j}u^\varepsilon\right\|^2_{L^2(\mathbb{R}^n,\mathbb{R}^m)}\right)\\ &\leqslant C\left(\|\partial_{x_k}g\|^2_{L^2(\mathbb{R}^n,\mathbb{R}^m)} + \|\partial_{x_k}f\|^2_{L^2(\mathbb{R}^n,\mathbb{R}^m)} + \left\|\sum_{j=1}^n B_{j,x_k}\partial_{x_j}u^\varepsilon\right\|^2_{L^2(\mathbb{R}^n,\mathbb{R}^m)}\right).\end{aligned}$$

从而成立

$$\begin{aligned}&\frac{\mathrm{d}}{\mathrm{d}t}\|\nabla u^\varepsilon(t)\|^2_{L^2(\mathbb{R}^n,\mathcal{M}^{m\times n})} = \frac{\mathrm{d}}{\mathrm{d}t}\sum_{j=k}^n\|v^k\|^2_{L^2(\mathbb{R}^n,\mathbb{R}^m)}\\ &\leqslant C\sum_{k=1}^n\left(\|\partial_{x_k}g\|^2_{L^2(\mathbb{R}^n,\mathbb{R}^m)} + \|\partial_{x_k}f\|^2_{L^2(\mathbb{R}^n,\mathbb{R}^m)} + \left\|\sum_{j=1}^n B_{j,x_k}\partial_{x_j}u^\varepsilon\right\|^2_{L^2(\mathbb{R}^n,\mathbb{R}^m)}\right)\\ &\leqslant C\big(\|\nabla g\|^2_{L^2(\mathbb{R}^n,\mathcal{M}^{m\times n})} + \|f\|^2_{H^1(\mathbb{R}^n,\mathcal{M}^{m\times n})} + \|\nabla u^\varepsilon(t)\|^2_{L^2(\mathbb{R}^n,\mathcal{M}^{m\times n})}\big).\end{aligned}$$

应用 Gronwall 不等式, 可得

$$\begin{aligned}&\|\nabla u^\varepsilon\|^2_{L^\infty(0,T;L^2(\mathbb{R}^n,\mathcal{M}^{m\times n}))}\\ &\leqslant C\big(\|\nabla g\|^2_{L^2(\mathbb{R}^n,\mathcal{M}^{m\times n})} + \|f\|^2_{L^2(0,T;H^1(\mathbb{R}^n,\mathcal{M}^{m\times n}))}\big).\end{aligned}\tag{6.3.16}$$

第三步. 记 $v=\partial_t u^\varepsilon$. 对问题 (6.3.4) 中的方程关于 t 求导, 可得

$$\begin{cases}\partial_t v - \varepsilon\Delta v + \displaystyle\sum_{j=1}^n B_j\partial_{x_j}v = \partial_t f - \sum_{j=1}^n B_{j,t}\partial_{x_j}u^\varepsilon, & (x,t)\in\mathbb{R}^n\times(0,T],\\ v(x,0)=f(x,0) - \displaystyle\sum_{j=1}^n B_j(x,0)\partial_{x_j}g^\varepsilon + \varepsilon\Delta g^\varepsilon, & x\in\mathbb{R}^n.\end{cases}\tag{6.3.17}$$

类似前面的证明, 可得

$$
\begin{aligned}
\frac{\mathrm{d}}{\mathrm{d}t}\|v\|_{L^2(\mathbb{R}^n,\mathbb{R}^m)}^2 \leqslant & C\left(\left\|f(\cdot,0)-\sum_{j=1}^n B_j\partial_{x_j}g^\varepsilon+\varepsilon\Delta g^\varepsilon\right\|_{L^2(\mathbb{R}^n,\mathbb{R}^m)}^2\right.\\
&\left.+\left\|\partial_t f-\sum_{j=1}^n B_{j,t}\partial_{x_j}u^\varepsilon\right\|_{L^2(\mathbb{R}^n,\mathbb{R}^m)}^2\right)\\
\leqslant & C\left(\|f(\cdot,0)\|_{L^2(\mathbb{R}^n,\mathbb{R}^m)}^2+\left\|\sum_{j=1}^n B_j(\cdot,0)\partial_{x_j}g^\varepsilon\right\|_{L^2(\mathbb{R}^n,\mathbb{R}^m)}^2\right.\\
&\left.+\varepsilon^2\|\Delta g^\varepsilon\|_{L^2(\mathbb{R}^n,\mathbb{R}^m)}^2+\|\partial_t f\|_{L^2(\mathbb{R}^n,\mathbb{R}^m)}^2+\left\|\sum_{j=1}^n B_{j,t}\partial_{x_j}u^\varepsilon\right\|_{L^2(\mathbb{R}^n,\mathbb{R}^m)}^2\right)\\
\leqslant & C\big(\|f(\cdot,0)\|_{L^2(\mathbb{R}^n,\mathbb{R}^m)}^2+\|\nabla g^\varepsilon\|_{L^2(\mathbb{R}^n,\mathcal{M}^{m\times n})}^2+\varepsilon^2\|\Delta g^\varepsilon\|_{L^2(\mathbb{R}^n,\mathbb{R}^m)}^2\\
&+\|\partial_t f\|_{L^2(\mathbb{R}^n,\mathbb{R}^m)}^2+\|\nabla u^\varepsilon\|_{L^2(\mathbb{R}^n,\mathcal{M}^{m\times n})}^2\big). \qquad (6.3.18)
\end{aligned}
$$

注意到

$$
\begin{aligned}
\|f(\cdot,0)\|_{L^2(\mathbb{R}^n,\mathbb{R}^m)}^2 = & \left\|f(\cdot,t)-\int_0^t \partial_s f(\cdot,s)\mathrm{d}s\right\|_{L^2(\mathbb{R}^n,\mathbb{R}^m)}^2\\
\leqslant & 2\left(\|f(\cdot,t)\|_{L^2(\mathbb{R}^n,\mathbb{R}^m)}^2+T\int_0^T \|\partial_s f(\cdot,s)\|_{L^2(\mathbb{R}^n,\mathbb{R}^m)}^2\mathrm{d}s\right)
\end{aligned}
$$

上式两边关于 t 积分, 可得

$$
\|f(\cdot,0)\|_{L^2(\mathbb{R}^n,\mathbb{R}^m)}^2 \leqslant C\big(\|f\|_{L^2(0,T;L^2(\mathbb{R}^n,\mathbb{R}^m))}^2+\|\partial_t f\|_{L^2(0,T;L^2(\mathbb{R}^n,\mathbb{R}^m))}^2\big).
$$

此外,

$$
\begin{aligned}
\|\Delta g^\varepsilon\|_{L^2(\mathbb{R}^n,\mathbb{R}^m)}^2 = & \|\Delta(\eta_\varepsilon * g)\|_{L^2(\mathbb{R}^n,\mathbb{R}^m)}^2\\
= & \|(\nabla\eta_\varepsilon)*(\nabla g)\|_{L^2(\mathbb{R}^n,\mathcal{M}^{m\times n})}^2\\
\leqslant & C\varepsilon^{-2}\|\nabla g\|_{L^2(\mathbb{R}^n,\mathcal{M}^{m\times n})}^2.
\end{aligned}
$$

将上述估计式以及 (6.3.16) 代入式 (6.3.18) 中, 可得

$$
\begin{aligned}
\frac{\mathrm{d}}{\mathrm{d}t}\|v\|_{L^2(\mathbb{R}^n,\mathbb{R}^m)}^2 \leqslant & C\big(\|f\|_{L^2(0,T;H^1(\mathbb{R}^n,\mathbb{R}^m))}^2+\|\partial_t f\|_{L^2(0,T;L^2(\mathbb{R}^n,\mathbb{R}^m))}^2\\
&+\|\nabla g\|_{L^2(\mathbb{R}^n,\mathcal{M}^{m\times n})}^2+\|\partial_t f\|_{L^2(\mathbb{R}^n,\mathbb{R}^m)}^2\big).
\end{aligned}
$$

从而成立

$$
\begin{aligned}
&\|\partial_t u^\varepsilon\|_{L^\infty(0,T;L^2(\mathbb{R}^n,\mathbb{R}^m))}^2 = \|v\|_{L^\infty(0,T;L^2(\mathbb{R}^n,\mathbb{R}^m))}^2 \\
\leqslant &C\Bigg(\Bigg\|f(\cdot,0)-\sum_{j=1}^n B_j(\cdot,0)\partial_{x_j}g^\varepsilon+\varepsilon\Delta g^\varepsilon\Bigg\|_{L^2(\mathbb{R}^n,\mathbb{R}^m)}+\|g\|_{H^1(\mathbb{R}^n,\mathbb{R}^m)}^2 \\
&+\|f\|_{L^2(0,T;H^1(\mathbb{R}^n,\mathbb{R}^m))}^2+\|\partial_t f\|_{L^2(0,T;L^2(\mathbb{R}^n,\mathbb{R}^m))}^2\Bigg) \\
\leqslant &C\big(\|g\|_{H^1(\mathbb{R}^n,\mathbb{R}^m)}^2+\|f\|_{L^2(0,T;H^1(\mathbb{R}^n,\mathbb{R}^m))}^2+\|\partial_t f\|_{L^2(0,T;L^2(\mathbb{R}^n,\mathbb{R}^m))}^2\big). \quad (6.3.19)
\end{aligned}
$$

由估计式 (6.3.14),(6.3.16),(6.3.19), 即可得知结论式 (6.3.9) 成立. □

下面介绍问题 (6.3.1) 弱解的存在性.

定理 6.3.3　*假定式 (6.3.2), (6.3.3) 成立, 则问题 (6.3.1) 存在弱解.*

证明　第一步. 根据能量估计式 (6.3.9) 以及弱收敛方法, 可知存在一串子列, 不妨仍记为 $\{u^\varepsilon\}$, 以及函数 $u \in L^2(0,T;H^1(\mathbb{R}^n,\mathbb{R}^m))$, 满足 $\partial_t u \in L^2(0,T;L^2(\mathbb{R}^n,\mathbb{R}^m))$, 并且

$u^\varepsilon \rightharpoonup u$在$L^2(0,T;H^1(\mathbb{R}^n,\mathbb{R}^m))$中;

$\partial_t u^\varepsilon \rightharpoonup \partial_t u$在$L^2(0,T;L^2(\mathbb{R}^n,\mathbb{R}^m))$　中.

设 $v \in C^1([0,T];H^1(\mathbb{R}^n,\mathbb{R}^m))$, 利用问题 (6.3.4) 中的方程, 可得

$$
\int_0^T\int_{\mathbb{R}^n}\big(\partial_t u^\varepsilon\cdot v+\varepsilon\nabla u^\varepsilon:\nabla v\big)\mathrm{d}x\mathrm{d}t+\int_0^T B[u^\varepsilon,v;t]\mathrm{d}t=\int_0^T\int_{\mathbb{R}^n} f\cdot v\mathrm{d}x\mathrm{d}t. \quad (6.3.20)
$$

在式 (6.3.20) 中令 $\varepsilon\to 0$, 可得

$$
\int_0^T\int_{\mathbb{R}^n}\partial_t u\cdot v\mathrm{d}x\mathrm{d}t+\int_0^T B[u,v;t]\mathrm{d}t=\int_0^T\int_{\mathbb{R}^n} f\cdot v\mathrm{d}x\mathrm{d}t. \quad (6.3.21)
$$

式 (6.3.21) 对任意的 $v\in C([0,T];H^1(\mathbb{R}^n,\mathbb{R}^m))$ 仍然成立, 因此对几乎处处的 $0\leqslant t\leqslant T$, 成立

$$
(\partial_t u,v)_{L^2}+B[u,v;t]=(f,v)_{L^2},\quad \forall\, v\in H^1(\mathbb{R}^n,\mathbb{R}^m).
$$

第二步. 对任意的 $v\in C_c^1([0,T);H^1(\mathbb{R}^n,\mathbb{R}^m))$, 由式 (6.3.20) 可得

$$
\begin{aligned}
&\int_0^T\int_{\mathbb{R}^n}\big(u^\varepsilon\cdot\partial_t v+\varepsilon\nabla u^\varepsilon:\nabla v\big)\mathrm{d}x\mathrm{d}t+\int_0^T B[u^\varepsilon,v;t]\mathrm{d}t \\
=&\int_0^T\int_{\mathbb{R}^n} f\cdot v\mathrm{d}x\mathrm{d}t+\int_{\mathbb{R}^n} g^\varepsilon(x)\cdot v(x,0)\mathrm{d}x.
\end{aligned}
$$

在上式中令 $\varepsilon \to 0$, 成立

$$
\begin{aligned}
&-\int_0^T\int_{\mathbb{R}^n} u\cdot\partial_t v\mathrm{d}x\mathrm{d}t+\int_0^T B[u,v;t]\mathrm{d}t\\
=&\int_0^T\int_{\mathbb{R}^n} f\cdot v\mathrm{d}x\mathrm{d}t+\int_{\mathbb{R}^n} g(x)\cdot v(x,0)\mathrm{d}x.
\end{aligned}
\tag{6.3.22}
$$

另外, 在式 (6.3.21) 中关于 t 分部积分, 可得

$$
\begin{aligned}
&-\int_0^T\int_{\mathbb{R}^n} u\cdot\partial_t v\mathrm{d}x\mathrm{d}t+\int_0^T B[u,v;t]\mathrm{d}t\\
=&\int_0^T\int_{\mathbb{R}^n} f\cdot v\mathrm{d}x\mathrm{d}t+\int_{\mathbb{R}^n} u(x,0)\cdot v(x,0)\mathrm{d}x.
\end{aligned}
\tag{6.3.23}
$$

结合式 (6.3.22) 和 (6.3.23), 可知

$$\int_{\mathbb{R}^n}(g(x)-u(x,0))-v(x,0)\mathrm{d}x=0.$$

由于 $v(x,0)\in H^1(\mathbb{R}^n,\mathbb{R}^m)$ 是任意的, 故 $u(0)=u(x,0)=g(x)$. □

最后介绍问题 (6.3.1) 弱解的唯一性.

定理 6.3.4 *在问题 (6.3.2), (6.3.3) 的假设下. 问题 (6.3.1) 的弱解是唯一的.*

证明 假定 $u_1,u_2\in L^2(0,T;H^1(\mathbb{R}^n,\mathbb{R}^m))$, $\partial_t u_1,\partial_t u_2\in L^2(0,T;L^2(\mathbb{R}^n,\mathbb{R}^m))$ 是问题 (6.3.1) 的两个弱解, 令 $w=u_1-u_2$, 则 $w(0)=0$, 并且

$$(\partial_t w,v)_{L^2}+B[w,v;t]=0,\quad \forall\, v\in H^1(\mathbb{R}^n,\mathbb{R}^m)\ \ \text{以及几乎处处的}\ \ 0\leqslant t\leqslant T.$$

特别地, 在上式中取 $v=w\in H^1(\mathbb{R}^n,\mathbb{R}^m)$, 可得

$$(\partial_t w,w)_{L^2}+B[w,w;t]=0,\quad \text{对几乎处处的}\ \ 0\leqslant t\leqslant T.$$

利用 $B[w,w;t]$ 的定义以及假设条件 (6.3.2) 可知

$$|B[w,w;t]|\leqslant C\|w(t)\|^2_{L^2(\mathbb{R}^n,\mathbb{R}^m)}.$$

从而成立

$$\frac{\mathrm{d}}{\mathrm{d}t}\|w(t)\|^2_{L^2(\mathbb{R}^n,\mathbb{R}^m)}=2(\partial_t w,w)_{L^2}=-2B[w,w;t]\leqslant C\|w(t)\|^2_{L^2(\mathbb{R}^n,\mathbb{R}^m)}.$$

注意到 $w(0)=0$, 利用 Gronwall 不等式即可得知 $\|w(t)\|^2_{L^2(\mathbb{R}^n,\mathbb{R}^m)}=0$, 从而对几乎处处的 $(x,t)\in\mathbb{R}^n\times[0,T]$, 成立 $u_1(x,t)=u_2(x,t)$. □

习　题　6

1. 设 X 为 Banach 空间, 抽象函数 $f(t):[a,b]\longrightarrow X$, 且 $f(t)$ 在 $[a,b]$ 上 Riemann 可积, 即 $\int_a^b f(t)\mathrm{d}t$ 存在. 又设 $B:D(B)\longrightarrow X$ 是闭的线性算子, $Bf(t)$ 在 $[a,b]$ 上 Riemann 可积, 即 $\int_a^b Bf(t)\mathrm{d}t$ 存在. 证明:

$$B\left(\int_a^b f(t)\mathrm{d}t\right)=\int_a^b Bf(t)\mathrm{d}t.$$

2. 假定 $0\leqslant I(t)\in C^2([0,T])$, $0<T<\infty$, 且存在常数 $C_1,C_2,M>0$, 使得下式成立:

$$I''(t)\leqslant C_1I'(t)+C_2I(t)+M,\quad \forall\, t\in[0,T],$$

则

$$I(t)\leqslant \big(I'(0)-C_1I(0)+Mt\big)\mathrm{e}^{t(C_1+C_2\mathrm{e}^{tC_1})},\quad 0\leqslant t\leqslant T.$$

注　上述估计的证明要充分利用 Gronwall 不等式. 事实上, 由假设条件可得

$$I'(t)\leqslant C_1I(t)+I'(0)-C_1I(0)+\int_0^t (C_2I(s)+M)\mathrm{d}s,\quad \forall\, t\in[0,T].$$

对任意的 $t\in[0,T]$, 存在 $t_1\in[t,T]$, 再结合上式, 可知

$$I'(t)\leqslant C_1I(t)+I'(0)-C_1I(0)+\int_0^{t_1}(C_2I(s)+M)\mathrm{d}s.$$

对上式利用 Gronwall 不等式, 成立

$$I(t)\leqslant\left(I'(0)-C_1I(0)+\int_0^{t_1}(C_2I(s)+M)\mathrm{d}s\right)\mathrm{e}^{tC_1},\quad 0\leqslant t\leqslant t_1.$$

特别地, 在上式中取 $t=t_1$, 可得

$$\begin{aligned}I(t)&\leqslant\left(I'(0)-C_1I(0)+\int_0^t(C_2I(s)+M)\mathrm{d}s\right)\mathrm{e}^{tC_1}\\&\leqslant C_2\mathrm{e}^{tC_1}\int_0^t I(s)\mathrm{d}s+\mathrm{e}^{tC_1}\big(I'(0)-C_1I(0)+Mt\big),\quad \forall\, t\in[0,T].\end{aligned}$$

对任意的 $t\in[0,T]$, 存在 $t_2\in[t,T]$, 结合上式, 成立

$$I(t)\leqslant C_2\mathrm{e}^{t_2C_1}\int_0^t I(s)\mathrm{d}s+\mathrm{e}^{t_2C_1}\big(I'(0)-C_1I(0)+Mt_2\big),\quad 0\leqslant t\leqslant t_2.$$

对上式利用 Gronwall 不等式, 可得

$$I(t)\leqslant \mathrm{e}^{t_2C_1}\big(I'(0)-C_1I(0)+Mt_2\big)\mathrm{e}^{tC_2\mathrm{e}^{t_2C_1}},\quad 0\leqslant t\leqslant t_2.$$

特别地, 在上式中取 $t=t_2$, 有

$$I(t)\leqslant\big(I'(0)-C_1I(0)+Mt\big)\mathrm{e}^{t(C_1+C_2\mathrm{e}^{tC_1})},\quad 0\leqslant t\leqslant T.$$

□

3. 令 $\phi(t)$ 是一非负有界函数, 定义在 $[T_0, T_1]$, $0 \leqslant T_0 < T_1 < \infty$. 如果 ϕ 满足

$$\phi(t) \leqslant \gamma\phi(s) + \frac{A}{(s-t)^\alpha} + B, \quad \forall\, T_0 \leqslant t < s \leqslant T_1,$$

其中 $A, B, \alpha \geqslant 0$, $\gamma \in (0,1)$, 则存在常数 $C = C(\alpha, \gamma) > 0$, 使得下式成立:

$$\phi(t) \leqslant C\Big(\frac{A}{(s-t)^\alpha} + B\Big), \quad \forall\, T_0 \leqslant t < s \leqslant T_1.$$

4. 设 Ω 为 $\mathbb{R}^n$, $n \geqslant 1$ 中的区域, $0 < T < \infty$. 假定 $u \in H^2(\Omega \times (0,T))$ 满足 Robin (第三) 边界条件:

$$[\partial_\nu u + \sigma u]|_{\partial\Omega\times(0,T)} = 0,$$

这里 $\sigma = \sigma(x) \geqslant 0$, ν 为边界 $\partial\Omega$ 上的单位外法向量, $\partial_\nu = \sum\limits_{i,j} a_{ij}\cos(\nu, x_i)\dfrac{\partial}{\partial x_i}$, 则成立如下能量不等式

$$E(t) \leqslant C\left(E(0) + \int_0^t \int_\Omega |Lu(x,s)|^2 \mathrm{d}x\mathrm{d}s\right),$$

这里

$$E(t) = \int_\Omega (|u(x,t)|^2 + |\partial_t u(x,t)|^2 + |\nabla u(x,t)|^2)\mathrm{d}x + \int_{\partial\Omega} \sigma(x)|u(x,t)|^2 \mathrm{d}S_x,$$

常数 C 依赖于 $\max\limits_{1\leqslant i,j\leqslant n}\big(\|\partial_t a_{ij}\|_{L^\infty(\Omega\times(0,T))} + \|a_{ij}\|_{L^\infty(\Omega\times(0,T))}\big)$, $\max\limits_{1\leqslant i\leqslant n}\|b_i\|_{L^\infty(\Omega\times(0,T))}$, $\|c\|_{L^\infty(\Omega\times(0,T))}$.

第 7 章　抛物型方程与半群理论

7.1　二阶抛物型方程

1. 定解问题

一般二阶线性抛物型方程的形式为

$$\frac{\partial u}{\partial t}-\Big(\sum_{i,j=1}^{n}\frac{\partial}{\partial x_i}\Big(a_{ij}(x,t)\frac{\partial u}{\partial x_j}\Big)+\sum_{i=1}^{n}b_i(x,t)\frac{\partial u}{\partial x_i}+c(x,t)u\Big)=f(x,t), \tag{7.1.1}$$

其中 $(a_{ij}(x,t))_{i,j=1,\cdots,n}$ 为正定矩阵, 且对某个常数 $\alpha>0$ 满足 (即一致椭圆型条件)

$$\sum_{i,j=1}^{n}a_{ij}\xi_i\xi_j\geqslant\alpha|\xi|^2,\quad \forall\xi\in\mathbb{R}^n. \tag{7.1.2}$$

方程 (7.1.1) 左边的系数一般都假定在所考虑的区域中为 C^∞ 函数. 易见, 方程 (7.1.1) 是热传导方程的自然推广.

对于抛物型方程, 一般讨论两类定解问题, 一类是 Cauchy 问题, 即在 $t=0$ 平面上提出初始条件

$$u(x,0)=\varphi(x),\quad x\in\mathbb{R}^n. \tag{7.1.3}$$

寻求在 $t>0$ 半空间中满足方程 (7.1.1), 在 $t=0$ 平面上满足条件 (7.1.3) 的解的一类初值问题.

假定 $\Omega\subseteq\mathbb{R}^n$ 是具有光滑边界的开区域, 给出如下初始条件

$$u(x,0)=\varphi(x),\quad x\in\Omega \tag{7.1.4}$$

和边界条件

$$u(x,t)=0,\quad (x,t)\in\partial\Omega\times(0,\infty). \tag{7.1.5}$$

寻求在 $t>0$ 的开区域 Ω 中满足 (某种意义下) 方程 (7.1.1) 的函数 u, 并且在 $t=0$ 上满足初始条件 (7.1.4), 在边界 $\partial\Omega\times\{t>0\}$ 上满足边界条件 (7.1.5) 的解, 问题 (7.1.1), (7.1.4), (7.1.5) 称为 Dirichlet 型的初边值问题. 当条件 (7.1.4) 改为 Neumann 条件或第三边值条件时, 也可以得到其他类型的初边值问题. 此外, 根据问题需要, 条件 (7.1.5) 也可以改为非齐次的边界条件, 在本章中着重研究抛物

型方程的初边值问题, 请读者特别注意, 对于抛物型方程的初值问题与初边值问题, 其初始条件仅有一个, 即给定未知函数 (一般代表物质的扩散速度) u 的初始速度 $u(x,t)|_{t=0}$, 这与双曲型方程的情形不同, 双曲型方程的未知函数 u 一般代表波的位移, 除了要给定初始的位移 $u(x,t)|_{t=0}$, 还要给定初始速度 $\partial_t u(x,t)|_{t=0}$.

2. 能量估计

对于抛物型方程, 先验估计仍然是一个十分重要的方法, 而且习惯地将最基本的先验估计式称为能量不等式. 设 Ω 为 $\mathbb{R}^n$ 中的开区域, 记 $E(t)=\int_\Omega |u(x,t)|^2\mathrm{d}x$, 则有如下定理.

定理 7.1.1 设方程 (7.1.1) 的系数为 $C^\infty(Q_T)$ 函数, 满足条件 (7.1.2). 若 $u\in C^\infty(\Omega\times(0,T))$ 是问题 (7.1.1), (7.1.4), (7.1.5) 的解, 且 $f\in L^2(\Omega\times(0,T))$, 则对一切 $0\leqslant t\leqslant T<\infty$, 下述能量不等式成立:

$$E(t)\leqslant C\Big(E(0)+\int_0^t\int_\Omega |f(x,s)|^2\mathrm{d}x\mathrm{d}s\Big). \tag{7.1.6}$$

证明 在式 (7.1.1) 两边乘以 $2u$, 并在 Ω 上关于 x 积分, 得到

$$\int_\Omega 2u\left(u_t-\sum_{i,j=1}^n (a_{ij}u_{x_j})_{x_i}-\sum_{i=1}^n b_iu_{x_i}-cu\right)\mathrm{d}x=\int_\Omega 2uf\mathrm{d}x.$$

上式左边第一项可以写成:

$$\frac{\mathrm{d}E}{\mathrm{d}t}=\int_\Omega 2uu_t\mathrm{d}x.$$

对第二项进行分部积分, 并利用椭圆一致型条件 (7.1.2), 有

$$-\int_\Omega 2u\sum_{i,j-1}^n (a_{ij}u_{x_j})_{x_i}\mathrm{d}x=2\int_\Omega\sum_{i,j-1}^n a_{ij}u_{x_j}u_{x_i}\mathrm{d}x\geqslant 2\alpha\int_\Omega |\nabla u|^2\mathrm{d}x.$$

利用 Schwarz 不等式, 可得

$$\begin{aligned}\Big|\int_\Omega 2u\Big(\sum_{i=1}^n b_iu_{x_i}+cu\Big)\mathrm{d}x\Big|&\leqslant C\int_\Omega |u|\cdot\Big(\sum_{i=1}^n |u_{x_i}|+|u|\Big)\mathrm{d}x\\&\leqslant \alpha\int_\Omega |\nabla u|^2\mathrm{d}x+C_1\int_\Omega |u|^2\mathrm{d}x;\end{aligned}$$

$$\Big|\int_\Omega 2uf\mathrm{d}x\Big|\leqslant\int_\Omega |u|^2\mathrm{d}x+\int_\Omega |f|^2\mathrm{d}x.$$

于是有

$$\frac{\mathrm{d}}{\mathrm{d}t}E(t)\leqslant\frac{\mathrm{d}}{\mathrm{d}t}E(t)+\alpha\int_\Omega |\nabla u|^2\mathrm{d}x\leqslant C_2E(t)+\int_\Omega |f|^2\mathrm{d}x. \tag{7.1.7}$$

在不等式 (7.1.7) 两边关于 t 积分, 得

$$E(t) \leqslant E(0) + C_2\int_0^t E(\tau)\mathrm{d}\tau + \int_0^t\int_\Omega |f(x,s)|^2\mathrm{d}x\mathrm{d}s.$$

由 Gronwall 不等式即得式 (7.1.6). □

注　实际上可以得到比式 (7.1.6) 更强的不等式:

$$E(t) + \alpha\int_0^t\int_\Omega |\nabla u|^2\mathrm{d}x\mathrm{d}s \leqslant C\Big(E(0) + \int_0^t\int_\Omega |f(x,s)|^2\mathrm{d}x\mathrm{d}s\Big). \tag{7.1.8}$$

事实上, 将式 (7.1.6) 代入式 (7.1.7) 右边, 可得

$$\frac{\mathrm{d}}{\mathrm{d}t}E(t) + \alpha\int_\Omega |\nabla u|^2\mathrm{d}x \leqslant C\Big(E(0) + \int_0^t\int_\Omega |f(x,s)|^2\mathrm{d}x\mathrm{d}s\Big) + \int_\Omega |f(x,t)|^2\mathrm{d}x.$$

对任意的 $0 \leqslant t < T$, 存在 $t \leqslant \bar{t} < T$. 从而由上式可得

$$\frac{\mathrm{d}}{\mathrm{d}t}E(t) + \alpha\int_\Omega |\nabla u|^2\mathrm{d}x \leqslant C\Big(E(0) + \int_0^{\bar{t}}\int_\Omega |f(x,s)|^2\mathrm{d}x\mathrm{d}s\Big) + \int_\Omega |f(x,t)|^2\mathrm{d}x.$$

进一步有

$$\begin{aligned}E(t) + \alpha\int_0^t\int_\Omega |\nabla u|^2\mathrm{d}x\mathrm{d}s \leqslant{}& CT\left(E(0) + \int_0^{\bar{t}}\int_\Omega |f(x,s)|^2\mathrm{d}x\mathrm{d}s\right)\\ &+ \int_0^t\int_\Omega |f(x,s)|^2\mathrm{d}x\mathrm{d}s.\end{aligned}$$

上式中 C 与 $\bar{t}$ 无关.

特别地, 在上式中, 取 $\bar{t} = t$, 对任意的 $0 \leqslant t < T$, 即有

$$E(t) + \alpha\int_0^t\int_\Omega |\nabla u|^2\mathrm{d}x\mathrm{d}s \leqslant C\Big(E(0) + \int_0^t\int_\Omega |f(x,s)|^2\mathrm{d}x\mathrm{d}s\Big).$$

此即为式 (7.1.8) .

3. *用 Galerkin 方法*

与双曲型方程的情形一样, 可以用 Galerkin 方法建立抛物型方程初边值问题 (7.1.1), (7.1.4), (7.1.5) 的弱解. 首先给出弱解的定义.

称函数 $u \in L^\infty(0,T;L^2(\Omega)) \cap L^2(0,T;H_0^1(\Omega))$ 是初边值问题 (7.1.1), (7.1.4), (7.1.5) 的弱解或广义解, 如果对任意的 $v \in C_c^\infty((0,T),H_0^1(\Omega))$, 成立

$$\int_0^T\int_\Omega\Big(u\partial_t v + \sum_{i,j=1}^n a_{ij}(x,t)\frac{\partial u}{\partial x_i}\frac{\partial v}{\partial x_j} - \sum_{i=1}^n b_i(x,t)\frac{\partial u}{\partial x_i}v - c(x,t)uv\Big)\mathrm{d}x\mathrm{d}t$$

$$=\int_0^T\int_\Omega f(x,t)v(x,t)\mathrm{d}x\mathrm{d}t,$$

以及

$$\lim_{t\to 0}\int_\Omega u(x,t)\phi(x)\mathrm{d}x=\int_\Omega \varphi(x)\phi(x)\mathrm{d}x,\quad \forall\phi\in C_c^\infty(\Omega).$$

定理 7.1.2　假定 Ω 是 $\mathbb{R}^n$ 中的有界光滑区域. 设 $\varphi\in L^2(\Omega)$, $f\in L^2(\Omega\times(0,T))$, $0<T\leqslant\infty$, 则问题 (7.1.1), (7.1.4), (7.1.5) 存在唯一的解 $u\in L^\infty(0,T;L^2(\Omega))\cap L^2(0,T;H_0^1(\Omega))$, 且满足 $\partial_t u\in L^2(0,T;H^{-1}(\Omega))$.

证明　在下面的证明过程中, 总假定 $T<\infty$, 否则用任意的 $T'<\infty$ 代替 $T=\infty$. 第一步. 存在性. 设 $\{e_1,e_2,\cdots\}$ 是算子 $-\Delta$ 在 $H_0^1(\Omega)$ 中的特征函数列, 在第 5 章中已经证明, 该特征函数列构成了 $H_0^1(\Omega)$ 中的一组完备的正交基, 同时在 $L^2(\Omega)$ 中形成一组完备的标准正交基.

定义 $u_m^k(t)$ $(1\leqslant k\leqslant m)$ 为下面常微分方程组的初值问题的解:

$$\begin{cases}\dfrac{\mathrm{d}}{\mathrm{d}t}u_m^k(t)+a\left(\displaystyle\sum_{j=1}^m u_m^j(t)e_j,e_k\right)=(f,e_k)_{L^2(\Omega)},\\ u_m^k(0)=(\varphi,e_k)_{L^2(\Omega)},\end{cases}\tag{7.1.9}$$

其中 a 为 $H_0^1(\Omega)\times H_0^1(\Omega)$ 上的二次形式, 对任意的 $v_1,v_2\in H_0^1(\Omega)$, 定义如下

$$a(v_1,v_2)=\int_\Omega\left(\sum_{i,j=1}^n a_{ij}(x,t)\frac{\partial v_1}{\partial x_i}\frac{\partial v_2}{\partial x_j}-\sum_{i=1}^n b_i(x,t)\frac{\partial v_1}{\partial x_i}v_2-c(x,t)v_1v_2\right)\mathrm{d}x.$$

在 $e_1,e_2,\cdots,e_m$ 已确定的情况下, $u_m^k(t)$ 就是上述一阶常微分方程组的解, 并且当 $f\in L^2(0,T;L^2(\Omega))$ 时, $u_m^k(t)\in C([0,T])$. 事实上, 利用一阶常微分方程组的正则性理论, 可知 $\dfrac{\mathrm{d}}{\mathrm{d}t}u_m^k(t)\in L^2(0,T)$. 对任意的 $t\in[0,T]$, 利用下述积分恒等式

$$u_m^k(t)=u_m^k(0)+\int_0^t\frac{\mathrm{d}}{\mathrm{d}s}u_m^k(s)\mathrm{d}s=(\varphi,e_k)_{H_0^1(\Omega)}/(e_k,e_k)_{H_0^1(\Omega)}+\int_0^t\frac{\mathrm{d}}{\mathrm{d}s}u_m^k(s)\mathrm{d}s,$$

可知, $u_m^k(t)\in C([0,T])$. 令 $u_m(t)=\displaystyle\sum_{k=1}^m u_m^k(t)e_k$, 则 $u_m(t)\in C([0,T],H_0^1(\Omega))$, 以及 $\partial_t u_m(t)\in L^2(0,T;H_0^1(\Omega))$. 利用 $\{e_k\}$ 是 $L^2(\Omega)$ 的标准正交基, 可以将问题 (7.1.9) 中的方程改写为

$$(\partial_t u_m(t),e_k)_{L^2(\Omega)}+a(u_m(t),e_k)=(f,e_k)_{L^2(\Omega)},\quad 1\leqslant k\leqslant m.\tag{7.1.10}$$

在式 (7.1.10) 的两端同乘以 $u_m^k(t)$, 并关于 k 求和, 可得

$$(\partial_t u_m(t), u_m(t))_{L^2(\Omega)} + a(u_m(t), u_m(t)) = (f, u_m(t))_{L^2(\Omega)}. \tag{7.1.11}$$

重复 7.1 节建立能量不等式的过程, 可以由式 (7.1.11) 得到下述估计式:

$$\begin{aligned}
&\|u_m(t)\|_{L^2(\Omega)}^2 + \alpha \int_0^t \int_\Omega |\nabla u(x,s)|^2 \mathrm{d}x\mathrm{d}s \\
\leqslant & C\left(\|u_m(0)\|_{L^2(\Omega)}^2 + \int_0^t \int_\Omega |f(x,s)|^2 \mathrm{d}x\mathrm{d}s\right) \\
\leqslant & C\left(\|\varphi\|_{L^2(\Omega)}^2 + \int_0^T \int_\Omega |f(x,s)|^2 \mathrm{d}x\mathrm{d}s\right).
\end{aligned} \tag{7.1.12}$$

上述证明过程中用到: $\|u_m(0)\|_{L^2(\Omega)} \leqslant \|\varphi\|_{L^2(\Omega)}$, 这由下述事实导出:

$$\begin{aligned}
\|u_m(0)\|_{L^2(\Omega)}^2 &= \left(\sum_{k=1}^m (\varphi, e_k)_{L^2(\Omega)} e_k, \sum_{\ell=1}^m (\varphi, e_\ell)_{L^2(\Omega)} e_\ell\right)_{L^2(\Omega)} \\
&= \sum_{k=1}^m (\varphi, e_k)_{L^2(\Omega)} \left(e_k, \sum_{\ell=1}^m (\varphi, e_\ell)_{L^2(\Omega)} e_\ell\right)_{L^2(\Omega)} \\
&= \sum_{k=1}^m (\varphi, e_k)_{L^2(\Omega)}^2 \leqslant \sum_{k=1}^\infty (\varphi, e_k)_{L^2(\Omega)}^2 = \|\varphi\|_{L^2(\Omega)}^2,
\end{aligned}$$

因此, 由式 (7.1.12) 可知,

$$\begin{aligned}
&\|u_m\|_{L^\infty(0,T;L^2(\Omega))}^2 + \alpha \int_0^T \int_\Omega |\nabla u_m(x,s)| \mathrm{d}x\mathrm{d}s \\
\leqslant & C\left(\|\varphi\|_{L^2(\Omega)}^2 + \int_0^T \int_\Omega |f(x,s)|^2 \mathrm{d}x\mathrm{d}s\right).
\end{aligned} \tag{7.1.13}$$

利用弱收敛定理, 并由式 (7.1.13) 可知, 存在函数 $u \in L^\infty(0,T;L^2(\Omega)) \cap L^2(0,T;H_0^1(\Omega))$, 以及 $\{u_m\}$ 的一子序列, 不妨仍记为 $\{u_m\}$, 使得当 $m \longrightarrow \infty$ 时,

$$u_m \overset{*}{\rightharpoonup} u(L^\infty(0,T;L^2(\Omega))); \quad u_m \rightharpoonup u(L^2(0,T;H_0^1(\Omega))). \tag{7.1.14}$$

对任意的 $\psi \in C_c^\infty(0,T)$, 由式 (7.1.10) , 对任意的 $1 \leqslant k \leqslant m$, 可得

$$-\int_0^T (u_m(t), \partial_t \psi e_k)_{L^2(\Omega)} \mathrm{d}t + \int_0^T a(u_m(t), \psi e_k) \mathrm{d}t = \int_0^T (f, \psi e_k)_{L^2(\Omega)} \mathrm{d}t. \tag{7.1.15}$$

利用弱收敛性质式 (7.1.14), 在式 (7.1.15) 中令 $m \longrightarrow \infty$, 对任意的 $1 \leqslant k < \infty$, 可得

$$-\int_0^T (u(t), \partial_t \psi e_k)_{L^2(\Omega)} \mathrm{d}t + \int_0^T a(u(t), \psi e_k) \mathrm{d}t = \int_0^T (f, \psi e_k)_{L^2(\Omega)} \mathrm{d}t. \tag{7.1.16}$$

由于 $\{e_1,e_2,\cdots\}$ 在 $H_0^1(\Omega)$ 中是完备的, 故对于任意的 $\phi\in H_0^1(\Omega)$, 存在系数序列 β_k, 使得 $\phi_m:=\sum_{k=1}^m \beta_k e_k$ 满足: 当 $m\longrightarrow\infty$ 时, 成立 $\phi_m\longrightarrow\phi(H_0^1(\Omega))$. 在式 (7.1.16) 中通过一个极限过程, 可知, 对任意的 $\phi\in H_0^1(\Omega)$ 以及 $\psi\in C_c^\infty(0,T)$, 成立

$$-\int_0^T (u(t),\partial_t\psi(t)\phi)_{L^2(\Omega)}\mathrm{d}t+\int_0^T a(u(t),\psi(t)\phi)\mathrm{d}t=\int_0^T (f(t),\psi(t)\phi)_{L^2(\Omega)}\mathrm{d}t.$$

说明 u 在广义意义下满足问题 (7.1.1) 中的微分方程及边值条件. 下面验证 u 在广义意义下满足问题 (7.1.1) 中的初始条件.

由式 (7.1.14) 可知

$$v_m\stackrel{*}{\rightharpoonup}0(L^\infty(0,T;L^2(\Omega)));\quad v_m\rightharpoonup 0(L^2(0,T;H_0^1(\Omega))).\tag{7.1.17}$$

已知 $u\in L^\infty(0,T;L^2(\Omega))\cap L^2(0,T;H_0^1(\Omega))$. 利用 Sobolev 空间的性质, 可知 $u,\partial_x u,\partial_x^2 u\in L^2(0,T;H^{-1}(\Omega))$. 此外, $f\in L^2(0,T;L^2(\Omega))$. 再利用 u 满足的方程可知, $\partial_t u\in L^2(0,T;H^{-1}(\Omega))$. 因此, $u\in W^{1,2}(0,T;H^{-1}(\Omega))\hookrightarrow C([0,T];H^{-1}(\Omega))$.

注意到, 对任意 $e_j\in H_0^1(\Omega)$, 这里 $\{e_j\}$ 是 $H_0^1(\Omega)$ 的完备正交基, 下式成立

$$\begin{aligned}(v_m(0),e_j)_{L^2(\Omega)}&=\langle v_m(0),e_j\rangle_{H^{-1}(\Omega),H_0^1(\Omega)}\\&=(v_m(t),e_j)_{H^{-1}(\Omega),H_0^1(\Omega)}-\int_0^t\langle v_m'(\tau),e_j\rangle_{H^{-1}(\Omega),H_0^1(\Omega)}\mathrm{d}\tau\\&=(v_m(t),e_j)_{L^2(\Omega)}-\int_0^t\langle v_m'(\tau),e_j\rangle_{H^{-1}(\Omega),H_0^1(\Omega)}\mathrm{d}\tau.\end{aligned}$$

进一步, 对任意的 $0<t<T$, 成立

$$\begin{aligned}T(v_m(0),e_j)_{L^2(\Omega)}=&\int_0^T (v_m(t),e_j)_{L^2(\Omega)}\mathrm{d}t\\&-\int_0^T\int_0^t\langle v_m'(\tau),e_j\rangle_{H^{-1}(\Omega),H_0^1(\Omega)}\mathrm{d}\tau\mathrm{d}t.\end{aligned}\tag{7.1.18}$$

注意到, 对任意的 $1\leqslant j\leqslant m$ 及几乎处处的 $t\in(0,T)$, u_m,u 分别满足

$$\langle u',e_j\rangle_{H^{-1}(\Omega),H_0^1(\Omega)}-a(u,e_j)=\langle f,e_j\rangle_{H^{-1}(\Omega),H_0^1(\Omega)};$$

$$\langle u_m',e_j\rangle_{H^{-1}(\Omega),H_0^1(\Omega)}-a(u_m,e_j)=\langle f,e_j\rangle_{H^{-1}(\Omega),H_0^1(\Omega)}.$$

因此, 对于 $1\leqslant j\leqslant m$, $v_m=u_m-u$ 满足

$$\langle v_m',e_j\rangle_{H^{-1}(\Omega),H_0^1(\Omega)}=a(v_m,e_j).$$

因此, 对任意的 $1\leqslant j\leqslant m$, 成立

$$\int_0^T\int_0^t\langle v_m'(\tau),e_j\rangle_{H^{-1}(\Omega),H_0^1(\Omega)}\mathrm{d}\tau\mathrm{d}t=\int_0^T\int_0^t a(v_m(\tau),e_j)\mathrm{d}\tau,\tag{7.1.19}$$

由式 (7.1.17), (7.1.19), 再利用 $a(v_m,e_j)$ 的表达式, 可得

$$\lim_{m\to\infty}\int_0^t a(v_m(\tau),e_j)\mathrm{d}\tau=0.\tag{7.1.20}$$

此外, 利用式 (7.1.13), 对任意的 $1\leqslant j\leqslant m$, $0<t<T$, 成立

$$\begin{aligned}&\left|\int_0^t a(v_m(\tau),e_j)\mathrm{d}\tau\right|\\ \leqslant&C\int_0^T\|v_m(\tau)\|_{H^1(\Omega)}\|e_j\|_{H^1(\Omega)}\mathrm{d}\tau\\ \leqslant&C\int_0^T(\|u_m(\tau)\|_{H^1(\Omega)}+\|u(\tau)\|_{H^1(\Omega)})\mathrm{d}\tau\\ \leqslant&CT(\|u_m\|_{L^2(0,T;H^1(\Omega))}+\|u\|_{L^2(0,T;H^1(\Omega))})\|e_j\|_{H^1(\Omega)}\\ \leqslant&CT\big(\|\varphi\|_{L^2(\Omega)}+\|f\|_{L^2(0,T;L^2(\Omega))}\big)\|e_j\|_{H^1(\Omega)}.\end{aligned}\tag{7.1.21}$$

结合式 (7.1.20), (7.1.21), 并利用 Lebesgue 控制收敛定理, 对任意的 $1\leqslant j<\infty$, 可得

$$\lim_{m\to\infty}\int_0^T\int_0^t a(v_m(\tau),e_j)\mathrm{d}\tau\mathrm{d}t=0.$$

再由式 (7.1.19) , 可知下式成立

$$\lim_{m\to\infty}\int_0^T\int_0^t\langle v_m'(\tau),e_j\rangle_{H^{-1}(\Omega),H_0^1(\Omega)}\mathrm{d}\tau\mathrm{d}t=0,\quad 1\leqslant j<\infty.\tag{7.1.22}$$

此外, 由式 (7.1.17), 成立

$$\lim_{m\to\infty}\int_0^t(v_m(\tau),e_j)_{L^2(\Omega)}\mathrm{d}\tau=0,\quad 1\leqslant j<\infty.\tag{7.1.23}$$

利用式 (7.1.18), (7.1.22) 和 (7.1.23), 可知

$$\lim_{m\to\infty}(v_m(0),e_j)_{L^2(\Omega)}=0,\quad 1\leqslant j<\infty.$$

从而可得

$$\begin{aligned}&\lim_{m\to\infty}(u_m(0),e_j)_{L^2(\Omega)}\\ =&\lim_{m\to\infty}(v_m(0),e_j)_{L^2(\Omega)}+(u(0),e_j)_{L^2(\Omega)}\\ =&(u(0),e_j)_{L^2(\Omega)},\quad 1\leqslant j<\infty.\end{aligned}$$

另外, 已知 $\lim\limits_{m\to\infty}\|u_m(0)-\varphi\|_{L^2(\Omega)}=0$, 说明

$$\lim_{m\to\infty}(u_m(0),e_j)_{L^2(\Omega)}=(\varphi,e_j)_{L^2(\Omega)},\quad 1\leqslant j<\infty.$$

因此成立

$$(u(0),e_j)_{L^2(\Omega)}=(\varphi,e_j)_{L^2(\Omega)}=0,\quad 1\leqslant j<\infty.$$

由于 $\{e_j\}$ 是 $L^2(\Omega)$ 的完备标准化正交基, 故通过一个极限过程, 可知

$$(u(0),\phi)_{L^2(\Omega)}=(\varphi,\phi)_{L^2(\Omega)}=0,\quad \forall\phi\in L^2(\Omega).$$

利用 ϕ 的任意性, 可知, 在 Ω 中, $u(0)=\varphi$ 几乎处处成立. 从而对任意的函数 $\phi\in C_c^\infty(\Omega)$, 可得

$$\begin{aligned}
&\Big|\int_\Omega u(x,t)\phi(x)\mathrm{d}x-\int_\Omega\varphi\phi(x)\mathrm{d}x\Big|\\
=&\Big|\int_\Omega[u(x,t)-u(x,0)]\phi(x)\mathrm{d}x\Big|\\
=&\Big|\int_\Omega\int_0^1 t\partial_t u(x,st)\phi(x)\mathrm{d}s\mathrm{d}x\Big|\\
=&t\Big|\int_0^1[a(u(st),\phi)+(f(st),\phi)_{L^2(\Omega)}]\mathrm{d}s\Big|\\
\leqslant&Ct\int_0^1[\|u(st)\|_{H^1(\Omega)}\|\phi\|_{H^1(\Omega)}+\|f(st)\|_{L^2(\Omega)}\|\phi\|_{L^2(\Omega)}]\mathrm{d}s\\
\leqslant&C\int_0^t[\|u(s)\|_{H^1(\Omega)}+\|f(s)\|_{L^2(\Omega)}]\mathrm{d}s\|\phi\|_{H^1(\Omega)}\\
\leqslant&C\sqrt{t}[\|u\|_{L^2(0,T;H^1(\Omega))}+\|f\|_{L^2(0,T;L^2(\Omega))}]\|\phi\|_{H^1(\Omega)}\\
\leqslant&C\sqrt{t}[\|\varphi\|_{L^2(\Omega)}+\|f\|_{L^2(0,T;L^2(\Omega))}]\|\phi\|_{H^1(\Omega)}.
\end{aligned}$$

因此, 对任意的 $\phi\in C_c^\infty(\Omega)$, 成立

$$\lim_{t\to0}\int_\Omega u(x,t)\phi(x)\mathrm{d}x=\int_\Omega\varphi(x)\phi(x)\mathrm{d}x.$$

第二步. 唯一性. 事实上, 假定 u_1,u_2 是问题 (7.1.1), (7.1.4), (7.1.5) 的两个解. 令 $w=u_1-u_2$, 则 $w\in C([0,T],L^2(\Omega))$ 且满足

$$\begin{cases}\partial_t w-Lw=0, & (x,t)\in\Omega\times(0,T),\\ w(x,t)=0, & (x,t)\in\partial\Omega\times(0,T),\\ w(x,0)=0, & x\in\Omega,\end{cases}$$

其中算子 L 表示如下

$$Lu = \sum_{i,j=1}^{n} \frac{\partial}{\partial x_i}\Big(a_{ij}(x,t)\frac{\partial u}{\partial x_j}\Big) + \sum_{i=1}^{n} b_i(x,t)\frac{\partial u}{\partial x_i} + c(x,t)u.$$

利用定理 7.1.1 中建立的能量不等式, 可知对任意的 $t \in (0,T)$, 成立

$$0 \leqslant E(t) := \int_{\Omega} |w(x,t)|^2 \mathrm{d}x \leqslant 0 = E(0).$$

说明 $w = 0$, 即 $u_1 = u_2$ 几乎处处于 $\Omega \times (0,T)$.

注　问题 (7.1.1), (7.1.4), (7.1.5) 的解 $u \in C([0,T], L^2(\Omega))$, 这一事实可以从 $u \in L^2([0,T], H_0^1(\Omega))$ 与 $\partial_t u \in L^2([0,T], H^{-1}(\Omega))$ 及下面的经典结果直接导出 (见文献 [23]):

设 V, H, V^* 是三个 Hilbert 空间, 且满足 $V \subset H \subset V^*$. 假定 $u \in L^2(0,T;V)$, $\partial_t u \in L^2(0,T;V^*)$, 则 $u \in C([0,T],H)$ 且成立

$$\frac{\mathrm{d}}{\mathrm{d}t}(u(t),u(t))_H = 2\langle \partial_t u(t), u(t)\rangle_{V^*,V}.$$

下面不加证明地给出问题 (7.1.1), (7.1.4), (7.1.5) 弱解的更高正则性, 详细证明参见文献 [8] 中第七章第一节的定理 5.

定理 7.1.3　假定 Ω 是 $\mathbb{R}^n$ 中的光滑区域 (可以无界). 设 $\varphi \in H_0^1(\Omega)$, $f \in L^2(0,T;L^2(\Omega))$, $0 < T < \infty$. 还假定 $u \in L^2(0,T;H_0^1(\Omega))$, $\partial_t u \in L^2(0,T;H^{-1}(\Omega))$ 是问题 (7.1.1), (7.1.4), (7.1.5) 的弱解, 则

$$u \in L^2(0,T;H^2(\Omega)) \cap L^\infty(0,T;H_0^1(\Omega)), \quad \partial_t u \in L^2(0,T;L^2(\Omega)),$$

且下述估计式成立:

$$\begin{aligned}&\|u\|_{L^\infty(0,T;H_0^1(\Omega))} + \|u\|_{L^2(0,T;H^2(\Omega))} + \|\partial_t u\|_{L^2(0,T;L^2(\Omega))}\\ \leqslant& C\big(\|f\|_{L^2(0,T;L^2(\Omega))} + \|\varphi\|_{H_0^1(\Omega)}\big).\end{aligned}$$

进一步, 如果

$$\varphi \in H^2(\Omega), \quad \partial_t f \in L^2(0,T;L^2(\Omega)),$$

则成立 $u \in L^\infty(0,T;H^2(\Omega))$, $\partial_t u \in L^\infty(0,T;L^2(\Omega)) \cap L^2(0,T;H_0^1(\Omega))$, $\partial_{tt} u \in L^2(0,T;H^{-1}(\Omega))$, 并且

$$\begin{aligned}&\|u\|_{L^\infty(0,T;H^2(\Omega))} + \|\partial_t u\|_{L^\infty(0,T;L^2(\Omega))}\\ &+ \|\partial_t u\|_{L^2(0,T;H_0^1(\Omega))} + \|\partial_{tt} u\|_{L^2(0,T;H^{-1}(\Omega))}\\ \leqslant& C\big(\|f\|_{H^1(0,T;L^2(\Omega))} + \|\varphi\|_{H^2(\Omega)}\big).\end{aligned}$$

上述两个估计式中的常数 C 仅依赖于 T, Ω 和算子 L 的系数.

注 关于问题 (7.1.1), (7.1.4), (7.1.5) 的解, 还可以有如下更高的正则性, 其证明参见文献 [8] 中第七章第一节的定理 6.

假定 $\varphi \in H^{2m+1}(\Omega)$, $\dfrac{\mathrm{d}^k f}{\mathrm{d}t^k} \in L^2(0,T;H^{2m-2k}(\Omega))$, $k=0,1,\cdots,m$. 还假定下述 m 阶的相容性条件成立:

$$\varphi_0=\varphi\in H_0^1(\Omega), \varphi_1=f(0)-L\varphi_0\in H_0^1(\Omega),\cdots,\varphi_m=\left.\frac{\mathrm{d}^{m-1}f}{\mathrm{d}t^{m-1}}\right|_{t=0}-L\varphi_{m-1}\in H_0^1(\Omega),$$

则问题 (7.1.1), (7.1.4), (7.1.5) 的弱解 u 满足

$$\frac{\mathrm{d}^k u}{\mathrm{d}t^k}\in L^2(0,T;H^{2m+2-2k}(\Omega)),\quad k=0,1,\cdots,m,$$

且成立

$$\sum_{k=0}^{m}\left\|\frac{\mathrm{d}^k u}{\mathrm{d}t^k}\right\|_{L^2(0,T;H^{2m+2-2k}(\Omega))}\leqslant C\left(\sum_{k=0}^{m}\left\|\frac{\mathrm{d}^k f}{\mathrm{d}t^k}\right\|_{L^2(0,T;H^{2m-2k}(\Omega))}+\|\varphi\|_{H^{2m+1}(\Omega)}\right).$$

上式中的常数 C 仅依赖于 m,T,Ω 和算子 L 的系数.

7.2 算子半群理论

1. 半群方法的思想

用算子半群方法讨论抛物型方程, 所介绍的方法也适用于其他的发展型方程, 如双曲型方程、Schrödinger 方程等. 下面以热传导方程的初边值问题为例介绍算子半群方法的基本思想. 考察如下问题:

$$\begin{cases} u_t-u_{xx}=0, & 0<x<\pi, t>0,\\ u(t,0)=u(t,\pi)=0, & t>0,\\ u(0,x)=u_0(x), & 0<x<\pi. \end{cases}\tag{7.2.1}$$

这个问题可以用分离变量法来解. 令 $u(t,x)=T(t)X(x)$, 则成立

$$T'(t)X(x)=T(t)X''(x).$$

从而可写为

$$\frac{T'(t)}{T(t)}=\frac{X''(x)}{X(x)}=-\lambda,\tag{7.2.2}$$

这里 λ 为待定常数. 进一步可得

$$\begin{cases} X''(x)+\lambda X(x)=0, \quad 0<x<\pi, \\ X(0)=X(\pi)=0. \end{cases} \tag{7.2.3}$$

为得到问题 (7.2.3) 解的表达式, 下面先介绍更一般的二阶线性常系数常微分方程的解法. 设

$$y''(x)+py'(x)+qy(x)=0. \tag{7.2.4}$$

方程 (7.2.4) 对应的特征方程为

$$r^2+pr+qr=0.$$

记 $\varPi=p^2-4q$, 则特征方程的根有三种情况:

$$\begin{cases} \varPi>0, \quad r_1\neq r_2, \quad r_{1,2}=\dfrac{1}{2}\big(-p\pm\sqrt{p^2-4q}\big), \\ \varPi=0, \quad r_1=r_2, \quad r_{1,2}=\dfrac{-p}{2}, \\ \varPi<0, \quad r_1\neq r_2, \quad r_{1,2}=\dfrac{1}{2}\big(-p\pm \mathrm{i}\sqrt{|p^2-4q|}\big)=\alpha\pm\mathrm{i}\beta. \end{cases}$$

相应地, 问题 (7.2.4) 的解也对应着三种情况:

$$\begin{cases} \varPi>0, \quad y=C_1\mathrm{e}^{r_1x}+C_2\mathrm{e}^{r_2x}, \\ \varPi=0, \quad y=(C_1+C_2x)\mathrm{e}^{rx}, \\ \varPi<0, \quad y=(C_1\cos(\beta x)+C_2\sin(\beta x))\mathrm{e}^{\alpha x}. \end{cases}$$

因此, 问题 (7.2.3) 的解的表达式也有三种情况:

$$\begin{cases} \lambda<0, \quad X(x)=C_1\mathrm{e}^{\sqrt{-\lambda}x}+C_2\mathrm{e}^{-\sqrt{-\lambda}x}, \\ \lambda=0, \quad X(x)=C_1+C_2x, \\ \lambda>0, \quad X(x)=C_1\cos(\sqrt{\lambda}x)+C_2\sin(\sqrt{\lambda}x). \end{cases}$$

通过一个简单的讨论, 可知, $\lambda\leqslant 0$ 的情况不可能发生. 故只能有 $\lambda>0$. 再利用边值条件: $X(0)=X(\pi)=0$, 可知

$$C_1=0, \quad C_2\sin(\sqrt{\lambda}\pi)=0,$$

其中 C_2 为积分常数. 从而, $\sqrt{\lambda}\pi=n\pi$ 或 $\lambda=n^2$, $n\in\mathbb{N}$. 进而可知问题 (7.2.3) 的解为

$$X(x)=C_2\sin(nx), \quad n\in\mathbb{N}. \tag{7.2.5}$$

将 $\lambda = n^2$ 代入式 (7.2.2) 中可得

$$T'(t) + n^2 T(t) = 0.$$

从而

$$\big(\log|T(t)|\big)' = -n^2, \quad \log\left|\frac{T(t)}{T(0)}\right| = -n^2 t, \quad T(t) = \pm T(0)\mathrm{e}^{-n^2 t}. \tag{7.2.6}$$

由于 $n \in \mathbb{N}$ 的任意性, 结合式 (7.2.5), (7.2.6), 可知问题 (7.2.1) 的解的表达式 (形式上) 为

$$u(x,t) = \sum_{n=1}^{\infty} a_n \mathrm{e}^{-n^2 t} \sin(nx), \tag{7.2.7}$$

其中待定系数 a_n 为

$$a_n = \frac{2}{\pi}\int_0^{\pi} u_0(x)\sin(nx)\mathrm{d}x.$$

事实上, 对任意的 $n, k \in \mathbb{N}$, 利用三角函数积化和差公式, 可得

$$\begin{aligned}
&\int_0^{\pi} \sin(nx)\sin(kx) \\
=&-\frac{1}{2}\int_0^{\pi}\big(\cos(n+k)x - \cos(n-k)x\big)\mathrm{d}x \\
=&\begin{cases} -\dfrac{1}{2}\Big(\dfrac{1}{n+k}\sin(n+k)x - \dfrac{1}{n-k}\sin(n-k)x\Big)\Big|_0^{\pi}, & n \neq k, \\ -\dfrac{1}{4n}\sin(2nx)\Big|_0^{\pi} + \dfrac{\pi}{2}, & n = k \end{cases} \\
=&\begin{cases} 0, & n \neq k, \\ \dfrac{\pi}{2}, & n = k. \end{cases}
\end{aligned}$$

说明 $\{\sin(nx)\}_{n\in\mathbb{N}}$ 构成 $L^2(0,\pi)$ 的一组正交基. 再利用问题 (7.2.1) 的初始条件: $u(0,x) = u_0(x)$, 可知

$$u_0(x) = \sum_{n=1}^{\infty} a_n \sin(nx).$$

因此可得

$$a_n = \frac{2}{\pi}(u_0(x), \sin(nx))_{L^2} = \frac{2}{\pi}\int_0^{\pi} u_0(x)\sin(nx)\mathrm{d}x.$$

若 $u_0(x) \in L^2[0,\pi]$, 级数 (7.2.7) 在 $t > 0$ 时是绝对收敛的. 又对任一 $\delta > 0$, 在 $t \geqslant \delta$ 时, 级数 $\sum\limits_{n=1}^{\infty} a_n \mathrm{e}^{-n^2 t}\sin nx$ 及其关于 x 或 t 逐项求导所得到的级数, 也都一

致收敛. 故 $u(x,t)$ 满足 (7.2.1), 而且由

$$\int_0^{\pi}\left|\sum_{n=1}^{\infty}a_n\mathrm{e}^{-n^2t}\sin(nx)x-u_0(x)\right|^2\mathrm{d}x=\frac{\pi}{2}\sum_{n=1}^{\infty}(a_n)^2(\mathrm{e}^{-n^2t}-1)^2$$

知, 当 $t\to 0$ 时, $u(x,t)$ 在 L^2 中收敛于 $u_0(x)$, 故 $u(x,t)$ 满足问题 (7.2.1) 中的初始条件. 从而 $u(x,t)$ 是问题 (7.2.1) 的解.

如果在式 (7.2.7) 中将 t 固定, 并将该式视为从 $u_0(x)$ 到 $u(x,t)$ 的一个映射, 并以 $S(t)$ 记之, 则有

$$u(x,t)=S(t)u_0(x). \tag{7.2.8}$$

设 $t\in[0,\infty)$, 利用解的唯一性可得 $S(t)$ 是 $L^2[0,\pi]$ 到 $L^2[0,\pi]$ 的一个线性映射. 又若 $t_1,t_2\in[0,\infty)$, 对于任一函数 $u_0\in L^2[0,\pi]$, 成立

$$S(t_j)u_0(x)=\sum_{n=1}^{\infty}a_n\mathrm{e}^{-n^2t_j}\sin(nx),\quad j=1,2,$$

且

$$\begin{aligned}S(t_2)S(t_1)u_0(x)&=\sum_{n=1}^{\infty}(a_n\mathrm{e}^{-n^2t_1})\mathrm{e}^{-n^2t_2}\sin(nx)\\&=\sum_{n=1}^{\infty}a_n\mathrm{e}^{-n^2(t_1+t_2)}\sin(nx)\\&=S(t_1+t_2)u_0(x).\end{aligned}$$

由 u_0 的任意性知

$$S(t_2)S(t_1)=S(t_1+t_2),\quad \forall t_1,t_2\geqslant 0. \tag{7.2.9}$$

此外, 利用式 (7.2.8), 可知

$$S(0)=I. \tag{7.2.10}$$

所以算子 $S(t)$ 族构成**单参数半群**. 此外, 对任一 $u_0\in L^2[0,\pi]$, 由于当 $t\to 0^+$ 时,

$$S(t)u_0\to u_0\quad (L^2[0,\pi]),$$

所以 $S(t)u_0$ 关于 $t\in[0,\infty)$ 是强连续的. 又由于在 $L^2[0,\pi]$ 中,

$$\begin{aligned}\|u(t)\|_{L^2} &= \left\|\sum_{n=1}^{\infty} a_n \mathrm{e}^{-n^2 t}\sin(nx)\right\|_{L^2}\\ &= \left(\frac{\pi}{2}\sum_{n=1}^{\infty}(a_n)^2\mathrm{e}^{-2n^2 t}\right)^{1/2}\\ &\leqslant \left(\mathrm{e}^{-2t}\frac{\pi}{2}\sum_{n=1}^{\infty}(a_n)^2\right)^{1/2}\\ &= \mathrm{e}^{-t}\|u_0\|_{L^2},\end{aligned}$$

从而有 $\|S(t)\| \leqslant \mathrm{e}^{-t} \leqslant 1$. 这表明 $S(t)$ 是压缩映射. 因此, 称上述建立的 $S(t)$ 是一个**单参数线性连续压缩算子半群**. 由前面的讨论知, 初边值问题 (7.2.1) 的解可以通过这个半群表为 $S(t)u_0(x)$ 的形式, 一旦算子半群 $S(t)$ 被找到, 解 $u(x,t)$ 也就得到了.

以上的想法具有普遍性, 一般情况下, 人们常把描述随时间演化过程的偏微分方程的初边值问题写成

$$\begin{cases}\dfrac{\mathrm{d}u}{\mathrm{d}t} + Au = 0,\\ u|_{t=0} = u_0\end{cases} \tag{7.2.11}$$

的形式, 其中 A 为定义在某个特定函数空间上的偏微分算子 (或算子矩阵). 偏微分方程初边值问题的边界条件往往以适当的方式出现在算子 A 的定义域中, 问题 (7.2.11) 的解可以利用算子半群 $S(t)$ 表示为 $S(t)u_0$ 的形式. 于是问题就转化为怎样的算子 A 可以诱导出一个单参数算子族, 让它构成所需要的算子半群.

2. 算子半群和无穷小生成元

定义 7.2.1 设 X 为给定的 Banach 空间, $\{S(t)\}_{t\geqslant 0}$ 是 X 上的一族有界线性算子, 满足以下条件:

(1) $S(0) = I$;

(2) $S(t_2 + t_1) = S(t_2)S(t_1), \forall t_1, t_2 \geqslant 0$;

(3) $S(t)x \in C([0,\infty), X)$,

则称 $S(t)$ 是 X 上的强连续单参数算子半群, 简称 C_0 算子半群, 或 C_0 半群. 又若 $S(t)$ 对任意实数 t 都有定义, 且算子半群定义中的条件 (2) 也对任意实数 t_1, t_2 成立, 则称 $S(t)$ 为 C_0 算子群.

定理 7.2.2 若 $\{S(t)\}_{t\geqslant 0}$ 是 Banach 空间 X 上的 C_0 算子半群, 则必有与 t 无关的常数 $M \geqslant 1, \omega \geqslant 0$, 使得

$$\| S(t) \| \leqslant M\mathrm{e}^{\omega t}.$$

证明 先证必有常数 $a>0$, 使 $\sup_{0\leqslant t\leqslant a}\|S(t)\|<\infty$. 否则, 存在一列数 $t_j\to 0$, 使 $\|S(t_j)\|\to\infty$. 另外, 利用 $S(t)$ 满足的条件:

$$S(0)=I,\quad S(t)x\in C([0,\infty),X),\quad \forall x\in X,$$

可得对一切 $x\in X$, 有 $\lim\limits_{t_j\to 0}S(t_j)x=x$. 由共鸣定理知, $\sup\limits_j\|S(t_j)\|<\infty$, 这是一个矛盾. 于是可以找到 $a>0$, 使 $\sup_{0\leqslant t\leqslant a}\|S(t)\|=M_a<\infty$ 成立.

由于 $S(0)=I$, 所以 $M_a\geqslant 1$. 选取常数 ω, 使得 $\mathrm{e}^{\omega a}=M_a$, 则有 $\omega\geqslant 0$. 对任意的 $t\in[0,\infty)$, 必有非负整数 n, 使得 $na\leqslant t<(n+1)a$. 记 $t=na+s(0\leqslant s<a)$, 则

$$\begin{aligned}\|S(t)\|=&\|S(na+s)\|\\=&\|S(na)S(s)\|\\=&\|\underbrace{S(a)\cdots S(a)}_{n}S(s)\|\\\leqslant&\|S(a)\|^n\|S(s)\|\\\leqslant&\mathrm{e}^{n\omega\alpha}M_a\leqslant M_a\mathrm{e}^{\omega t}.\end{aligned}$$

□

定义 7.2.3 设 $\{S(t);t\geqslant 0\}$ 是 Banach 空间 X 上的 C_0 算子半群, 记集合

$$D=\left\{x\in X\Big|\lim_{h\to 0^+}\frac{S(h)x-x}{h}\text{存在}\right\},$$

则可定义 $D\to H$ 的算子 A 为

$$Ax=\lim_{h\to 0^+}\frac{S(h)x-x}{h}.$$

称 A 为 C_0 半群 $S(t)$ 的**无穷小生成元**. 根据定义 7.2.3, $D(A):=D$ 是算子 A 的定义域, 它是 X 中使 $S(t)x$ 在 $t=0$ 处关于 t 可求导的元素 x 的全体. 而 A 就表示 $S(t)$ 在 0 点关于 t 的导算子, 即

$$Ax=\frac{\mathrm{d}}{\mathrm{d}t}S(t)x\Big|_{t=0},\quad \forall x\in D(A).$$

如果对任意的序列 $\{u_k\}\subset D(A)$ 满足: $u_k\longrightarrow u(X)$, $Au_k\longrightarrow v(X)$, 成立 $u\in D(A)$, $v=Au$, 则称算子 A 是闭算子.

下面介绍无穷小生成元的几个重要性质.

定理 7.2.4 C_0 半群 $\{S(t)\}_{t\geqslant 0}$ 的无穷小生成元 B 的定义域 $D(B)$ 是 X 中的稠密集, 且对任意 $t\geqslant 0, x\in X$, 有 $\int_0^t S(\tau)x\mathrm{d}\tau\in D(B)$, 以及

$$S(t)x-x=B\int_0^t S(\tau)x\mathrm{d}\tau.$$

证明 记 $x_t = \int_0^t S(\tau)x\mathrm{d}\tau$, $x \in X$, 则对 $h > 0$

$$\begin{aligned}\frac{1}{h}(S(h)x_t - x_t) &= \frac{1}{h}\Big(\int_0^t S(h+\tau)x\mathrm{d}\tau - \int_0^t S(\tau)x\mathrm{d}\tau\Big) \\ &= \frac{1}{h}\Big(\int_h^{t+h} S(\tau)x\mathrm{d}\tau - \int_0^t S(\tau)x\mathrm{d}\tau\Big) \\ &= \frac{1}{h}\int_t^{t+h} S(\tau)x\mathrm{d}\tau - \frac{1}{h}\int_0^h S(\tau)x\mathrm{d}\tau.\end{aligned}$$

故得

$$\lim_{h\to 0^+}\frac{1}{h}(S(h)x_t - x_t) = S(t)x - x,$$

从而 $x_t \in D(B)$, 且 $Bx_t = S(t)x - x$. 又由于

$$\begin{aligned}\lim_{t\to 0^+}\left\|\frac{1}{t}x_t - x\right\|_X &= \lim_{t\to 0^+}\left\|\frac{1}{t}\int_0^t \big(S(\tau) - I\big)x\mathrm{d}\tau\right\|_X \\ &\leqslant \lim_{t\to 0^+}\|S(\xi_t)x - x\|_X = 0, \quad \xi_t \in (0,t).\end{aligned}$$

所以 $D(B)$ 在 X 中稠密. □

定理 7.2.5 对任意的 $x \in D(B)$, 有 $S(t)x \in C^1([0,\infty), X)$, 且

$$S(t)x - x = \int_0^t BS(s)x\mathrm{d}s = \int_0^t S(s)Bx\mathrm{d}s, \quad \forall t \geqslant 0, \tag{7.2.12}$$

并由此可知 B 是闭算子.

证明 设 $x \in D(B), t \geqslant 0$, 则有

$$\begin{aligned}\frac{1}{h}(S(t+h)x - S(t)x) &= \frac{1}{h}(S(h) - I)S(t)x \\ &= \frac{1}{h}S(t)(S(h)x - x), \quad \forall h > 0.\end{aligned} \tag{7.2.13}$$

利用半群 $S(t)$ 的连续性, 可知等式最右边表达式的极限是存在的, 即

$$\begin{aligned}\lim_{h\to 0^+}\frac{1}{h}S(t)(S(h)x - x) &= \lim_{h\to 0^+}S(t)\frac{S(h)x - x}{h} \\ &= S(t)\lim_{h\to 0^+}\frac{S(h)x - x}{h}.\end{aligned}$$

故式 (7.2.13) 中每个表达式的极限均存在, 从而得

$$D_t^+ S(t)x = BS(t)x = S(t)Bx, \quad x \in D(B), \quad t \geqslant 0, \tag{7.2.14}$$

其中 D_t^+ 表示右导数. 同理, 当 $0<h<t$ 时, 有

$$\frac{1}{h}(S(t)x-S(t-h)x)=S(t-h)\frac{1}{h}(S(h)x-x).$$

令 $h\to 0^+$, 可得

$$D_t^- S(t)x=S(t)Bx,\quad x\in D(B),\quad t\geqslant 0, \tag{7.2.15}$$

其中 D_t^- 表示左导数. 式 (7.2.14), (7.2.15) 表明 $S(t)x\in C^1([0,\infty),X)$. 将式 (7.2.14) 从 0 到 t 积分, 并注意到 $S(0)=I$, 即得式 (7.2.12) .

再证 B 是闭算子. 事实上, 若 $x_n\in D(B)$, 且 $x_n\to x, Bx_n\to y$ 在 X 中成立, 则对每个 $h>0$, 由式 (7.2.12) 知

$$\frac{1}{h}(S(h)x_n-x_n)=\frac{1}{h}\int_0^h S(\tau)Bx_n\mathrm{d}\tau.$$

利用半群 $S(t)$ 的连续性, 令 $n\to\infty$, 即得

$$\frac{1}{h}(S(h)x-x)=\frac{1}{h}\int_0^h S(\tau)y\mathrm{d}\tau.$$

再令 $h\to 0^+$, 可得

$$\lim_{h\to 0^+}\frac{1}{h}(S(h)x-x)=S(0)y=y.$$

所以 $x\in D(B)$ 且 $Bx=y$. 这就证明了 B 是闭算子. □

下述定理的证明略, 感兴趣的读者可参见文献 [20].

定理 7.2.6　设 $\{T(t)\}_{t\geqslant 0}$ 为 Banach 空间 X 上的 C_0 算子半群, B 为其无穷小生成元. 记 $D(B^n)$ 是 B^n $(n\in\mathbb{N})$ 的定义域, 则 $\bigcap\limits_{n=1}^{\infty} D(B^n)$ 在 X 中是稠密的, 即 $\overline{\bigcap\limits_{n=1}^{\infty} D(B^n)}=X$.

3. 压缩半群的存在性与唯一性

在 Banach 空间上给定了 C_0 半群 $T(t)$, 根据定理 7.2.2 知, 存在常数 $\omega\geqslant 0$, $M\geqslant 1$, 使得 $\|T(t)\|\leqslant M\mathrm{e}^{\omega t}$, $t\geqslant 0$. 如果 $\omega=0$, 则称 $T(t)$ 是一致有界的, 进一步, 若 $M=1$, 称 $T(t)$ 是压缩 C_0 半群.

记 A 是 Banach 空间 X 上的线性算子 (不一定有界), 其定义域记为 $D(A)$. 下面介绍预解集 $\rho(A)$ 和预解算子 $R(\lambda,A)$ 的概念.

称集合 $\rho(A)$ 为算子 A 的预解集, 如果对复平面 $\mathbb{C}$ 上的任意复数 $\lambda\in\rho(A)$, 算子

$$\lambda I-A:D(A)\longrightarrow X$$

是一一对应且是满射. 相应地, 定义预解算子 $R(\lambda, A): X \longrightarrow D(A)$ 如下

$$R(\lambda, A) := (\lambda I - A)^{-1}, \quad \lambda \in \rho(A).$$

预解算子 $R(\lambda, A)$ 的一些性质 (参见文献 [20], [21]):

(1)$\forall \lambda \in \rho(A), R(\lambda, A): X \longrightarrow D(A) \subseteq X$ 是有界线性算子, 并且

$$AR(\lambda, A)x = R(\lambda, A)Ax, \quad \forall x \in D(A);$$

(2)$\forall \lambda, \mu \in \rho(A)$, 成立 $R(\lambda, A)R(\mu, A) = R(\mu, A)R(\lambda, A)$ 以及

$$R(\lambda, A) - R(\mu, A) = (\mu - \lambda)R(\lambda, A)R(\mu, A).$$

(3) 若 A 是闭的线性算子, 则 $\rho(A)$ 是开集, 并且 $R(\lambda, A)$ 是 $\rho(A)$ 内的算子值解析函数.

在 Banach 空间上给定了 C_0 半群 $T(t)$, 必有无穷小生成元, 但一个算子能作为某个压缩算子半群的无穷小生成元则是有条件的, 下面的定理完整地回答了怎样的算子可以作为一个线性压缩算子半群的无穷小生成元的问题.

定理 7.2.7(Hille-Yosida 定理) 线性算子 (可以无界) A 为 Banach 空间 X 上的 C_0 压缩算子半群 $\{T(t)\}_{t\geqslant 0}$ 的无穷小生成元, 当且仅当

(1) A 是闭算子且 $\overline{D(A)} = X$;

(2) $(0, \infty) \subset \rho(A)$ 且 $\|R(\lambda, A)\| \leqslant \dfrac{1}{\lambda}, \forall \lambda > 0$.

证明 先证必要性. 若 A 是压缩算子半群 $\{T(t); t \geqslant 0\}$ 的无穷小生成元, 则由定理 7.2.4 和定理 7.2.5 知, A 是 X 中的稠定闭算子. 又对于 $\lambda > 0$, 容易验证: $\{\mathrm{e}^{-\lambda t}T(t); t \geqslant 0\}$ 也是一个压缩算子半群, 它的无穷小生成元是 $A - \lambda I$, 且以 $D(A)$ 为其定义域. 利用定理 7.2.4 和定理 7.2.5, 可得

$$\mathrm{e}^{-\lambda t}T(t)x - x = \int_0^t \mathrm{e}^{-\lambda\tau}T(\tau)(A - \lambda I)x\mathrm{d}\tau, \quad \forall x \in D(A), \quad t \geqslant 0; \tag{7.2.16}$$

$$\mathrm{e}^{-\lambda t}T(t)y - y = (A - \lambda I)\int_0^t \mathrm{e}^{-\lambda\tau}T(\tau)y\mathrm{d}\tau, \quad \forall y \in X, \quad t \geqslant 0. \tag{7.2.17}$$

因为 $\|\mathrm{e}^{-\lambda t}T(t)y\| \leqslant \mathrm{e}^{-\lambda t}\|y\|$, 所以当 $t \to \infty$ 时, 上面两项积分收敛.

另外由 $T(t)$ 的有界性知, 当 $t \longrightarrow \infty$ 时,

$$\mathrm{e}^{-\lambda t}T(t)x \longrightarrow 0, \quad \mathrm{e}^{-\lambda t}T(t)y \longrightarrow 0.$$

这样, 在式 (7.2.16), 式 (7.2.17) 中令 $t \longrightarrow \infty$, 即可得

$$x = \int_0^\infty \mathrm{e}^{-\lambda\tau}T(\tau)(\lambda I - A)x\mathrm{d}\tau, \quad x \in D(A), \tag{7.2.18}$$

$$y=(\lambda I-A)\int_0^\infty \mathrm{e}^{-\lambda\tau}T(\tau)y\mathrm{d}\tau, \quad y\in X. \tag{7.2.19}$$

由式 (7.2.18) 知, $\lambda-A$ 为单映射, 因为从 $(\lambda I-A)x=0$ 可知 $x=0$. 而由式 (7.2.19), 可知 $\lambda I-A$ 是满映射, 因为 X 中任一元素均在 $\lambda I-A$ 的值域中, 即 $(\lambda I-A)D(A)=X$. 从而有 $(0,\infty)\subset\rho(A)$. 利用式 (7.2.19), 可得

$$\|(\lambda I-A)^{-1}y\|\leqslant\int_0^\infty \mathrm{e}^{-\lambda\tau}\mathrm{d}\tau\|y\|=\lambda^{-1}\|y\|, \quad \forall y\in X, \quad \lambda>0. \tag{7.2.20}$$

再证充分性. 计划利用算子 A 构造一个压缩算子半群 $T(t)$, 这将分以下三步进行:

(1) 构造有界算子 A_λ 来逼近 A;

(2) 利用 A_λ 作算子半群 $T_\lambda(t)=\mathrm{e}^{tA_\lambda}, t\geqslant 0$;

(3) 说明 $\lim\limits_{\lambda\to\infty}T_\lambda(t)=T(t)$ 存在, 且是所求的半群.

第一步. 根据定理的条件, 对一切 $\lambda>0$, $\lambda I-A$ 是 $D(A)\to X$ 的单射与满射, 且 $\|\lambda(\lambda I-A)^{-1}\|\leqslant 1$. 故若作 $A_\lambda=\lambda A(\lambda I-A)^{-1}$, 即有

$$\begin{aligned}(A_\lambda+\lambda I)(\lambda I-A)&=A_\lambda(\lambda I-A)+\lambda(\lambda I-A)\\&=\lambda A+\lambda^2 I-\lambda A=\lambda^2 I.\end{aligned}$$

因此

$$A_\lambda=-\lambda I+\lambda^2(\lambda I-A)^{-1}. \tag{7.2.21}$$

由此又有 $\|A_\lambda\|\leqslant 2\lambda$, 故 A_λ 是定义在 $X\longrightarrow X$ 上的线性连续算子.

利用定理中的条件: $\|\lambda(\lambda I-A)^{-1}\|\leqslant 1$, 并由式 (7.2.21) 可知, 当 $x\in D(A)$, $\lambda>0$ 时,

$$\begin{aligned}\|\lambda(\lambda I-A)^{-1}x-x\|&=\|\lambda^{-1}A_\lambda x\|\\&=\lambda^{-1}\|\lambda A(\lambda I-A)^{-1}x\|\\&=\lambda^{-1}\|\lambda(\lambda I-A)^{-1}Ax\|\\&\leqslant\lambda^{-1}\|\lambda(\lambda I-A)^{-1}\|\|Ax\|\\&\leqslant\lambda^{-1}\|Ax\|.\end{aligned}$$

从而对一切 $x\in D(A)$, 成立

$$\lim_{\lambda\to\infty}\|\lambda(\lambda I-A)^{-1}x-x\|=0.$$

由于 $D(A)$ 在 X 中稠密, 因此对任意的 $x\in X$, 存在序列 $\{x_k\}\subset D(A)$, 使得 $\lim\limits_{k\to\infty}\|x_k-x\|=0$. 从而, 对任意 $\varepsilon>0$, 存在充分大的 k_0, $x_{k_0}\in D(A)$ 满足 $\|x_{k_0}-$

$x\| < \varepsilon$. 另外, 对于 x_{k_0}, 利用上述已证结论, 成立

$$\lim_{\lambda\to\infty} \|\lambda(\lambda I - A)^{-1}x_{k_0} - x_{k_0}\| = 0.$$

再结合定理中的条件: $\| \lambda(\lambda I - A)^{-1} \| \leqslant 1$, 可推知

$$\begin{aligned}
&\lim_{\lambda\to\infty} \|\lambda(\lambda I - A)^{-1}x - x\| \\
\leqslant &\lim_{\lambda\to\infty} \|\lambda(\lambda I - A)^{-1}(x - x_{k_0})\| \\
&+ \lim_{\lambda\to\infty} \|\lambda(\lambda I - A)^{-1}x_{k_0} - x_{k_0}\| + \|x_{k_0} - x\| \\
\leqslant &\lim_{\lambda\to\infty} \|\lambda(\lambda I - A)^{-1}x_{k_0} - x_{k_0}\| + 2\|x_{k_0} - x\| \leqslant 2\varepsilon.
\end{aligned}$$

由 $\varepsilon > 0$ 的任意性, 可知

$$\lim_{\lambda\to\infty} \|\lambda(\lambda I - A)^{-1}x - x\| = 0, \quad \forall x \in X.$$

从而, 对任意 $x \in D(A)$, 成立

$$\lim_{\lambda\to\infty} \|A_\lambda x - Ax\| = \|\lambda(\lambda I - A)^{-1}Ax - Ax\| = 0. \tag{7.2.22}$$

第二步. 利用算子 A_λ 构造 X 上的算子半群 $T_\lambda(t) = \mathrm{e}^{tA_\lambda}, t \geqslant 0, \lambda > 0$.

定义

$$\mathrm{e}^{A_\lambda} = \sum_{n=0}^{\infty} \frac{(A_\lambda)^n}{n!}, \quad \lambda > 0.$$

由于 $A_\lambda = \lambda A(\lambda I - A)^{-1}$ 是 $X \longrightarrow X$ 中的线性有界算子, 可得

$$\|e^{A_\lambda}\| \leqslant \sum_{n=0}^{\infty} \frac{\|A_\lambda\|^n}{n!} = \sum_{n=0}^{\infty} \frac{\|\lambda A(\lambda I - A)^{-1}\|^n}{n!} \leqslant \sum_{n=0}^{\infty} \frac{\|A\|^n}{n!} = \mathrm{e}^{\|A\|}.$$

说明 e^{A_λ} 是一个线性有界算子.

对 $t \geqslant 0$, 定义

$$T_\lambda(t) = \mathrm{e}^{tA_\lambda}, \quad \lambda > 0. \tag{7.2.23}$$

可以证明 $\{T_\lambda(t)\}_{t\geqslant 0}$ 构成一个 C_0 压缩算子半群. 事实上, 显然 $T_\lambda(0) = I$, 且

$$T_\lambda(t_1 + t_2) = \mathrm{e}^{(t_1+t_2)A_\lambda} = \mathrm{e}^{t_1A_\lambda}\mathrm{e}^{t_2A_\lambda} = T_\lambda(t_1)T_\lambda(t_2), \quad \forall t_1, t_2 \geqslant 0.$$

说明算子半群定义中的条件 (1), (2) 是满足的.

由于 $A_\lambda = -\lambda I + \lambda^2(\lambda - A)^{-1}$, 从而有

$$\begin{aligned}\|T_\lambda(t)\| &= \|\mathrm{e}^{t(-\lambda I+\lambda^2(\lambda I-A)^{-1})}\| \\ &= \mathrm{e}^{-\lambda t}\|\mathrm{e}^{\lambda^2(\lambda I-A)^{-1}t}\| \\ &\leqslant \mathrm{e}^{-\lambda t}\mathrm{e}^{\lambda t\|\lambda(\lambda I-A)^{-1}\|} \\ &\leqslant \mathrm{e}^{-\lambda t}\mathrm{e}^{\lambda t} = 1.\end{aligned}$$

可知 $T_\lambda(t)$ 是压缩的. 对任意的 $t_1 > t_2 \geqslant 0$ 以及 $x \in X$, 成立

$$\begin{aligned}\|(T_\lambda(t_1) - T_\lambda(t_2))x\| &\leqslant \|T_\lambda(t_2)(T_\lambda(t_1 - t_2) - I)x\| \\ &\leqslant \|(T_\lambda(t_1 - t_2) - I)x\| \\ &= \left\|\sum_{n=1}^{\infty}\frac{((t_1 - t_2)A_\lambda)^n}{n!}x\right\| \\ &= \left\|\sum_{n=0}^{\infty}\frac{((t_1 - t_2)A_\lambda)^{n+1}}{(n+1)!}x\right\| \\ &= \left\|(t_1 - t_2)\sum_{n=0}^{\infty}\frac{((t_1 - t_2)A_\lambda)^n}{(n+1)!}A_\lambda x\right\| \\ &\leqslant (t_1 - t_2)\sum_{n=0}^{\infty}\frac{\|(t_1 - t_2)A_\lambda\|^n}{n!}\|A_\lambda x\| \\ &= (t_1 - t_2)\mathrm{e}^{(t_1-t_2)\|A_\lambda\|}\|A_\lambda x\|.\end{aligned}$$

从而可得 $\lim\limits_{t_1\to t_2}\|(T_\lambda(t_1) - T_\lambda(t_2))x\| = 0$, 说明

$$T_\lambda(t)x \in C[(0,\infty); X), \quad \forall x \in X.$$

注意到, 对任意的 $t \geqslant 0$ 以及 $x \in X$, 成立

$$\begin{aligned}D_tT_\lambda(t)x &= \lim_{h\to 0}\frac{1}{h}(T_\lambda(t+h) - T_\lambda(t))x \\ &= \lim_{h\to 0}\frac{1}{h}(T_\lambda(h) - I)T_\lambda(t)x \\ &= \lim_{h\to 0}\frac{1}{h}(\mathrm{e}^{hA_\lambda} - I)T_\lambda(t)x \\ &= A_\lambda T_\lambda(t)x.\end{aligned}$$

说明 $T_\lambda(t)$ 的无穷小生成元就是 A_λ, 即

$$D_tT_\lambda(t)x = A_\lambda T_\lambda(t)x, \quad \forall x \in X.$$

第三步. 极限 $\lim\limits_{\lambda\to\infty}T_\lambda(t) = T(t)$ 存在, 且 $T(t)$ 为所求的算子半群.

对任意的 $x \in D(A)$ 以及 $\lambda, \mu > 0$, 利用 $T_\lambda(t)$ 的压缩性可知

$$
\begin{aligned}
&\|T_\lambda(t)x - T_\mu(t)x\| \\
=&\left\|\int_0^t \frac{\mathrm{d}}{\mathrm{d}\tau}(T_\mu(t-\tau)T_\lambda(\tau)x)\mathrm{d}\tau\right\| \\
=&\left\|\int_0^t \Big([-D_t T_\mu(t-\tau)]T_\lambda(\tau)x + T_\mu(t-\tau)[D_\tau T_\lambda(\tau)x]\Big)\mathrm{d}\tau\right\| \\
=&\left\|\int_0^t \Big(-T_\mu(t-\tau)T_\lambda(\tau)A_\mu x + T_\mu(t-\tau)T_\lambda(\tau)A_\lambda x\Big)\mathrm{d}\tau\right\| \\
=&\left\|\int_0^t T_\mu(t-\tau)T_\lambda(\tau)(A_\mu x - A_\lambda x)\mathrm{d}\tau\right\| \\
\leqslant&\int_0^t \|T_\mu(t-\tau)\|\|T_\lambda(\tau)\|\|A_\mu x - A_\lambda x\|\mathrm{d}\tau \\
\leqslant& t\|A_\mu x - A_\lambda x\|.
\end{aligned}
$$

利用已证得结果: $\lim\limits_{\lambda\to\infty}\|A_\lambda x - Ax\| = 0, \forall x \in X$. 可知, 当 $x \in D(A)$ 时, $T_\lambda(t)x$ 构成一个关于有限时间区间中的一致的 Cauchy 序列, 于是, $T_\lambda(t)x$ 在 $D(A)$ 中关于 t 一致收敛, 即 $\forall x \in D(A)$ 及 $0 \leqslant t < \infty$, 极限 $\lim\limits_{\lambda\to\infty} T_\lambda(t)x$ 存在. 因此, 对任意 $0 \leqslant t < \infty$, 定义

$$T(t)x := \lim_{\lambda\to\infty} T_\lambda(t)x.$$

利用 $T_\lambda(t)$ 的性质, 不难验证, $T(t) : D(A) \longrightarrow X$ 是线性有界算子. 下面将算子 $T(t)$ 由 $D(A)$ 拓展到整个 X 上. 由于在 $D(A)$ 中是稠密的, 故对任意的 $x \in X$, 存在 $x_n \in D(A)$, 使得 $\lim\limits_{n\to\infty}\|x_n - x\| = 0$, 从而定义

$$T(t)x := \lim_{n\to\infty} T(t)x_n.$$

显然, $T(t) : X \longrightarrow X$ 有定义且是线性有界算子. 同时, 对上述 $x \in X$, 还成立

$$
\begin{aligned}
&\|T_\lambda(t)x - T(t)x\| \\
\leqslant&\|T_\lambda(t)(x - x_n)\| + \|T_\lambda(t)x_n - T(t)x_n\| + \|T(t)x_n - T(t)x\| \\
\leqslant&2\|x - x_n\| + \|T_\lambda(t)x_n - T(t)x_n\|.
\end{aligned}
$$

因此

$$\lim_{\lambda\to\infty}\|T_\lambda(t)x - T(t)x\| \leqslant 2\|x - x_n\|.$$

在上述不等式中再令 $n \to \infty$, 可得

$$\lim_{\lambda\to\infty}\|T_\lambda(t)x - T(t)x\| = 0, \quad \forall x \in X.$$

说明

$$T(t)x=\lim_{\lambda\to\infty}T_\lambda(t)x,\quad \forall x\in X,\quad 0\leqslant t<\infty,\tag{7.2.24}$$

且式 (7.2.24) 中的收敛在任何有限时间区间段上是一致的. 进一步, 利用式 (7.2.24) 和算子 $T_\lambda(t)$ 的性质, 可知

$$T(0)=I;\quad T(t)x\in C([0,\infty);X);\quad T(t_1+t_2)=T(t_1)T(t_2),\quad \forall t_1,t_2\in[0,\infty),$$

以及 $\|T(t)\|\leqslant 1$. 从而 $T(t)$ 满足算子半群定义中的全部条件, 故 $\{T(t)\}_{t\geqslant 0}$ 构成 C_0 压缩算子半群.

最后需要说明: C_0 算子半群 $T(t)$ 以 A 为无穷小生成元.

若 $x\in D(A)$, $h>0$, 则 $T_\lambda(t)A_\lambda x\to T(t)Ax$ 在 $0\leqslant t\leqslant h$ 上一致成立. 事实上, 利用式 (7.2.22), (7.2.24), 成立

$$\begin{aligned}\|T_\lambda(t)A_\lambda x-T(t)Ax\|&\leqslant\|T_\lambda(t)(A_\lambda x-Ax)\|+\|(T_\lambda(t)-T(t))Ax\|\\&\leqslant\|A_\lambda x-Ax\|+\|(T_\lambda(t)-T(t))Ax\|\\&\to 0,\quad \lambda\longrightarrow\infty.\end{aligned}\tag{7.2.25}$$

由于 A_λ 是算子半群 $T_\lambda(t)$ 的无穷小生成元, 利用式 (7.2.12) , 对任意的 $x\in D(A)$, 有

$$T_\lambda(t)x-x=\int_0^t T_\lambda(\tau)A_\lambda x\mathrm{d}\tau.$$

结合式 (7.2.25), 并在上式中令 $\lambda\to\infty$, 即得

$$T(t)x-x=\int_0^t T(\tau)Ax\mathrm{d}\tau,\quad x\in D(A).$$

从而成立

$$\lim_{t\to 0^+}\frac{T(t)x-x}{t}=T(0)Ax=Ax,\quad x\in D(A),$$

即

$$D_t^+T(t)x|_{t=0}=Ax,\quad x\in D(A).$$

记 C 为算子半群 $\{T(t)\}_{t\geqslant 0}$ 的无穷小生成元, 则利用上式, 可知 $D(A)\subset D(C)$, 且当 $x\in D(A)$ 时, $Ax=Cx$. 于是 C 是 A 的扩张, 从而 $I-C$ 是 $I-A$ 的扩张, 但由假设知, $I-A$ 为满映射, 即

$$(I-A)D(A)=X,$$

从而

$$(I-C)D(A)=X.$$

同时由前面必要性部分的证明知 $I-C$ 为单映射 (由式 (7.2.18) 即可证单映射), 故 $I-C$ 不能再在 $D(A)$ 以外有定义, 否则就与 $I-C$ 为单映射矛盾. 于是就得到 $D(A)=D(C)$, 从而 $A=C$, 即 A 为算子半群 $\{T(t)\}_{t\geqslant 0}$ 的无穷小生成元. □

注 设 $\omega\in\mathbb{R}^1$, 如果 C_0 算子半群 $\{T(t)\}_{t\geqslant 0}$ 满足: $\|T(t)\|\leqslant \mathrm{e}^{\omega t}$, $t\geqslant 0$, 则称 $\{T(t)\}_{t\geqslant 0}$ 是 ω 压缩算子半群. 定理 7.2.7 可以叙述为: 线性算子 (可以无界) A 为 Banach 空间 X 上的 ω 压缩算子半群 $\{T(t)\}_{t\geqslant 0}$ 的无穷小生成元, 当且仅当

(1) A 是闭算子且 $\overline{D(A)}=X$;

(2) $(\omega,\infty)\subset\rho(A)$ 并且 $\|R(\lambda,A)\|\leqslant \dfrac{1}{\lambda-\omega}, \forall\lambda>\omega$.

上述定理可视为压缩算子半群的存在性定理, 相应地, 有如下唯一性定理.

定理 7.2.8 设 $\{T(t)\}_{t\geqslant 0}$, $\{S(t)\}_{t\geqslant 0}$ 为 Banach 空间 X 上给定的两个压缩算子半群, 它们有相同的无穷小生成元 B, 即

$$\lim_{h\to 0^+}\frac{T(h)x-x}{h}=\lim_{h\to +0}\frac{S(h)x-x}{h}=Bx,\quad \forall x\in D(B),$$

则 $T(t)=S(t)$, $\forall t\geqslant 0$.

证明 由于假设了两个压缩算子半群 $T(t)$, $S(t)$ 在 X 上有相同的无穷小生成元 B, 故由式 (7.2.19) 知, 对任意的 $y\in H$,

$$\int_0^\infty \mathrm{e}^{-\lambda\tau}S(\tau)y\mathrm{d}\tau=(\lambda I-B)^{-1}y=\int_0^\infty \mathrm{e}^{-\lambda\tau}T(\tau)y\mathrm{d}\tau,\quad \forall\lambda>0, \tag{7.2.26}$$

取任意的 $z\in H$ 与等式 (7.2.26) 两边的量作内积, 可得

$$\int_0^\infty \mathrm{e}^{-\lambda\tau}(S(\tau)y,z)\mathrm{d}\tau=((\lambda I-B)^{-1}y,z)=\int_0^\infty \mathrm{e}^{-\lambda\tau}(T(\tau)y,z)\mathrm{d}\tau,\quad \forall\lambda>0,$$

从而对一切 $y,z\in X$, 成立

$$(S(t)y,z)=(T(t)y,z),$$

故$S(t)=T(t),\forall t\geqslant 0$. 需要说明的是, 在上述证明过程中, 用到 Laplace 变换 L 的可逆性质 (详见 7.3 节内容), 即令 $L(f)(\lambda)=\displaystyle\int_0^\infty \mathrm{e}^{-\lambda\tau}f(\tau)\mathrm{d}\tau$, 则成立 $L^{-1}L=I$. 从而, 若 $Lf=0$, 有 $f=L^{-1}Lf=L^{-1}0=0$. □

定理 7.2.9 设线性算子 (可以无界) A 为 Banach 空间 X 上 C_0 压缩算子半群 $\{T(t)\}_{t\geqslant 0}$ 的无穷小生成元, 则 A 的预解集 $\rho(A)$ 包括复平面的右半平面, 即

$$\{\lambda\in\mathbb{C};\mathrm{Re}\lambda>0\}\subset\rho(A),$$

并且对任意的 $\lambda\in\mathbb{C}$, $\mathrm{Re}\lambda>0$, 成立

$$\|R(\lambda,A)\|\leqslant\frac{1}{\mathrm{Re}\lambda}.$$

证明　设 $x \in X$, 则对任意的 $\lambda \in \mathbb{C}$, $\mathrm{Re}\lambda > 0$, 下述算子是有定义的:

$$R(\lambda)x = \int_0^\infty \mathrm{e}^{-\lambda t} T(t)x\mathrm{d}t,$$

并且成立

$$\begin{aligned}\|R(\lambda)x\| &= \left\| \int_0^\infty \mathrm{e}^{-\lambda t} T(t)x\mathrm{d}t \right\| \\ &\leqslant \int_0^\infty |\mathrm{e}^{-\lambda t}| \|T(t)\| \|x\| \mathrm{d}t \\ &= \int_0^\infty \mathrm{e}^{-t\mathrm{Re}\lambda} \|T(t)\| \|x\| \mathrm{d}t \\ &\leqslant \int_0^\infty \mathrm{e}^{-t\mathrm{Re}\lambda} \mathrm{d}t \|x\| \\ &= \frac{1}{\mathrm{Re}\lambda} \|x\|, \quad \forall x \in X.\end{aligned}$$

说明 $\|R(\lambda)\| \leqslant \dfrac{1}{\mathrm{Re}\lambda}$, $\forall \lambda \in \mathbb{C}$, $\mathrm{Re}\lambda > 0$. 下面只需证 $R(\lambda) = R(\lambda, A)$.

进一步, 对于 $x \in X$, $h > 0$, 成立

$$\begin{aligned}\frac{T(h)-I}{h} R(\lambda)x &= \frac{1}{h} \int_0^\infty \mathrm{e}^{-\lambda t}(T(t+h)x - T(t)x)\mathrm{d}t \\ &= \frac{\mathrm{e}^{\lambda h}-1}{h} \int_0^\infty \mathrm{e}^{-\lambda t} T(t)x\mathrm{d}t - \frac{\mathrm{e}^{\lambda h}}{h} \int_0^h \mathrm{e}^{-\lambda t} T(t)x\mathrm{d}t \\ &= \frac{\mathrm{e}^{\lambda h}-1}{h} R(\lambda)x - \frac{\mathrm{e}^{\lambda h}}{h} \int_0^h \mathrm{e}^{-\lambda t} T(t)x\mathrm{d}t.\end{aligned}$$

因此

$$\lim_{h \to 0^+} \frac{T(h)-I}{h} R(\lambda)x = \lambda R(\lambda)x - x.$$

说明对任意的 $x \in D(A)$, $\lambda \in \mathbb{C}$, $\mathrm{Re}\lambda > 0$, 有 $R(\lambda)x \in D(A)$ 且

$$AR(\lambda)x = \lambda R(\lambda)x - x. \tag{7.2.27}$$

此外, 利用定理 7.2.5 以及算子 A 是闭的性质, 可知对任意的 $x \in D(A)$, 成立

$$\begin{aligned}R(\lambda)Ax &= \int_0^\infty \mathrm{e}^{-\lambda t} T(t)Ax\mathrm{d}t \\ &= \int_0^\infty \mathrm{e}^{-\lambda t} AT(t)x\mathrm{d}t \\ &= A\int_0^\infty \mathrm{e}^{-\lambda t} T(t)x\mathrm{d}t \\ &= AR(\lambda)x.\end{aligned} \tag{7.2.28}$$

结合式 (7.2.27), (7.2.28), 对任意的 $x \in D(A)$, $\lambda \in \mathbb{C}$, $\mathrm{Re}\lambda > 0$, 可得

$$R(\lambda)(\lambda I - A)x = \lambda R(\lambda)x - R(\lambda)Ax = \lambda R(\lambda)x - AR(\lambda)x = (\lambda I - A)R(\lambda)x = x.$$

说明 $R(\lambda)$ 是可逆的, 且 $R(\lambda) = (\lambda I - A)^{-1} = R(\lambda, A)$, $\forall \lambda \in \mathbb{C}$, $\mathrm{Re}\lambda > 0$. □

下面的例子表明, 在定理 7.2.9 的结论中, 包含在预解集 $\rho(A)$ 中的复平面的右半平面是最大的, 即 $\{\lambda \in \mathbb{C}; \mathrm{Re}\lambda \leqslant 0\} \not\subset \rho(A)$.

例 1 设 $X = BC[0,\infty)$, 这里 $BC[0,\infty)$ 表示在 $[0,\infty)$ 上一致连续且有界的函数组成的空间. 定义

$$\big(T(t)f\big)(s) = f(t+s).$$

显然 $T(t)$ 是 X 上的一个 C_0 压缩半群, 其无穷小生成元 $Af = f'$, $f \in D(A) = \{f \in X; f' \in X\}$. 利用定理 7.2.9 知,

$$\{\lambda \in \mathbb{C}; \mathrm{Re}\lambda > 0\} \subset \rho(A).$$

另外, 对任意的 $\lambda \in \mathbb{C}$, 方程 $(\lambda - A)\varphi_\lambda = 0$ 都有非平凡解 $\varphi_\lambda = \mathrm{e}^{\lambda s}$. 如果 $\mathrm{Re}\lambda \leqslant 0$, 则 $\varphi_\lambda \in D(A)$. 因此

$$\{\lambda \in \mathbb{C}; \mathrm{Re}\lambda \leqslant 0\} \subset \sigma(A),$$

这里 $\sigma(A)$ 表示算子 A 的谱.

设 $T(t)$ 是 Banach 空间 X 上的一个 C_0 半群, 满足 $\|T(t)\| \leqslant \mathrm{e}^{\omega t}$, $\omega \geqslant 0$. 令 $S(t) = \mathrm{e}^{-\omega t}T(t)$. 显然 $S(t)$ 是 Banach 空间 X 上的一个 C_0 压缩半群. 如果 A 是 $T(t)$ 的无穷小生成元, 则 $A - \omega I$ 是 $S(t)$ 的无穷小生成元. 记 $\lambda = \mu + \omega$. 从而,

$$\{\mu \in \mathbb{C}; \mathrm{Re}\mu > 0\} \subset \rho(A - \omega I) \Longleftrightarrow \{\lambda \in \mathbb{C}; \mathrm{Re}\lambda > \omega\} \subset \rho(A),$$

以及

$$\|R(\mu, A - \omega I)\| \leqslant \frac{1}{\mathrm{Re}\mu}, \quad \forall \mu \in \mathbb{C}, \quad \mathrm{Re}\mu > 0$$
$$\Longleftrightarrow \|R(\lambda, A)\| \leqslant \frac{1}{\mathrm{Re}\lambda - \omega}, \quad \forall \lambda \in \mathbb{C}, \quad \mathrm{Re}\lambda > \omega.$$

因此, 利用定理 7.2.9 即可知下述结论成立.

定理 7.2.10 设线性算子 (可以无界) A 为 Banach 空间 X 上的 C_0 算子半群 $\{T(t)\}_{t\geqslant 0}$ 的无穷小生成元, 且 $\|T(t)\| \leqslant \mathrm{e}^{\omega t}$, $\omega \geqslant 0$, 则

$$\{\lambda \in \mathbb{C}; \mathrm{Re}\lambda > \omega\} \subset \rho(A),$$

并且成立

$$\|R(\lambda, A)\| \leqslant \frac{1}{\mathrm{Re}\lambda - \omega}, \quad \forall \lambda \in \mathbb{C}, \quad \mathrm{Re}\lambda > \omega.$$

4. 一般线性算子半群和无穷小生成元

设 $\{T(t)\}_{t\geqslant 0}$ 是 Banach 空间 X 上的 C_0 算子半群, 满足 $\|T(t)\|\leqslant Me^{\omega t}$. 本节介绍一 C_0 算子半群 $T(t)$ 与其无穷小生成元的关系. 定理 7.2.7 和定理 7.2.9 处理了 $M=1,\omega=0$ 的情形, 而定理 7.2.10 处理了 $M=1,\omega\geqslant 0$ 的情形. 本节探讨更一般的情形: $M\geqslant 1,\omega\geqslant 0$. 首先介绍一个预备引理.

引理 7.2.11　设 A 是 Banach 空间 X 上的一个线性算子, 且 $\rho(A)\supset(0,\infty)$. 如果

$$\|\lambda^n R(\lambda,A)^n\|\leqslant M,\quad n\in\mathbb{N},\quad \lambda>0,$$

则存在 X 上的一个新的范数 $|\cdot|$, 等价于 X 上的原始范数 $\|\cdot\|$, 并且成立

$$\|x\|\leqslant|x|\leqslant M\|x\|,\quad \forall x\in X,$$

以及

$$|\lambda R(\lambda,A)x|\leqslant|x|,\quad \forall x\in X,\quad \lambda>0.$$

证明　记 $\|x\|_\mu=\sup\limits_{n\geqslant 0}\|\mu^n R(\mu,A)^n x\|$, $\mu>0$, $x\in X$. 利用已知条件, $\|x\|_\mu\leqslant M\|x\|$. 此外显然成立 $\|x\|\leqslant\|x\|_\mu$. 从而

$$\|x\|\leqslant\|x\|_\mu\leqslant M\|x\|,\quad \forall\mu>0,\quad x\in X. \tag{7.2.29}$$

设 $y\in X$, 则

$$\|\mu R(\mu,A)y\|_\mu=\sup_{m\geqslant 0}\|\mu^{m+1}R(\mu,A)^{m+1}y\|\leqslant\sup_{n\geqslant 0}\|\mu^n R(\mu,A)^n y\|=\|y\|_\mu.$$

说明

$$\|\mu R(\mu,A)\|_\mu\leqslant 1,\quad \forall\mu>0. \tag{7.2.30}$$

下面证明

$$\|\lambda R(\lambda,A)\|_\mu\leqslant 1,\quad \forall 0<\lambda\leqslant\mu. \tag{7.2.31}$$

事实上, 对任意的 $x\in X$, 记 $y=R(\lambda,A)x$, $\lambda>0$. 利用预解式的性质:

$$R(\lambda_1,A)-R(\lambda_2,A)=(\lambda_2-\lambda_1)R(\lambda_1,A)R(\lambda_2,A),\quad \forall\lambda_1,\lambda_2>0.$$

可知 $y=R(\mu,A)(x+(\mu-\lambda)y)$. 利用式 (7.2.30), 可得

$$\|y\|_\mu\leqslant\frac{1}{\mu}\|x\|_\mu+\left(1-\frac{\lambda}{\mu}\|y\|_\mu\right).$$

因此 $\lambda\|y\|_\mu \leqslant \|x\|_\mu$, 此即为式 (7.2.31). 由式 (7.2.29), (7.2.31) 知

$$\begin{aligned}\|\lambda^n R(\lambda, A)^n x\| &\leqslant \|\lambda^n R(\lambda, A)^n x\|_\mu \\ &\leqslant \|\lambda R(\lambda, A)\|_\mu^n \|x\|_\mu \\ &\leqslant \|x\|_\mu, \quad \forall\, 0 < \lambda \leqslant \mu. \end{aligned} \tag{7.2.32}$$

在式 (7.2.32) 的左端关于 $n \geqslant 0$ 取上确界可得

$$\|x\|_\lambda \leqslant \|x\|_\mu, \quad \forall 0 < \lambda \leqslant \mu.$$

定义 $|x| = \lim\limits_{\mu\to\infty} \|x\|_\mu$, 则由式 (7.2.29) 知

$$\|x\| \leqslant |x| \leqslant M\|x\|, \quad \forall x \in X.$$

在式 (7.2.32) 中取 $n = 1$, 可知

$$\|\lambda R(\lambda, A)x\|_\mu \leqslant \|x\|_\mu, \quad \forall\, 0 < \lambda \leqslant \mu.$$

从而

$$|\lambda R(\lambda, A)x| = \lim_{\mu\to\infty} \|\lambda R(\lambda, A)x\|_\mu \leqslant \lim_{\mu\to\infty} \|x\|_\mu = |x|, \quad \forall\lambda > 0. \qquad \square$$

定理 7.2.12 一个线性算子 (可以无界) A 是 Banach 空间 X 上的某个 C_0 算子半群 $\{T(t)\}_{t\geqslant 0}$ 的无穷小生成元, $\|T(t)\| \leqslant M$, $M \geqslant 1$, 当且仅当

(1) A 是闭算子且 $D(A)$ 在 X 中是稠密的.

(2) $(0, \infty) \subset \rho(A)$, 且

$$\|R(\lambda, A)^n\| \leqslant \frac{M}{\lambda^n}, \quad \forall\lambda > 0, \quad n \in \mathbb{N}.$$

证明 设 $\{T(t)\}_{t\geqslant 0}$ 是 Banach 空间 X 上的 C_0 算子半群, 满足 $\|T(t)\| \leqslant M$, $M \geqslant 1$. 此外设 A 为其无穷小生成元. 注意到, 在 X 上的两个等价范数拓扑意义下, 算子 A 是闭的且是稠密的这两个性质是保持不变的. 因此, 在 X 上的两个等价范数意义下, $\{T(t)\}_{t\geqslant 0}$ 仍是 C_0 算子半群, A 为其相应的无穷小生成元. 定义

$$|x| = \sup_{t\geqslant 0} \|T(t)\|, \quad x \in X,$$

则

$$\|x\| \leqslant |x| \leqslant M\|x\|.$$

因此, $|\cdot|$ 是 Banach 空间 X 上的另一个范数 (等价于原始范数 $\|\cdot\|$). 此外,

$$|T(t)x| = \sup_{s\geqslant 0} \|T(s)T(t)x\| = \sup_{s\geqslant 0} \|T(s+t)x\| \leqslant \sup_{\tau\geqslant 0} \|T(\tau)x\| = |x|, \quad x \in X.$$

说明在新的范数 $|\cdot|$ 意义下, $T(t)$ 是 Banach 空间 X 上的 C_0 压缩算子半群. 利用 Hille-Yosida 定理 (即定理 7.2.7), 在新的范数 $|\cdot|$ 意义下, A 是闭的且在 X 中是稠密的; 此外还成立

$$|R(\lambda, A)| \leqslant \lambda^{-1}, \quad \forall\lambda > 0.$$

因此,

$$\|R(\lambda, A)^n x\| \leqslant |R(\lambda, A)^n x| \leqslant |R(\lambda, A)|^n |x| \leqslant M\lambda^{-n}\|x\|.$$

这样就验证了条件 (1), (2) 是成立的. 下面假定条件 (1), (2) 成立. 由引理 7.2.10 知, 在 X 上存在一个新的范数 $|\cdot|$, 满足

$$\|x\| \leqslant |x| \leqslant M\|x\|, \quad |\lambda R(\lambda, A)x| \leqslant |x|, \quad \forall x \in X, \quad \lambda > 0.$$

由上式可知 $|R(\lambda, A)| \leqslant \lambda^{-1}, \forall\lambda > 0$, 以及 $\rho(A) \supset (0, \infty)$.

下面把带有新范数 $|\cdot|$ 的 Banach 空间 X 记为 $(X, |\cdot|)$. 由于算子 A 在 $(X, |\cdot|)$ 上仍是闭的稠定算子, 利用 Hille-Yosida 定理知, 在 $(X, |\cdot|)$ 上存在一个压缩的 C_0 半群 $T(t), t \geqslant 0$, 使得 A 为其无穷小生成元. 返回到原始范数 $\|\cdot\|$, A 仍是 X 上半群 $T(t)$ 的无穷小生成元, 并且

$$\|T(t)x\| \leqslant |T(t)x| \leqslant |x| \leqslant M\|x\|, \quad \forall x \in X.$$

说明 $\|T(t)\| \leqslant M$. □

设 $T(t)$ 是 Banach 空间 X 上的一个一般的 C_0 算子半群, 即存在 $M \geqslant 1, \omega \geqslant 0$, 使得 $\|T(t)\| \leqslant M\mathrm{e}^{\omega t}, \omega \geqslant 0$. 再设 A 为 $T(t)$ 的无穷小生成元. 令 $S(t) = \mathrm{e}^{-\omega t}T(t)$, 则 $S(t)$ 是 X 上的一个 C_0 算子半群, 且 $\|S(t)\| \leqslant M$. 并且 $A - \omega I$ 为 $S(t)$ 的无穷小生成元. 结合定理 7.2.12, 可得如下结果.

定理 7.2.13 设线性算子 (可以无界) A 为 Banach 空间 X 上的 C_0 算子半群 $\{T(t)\}_{t\geqslant 0}$ 的无穷小生成元, 且 $\|T(t)\| \leqslant M\mathrm{e}^{\omega t}$, $M \geqslant 1, \omega \geqslant 0$. 当且仅当

(1) A 是闭算子且 $D(A)$ 在 X 中是稠密的.

(2) $(\omega, \infty) \subset \rho(A)$, 且

$$\|R(\lambda, A)^n\| \leqslant \frac{M}{(\lambda - \omega)^n}, \quad \forall\lambda > \omega, \quad n \in \mathbb{N}.$$

注 定理 7.2.13 中的条件 (2) 蕴涵着: $\{\lambda \in \mathbb{C}; \mathrm{Re}\lambda > \omega\} \subset \rho(A)$. 且

$$\|R(\lambda, A)^n\| \leqslant \frac{M}{(\mathrm{Re}\lambda - \omega)^n}, \quad \forall \mathrm{Re}\lambda > \omega, \quad n \in \mathbb{N}.$$

事实上, 由于 $\|T(t)\| \leqslant M\mathrm{e}^{\omega t}$, 可知对任意的 $\lambda \in \mathbb{C}$, $\mathrm{Re}\lambda > 0$, 下述算子的定义是有意义的:

$$R(\lambda)x = \int_0^\infty \mathrm{e}^{-\lambda t}T(t)x\mathrm{d}t, \quad x \in X.$$

检查定理 7.2.9 的证明过程, 可得 $R(\lambda)=R(\lambda,A)$. 由于 $R(\lambda,A)$ 关于 $\lambda\in\rho(A)$ 是解析的算子值函数. 因此

$$\frac{\mathrm{d}}{\mathrm{d}\lambda}R(\lambda,A)x=\frac{\mathrm{d}}{\mathrm{d}\lambda}\int_0^\infty \mathrm{e}^{-\lambda t}T(t)x\mathrm{d}t=-\int_0^\infty t\mathrm{e}^{-\lambda t}T(t)x\mathrm{d}t,\quad \forall\ \mathrm{Re}\lambda>\omega,\quad x\in X.$$

通过归纳法, 对任意的 $\mathrm{Re}\lambda>0$, 可得

$$\frac{\mathrm{d}^n}{\mathrm{d}\lambda^n}R(\lambda,A)x=(-1)^n\int_0^\infty t^n\mathrm{e}^{-\lambda t}T(t)x\mathrm{d}t,\quad \forall x\in X,\quad n\in\mathbb{N}. \tag{7.2.33}$$

另外, 利用预解式的恒等式:

$$R(\lambda,A)-R(\mu,A)=(\mu-\lambda)R(\lambda,A)R(\mu,A),\quad \forall\lambda,\mu\in\rho(A).$$

可得

$$\frac{\mathrm{d}}{\mathrm{d}\lambda}R(\lambda,A)=-R(\lambda,A)^2,\quad \forall\lambda\in\rho(A).$$

利用归纳法, 对任意的 $\lambda\in\rho(A)$, 可证

$$\frac{\mathrm{d}^n}{\mathrm{d}\lambda^n}R(\lambda,A)=(-1)^n n!R(\lambda,A)^{n+1},\quad \forall n\in\mathbb{N}. \tag{7.2.34}$$

结合式 (7.2.33), 式 (7.2.34), 对任意的 $\mathrm{Re}\lambda>0$, 成立

$$R(\lambda,A)^n x=\frac{1}{(n-1)!}\int_0^\infty t^{n-1}\mathrm{e}^{-\lambda t}T(t)x\mathrm{d}t,\quad \forall x\in X,\quad n\in\mathbb{N}.$$

因此对任意的 $x\in X$, $n\in\mathbb{N}$, 成立

$$\begin{aligned}\|R(\lambda,A)^n x\|\leqslant&\frac{1}{(n-1)!}\int_0^\infty t^{n-1}\mathrm{e}^{-t\mathrm{Re}\lambda}\|T(t)\|\|x\|\mathrm{d}t\\ \leqslant&\frac{M}{(n-1)!}\int_0^\infty t^{n-1}\mathrm{e}^{(\omega-\mathrm{Re}\lambda)t}\|x\|\mathrm{d}t\\ =&\frac{M}{(n-1)!(\mathrm{Re}\lambda-\omega)^n}\int_0^\infty t^{n-1}\mathrm{e}^{-t}\|x\|\mathrm{d}t\\ =&\frac{M\Gamma(n)}{(n-1)!(\mathrm{Re}\lambda-\omega)^n}\|x\|\\ =&\frac{M}{(\mathrm{Re}\lambda-\omega)^n}\|x\|.\end{aligned}$$

□

7.3 Laplace 变换及其逆变换

算子半群理论的一个基本问题是关于 Banach 空间 X 上的半群 $T(t)$ 与其无穷小生成元 A 的关系. 通过前面的定义知,

$$Ax=\lim_{t\to0^+}\frac{T(t)x-x}{t},\quad x\in D(A).$$

另外一个获得 A 的表达式或者 A 的预解式 $R(\lambda, A)$ 的方法是: 如果 $\|T(t)\| \leqslant M\mathrm{e}^{\omega t}$, $M \geqslant 1, \omega \geqslant 0$, 则对任意的 $\lambda \in \mathbb{C}$, $\mathrm{Re}\lambda > \omega$,

$$R(\lambda, A)x = \int_0^{\infty} \mathrm{e}^{-\lambda t} T(t)x\mathrm{d}t, \quad x \in X. \tag{7.3.1}$$

从对偏微分方程应用的角度讲, 更重要的是由已知的线性 (微分) 算子 A (即无穷小生成元), 如何得到半群 $T(t)$. 原因在于, 对于 $x \in D(A)$, $u(t) = T(t)x$ 是下述问题的解:

$$\frac{\mathrm{d}u}{\mathrm{d}t} = Au, \quad u(0) = x.$$

式 (7.3.1) 表明: 半群的 Laplace 变换即是无穷小生成元的预解式, 因此我们计划对预解式进行 Laplace 逆变换, 来得到半群的表达式, 这也是本节的主要内容.

引理 7.3.1 设 B 是 Banach 空间 X 上的有界线性算子. 如果 $\gamma > \|B\|$, 则成立

$$\mathrm{e}^{tB} = \frac{1}{2\pi \mathrm{i}} \int_{\gamma - \mathrm{i}\infty}^{\gamma + \mathrm{i}\infty} \mathrm{e}^{\lambda t} R(\lambda, B)\mathrm{d}\lambda, \quad t > 0.$$

证明 设 $\gamma > \|B\|$, 选择 $r \in (\|B\|, \gamma)$ 以及 C_r 为以原点为心, r 为半径的圆的圆周. 在算子范数意义下, 当 $|\lambda| \geqslant r$ 时, 成立

$$R(\lambda, B) = \sum_{k=0}^{\infty} \frac{B^k}{\lambda^{k+1}}. \tag{7.3.2}$$

为使证明继续进行下去, 需要关于解析函数的几个结论, 这在通常的复变函数论讲义中都能找到.

设 $f(z)$ 在复平面的有界区域 D 内解析, Γ 为 D 内的任一条闭曲线, 则

$$\text{柯西定理:} \int_{\Gamma} f(z)\mathrm{d}z = 0.$$

设 z_0 为 Γ 围成的内部区域的任一点, 则

$$\text{柯西积分公式}: f(z_0) = \frac{1}{2\pi \mathrm{i}} \int_{\Gamma} \frac{f(z)}{z - z_0}\mathrm{d}z, \tag{7.3.3}$$

以及

$$\frac{1}{2\pi \mathrm{i}} \int_{\Gamma} \frac{\mathrm{d}z}{|z - z_0|^k} = \begin{cases} 1, & k = 1, \\ 0, & k \geqslant 2. \end{cases} \tag{7.3.4}$$

结合式 (7.3.3), (7.3.4), 可得如下恒等式: 设 $k \in \mathbb{N} \cup \{0\}$, 成立

$$\begin{aligned} \frac{1}{2\pi \mathrm{i}} \int_{C_r} \lambda^{-k-1} \mathrm{e}^{\lambda t}\mathrm{d}\lambda &= \frac{1}{2\pi \mathrm{i}} \int_{C_r} \left(\sum_{j=0}^{k-1} + \sum_{j=k} + \sum_{j=k+1}^{\infty} \right) \frac{\lambda^{j-k-1} t^j}{j!}\mathrm{d}\lambda \\ &= \frac{t^k}{k!} \frac{1}{2\pi \mathrm{i}} \int_{|\lambda| = r} \frac{\mathrm{d}\lambda}{\lambda} = \frac{t^k}{k!}. \end{aligned} \tag{7.3.5}$$

利用式 (7.3.2), (7.3.5), 可得

$$\frac{1}{2\pi i}\int_{C_r} e^{\lambda t}R(\lambda,B)d\lambda = \frac{1}{2\pi i}\sum_{k=0}^{\infty}B^k\int_{C_r}\frac{e^{\lambda t}}{\lambda^{k+1}}d\lambda$$
$$=\sum_{k=0}^{\infty}\frac{(tB)^k}{k!} = e^{tB}. \tag{7.3.6}$$

下面验证: 对于 $r\in(\|B\|,\gamma)$, 成立

$$\int_{C_r} e^{\lambda t}R(\lambda,B)d\lambda = \int_{\gamma-i\infty}^{\gamma+i\infty} e^{\lambda t}R(\lambda,B)d\lambda. \tag{7.3.7}$$

以复平面中的 $(\gamma,0)$ 为心, 充分大的 R $(R>\gamma>\|B\|)$ 为半径作圆 $\widetilde{B}_R$, 使得 $C_r\subset\subset\widetilde{B}_R$. $\partial\widetilde{B}_R$ 在射线 $\lambda=\gamma+i\mathrm{Im}\lambda$ 左侧的部分弧线记为 D_R. 如图 7.3.1 所示.

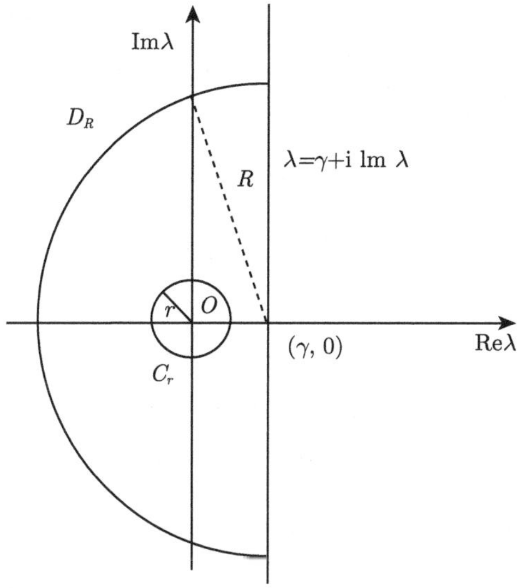

图 7.3.1

利用柯西积分定理, 成立

$$\int_{C_r} e^{\lambda t}R(\lambda,B)d\lambda = \int_{D_R} e^{\lambda t}R(\lambda,B)d\lambda + \int_{\gamma-iR}^{\gamma+iR} e^{\lambda t}R(\lambda,B)d\lambda. \tag{7.3.8}$$

注意到,

$$I=(\lambda I-B)R(\lambda,B)=\lambda R(\lambda,B)-BR(\lambda,B)$$

或

$$\lambda R(\lambda,B)=I+BR(\lambda,B).$$

从而

$$|\lambda|\|R(\lambda,B)\| \leqslant 1+\|B\|\|R(\lambda,B)\|.$$

由此可得, 对于 $|\lambda|>\|B\|$, 成立

$$\|R(\lambda,B)\| \leqslant \frac{1}{|\lambda|-\|B\|}. \tag{7.3.9}$$

利用式 (7.3.9) 得

$$\begin{aligned}\Big\|\int_{D_R} \mathrm{e}^{\lambda t}R(\lambda,B)\mathrm{d}\lambda\Big\| &\leqslant \mathrm{e}^{\gamma t}\int_{D_R} \mathrm{e}^{\mathrm{Re}(\lambda-\gamma)t}\|R(\lambda,B)\||\mathrm{d}\lambda| \\ &\leqslant \mathrm{e}^{\gamma t}\int_{D_R} \frac{|\mathrm{d}\lambda|}{|\lambda|-\|B\|} \\ &= \mathrm{e}^{\gamma t}\int_{\frac{\pi}{2}}^{\frac{3\pi}{2}} \frac{\mathrm{e}^{t(R-\gamma)\cos\theta}\mathrm{d}\theta}{R-\|B\|}.\end{aligned}$$

注意到 $\cos\theta<0,\ \forall\theta\in\left(\dfrac{\pi}{2},\dfrac{3\pi}{2}\right)$. 利用 Lebesgue 控制收敛定理即得

$$\lim_{R\to\infty}\int_{D_R} \mathrm{e}^{\lambda t}R(\lambda,B)\mathrm{d}\lambda=0. \tag{7.3.10}$$

将式 (7.3.10) 代入式 (7.3.8) 中即知式 (7.3.7) 成立. 从而

$$\mathrm{e}^{tB}=\int_{\gamma-\mathrm{i}\infty}^{\gamma+\mathrm{i}\infty} \mathrm{e}^{\lambda t}R(\lambda,B)\mathrm{d}\lambda.$$ □

引理 7.3.2　设 $\{T(t)\}_{t\geqslant 0}$ 是 Banach 空间 X 上的 C_0 算子半群, 满足 $\|T(t)\|\leqslant M\mathrm{e}^{\omega t}$, $M\geqslant 1$, $\omega\geqslant 0$, A 是相应的无穷小生成元. 令

$$A_\mu:=\mu AR(\mu,A)=\mu^2R(\mu,A)-\mu I,\quad \mu>\omega,$$

这里 A_μ 称为 A 的 Yosida 渐近, 则对任意的 $\mathrm{Re}\lambda>\dfrac{\omega\mu}{\mu-\omega}$, 成立

$$R(\lambda,A_\mu)=(\lambda+\mu)^{-1}(\mu I-A)R\left(\frac{\mu\lambda}{\mu+\lambda},A\right) \tag{7.3.11}$$

和

$$\|R(\lambda,A_\mu)\|\leqslant M\Big(\mathrm{Re}\lambda-\frac{\omega\mu}{\mu-\omega}\Big)^{-1}. \tag{7.3.12}$$

此外, 对于 $\mathrm{Re}\lambda>\varepsilon+\dfrac{\omega\mu}{\mu-\omega}$ 以及 $\mu>2\omega$, 存在常数 $C=C(M,\varepsilon)>0$, 使得对任意的 $x\in D(A)$, 成立

$$\|R(\lambda,A_\mu)x\|\leqslant \frac{C}{|\lambda|}(\|x\|+\|Ax\|). \tag{7.3.13}$$

证明 利用 $A_\mu = \mu^2 R(\mu, A) - \mu I, \mu > \omega$, 可知

$$\begin{aligned}R(\lambda, A_\mu) &= (\lambda I - A_\mu)^{-1}\\&= \Big((\lambda+\mu)I - \mu^2 R(\mu, A)\Big)^{-1}\\&= (\lambda+\mu)^{-1}\Big(I - \frac{\mu^2}{\lambda+\mu}R(\mu, A)\Big)^{-1}\\&= (\lambda+\mu)^{-1}\Big(I - \frac{\mu^2}{\lambda+\mu}(\mu I - A)^{-1}\Big)^{-1}\\&= (\lambda+\mu)^{-1}(\mu I - A)\Big((\mu I - A) - \frac{\mu^2}{\lambda+\mu}\Big)^{-1}\\&= (\lambda+\mu)^{-1}(\mu I - A)\Big(\frac{\lambda\mu}{\lambda+\mu} - A\Big)^{-1}\\&= (\lambda+\mu)^{-1}(\mu I - A)R\left(\frac{\mu\lambda}{\mu+\lambda}, A\right).\end{aligned}$$

此即为式 (7.3.11).

利用定理 7.2.13 知, 对任意的 $\mu > \omega$, 成立

$$\|R(\mu, A)^k\| \leqslant \frac{M}{(\mu-\omega)^k}, \quad \forall k \in \mathbb{N} \cup \{0\}.$$

结合 A_μ 的表达式, 可得

$$\begin{aligned}\|e^{tA_\mu}\| &= e^{-\mu t}\|e^{t\mu^2 R(\mu, A)}\|\\&\leqslant e^{-\mu t}\sum_{k=0}^{\infty}\frac{(t\mu^2)^k\|R(\mu, A)^k\|}{k!}\\&\leqslant Me^{-\mu t}\sum_{k=0}^{\infty}\frac{(t\mu^2)^k}{(\mu-\omega)^k k!}\\&= Me^{-\mu t}e^{\frac{t\mu^2}{\mu-\omega}} = Me^{\frac{t\mu\omega}{\mu-\omega}}.\end{aligned}$$

由于 A_μ 是 C_0 半群 e^{tA_μ} 的无穷小生成元, 利用定理 7.2.13 知, 对任意的 $\mathrm{Re}\lambda > \dfrac{\omega\mu}{\mu-\omega}$, 成立

$$\|R(\lambda, A_\mu)\| \leqslant M\Big(\mathrm{Re}\lambda - \frac{\omega\mu}{\mu-\omega}\Big)^{-1}.$$

此即为式 (7.3.12).

对于 $\mathrm{Re}\lambda > \varepsilon + \dfrac{\omega\mu}{\mu-\omega}$, 由式 (7.3.12) 可得 $\|R(\lambda, A_\mu)\| \leqslant M\varepsilon^{-1}$. 如果 $x \in D(A)$ 以及 $\mu > 2\omega$, 则

$$\|A_\mu x\| = \|\mu R(\mu, A)Ax\| \leqslant \frac{\mu M}{\mu-\omega}\|Ax\| \leqslant 2M\|Ax\|.$$

结合恒等式 $(\lambda I - A_\mu)R(\lambda, A_\mu) = I$ 可知

$$
\begin{aligned}
\|R(\lambda, A_\mu)x\| &= \left\| \frac{x}{\lambda} + \frac{R(\lambda, A_\mu)A_\mu x}{\lambda} \right\| \\
&\leqslant \frac{1}{|\lambda|}\left(\|x\| + \|R(\lambda, A_\mu)\|\|A_\mu x\|\right) \\
&\leqslant \frac{1}{|\lambda|}\left(\|x\| + 2M^2\varepsilon^{-1}\|A_\mu x\|\right) \\
&\leqslant \frac{C}{|\lambda|}(\|x\| + \|A_\mu x\|).
\end{aligned}
$$

此即为式 (7.3.13). □

引理 7.3.3　设 $\{T(t)\}_{t\geqslant 0}$ 是 Banach 空间 X 上的 C_0 算子半群, 满足 $\|T(t)\| \leqslant Me^{\omega t}$, $M \geqslant 1$, $\omega \geqslant 0$, A 是相应的无穷小生成元. 令 $\lambda = \gamma + i\eta$, 其中 $\gamma > \omega + \varepsilon$ 是固定的, 则对任意的 $\mathrm{Re}\lambda > \dfrac{\omega\mu}{\mu - \omega}$, 成立

$$
\lim_{\mu\to\infty} R(\lambda, A_\mu)x = R(\lambda, A)x, \quad x \in X,
$$

且对每一个 $Y > 0$, 上述极限关于 $|\eta| \leqslant Y$ 是一致的. 这里 A_μ 为 A 的 Yosida 渐近, 其定义见引理 7.3.2.

证明　令 $\nu = \dfrac{\mu\lambda}{\mu + \lambda}$. 利用式 (7.3.11), 当 μ 充分大时, 成立

$$
\begin{aligned}
R(\lambda, A_\mu) - R(\lambda, A) &= (\lambda + \mu)^{-1}(\mu I - A)R(\nu, A) - R(\lambda, A) \\
&= (\lambda + \mu)^{-1}\left[(\mu I - A)R(\nu, A) - (\lambda + \mu)R(\lambda, A)\right] \\
&= (\lambda + \mu)^{-1}\left[(\mu I - A)R(\nu, A)(\mu I - A)(\lambda I - A)\right. \\
&\quad \left. - (\lambda + \mu)(\mu I - A)\right]R(\mu, A)R(\lambda, A) \\
&= (\lambda + \mu)^{-1}(\mu I - A)R(\nu, A)\left[(\mu I - A)(\lambda I - A)\right. \\
&\quad \left. - (\lambda + \mu)(\nu I - A)\right]R(\mu, A)R(\lambda, A) \\
&= (\lambda + \mu)^{-1}R(\nu, A)\left[\lambda\mu I - \lambda A - \mu A + A^2\right. \\
&\quad \left. - (\lambda + \mu)\nu I + (\lambda + \mu)A\right]R(\lambda, A) \\
&= (\lambda + \mu)^{-1}A^2 R(\nu, A)R(\lambda, A).
\end{aligned}
$$

由于 $\lambda = \gamma + i\eta$, $\gamma > \omega + \varepsilon$, 利用定理 7.2.13 的注, 可知

$$
\|R(\lambda, A)\| \leqslant \frac{M}{\mathrm{Re}\lambda - \omega} \leqslant M\varepsilon^{-1}. \tag{7.3.14}
$$

简单计算表明

$$\begin{aligned}\frac{\lambda\mu}{\lambda+\mu} &= \frac{(\gamma+\mathrm{i}\eta)\mu}{\gamma+\mu+\mathrm{i}\eta}\\ &= \frac{\mu(\gamma+\mathrm{i}\eta)(\gamma+\mu-\mathrm{i}\eta)}{(\gamma+\mu)^2-\eta^2}\\ &= \frac{\mu(\gamma\mu+\gamma^2+\eta^2)}{(\gamma+\mu)^2-\eta^2}+\frac{\mathrm{i}\eta\mu^2}{(\gamma+\mu)^2-\eta^2}\end{aligned}$$

因此, 当 $\mu\longrightarrow\infty$ 时, 成立 $\mathrm{Re}\dfrac{\lambda\mu}{\lambda+\mu}\longrightarrow\gamma$. 因此对任意的 $Y>0$, $|\eta|\leqslant Y$, 存在 $\mu_0=\mu_0(Y,\gamma,\varepsilon)>0$, 使得对任意的 $\mu>\mu_0$, 成立 $\mathrm{Re}\nu=\mathrm{Re}\dfrac{\lambda\mu}{\lambda+\mu}>\omega+\dfrac{\varepsilon}{2}$. 因此利用定理 7.2.13 的注, 知

$$\|R(\nu,A)\|\leqslant\frac{M}{\mathrm{Re}\nu-\omega}\leqslant 2M\varepsilon^{-1},\quad \forall\mu>\mu_0.$$

由上述讨论知, 对任意的 $x\in D(A^2)$, $\mu>\mu_0+|\lambda|$, 成立

$$\begin{aligned}\|R(\lambda,A_\mu)x-R(\lambda,A)x\| &\leqslant|\lambda+\mu|^{-1}\|R(\nu,A)\|\|R(\lambda,A)\|\|A^2x\|\\ &\leqslant(|\mu|-|\lambda|)^{-1}2M^2\varepsilon^{-2}\|A^2x\|.\end{aligned}\tag{7.3.15}$$

由于 $\lambda=\gamma+\mathrm{i}\eta$, $\gamma>\omega+\varepsilon$. 简单计算表明,

$$\mathrm{Re}\lambda-\frac{\omega\mu}{\mu-\omega}>\varepsilon\Longleftrightarrow\mu>\frac{\omega(\gamma-\varepsilon)}{\gamma-\omega-\varepsilon}.$$

因此当 $\mu>\dfrac{\omega(\gamma-\varepsilon)}{\gamma-\omega-\varepsilon}$ 时, 由式 (7.3.12) 知

$$\|R(\lambda,A_\mu)\|\leqslant M\left(\mathrm{Re}\lambda-\frac{\omega\mu}{\mu-\omega}\right)^{-1}\leqslant M\varepsilon^{-1}.\tag{7.3.16}$$

此外由定理 7.2.6 知, $D(A^2)$ 在 X 中是稠密的, 即 $\overline{D(A^2)}=X$. 从而对任意的 $\delta>0$, $x\in X$, $\exists x_D\in D(A^2)$, 使得 $\|x-x_D\|<\delta$. 由式 (7.3.14)— 式 (7.3.16), 对任意的 $\mu>\mu_0+|\lambda|+\dfrac{\omega(\gamma-\varepsilon)}{\gamma-\omega-\varepsilon}$, 成立

$$\begin{aligned}&\|R(\lambda,A_\mu)x-R(\lambda,A)x\|\\ \leqslant&\|R(\lambda,A_\mu)(x-x_D)-R(\lambda,A)(x-x_D)\|+\|R(\lambda,A_\mu)x_D-R(\lambda,A)x_D\|\\ \leqslant&(\|R(\lambda,A_\mu)\|+\|R(\lambda,A)\|)\|x-x_D\|+(|\mu|-|\lambda|)^{-1}2M^2\varepsilon^{-2}\|A^2x_D\|\\ \leqslant&2M\varepsilon^{-1}\delta+(|\mu|-|\lambda|)^{-1}2M^2\varepsilon^{-2}\|A^2x_D\|.\end{aligned}$$

说明

$$\lim_{\mu\to\infty}\|R(\lambda,A_\mu)x-R(\lambda,A)x\|\leqslant 2M\varepsilon^{-1}\delta,\quad x\in X.$$

由于 $\delta>0$ 的任意性, 可知 $\lim\limits_{\mu\to\infty}\|R(\lambda,A_\mu)x-R(\lambda,A)x\|=0, x\in X$. □

引理 7.3.4 设 $\{T(t)\}_{t\geqslant 0}$ 是 Banach 空间 X 上的 C_0 算子半群, 满足 $\|T(t)\|\leqslant Me^{\omega t}$, $M\geqslant 1$, $\omega\geqslant 0$, A 是相应的无穷小生成元, 则

$$T(t)x=\lim_{\lambda\to\infty}e^{tA_\lambda}x,\quad x\in X,$$

这里 A_λ 为 A 的 Yosida 渐近, 即 $A_\lambda=\lambda AR(\lambda,A)$.

证明 第一步. 设 $\omega=0$, 即 $\|T(t)\|\leqslant M$. 由引理 7.2.11 可知, 在 X 存在另一个等价范数 $|\cdot|$, 使得 $T(t)$ 在 $(X,|\cdot|)$ 上是 C_0 压缩算子半群, 即 $|T(t)|\leqslant 1$. 由定理 7.2.7 的第三步证明可知 $\lim\limits_{\lambda\to\infty}e^{A_\lambda}x$ 定义了一个 $(X,|\cdot|)$ 上的 C_0 压缩算子半群, 且以 A 为无穷小生成元. 再由定理 7.2.8 知: 具有相同的无穷小生成元的两个 C_0 压缩算子半群一定相同, 即 $\lim\limits_{\lambda\to\infty}|e^{tA_\lambda}x-T(t)x|=0, x\in X$. 由于 $|\cdot|$, $\|\cdot\|$ 是 X 上的两个等价范数, 故 $\lim\limits_{\lambda\to\infty}\|e^{tA_\lambda}x-T(t)x\|=0, x\in X$.

第二步. 设 $\omega>0$, 即 $\|T(t)\|\leqslant Me^{\omega t}$. 当 $\lambda>\omega$ 时, 由定理 7.2.10,

$$\|R(\lambda,A)^k\|\leqslant\frac{M}{(\lambda-\omega)^k},\quad\forall k\in\mathbb{N}.$$

由于 $A_\lambda=\lambda AR(\lambda,A)=\lambda^2R(\lambda,A)-\lambda tI$. 故当 $\lambda>2\omega$ 时, 成立

$$\begin{aligned}\|e^{tA_\lambda}\|&=e^{-\lambda t}\|\lambda^2R(\lambda,A)\|\\&\leqslant e^{-\lambda t}\sum_{k=0}^{\infty}\frac{\lambda^{2k}t^k\|R(\lambda,A)^k\|}{k!}\\&\leqslant Me^{-\lambda t}\sum_{k=0}^{\infty}\frac{\lambda^{2k}t^k}{k!(\lambda-\omega)^k}\\&=Me^{\frac{\lambda^2t}{\lambda-\omega}-\lambda t}=Me^{\frac{\lambda\omega t}{\lambda-\omega}}\leqslant Me^{2\omega t}.\end{aligned}\tag{7.3.17}$$

注意到 $e^{-\omega t}T(t)$ 在 X 上是一个有界的 C_0 半群, 即 $\|e^{-\omega t}T(t)\|\leqslant M$, 其无穷小生成元为 $A-\omega I$. 由第一步的证明可知

$$T(t)x=\lim_{\lambda\to\infty}e^{t(A-\omega I)_\lambda+\omega tI}x,\quad x\in X.\tag{7.3.18}$$

下面计算 $(A-\omega I)_\lambda+\omega I$.

$$\begin{aligned}
&(A-\omega I)_\lambda+\omega I\\
=&\lambda(A-\omega I)R(\lambda,A-\omega I)+\omega I\\
=&\lambda(A-\omega I)((\lambda+\omega)I-A)^{-1}+\omega I\\
=&\lambda AR(\lambda+\omega,A)-\lambda\omega R(\lambda+\omega,A)+\omega I\\
=&(\lambda+\omega)AR(\lambda+\omega,A)-\omega AR(\lambda+\omega,A)-\lambda\omega R(\lambda+\omega,A)+\omega I\\
=&A_{\lambda+\omega}+\omega[-A-\lambda+(\lambda+\omega)I-A]R(\lambda+\omega,A)\\
=&A_{\lambda+\omega}+\omega[\omega R(\lambda+\omega,A)-2AR(\lambda+\omega,A)].
\end{aligned}$$

记 $H(\lambda)=\omega[\omega R(\lambda+\omega,A)-2AR(\lambda+\omega,A)]$. 上式可重写为

$$(A-\omega I)_\lambda+\omega I=A_{\lambda+\omega}+H(\lambda). \tag{7.3.19}$$

由于 $\|R(\lambda+\omega,A)\|\leqslant\dfrac{M}{\lambda+\omega}$, 以及

$$\begin{aligned}
H(\lambda)=&\omega[\omega R(\lambda+\omega,A)-2(A-\lambda I-\omega I)R(\lambda+\omega,A)-2(\lambda+\omega)R(\lambda+\omega,A)]\\
=&\omega[(\omega-2(\lambda+\omega))R(\lambda+\omega,A)+2I].
\end{aligned}$$

因此

$$\begin{aligned}
\|H(\lambda)\|\leqslant&\omega[(\omega+2(\lambda+\omega))\|R(\lambda+\omega,A)\|+2]\\
\leqslant&M\omega\left[\frac{\omega+2(\lambda+\omega)}{\lambda+\omega}+\frac{2}{M}\right]\leqslant 4M\omega.
\end{aligned} \tag{7.3.20}$$

此外, 对任意的 $x\in D(A)$, 成立

$$\begin{aligned}
\|H(\lambda)x\|=&\|\omega[\omega R(\lambda+\omega,A)x-2R(\lambda+\omega,A)Ax]\|\\
\leqslant&M\omega\left[\frac{\omega}{\lambda+\omega}\|x\|+\frac{2}{\lambda+\omega}\|Ax\|\right]\\
\leqslant&M\lambda^{-1}[\omega^2\|x\|+2\omega\|Ax\|].
\end{aligned}$$

说明

$$\lim_{\lambda\to\infty}\|H(\lambda)x\|=0,\quad x\in D(A).$$

由于 $\overline{D(A)}=X$, 因此对任意的 $x\in X$ 以及 $\delta>0$, $\exists x_D\in D(A)$, 使得 $\|x-x_D\|<\delta$. 利用式 (7.3.20), 可得

$$\|H(\lambda)x\|\leqslant\|H(\lambda)\|\|x-x_D\|+\|H(\lambda)x_D\|\leqslant 4M\omega\delta+\|H(\lambda)x_D\|.$$

从而

$$\lim_{\lambda\to\infty}\|H(\lambda)x\|\leqslant 4M\omega\delta.$$

由 $\delta>0$ 的任意性知

$$\lim_{\lambda\to\infty}\|H(\lambda)x\|=0,\quad x\in X. \tag{7.3.21}$$

注意到

$$\begin{aligned}\|\mathrm{e}^{tH(\lambda)}x-x\|=&\Big\|\int_0^t \mathrm{e}^{sH(\lambda)}H(\lambda)x\mathrm{d}s\Big\|\\ \leqslant&\int_0^t \mathrm{e}^{s\|H(\lambda)\|}\|H(\lambda)x\|\mathrm{d}s\\ \leqslant& t\mathrm{e}^{t\|H(\lambda)\|}\|H(\lambda)x\|\\ \leqslant& t\mathrm{e}^{4M\omega t}\|H(\lambda)x\|,\quad x\in X.\end{aligned}$$

结合式 (7.3.21) 得

$$\lim_{\lambda\to\infty}\mathrm{e}^{tH(\lambda)}x=x. \tag{7.3.22}$$

利用式 (7.3.19), 对任意的 $x\in X$, 可得

$$\begin{aligned}\mathrm{e}^{tA_\lambda}x-T(t)x=&\mathrm{e}^{tA_\lambda}\mathrm{e}^{tH(\lambda-\omega)}x-T(t)x-\mathrm{e}^{tA_\lambda}(\mathrm{e}^{tH(\lambda-\omega)}x-x)\\ =&\mathrm{e}^{t(A-\omega t)_{\lambda-\omega}+\omega tI}x-T(t)x-\mathrm{e}^{tA_\lambda}(\mathrm{e}^{tH(\lambda-\omega)}x-x).\end{aligned} \tag{7.3.23}$$

利用式 (7.3.18), 可知

$$\lim_{\lambda\to\infty}\mathrm{e}^{t(A-\omega t)_{\lambda-\omega}+\omega tI}x=T(t)x,\quad x\in X. \tag{7.3.24}$$

另外, 利用式 (7.3.17), (7.3.22) 知

$$\begin{aligned}\lim_{\lambda\to\infty}\|\mathrm{e}^{tA_\lambda}(\mathrm{e}^{tH(\lambda-\omega)}x-x)\|\leqslant&\lim_{\lambda\to\infty}\left(\|\mathrm{e}^{tA_\lambda}\|\|\mathrm{e}^{tH(\lambda-\omega)}x-x\|\right)\\ \leqslant& M\mathrm{e}^{2\omega t}\lim_{\lambda\to\infty}\|\mathrm{e}^{tH(\lambda-\omega)}x-x\|=0.\end{aligned} \tag{7.3.25}$$

由式 (7.3.23)— 式 (7.3.25) 可推知

$$\lim_{\lambda\to\infty}\mathrm{e}^{tA_\lambda}x=T(t)x,\quad x\in X.$$ □

定理 7.3.5　设 $\{T(t)\}_{t\geqslant 0}$ 是 Banach 空间 X 上的 C_0 算子半群, 满足 $\|T(t)\|\leqslant M\mathrm{e}^{\omega t}$, $M\geqslant 1$, $\omega\geqslant 0$, A 是相应的无穷小生成元. 取 $\gamma>\omega$, 则

$$\int_0^t T(s)x\mathrm{d}s=\frac{1}{2\pi\mathrm{i}}\int_{\gamma-\mathrm{i}\infty}^{\gamma+\mathrm{i}\infty}\mathrm{e}^{\lambda t}R(\lambda,A)x\frac{\mathrm{d}\lambda}{\lambda},\quad x\in D(A),$$

上式右端的积分在 t 的有限区间段上关于 t 是一致收敛的.

证明 设 $\mu>0$, 取 $\delta>\|A_\mu\|+\gamma$. 记

$$\rho_k(s)=\frac{1}{2\pi\mathrm{i}}\int_{\delta-\mathrm{i}k}^{\delta+\mathrm{i}k}\mathrm{e}^{\lambda s}R(\lambda,A_\mu)x\mathrm{d}\lambda.$$

在上式两端关于 s 从 0 到 t 积分, 通过交换积分次序可得

$$\begin{aligned}\int_0^t\rho_k(s)\mathrm{d}s&=\frac{1}{2\pi\mathrm{i}}\int_{\delta-\mathrm{i}k}^{\delta+\mathrm{i}k}\left(\int_0^t\mathrm{e}^{\lambda s}\mathrm{d}s\right)R(\lambda,A_\mu)x\mathrm{d}\lambda\\&=\frac{1}{2\pi\mathrm{i}}\int_{\delta-\mathrm{i}k}^{\delta+\mathrm{i}k}\mathrm{e}^{\lambda t}R(\lambda,A_\mu)x\frac{\mathrm{d}\lambda}{\lambda}-\frac{1}{2\pi\mathrm{i}}\int_{\delta-\mathrm{i}k}^{\delta+\mathrm{i}k}R(\lambda,A_\mu)x\frac{\mathrm{d}\lambda}{\lambda}.\end{aligned}\tag{7.3.26}$$

注意到 A_μ 是有界线性算子, 利用引理 7.3.1 知对任意 $0<T<\infty$,

$$\lim_{k\to\infty}\sup_{0\leqslant t\leqslant T}\|\rho_k(t)-\mathrm{e}^{tA_\mu}x\|=0,\quad x\in X.$$

从而对任意的 $t>0$, 成立

$$\lim_{k\to\infty}\int_0^t\rho_k(s)\mathrm{d}s=\int_0^t\mathrm{e}^{sA_\mu}x\mathrm{d}s,\quad x\in X.\tag{7.3.27}$$

下面验证:

$$\lim_{k\to\infty}\int_{\delta-\mathrm{i}k}^{\delta+\mathrm{i}k}R(\lambda,A_\mu)x\frac{\mathrm{d}\lambda}{\lambda}=0,\quad x\in X.\tag{7.3.28}$$

记 $\Gamma_k=\Gamma_k^{(1)}\cup\Gamma_k^{(2)}$, 如图 7.3.2 所示, 其中

$$\Gamma_k^{(1)}=\{\delta+\mathrm{i}\eta;-k\leqslant\eta\leqslant k\},\quad\Gamma_k^{(2)}=\left\{\delta+k\mathrm{e}^{\mathrm{i}\varphi};-\frac{\pi}{2}\leqslant\varphi\leqslant\frac{\pi}{2}\right\}.$$

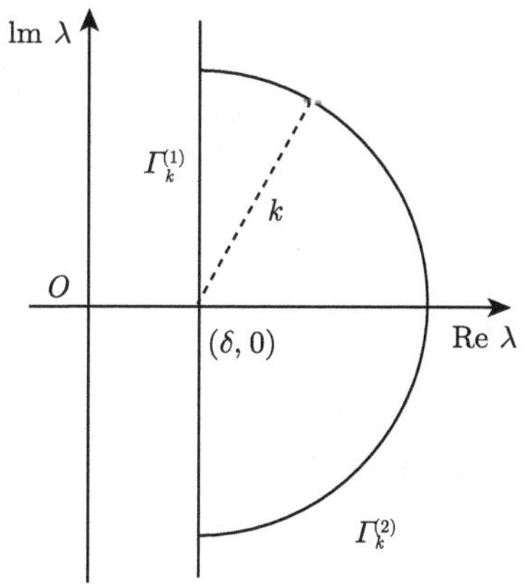

图 7.3.2

由于 $\lambda^{-1}R(\lambda, A_\mu)x$ 在曲线 Γ_k 围成的区域里是解析的, 利用柯西定理知,

$$\int_{\Gamma_k} R(\lambda, A_\mu)x\frac{\mathrm{d}\lambda}{\lambda} = 0.$$

从而成立

$$\int_{\Gamma_k^{(1)}} R(\lambda, A_\mu)x\frac{\mathrm{d}\lambda}{\lambda} = \int_{\Gamma_k^{(2)}} R(\lambda, A_\mu)x\frac{\mathrm{d}\lambda}{\lambda}, \quad x \in X. \tag{7.3.29}$$

注意到, 对任意的 $\lambda \in \Gamma_k^{(2)}$, 当 μ 充分大时, 有 $\mathrm{Re}\lambda \geqslant \delta > \dfrac{\omega\mu}{\mu-\omega}$. 利用式 (7.3.12) 可得

$$\|R(\lambda, A_\mu)\| \leqslant M\Big(\mathrm{Re}\lambda - \frac{\omega\mu}{\mu-\omega}\Big)^{-1} \leqslant M(\mathrm{Re}\lambda - \delta)^{-1}.$$

从而

$$\begin{aligned}\Big\|\int_{\Gamma_k^{(2)}} R(\lambda, A_\mu)x\frac{\mathrm{d}\lambda}{\lambda}\Big\| &\leqslant \int_{\Gamma_k^{(2)}} \|R(\lambda, A_\mu)\|\|x\||\lambda|^{-1}|\mathrm{d}\lambda| \\ &\leqslant M\|x\|\int_{\Gamma_k^{(2)}} (\mathrm{Re}\lambda - \delta)^{-1}|\lambda|^{-1}|\mathrm{d}\lambda| \\ &\leqslant \frac{M\|x\|}{k}\int_{-\frac{\pi}{2}}^{\frac{\pi}{2}} \frac{k\mathrm{d}\theta}{\sqrt{(\delta + k\cos\theta)^2 + (k\sin\theta)^2}} \\ &\leqslant \frac{M\|x\|}{k}\int_{-\frac{\pi}{2}}^{\frac{\pi}{2}} \frac{k\mathrm{d}\theta}{\sqrt{\delta^2 + (k\cos\theta)^2 + (k\sin\theta)^2}} \\ &= \frac{M\|x\|}{k}\int_{-\frac{\pi}{2}}^{\frac{\pi}{2}} \frac{k\mathrm{d}\theta}{\sqrt{\delta^2 + k^2}} \leqslant \frac{M\pi\|x\|}{k}, \quad x \in X.\end{aligned}$$

说明

$$\lim_{k\to\infty}\int_{\Gamma_k^{(2)}} R(\lambda, A_\mu)x\frac{\mathrm{d}\lambda}{\lambda} = 0, \quad x \in X.$$

再利用式 (7.3.29) 知

$$\lim_{k\to\infty}\int_{\Gamma_k^{(1)}} R(\lambda, A_\mu)x\frac{\mathrm{d}\lambda}{\lambda} = 0, \quad x \in X.$$

此即为式 (7.3.28). 在式 (7.3.26) 中令 $k \to \infty$, 结合式 (7.3.27), (7.3.28) 可得

$$\int_0^t \mathrm{e}^{sA_\mu}x\mathrm{d}s = \frac{1}{2\pi\mathrm{i}}\int_{\delta-\mathrm{i}\infty}^{\delta+\mathrm{i}\infty} \mathrm{e}^{\lambda t}R(\lambda, A_\mu)x\frac{\mathrm{d}\lambda}{\lambda}, \quad x \in X. \tag{7.3.30}$$

由于假设 $\gamma > \omega$, 故存在充分大的 $\mu_0 > 2\omega$, 使得如果 $\mathrm{Re}\lambda \geqslant \gamma$, 存在 $\varepsilon = \varepsilon(\gamma, \omega) > 0$,

成立 $\mathrm{Re}\lambda > \varepsilon + \dfrac{\omega\mu}{\mu-\omega}$, $\forall \mu \geqslant \mu_0$.

因此由式 (7.3.13) 知, 存在 $C = C(M,\gamma) > 0$, 当 $\mu \geqslant \mu_0$ 时, 成立

$$\|R(\lambda, A_\mu)x\| \leqslant \frac{C}{|\lambda|}(\|x\| + \|Ax\|), \quad x \in D(A). \tag{7.3.31}$$

根据式 (7.3.31), 我们断言: 对任意的 $\mu \geqslant \mu_0$, 成立

$$\{\lambda \in \mathbb{C}; \mathrm{Re}\lambda \geqslant \gamma\} \subset \rho(A_\mu),$$

以及

$$\int_{\delta-\mathrm{i}\infty}^{\delta+\mathrm{i}\infty} \mathrm{e}^{\lambda t} R(\lambda, A_\mu)x \frac{\mathrm{d}\lambda}{\lambda} = \int_{\gamma-\mathrm{i}\infty}^{\gamma+\mathrm{i}\infty} \mathrm{e}^{\lambda t} R(\lambda, A_\mu)x \frac{\mathrm{d}\lambda}{\lambda}, \quad x \in D(A). \tag{7.3.32}$$

注意到 δ 的选取: $\delta > \|A_\mu\| + \gamma$. 故可取复平面中的围线 $\varGamma_k$ 如下

$$\varGamma_k = \varGamma_k^{(1)} \cup \varGamma_k^{(2)} \cup \varGamma_k^{(3)} \cup \varGamma_k^{(4)}, \quad k \in \mathbb{N},$$

其中

$$\varGamma_k^{(1)} = \{\gamma + \mathrm{i}\eta; -k \leqslant \eta \leqslant k\}, \quad \varGamma_k^{(2)} = \{\nu + \mathrm{i}k; \gamma \leqslant \nu \leqslant \delta\},$$
$$\varGamma_k^{(3)} = \{\delta + \mathrm{i}\eta; -k \leqslant \eta \leqslant k\}, \quad \varGamma_k^{(4)} = \{\nu - \mathrm{i}k; \gamma \leqslant \nu \leqslant \delta\}.$$

由于 $\mathrm{e}^{\lambda t}\lambda^{-1}R(\lambda, A_\mu)x$ 在 $\varGamma_k$ 围成的区域上是解析的, 利用柯西定理知

$$\int_{\varGamma_k} \mathrm{e}^{\lambda t}\lambda^{-1}R(\lambda, A_\mu)x\mathrm{d}\lambda = 0, \quad x \in D(A).$$

从而对任意的 $x \in D(A)$, 成立

$$\begin{aligned}\int_{\varGamma_k^{(1)}} \mathrm{e}^{\lambda t} R(\lambda, A_\mu)x \frac{\mathrm{d}\lambda}{\lambda} =& \int_{\varGamma_k^{(3)}} \mathrm{e}^{\lambda t} R(\lambda, A_\mu)x \frac{\mathrm{d}\lambda}{\lambda} \\ &- \int_{\varGamma_k^{(2)}} \mathrm{e}^{\lambda t} R(\lambda, A_\mu)x \frac{\mathrm{d}\lambda}{\lambda} \\ &+ \int_{\varGamma_k^{(4)}} \mathrm{e}^{\lambda t} R(\lambda, A_\mu)x \frac{\mathrm{d}\lambda}{\lambda}.\end{aligned} \tag{7.3.33}$$

利用式 (7.3.31) 得

$$\begin{aligned}\Big\| \int_{\varGamma_k^{(2)}} \mathrm{e}^{\lambda t} R(\lambda, A_\mu)x \frac{\mathrm{d}\lambda}{\lambda} \Big\| \leqslant& \int_{\varGamma_k^{(2)}} |\mathrm{e}^{\lambda t}| \|R(\lambda, A_\mu)x\| \frac{|\mathrm{d}\lambda|}{|\lambda|} \\ \leqslant& C(\|x\| + \|Ax\|) \int_{\varGamma_k^{(2)}} \mathrm{e}^{t\mathrm{Re}\lambda} \frac{|\mathrm{d}\lambda|}{|\lambda|^2} \\ =& C(\|x\| + \|Ax\|) \int_\gamma^\delta \frac{\mathrm{e}^{\nu t}\mathrm{d}\nu}{k^2 + \nu^2} \\ \leqslant& \frac{C(\|x\| + \|Ax\|)\delta \mathrm{e}^{\delta t}}{k^2}.\end{aligned}$$

类似可证

$$\left\| \int_{\Gamma_k^{(4)}} \mathrm{e}^{\lambda t} R(\lambda, A_\mu) x \frac{\mathrm{d}\lambda}{\lambda} \right\| \leqslant \frac{C(\|x\| + \|Ax\|)\delta \mathrm{e}^{\delta t}}{k^2}.$$

因此由式 (7.3.33) 可得

$$\begin{aligned}\int_{\delta-\mathrm{i}\infty}^{\delta+\mathrm{i}\infty} \mathrm{e}^{\lambda t} R(\lambda, A_\mu) x \frac{\mathrm{d}\lambda}{\lambda} &= \lim_{k\to\infty} \int_{\Gamma_k^{(1)}} \mathrm{e}^{\lambda t} R(\lambda, A_\mu) x \frac{\mathrm{d}\lambda}{\lambda} \\ &= \lim_{k\to\infty} \int_{\Gamma_k^{(3)}} \mathrm{e}^{\lambda t} R(\lambda, A_\mu) x \frac{\mathrm{d}\lambda}{\lambda} \\ &= \int_{\gamma-\mathrm{i}\infty}^{\gamma+\mathrm{i}\infty} \mathrm{e}^{\lambda t} R(\lambda, A_\mu) x \frac{\mathrm{d}\lambda}{\lambda}, \quad x \in D(A).\end{aligned}$$

此即为式 (7.3.32). 结合式 (7.3.30), (7.3.32) 可知, 当 $\mu \geqslant \mu_0$, 成立

$$\int_0^t \mathrm{e}^{sA_\mu} x \mathrm{d}s = \frac{1}{2\pi \mathrm{i}} \int_{\gamma-\mathrm{i}\infty}^{\gamma+\mathrm{i}\infty} \mathrm{e}^{\lambda t} R(\lambda, A_\mu) x \frac{\mathrm{d}\lambda}{\lambda}, \quad x \in D(A). \tag{7.3.34}$$

记 $\lambda = \gamma + \mathrm{i}\eta$, 则 $\|R(\lambda, A)\| \leqslant \dfrac{M}{\mathrm{Re}\lambda - \omega} = \dfrac{M}{\gamma - \omega}$. 从而对任意的 $x \in D(A)$, 可得

$$\begin{aligned}\|R(\lambda, A)x\| &= \left\| \frac{x}{\lambda} + \frac{R(\lambda, A)Ax}{\lambda} \right\| \\ &\leqslant \frac{1}{|\lambda|}(\|x\| + \|R(\lambda, A)\|\|Ax\|) \\ &\leqslant \frac{1}{|\lambda|}\left(\|x\| + \frac{M\|Ax\|}{\gamma - \omega}\right) \\ &\leqslant \frac{C}{|\lambda|}(\|x\| + \|Ax\|).\end{aligned}$$

结合式 (7.3.31), 对任意的 $x \in D(A)$, 当 $\mu \geqslant \mu_0$, 成立

$$\|R(\gamma + \mathrm{i}\eta, A_\mu)x\| + \|R(\gamma + \mathrm{i}\eta, A)x\| \leqslant \frac{C}{\sqrt{\gamma^2 + \eta^2}}(\|x\| + \|Ax\|). \tag{7.3.35}$$

注意到

$$\begin{aligned}&\int_{\gamma-\mathrm{i}\infty}^{\gamma+\mathrm{i}\infty} \mathrm{e}^{\lambda t} \big[R(\lambda, A_\mu)x - R(\lambda, A)x\big] \frac{\mathrm{d}\lambda}{\lambda} \\ = &\int_{-\infty}^{\infty} \mathrm{e}^{(\gamma+\mathrm{i}\eta)t} \big[R(\gamma + \mathrm{i}\eta, A_\mu)x - R(\gamma + \mathrm{i}\eta, A)x\big] \frac{\mathrm{i}\mathrm{d}\eta}{\gamma + \mathrm{i}\eta},\end{aligned}$$

并且由式 (7.3.35) 知

$$\begin{aligned}&\left\| \mathrm{e}^{(\gamma+\mathrm{i}\eta)t} \big[R(\gamma + \mathrm{i}\eta, A_\mu)x - R(\gamma + \mathrm{i}\eta, A)x\big] \frac{\mathrm{i}}{\gamma + \mathrm{i}\eta} \right\| \\ \leqslant &\frac{C(\|x\| + \|Ax\|)\mathrm{e}^{\gamma t}}{\gamma^2 + \eta^2} := F(\eta) \in L^1(\mathbb{R}^1).\end{aligned}$$

结合引理 7.3.3, 利用 Lebesgue 控制收敛定理, 对任意 $x \in D(A)$ 可得

$$\lim_{\mu\to\infty}\left\|\int_{\gamma-\mathrm{i}\infty}^{\gamma+\mathrm{i}\infty}\mathrm{e}^{\lambda t}\left[R(\lambda,A_\mu)x-R(\lambda,A)x\right]\frac{\mathrm{d}\lambda}{\lambda}\right\|=0.$$

另外, 利用引理 7.3.4 知, 对任意 $t>0$, 成立

$$\lim_{\mu\to\infty}\int_0^t \mathrm{e}^{sA_\mu}x\mathrm{d}s=\int_0^t T(s)x\mathrm{d}s,\quad x\in X.$$

说明

$$\int_0^t T(s)x\mathrm{d}s=\int_{\gamma-\mathrm{i}\infty}^{\gamma+\mathrm{i}\infty}\mathrm{e}^{\lambda t}R(\lambda,A)x\frac{\mathrm{d}\lambda}{\lambda},\quad x\in D(A).$$ □

推论 7.3.6 设 $\{T(t)\}_{t\geqslant 0}$ 是 Banach 空间 X 上的 C_0 算子半群, 满足 $\|T(t)\|\leqslant M\mathrm{e}^{\omega t}$, $M\geqslant 1$, $\omega\geqslant 0$, A 是相应的无穷小生成元. 取 $\gamma>\omega$, 则对任意 $x\in D(A^2)$, 成立

$$T(t)x=\frac{1}{2\pi\mathrm{i}}\int_{\gamma-\mathrm{i}\infty}^{\gamma+\mathrm{i}\infty}\mathrm{e}^{\lambda t}R(\lambda,A)x\mathrm{d}\lambda.$$

对任意 $\delta>0$, 上式右端的积分关于 $t\in[\delta,\delta^{-1}]$ 是一致收敛的.

证明 首先验证: 对于 $\gamma>\omega$ 及 $x\in X$, $t>0$, 成立

$$\int_{\gamma-\mathrm{i}\infty}^{\gamma+\mathrm{i}\infty}\mathrm{e}^{\lambda t}x\frac{\mathrm{d}\lambda}{\lambda}=x. \tag{7.3.36}$$

以复平面中的 $(\gamma,0)$ 为心, 充分大的 k ($k>2\gamma$) 为半径作圆 B_k, 使得 $0\in B_k$. ∂B_k 在射线 $z=\gamma+\mathrm{i}\mathrm{Im}z$ 左侧的部分弧线记为 Γ_k, 即 $\Gamma_k=\left\{\gamma+k\mathrm{e}^{\mathrm{i}\theta};\frac{\pi}{2}<\theta<\frac{3\pi}{2}\right\}$. 如图 7.3.3 所示.

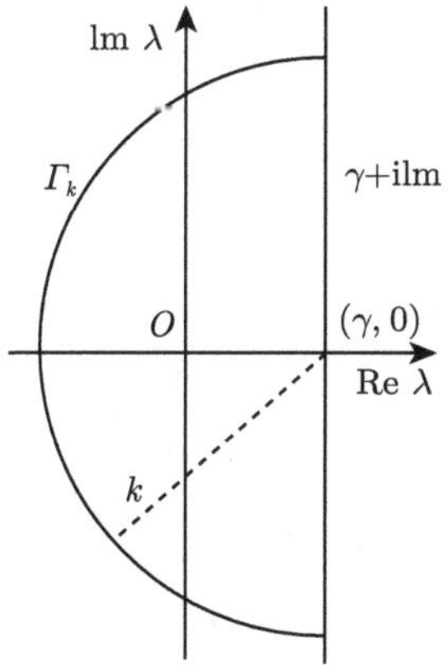

图 7.3.3

利用柯西积分定理, 成立

$$\int_{\gamma-\mathrm{i}k}^{\gamma+\mathrm{i}k}\mathrm{e}^{\lambda t}x\frac{\mathrm{d}\lambda}{\lambda}=[\mathrm{e}^{\lambda t}x]|_{\lambda=0}+\int_{\Gamma_k}\mathrm{e}^{\lambda t}x\frac{\mathrm{d}\lambda}{\lambda}. \tag{7.3.37}$$

注意到,

$$\int_{\Gamma_k}\mathrm{e}^{\lambda t}x\frac{\mathrm{d}\lambda}{\lambda}=\int_{\frac{\pi}{2}}^{\frac{3\pi}{2}}\frac{\mathrm{e}^{(\gamma+k\mathrm{e}^{\mathrm{i}\theta})t}x}{\gamma+k\mathrm{e}^{\mathrm{i}\theta}}k\mathrm{i}\mathrm{e}^{\mathrm{i}\theta}\mathrm{d}\theta.$$

从而

$$\left\|\int_{\Gamma_k}\mathrm{e}^{\lambda t}x\frac{\mathrm{d}\lambda}{\lambda}\right\|\leqslant\int_{\frac{\pi}{2}}^{\frac{3\pi}{2}}\frac{\mathrm{e}^{(\gamma+k\cos\theta)t}\|x\|}{\frac{k}{2}+\frac{k}{2}-\gamma}k\mathrm{d}\theta=2\|x\|\int_{\frac{\pi}{2}}^{\frac{3\pi}{2}}\mathrm{e}^{(\gamma+k\cos\theta)t}\mathrm{d}\theta.$$

注意到 $\cos\theta<0,\ \forall\theta\in\left(\frac{\pi}{2},\frac{3\pi}{2}\right)$. 利用 Lebesgue 控制收敛定理即得

$$\lim_{k\to\infty}\int_{\Gamma_k}\mathrm{e}^{\lambda t}x\frac{\mathrm{d}\lambda}{\lambda}=0. \tag{7.3.38}$$

将式 (7.3.38) 代入式 (7.3.37) 中即知式 (7.3.36) 成立.

对于 $x\in D(A^2)$, 有 $Ax\in D(A)$. 利用定理 7.3.5 及式 (7.3.36) 可得

$$\begin{aligned}T(t)x-x&=\int_0^t T(s)Ax\mathrm{d}s=\int_{\gamma-\mathrm{i}\infty}^{\gamma+\mathrm{i}\infty}\mathrm{e}^{\lambda t}R(\lambda,A)Ax\frac{\mathrm{d}\lambda}{\lambda}\\&=\int_{\gamma-\mathrm{i}\infty}^{\gamma+\mathrm{i}\infty}\mathrm{e}^{\lambda t}R(\lambda,A)(A-\lambda I+\lambda I)x\frac{\mathrm{d}\lambda}{\lambda}\\&=\int_{\gamma-\mathrm{i}\infty}^{\gamma+\mathrm{i}\infty}\mathrm{e}^{\lambda t}\left(R(\lambda,A)x-\frac{x}{\lambda}\right)\mathrm{d}\lambda\\&=\int_{\gamma-\mathrm{i}\infty}^{\gamma+\mathrm{i}\infty}\mathrm{e}^{\lambda t}R(\lambda,A)x\mathrm{d}\lambda-x.\end{aligned}$$

说明

$$T(t)x=\frac{1}{2\pi\mathrm{i}}\int_{\gamma-\mathrm{i}\infty}^{\gamma+\mathrm{i}\infty}\mathrm{e}^{\lambda t}R(\lambda,A)x\mathrm{d}\lambda,\quad x\in D(A^2).$$

□

推论 7.3.7 设 $\{T(t)\}_{t\geqslant 0}$ 是 Banach 空间 X 上的 C_0 算子半群, 满足 $\|T(t)\|\leqslant M\mathrm{e}^{\omega t}$, $M\geqslant 1$, $\omega\geqslant 0$, A 是相应的无穷小生成元. 取 $\gamma>\omega$, 则对任意 $x\in X$, 成立

$$\int_0^t(t-s)T(s)x\mathrm{d}s=\frac{1}{2\pi\mathrm{i}}\int_{\gamma-\mathrm{i}\infty}^{\gamma+\mathrm{i}\infty}\mathrm{e}^{\lambda t}R(\lambda,A)x\frac{\mathrm{d}\lambda}{\lambda^2}.$$

上式右端的积分在 t 的任何有限区间段上是一致收敛的.

证明 先验证一个简单的等式: 设 $f \in L^1(0,\infty)$. 则

$$\int_0^t \int_0^s f(\tau)\mathrm{d}\tau\mathrm{d}s = \int_0^t (t-s)f(s)\mathrm{d}s, \quad \forall t \in (0,\infty). \tag{7.3.39}$$

事实上, 令

$$F(t) = \int_0^t \int_0^s f(\tau)\mathrm{d}\tau\mathrm{d}s - \int_0^t (t-s)f(s)\mathrm{d}s, \quad t > 0,$$

则 $F \in C^1(0,\infty)$. 进一步, 还成立 $F(0)=0$ 且

$$F'(t) = \int_0^t f(\tau)\mathrm{d}\tau - \int_0^t f(s)\mathrm{d}s = 0, \quad \forall t > 0.$$

说明 $F(t) \equiv 0$, $\forall t \in (0,\infty)$, 即式 (7.3.39) 成立.

将定理 7.3.5 中的等式关于 t 积分, 并利用式 (7.3.39), 可得

$$\begin{aligned}\int_0^t (t-s)T(s)x\mathrm{d}s &= \frac{1}{2\pi\mathrm{i}}\int_{\gamma-\mathrm{i}\infty}^{\gamma+\mathrm{i}\infty}\left(\int_0^t \mathrm{e}^{\lambda s}\mathrm{d}s\right)R(\lambda,A)x\frac{\mathrm{d}\lambda}{\lambda}\\ &= \frac{1}{2\pi\mathrm{i}}\int_{\gamma-\mathrm{i}\infty}^{\gamma+\mathrm{i}\infty}\left(\mathrm{e}^{\lambda t}-1\right)R(\lambda,A)x\frac{\mathrm{d}\lambda}{\lambda^2}, \quad x \in D(A).\end{aligned} \tag{7.3.40}$$

下面证明

$$\frac{1}{2\pi\mathrm{i}}\int_{\gamma-\mathrm{i}\infty}^{\gamma+\mathrm{i}\infty} R(\lambda,A)x\frac{\mathrm{d}\lambda}{\lambda^2} = 0, \quad x \in X. \tag{7.3.41}$$

事实上, 以复平面中的 $(\gamma,0)$ 为心, 充分大的 ℓ $(\ell > 2\gamma)$ 为半径作圆 B_ℓ. 将 ∂B_ℓ 在射线 $z=\gamma+\mathrm{i}\mathrm{Im}z$ 右侧的部分弧线记为 G_ℓ, 即 $G_\ell = \left\{\gamma+\ell\mathrm{e}^{\mathrm{i}\theta}; -\frac{\pi}{2} < \theta < \frac{\pi}{2}\right\}$.

利用柯西积分定理, 成立

$$\int_{\gamma-\mathrm{i}\ell}^{\gamma+\mathrm{i}\ell} R(\lambda,A)x\frac{\mathrm{d}\lambda}{\lambda^2} = \int_{G_\ell} R(\lambda,A)x\frac{\mathrm{d}\lambda}{\lambda^2}, \quad x \in X. \tag{7.3.42}$$

注意到,

$$\int_{G_\ell} R(\lambda,A)x\frac{\mathrm{d}\lambda}{\lambda^2} = \int_{-\frac{\pi}{2}}^{\frac{\pi}{2}} \frac{R(\gamma+\ell\mathrm{e}^{\mathrm{i}\theta},A)x}{(\gamma+\ell\mathrm{e}^{\mathrm{i}\theta})^2}\ell\mathrm{i}\mathrm{e}^{\mathrm{i}\theta}\mathrm{d}\theta.$$

进而有

$$\begin{aligned}\left\|\int_{G_\ell} R(\lambda,A)x\frac{\mathrm{d}\lambda}{\lambda^2}\right\| &\leqslant \int_{-\frac{\pi}{2}}^{\frac{\pi}{2}} \frac{\|R(\gamma+\ell\mathrm{e}^{\mathrm{i}\theta},A)x\|}{(\ell-\gamma)^2}\ell\mathrm{d}\theta\\ &\leqslant \frac{\ell}{\left(\frac{\ell}{2}-\frac{\ell}{2}-\gamma\right)^2}\int_{-\frac{\pi}{2}}^{\frac{\pi}{2}}\frac{M\|x\|}{\ell\cos\theta+\gamma-\omega}\mathrm{d}\theta\\ &\leqslant \frac{4M\pi\|x\|}{(\gamma-\omega)\ell}, \quad x \in X.\end{aligned}$$

从而可得

$$\lim_{\ell\to\infty}\int_{G_\ell} R(\lambda,A)x\frac{\mathrm{d}\lambda}{\lambda^2}=0,\quad x\in X. \tag{7.3.43}$$

将式 (7.3.43) 代入式 (7.3.42) 中即知式 (7.3.41) 成立. 再将式 (7.3.41) 代入式 (7.3.40) 中可得

$$\int_0^t (t-s)T(s)x\mathrm{d}s=\frac{1}{2\pi \mathrm{i}}\int_{\gamma-\mathrm{i}\infty}^{\gamma+\mathrm{i}\infty}\mathrm{e}^{\lambda t}R(\lambda,A)x\frac{\mathrm{d}\lambda}{\lambda^2},\quad x\in D(A).$$

由于 $\overline{D(A)}=X$, 故上式对任意的 $x\in X$ 也成立. □

下面给出一个重要的充分但不必要的条件, 用于判断给定的线性算子是否是某个 C_0 半群的无穷小生成元. 相对于前面的已知结论 (如 Hille-Yosida 定理, 即一个线性算子是某个 C_0 半群的无穷小生成元的充分必要条件), 在偏微分方程的应用中, 该判断法则中的条件验证起来更容易, 因此得到更广泛的使用.

定理 7.3.8　假定 A 是 Banach 空间 X 上的一个稠定的算子, 且满足如下条件:

(1) 存在 $0<\delta<\dfrac{\pi}{2}$, 成立

$$\rho(A)\supset\Sigma_\delta=\left\{\lambda\in\mathbb{C}\backslash\{0\};|\arg\lambda|<\frac{\pi}{2}+\delta\right\}\cup\{0\};$$

(2) 存在常数 $M>0$, 使得

$$\|R(\lambda,A)\|\leqslant\frac{M}{|\lambda|},\quad\forall\lambda\in\Sigma_\delta, \tag{7.3.44}$$

则 A 是下述 C_0 半群 $T(t)$, $\|T(t)\|\leqslant C$ 的无穷小生成元:

$$T(t)=\frac{1}{2\pi\mathrm{i}}\int_\Gamma \mathrm{e}^{\lambda t}R(\lambda,A)\mathrm{d}\lambda, \tag{7.3.45}$$

其中 Γ 是 Σ_δ 中的一条光滑曲线且由 $\infty\mathrm{e}^{-\mathrm{i}\vartheta}$ 到 $\infty\mathrm{e}^{\mathrm{i}\vartheta}$, $\vartheta\in\left(-\dfrac{\pi}{2},\dfrac{\pi}{2}\right)$. 式 (7.3.45) 中的积分在算子拓扑意义下关于 $t>0$ 是一致收敛的.

证明　令

$$U(t)=\frac{1}{2\pi\mathrm{i}}\int_\Gamma \mathrm{e}^{\mu t}R(\mu,A)\mathrm{d}\mu. \tag{7.3.46}$$

由于 $R(\lambda,A)$ 在 Σ_δ 中是解析的, 因此式 (7.4.46) 中的积分路径可以移到 Γ_R, 而积分值保持不变, 即

$$U(t)=\frac{1}{2\pi\mathrm{i}}\int_\Gamma \mathrm{e}^{\lambda t}R(\lambda,A)\mathrm{d}\lambda=\frac{1}{2\pi\mathrm{i}}\int_{\Gamma_R}\mathrm{e}^{\lambda t}R(\lambda,A)\mathrm{d}\lambda, \tag{7.3.47}$$

其中 $R>0$,

$$\Gamma_R=\Gamma_1\cup\Gamma_2\cup\Gamma_3,\quad \Gamma_1=\{r\mathrm{e}^{-\mathrm{i}\vartheta};R\leqslant r<\infty\},$$

$$\Gamma_2 = \{R\mathrm{e}^{\mathrm{i}\varphi}; -\vartheta \leqslant \varphi \leqslant \vartheta\}, \quad \Gamma_3 = \{r\mathrm{e}^{\mathrm{i}\vartheta}; R \leqslant r < \infty\}.$$

注意到, $\vartheta \in \left(-\frac{\pi}{2}, \frac{\pi}{2}\right)$, $\cos\vartheta < 0$. 利用式 (7.3.44) 可得

$$\begin{aligned}\left\|\frac{1}{2\pi\mathrm{i}}\int_{\Gamma_3} \mathrm{e}^{\lambda t} R(\lambda, A)\mathrm{d}\lambda\right\| &\leqslant \frac{1}{2\pi}\int_{\Gamma_3} \|(\lambda I - A)^{-1}\||\mathrm{e}^{\lambda t}||\mathrm{d}\lambda| \\ &\leqslant \frac{1}{2\pi}\int_{\Gamma_3} \frac{M}{|\lambda|}\mathrm{e}^{|\lambda| t\cos\vartheta}|\mathrm{d}\lambda| \\ &\leqslant \frac{M}{2\pi R}\int_R^{\infty} \mathrm{e}^{st\cos\vartheta}\mathrm{d}s \\ &= \frac{M\mathrm{e}^{-Rt|\cos\vartheta|}}{2\pi Rt|\cos\vartheta|}.\end{aligned}$$

同理可证

$$\left\|\frac{1}{2\pi\mathrm{i}}\int_{\Gamma_1} \mathrm{e}^{\lambda t} R(\lambda, A)\mathrm{d}\lambda\right\| \leqslant \frac{M\mathrm{e}^{-Rt|\cos\vartheta|}}{2\pi Rt|\cos\vartheta|}.$$

另外,

$$\begin{aligned}\left\|\frac{1}{2\pi\mathrm{i}}\int_{\Gamma_2} \mathrm{e}^{\lambda t} R(\lambda, A)\mathrm{d}\lambda\right\| &\leqslant \frac{1}{2\pi}\int_{\Gamma_2} |\mathrm{e}^{\lambda t}|\|R(\lambda, A)\||\mathrm{d}\lambda| \\ &\leqslant \frac{1}{2\pi}\int_{\Gamma_2} \frac{M}{|\lambda|}\mathrm{e}^{t\mathrm{Re}\lambda}|\mathrm{d}\lambda| \\ &\leqslant \frac{M\mathrm{e}^{tR}}{2\pi R}\int_{\Gamma_2} |\mathrm{d}\lambda| = M\mathrm{e}^{tR}.\end{aligned}$$

结合上述三个估计式, 可得

$$\begin{aligned}\left\|\frac{1}{2\pi\mathrm{i}}\int_{\Gamma_R} \mathrm{e}^{\lambda t} R(\lambda, A)\mathrm{d}\lambda\right\| &\leqslant \sum_{j=1}^{3}\left\|\frac{1}{2\pi\mathrm{i}}\int_{\Gamma_j} \mathrm{e}^{\lambda t} R(\lambda, A)\mathrm{d}\lambda\right\| \\ &\leqslant \frac{M\mathrm{e}^{-Rt|\cos\vartheta|}}{2\pi Rt|\cos\vartheta|} + M\mathrm{e}^{tR}.\end{aligned}$$

注意到, 在上式中的 $R > 0$ 是任意的, 特别地, 取 $R = t^{-1}$, 并结合式 (7.3.47) 可知

$$\left\|\frac{1}{2\pi\mathrm{i}}\int_{\Gamma} \mathrm{e}^{\lambda t} R(\lambda, A)\mathrm{d}\lambda\right\| \leqslant \frac{M\mathrm{e}^{-|\cos\vartheta|}}{2\pi|\cos\vartheta|} + M\mathrm{e}.$$

说明对任意的 $t > 0$, 式 (7.3.45) 中右端的积分 $\frac{1}{2\pi\mathrm{i}}\int_{\Gamma} \mathrm{e}^{\lambda t} R(\lambda, A)\mathrm{d}\lambda$ 是收敛的, 且在 X 上为有界线性算子. 此外由式 (7.3.46) 还可得

$$\|U(t)\| \leqslant C := \frac{M\mathrm{e}^{-|\cos\vartheta|}}{2\pi|\cos\vartheta|} + M\mathrm{e}, \quad \forall t > 0.$$

在式 (7.3.46) 的两端同乘以 $e^{-\lambda t}$, 并从 0 到 T 积分, 利用 Fubini 定理可得

$$\begin{aligned}\int_0^T e^{-\lambda t}U(t)dt &= \frac{1}{2\pi i}\int_\Gamma \Big(\int_0^T e^{(\mu-\lambda)t}dt\Big)R(\mu,A)d\mu \\ &= \frac{1}{2\pi i}\int_\Gamma \frac{1}{\mu-\lambda}\big(e^{(\mu-\lambda)T}-1\big)R(\mu,A)d\mu \\ &= R(\lambda,A)+\frac{1}{2\pi i}\int_\Gamma e^{(\mu-\lambda)T}\frac{R(\mu,A)}{\mu-\lambda}d\mu. \end{aligned}\tag{7.3.48}$$

在式 (7.3.48) 中用到如下结论:

$$\frac{1}{2\pi i}\int_\Gamma \frac{R(\mu,A)}{\mu-\lambda}d\mu = -R(\lambda,A),\quad \lambda>0. \tag{7.3.49}$$

事实上, 对于 $\lambda>0$, 可以调节 Γ, 使得 Γ 与正半轴的交点在点 λ 的左侧. 然后以原点为心, 以充分大的 R 为半径作圆 $B_R(0)$, 使得 $\lambda>0$ 位于路径 Γ 与圆 $B_R(0)$ 围成的右边部分区域里. 记 $\Gamma_R=\Gamma\cap B_R(0)$, C_R 表示位于 Γ 右侧的圆弧, 即有 $C_R\subset\partial B_R(0)$. 由于路径 Γ 选取的方向是由 $\infty e^{-i\vartheta}$ 到 $\infty e^{-i\vartheta}$, 因此在利用柯西积分定理时, 要求路径 $\Gamma_R\cup C_R$ 的方向是顺时针方向, 故有

$$\frac{1}{2\pi i}\int_{\Gamma_R\cup C_R}\frac{R(\mu,A)}{\mu-\lambda}d\mu = -R(\lambda,A),$$

即有

$$\frac{1}{2\pi i}\int_{\Gamma_R}\frac{R(\mu,A)}{\mu-\lambda}d\mu = -R(\lambda,A)+\frac{1}{2\pi i}\int_{C_R}\frac{R(\mu,A)}{\mu-\lambda}d\mu,\quad \lambda>0. \tag{7.3.50}$$

注意到, 当 $R>0$ 充分大时, 成立

$$\Big\|\int_{C_R}\frac{R(\mu,A)}{\mu-\lambda}d\mu\Big\| \leqslant \int_{C_R}\frac{Md|\mu|}{|\mu|(|\mu|-\lambda)} \leqslant \int_{-\vartheta}^{\vartheta}\frac{MRd\theta}{R(R-\lambda)}=\frac{2M\vartheta}{R-\lambda}.$$

因此, 结合式 (7.3.50) 可得

$$\begin{aligned}\frac{1}{2\pi i}\int_\Gamma\frac{R(\mu,A)}{\mu-\lambda}d\mu &= \frac{1}{2\pi i}\lim_{R\to\infty}\int_{\Gamma_R}\frac{R(\mu,A)}{\mu-\lambda}d\mu \\ &= -R(\lambda,A)+\frac{1}{2\pi i}\lim_{R\to\infty}\int_{C_R}\frac{R(\mu,A)}{\mu-\lambda}d\mu \\ &= -R(\lambda,A).\end{aligned}$$

此即为式 (7.3.49).

注意到

$$\Big\|\int_\Gamma e^{(\mu-\lambda)T}\frac{R(\mu,A)}{\mu-\lambda}d\mu\Big\| \leqslant M\int_\Gamma \frac{e^{-(\lambda-\mathrm{Re}\mu)T}|d\mu|}{|\mu||\lambda-\mu|}.$$

注意到在式 (7.3.49) 的证明过程中可知, $\mu \in \Gamma$ 离原点和点 λ 均有一段正的距离, 且 $\lambda - \mathrm{Re}\mu > 0$. 因此存在 $c_0 > 0$ 使得 $|\mu||\lambda-\mu| \geqslant c_0, \forall \mu \in \Gamma$; 而当 $\mu \in \Gamma$ 往无穷远处走时, 则存在 $c_1 > 0$ 使得 $|\mu||\lambda-\mu| \geqslant c_1|\mu|^2$. 基于这些讨论可知

$$\lim_{T\to\infty} \frac{\mathrm{e}^{-(\lambda-\mathrm{Re}\mu)T}}{|\mu||\lambda-\mu|} = 0 \quad \text{a.e.} \quad \mu \in \Gamma; \qquad \frac{\mathrm{e}^{-(\lambda-\mathrm{Re}\mu)T}}{|\mu||\lambda-\mu|} \leqslant \frac{1}{|\mu||\lambda-\mu|} \in L^1(\Gamma).$$

因此利用 Lebesgue 控制收敛定理, 成立

$$\lim_{T\to\infty} \int_\Gamma \mathrm{e}^{(\mu-\lambda)T} \frac{R(\mu,A)}{\mu-\lambda}\mathrm{d}\mu = 0.$$

因此, 在式 (7.3.48) 中令 $T \longrightarrow \infty$, 可得

$$R(\lambda,A) = \int_0^\infty \mathrm{e}^{-\lambda t}U(t)\mathrm{d}t, \quad \forall \lambda > 0. \tag{7.3.51}$$

由于 $\|U(t)\| \leqslant C$, 因此在式 (7.3.51) 中对 λ 可以进行任意 n 次微分, 从而有

$$\frac{\mathrm{d}^{n-1}}{\mathrm{d}\lambda^{n-1}}R(\lambda,A) = (-1)^{n-1}\int_0^\infty t^{n-1}\mathrm{e}^{-\lambda t}U(t)\mathrm{d}t, \quad \forall n \in \mathbb{N}.$$

另外前面已经证明 (见式 (7.2.34))

$$\frac{\mathrm{d}^{n-1}}{\mathrm{d}\lambda^{n-1}}R(\lambda,A) = (-1)^{n-1}(n-1)!R(\lambda,A)^n, \quad n \in \mathbb{N}.$$

因此成立

$$R(\lambda,A)^n = \frac{1}{(n-1)!}\int_0^\infty t^{n-1}\mathrm{e}^{-\lambda t}U(t)\mathrm{d}t, \quad n \in \mathbb{N}.$$

进而

$$\begin{aligned}\|R(\lambda,A)^n\| &= \left\|\frac{1}{(n-1)!}\int_0^\infty t^{n-1}\mathrm{e}^{-\lambda t}U(t)\mathrm{d}t\right\| \\ &\leqslant \frac{C}{(n-1)!}\int_0^\infty t^{n-1}\mathrm{e}^{-\lambda t}\mathrm{d}t \\ &= \frac{C}{(n-1)!\lambda^n}\int_0^\infty t^{n-1}\mathrm{e}^{-t}\mathrm{d}t = \frac{C}{\lambda^n}.\end{aligned}$$

利用定理 7.2.10 知存在 X 上的 C_0 半群 $T(t)$, 满足 $\|T(t)\| \leqslant C$, 且 A 是其相应的无穷小生成元. 设 $x \in D(A^2)$, 利用推论 7.3.6 知

$$T(t)x = \frac{1}{2\pi\mathrm{i}}\int_{\gamma-\mathrm{i}\infty}^{\gamma+\mathrm{i}\infty} \mathrm{e}^{\lambda t}R(\lambda,A)x\mathrm{d}\lambda, \quad \forall \lambda > 0. \tag{7.3.52}$$

利用式 (7.3.44), 结合解析性, 可以把式 (7.3.52) 中的积分路径替换为 Γ, 即

$$T(t)x = \frac{1}{2\pi\mathrm{i}}\int_\Gamma \mathrm{e}^{\lambda t}R(\lambda,A)x\mathrm{d}\lambda, \quad \forall x \in D(A^2), \quad \lambda > 0. \tag{7.3.53}$$

定理 7.2.4 表明 $D(A^2)$ 在 X 中是稠密的, 通过一个极限过程可知式 (7.3.53) 对任意的 $x \in X$ 也成立. □

前面的结论表明, C_0 半群 $T(t)$ 在某种意义下等于 e^{tA}, 其中 A 为其无穷小生成元. 下面介绍 $T(t)$ 的一个指数公式, 进一步揭示了 $T(t)$ 与 e^{tA} 的关系. 其有点类似数学分析中介绍的一个极限公式: $e^a = \lim\limits_{n\to\infty}\left(1 - \dfrac{t}{n}a\right)^{-n}$, $a \in \mathbb{R}^1$.

定理 7.3.9　设 $T(t)$ 是 Banach 空间 X 上的解析半群, 以 $-A$ 为无穷小生成元, 则对任意的 $x \in X$, 成立

$$T(t)x = \lim_{n\to\infty}\left(I - \frac{t}{n}A\right)^{-n} x = \lim_{n\to\infty}\left[\frac{n}{t}R\left(\frac{n}{t}, A\right)\right]^n x.$$

上述极限在 t 的任何有限区间段上都是一致的.

证明　设 $\|T(t)\| \leqslant Me^{\omega t}$. 已知当 $\mathrm{Re}\lambda > \omega$ 时, $R(\lambda, A)$ 关于 λ 是解析的, 并且

$$R(\lambda, A)x = \int_0^\infty e^{-\lambda s}T(s)x\mathrm{d}s, \quad x \in X.$$

在上式两端关于 λ 进行任意 n 阶微分, 并记 $\dfrac{\mathrm{d}^n}{\mathrm{d}\lambda^n}R(\lambda, A) = R(\lambda, A)^{(n)}$ 可得

$$R(\lambda, A)^{(n)}x = (-1)^n \int_0^\infty s^n e^{-\lambda s}T(s)x\mathrm{d}s, \quad x \in X.$$

特别地, 在上式中取 $\lambda = \dfrac{n}{t}$, 作变量替换 $s = vt$, 可知

$$R\left(\frac{n}{t}, A\right)^{(n)} x = (-1)^n t^{n+1} \int_0^\infty v^n e^{-vn}T(vt)x\mathrm{d}v, \quad x \in X.$$

已知前面已经证明 (见式 (7.2.34))

$$R(\lambda, A)^{(n)} = (-1)^n n! R(\lambda, A)^{n+1}, \quad n \in \mathbb{N}.$$

因此成立

$$\left(\frac{n}{t}R\left(\frac{n}{t}, A\right)\right)^{n+1} x = \frac{n^{n+1}}{n!}\int_0^\infty v^n e^{-vn}T(vt)x\mathrm{d}v, \quad x \in X.$$

注意到

$$\begin{aligned}\frac{n^{n+1}}{n!}\int_0^\infty v^n e^{-vn}\mathrm{d}v &= \frac{n^{n+1}}{n!}\int_0^\infty \left(\frac{w}{n}\right)^n e^{-w}\frac{\mathrm{d}w}{n} \\ &= \frac{1}{n!}\int_0^\infty w^n e^{-w}\mathrm{d}w \\ &= \frac{1}{n!}\Gamma(n+1) = 1.\end{aligned}$$

从而可得

$$
\begin{aligned}
&\left(\frac{n}{t}R\left(\frac{n}{t},A\right)\right)^{n+1}x-T(t)x\\
=&\frac{n^{n+1}}{n!}\int_0^\infty v^n\mathrm{e}^{-vn}[T(vt)x-T(t)x]\mathrm{d}v\\
=&\frac{n^{n+1}}{n!}\left(\int_0^a+\int_a^b+\int_b^\infty\right)v^n\mathrm{e}^{-vn}[T(vt)x-T(t)x]\mathrm{d}v\\
=&I_{1n}+I_{2n}+I_{3n},\quad 0<a<1<b<\infty.
\end{aligned}\tag{7.3.54}
$$

对任意的 $\varepsilon>0$ 以及 $t_0>0$, 选择 $0<a<1<b<\infty$, 使得

$$\|T(vt)x-T(t)x\|<\varepsilon,\quad a\leqslant v\leqslant b.$$

此外容易验证: 函数 $s\mathrm{e}^{-s}$ 关于 $s\in[0,1]$ 是严格单调递增的; 而在 $[1,\infty)$ 区间上是严格单调递减的. 从而 $s\mathrm{e}^{-s}<\mathrm{e}^{-1}$, $\forall s\in[0,1)\cup(1,\infty)$.

由于 $a\in(0,1)$, 故 $a\mathrm{e}^{-a}<\mathrm{e}^{-1}$ 或者 $\dfrac{a\mathrm{e}^{-a}}{\mathrm{e}^{-1}}\in(0,1)$. 因此

$$
\begin{aligned}
\|I_{1n}\|\leqslant&\frac{n^{n+1}}{n!}\int_0^a(v\mathrm{e}^{-v})^n\|[T(vt)x-T(t)x]\|\mathrm{d}v\\
\leqslant&\frac{n^{n+1}}{n!}\int_0^a(a\mathrm{e}^{-a})^n[\|T(vt)x\|+\|T(t)x\|]\mathrm{d}v\\
\leqslant&\frac{(n+1)!\mathrm{e}^{n+1}}{n!}(a\mathrm{e}^{-a})^n\int_0^1[M\mathrm{e}^{\omega tv}+M\mathrm{e}^{\omega t}]\|x\|\mathrm{d}v\\
\leqslant&2M\mathrm{e}^{\omega t_0}(n+1)\left(\frac{a\mathrm{e}^{-a}}{\mathrm{e}^{-1}}\right)^n\|x\|,\quad t\in[0,t_0].
\end{aligned}
$$

这里用到不等式: $n^n\leqslant n!\mathrm{e}^n$, $\forall n\in\mathbb{N}$. 因此

$$\lim_{n\to\infty}\|I_{1n}\|=0,$$

$$
\begin{aligned}
\|I_{2n}\|\leqslant&\frac{n^{n+1}}{n!}\int_a^b(v\mathrm{e}^{-v})^n\|[T(vt)x-T(t)x]\|\mathrm{d}v\\
\leqslant&\varepsilon\frac{n^{n+1}}{n!}\int_a^b(v\mathrm{e}^{-v})^n\mathrm{d}v\\
\leqslant&\varepsilon\frac{n^{n+1}}{n!}\int_0^\infty(v\mathrm{e}^{-v})^n\mathrm{d}v=\varepsilon,\\
\|I_{3n}\|\leqslant&\frac{n^{n+1}}{n!}\int_b^\infty(v\mathrm{e}^{-v})^n[\|T(vt)x\|+\|T(t)x\|]\mathrm{d}v\\
\leqslant&\frac{n^{n+1}}{n!}\int_b^\infty(v\mathrm{e}^{-v})^n[M\mathrm{e}^{\omega tv}+M\mathrm{e}^{\omega t}]\|x\|\mathrm{d}v
\end{aligned}
$$

$$
\begin{aligned}
&\leqslant M\|x\|\frac{n^{n+1}}{n!}\int_b^\infty v^n[\mathrm{e}^{-v(n-\omega t)}+\mathrm{e}^{-vn+\omega t}]\mathrm{d}v\\
&=M\|x\|\Big(\frac{n}{n-\omega t}\Big)^{n+1}\frac{1}{n!}\int_{b(n-\omega t)}^\infty w^n\mathrm{e}^{-w}\mathrm{d}w\\
&\quad+M\|x\|\frac{\mathrm{e}^{\omega t}}{n!}\int_{bn}^\infty w^n\mathrm{e}^{-w}\mathrm{d}w,\quad n>\omega t.
\end{aligned}
$$

由于 $\frac{1}{n!}\int_0^\infty w^n\mathrm{e}^{-w}\mathrm{d}w=1$, 故可得

$$\lim_{n\to\infty}\|I_{3n}\|=0.$$

由式 (7.3.54), 并结合上述讨论可知

$$\lim_{n\to\infty}\left\|\left(\frac{n}{t}R\left(\frac{n}{t},A\right)\right)^{n+1}x-T(t)x\right\|\leqslant\varepsilon,\quad x\in X.$$

由 $\varepsilon>0$ 的任意性可知

$$\lim_{n\to\infty}\left(\frac{n}{t}R\left(\frac{n}{t},A\right)\right)^{n+1}x=T(t)x,\quad x\in X. \tag{7.3.55}$$

假定 $x\in D(A)$. 由于

$$
\begin{aligned}
\lambda R(\lambda,A)x-x&=\lambda(\lambda I-A)^{-1}x-(\lambda I-A)(\lambda I-A)^{-1}x\\
&=A(\lambda I-A)^{-1}x=(\lambda I-A)^{-1}Ax=R(\lambda,A)Ax.
\end{aligned}
$$

故对任意的 $\lambda>\omega$, 成立

$$\|\lambda R(\lambda,A)x-x\|=\|R(\lambda,A)Ax\|\leqslant\frac{M}{\lambda-\omega}\|Ax\|,\quad x\in D(A).$$

说明

$$\lim_{\lambda\to\infty}\lambda R(\lambda,A)x=x,\quad x\in D(A).$$

由于 $D(A)$ 在 X 中是稠密的, 通过一个极限过程可得

$$\lim_{\lambda\to\infty}\lambda R(\lambda,A)x=x,\quad x\in X.$$

在上述极限等式中, 取 $\lambda=\frac{n}{t}$, 即得

$$\lim_{n\to\infty}\left(\frac{n}{t}R\left(\frac{n}{t},A\right)\right)x=x,\quad x\in X. \tag{7.3.56}$$

结合式 (7.3.55), (7.3.56) 可知成立

$$
\begin{aligned}
T(t)x&=\lim_{n\to\infty}\left(\frac{n}{t}R\left(\frac{n}{t},A\right)\right)^n\lim_{n\to\infty}\left(\frac{n}{t}R\left(\frac{n}{t},A\right)\right)x\\
&=\lim_{n\to\infty}\left(\frac{n}{t}R\left(\frac{n}{t},A\right)\right)^n x\\
&=\lim_{n\to\infty}\left(I-\frac{t}{n}A\right)^{-n}x,\quad x\in X.
\end{aligned}
$$

□

7.4 解析算子半群

前面几节介绍了 C_0 算子半群的定义和一些性质, 在对一些方程的初边值问题进行应用时, 需要初始函数具有较高的正则性, 即要求初始函数在无穷小生成元的定义域中. 在对上述一些方程的初边值问题进行研究时, 如果初始函数不具有这么好的正则性, 则需要下面介绍的解析半群理论.

1. 解析半群的定义和性质

设 $\Delta = \{z \in \mathbb{C} | \varphi_1 < \arg z < \varphi_2, \varphi_1 < \varphi_2\}$. 对任意的 $z \in \Delta$, $T(z)$ 是 Banach 空间 X 上的有界线性算子族, 称 $T(z)$ 为解析半群, 若下述条件成立

(1) $z \longrightarrow T(z)$ 在 Δ 中解析;

(2) $T(0) = I$ 是恒同算子; 对任意的 $x \in X$, 成立 $\lim\limits_{z \to 0} T(z)x = x$;

(3) $\forall z_1, z_2 \in \Delta$, $T(z_1 + z_2) = T(z_1)T(z_2)$.

进一步, 如果区域 Δ 包含非负实轴, 即 $(0, \infty) \subset \Delta$. 若 $T(z)$ 在 Δ 上是解析的, 则称 $T(t), t > 0$ 为实解析半群.

设 $T(z)$ 是 Banach 空间 X 上的解析半群, 以 $-A$ 为无穷小生成元. 利用上述解析半群的定义, 可知对任意的 $x \in X$, 下述问题存在唯一解 $u(x, t) = T(t)x$:

$$\begin{cases} \dfrac{\mathrm{d}u}{\mathrm{d}t} + Au = 0, \quad t > 0, \\ u(0) = x. \end{cases}$$

在介绍解析半群的性质之前, 简单回忆线性算子的谱的概念.

设 X 为 Banach 空间, $A : D(A) \subset X \longrightarrow X$ 是闭的线性算子, 称集合

$$\rho(A) =: \{\lambda \in \mathbb{C} | (\lambda I - A)^{-1} \in \mathscr{L}(X)\}$$

为 A 的预解集, $\rho(A)$ 中的 λ 称为 A 的正则值. 这里 $\mathbb{C}$ 表示二维的复平面, $\mathscr{L}(X)$ 表示一切 X 到 X 的有界线性算子的全体.

由定义, 在 $\dim X < \infty$ 的情形下, $\forall \lambda \in \mathbb{C}$, 它要么是 A 的本征值, 要么是正则值, 二者必居其一. 但当 $\dim X = \infty$ 时, 情况就复杂多了, 从逻辑上分, 有如下几种情形:

(1) $(\lambda I - A)^{-1}$ 不存在, 这相当于 λ 是本征值. 这部分 λ, 称为 A 的点谱, 记为 $\sigma_p(A)$;

(2) $(\lambda I - A)^{-1}$ 存在, 且值域 $R(\lambda I - A) =: (\lambda I - A)D(A) = X$, 这相当于 λ 是正则值;

(3) $(\lambda I - A)^{-1}$ 存在, 且值域 $R(\lambda I - A) \neq X$, 但 $\overline{R(\lambda I - A)} = X$. 对于这部分 λ, 称为 A 的连续谱, 记为 $\sigma_c(A)$;

(4) $(\lambda I - A)^{-1}$ 存在, 且值域 $\overline{R(\lambda I - A)} \neq X$. 这部分 λ, 称为 A 的剩余谱, 记为 $\sigma_r(A)$.

记 $\sigma(A) = \mathbb{C}\backslash\rho(A)$, 并称 $\sigma(A)$ 为 A 的谱集. 因此有

$$\sigma(A) = \sigma_p(A) \cup \sigma_c(A) \cup \sigma_r(A).$$

在下面的讨论中, 总假定 $0 \in \rho(A)$, 其中 A 是 C_0 半群 $T(t)$ 的无穷小生成元. 这个假定是合理的, 因为对于一致有界的 C_0 半群 $T(t)$, 可以定义一个新的 C_0 半群 $S(t) = \mathrm{e}^{-\varepsilon t}T(t)$, $\varepsilon > 0$, 其预解集包含 $(-\varepsilon, \infty)$.

在前面的定理 7.3.8 中已经证明: 若 A 是 Banach 空间 X 上的一个稠定的算子, 且满足如下条件:

(1) 存在 $0 < \delta < \dfrac{\pi}{2}$, 成立

$$\rho(A) \supset \Sigma_\delta = \left\{\lambda \in \mathbb{C}\backslash\{0\}; |\arg\lambda| < \frac{\pi}{2} + \delta\right\} \cup \{0\};$$

(2) 存在常数 $M > 0$, 使得

$$\|R(\lambda, A)\| \leqslant \frac{M}{|\lambda|}, \quad \forall \lambda \in \Sigma_\delta,$$

则 A 是某个 C_0 半群 $T(t)$, $\|T(t)\| \leqslant C$ 的无穷小生成元, 且

$$T(t) = \frac{1}{2\pi\mathrm{i}} \int_\Gamma \mathrm{e}^{\lambda t} R(\lambda, A) \mathrm{d}\lambda,$$

其中 Γ 是 Σ_δ 中的一条光滑曲线且由 $\infty\mathrm{e}^{-\mathrm{i}\vartheta}$ 到 $\infty\mathrm{e}^{\mathrm{i}\vartheta}$, $\vartheta \in \left(-\dfrac{\pi}{2}, \dfrac{\pi}{2}\right)$.

下面的定理表明, C_0 半群 $T(t)$ 还可以进行延拓, 使得在复平面上某区域成为解析半群.

定理 7.4.1　假定 C_0 半群 $T(t)$ 在 Banach 空间上是一致有界的, A 是相应的无穷小生成元, 且假定 $0 \in \rho(A)$, 则下面的条件是等价的.

(a) $T(t)$ 可以延拓为 Banach 空间上的一个解析半群 $T(z)$, 扇形解析区域为: $\Delta_\delta = \{z \in \mathbb{C} \mid |\arg z| < \delta\}$ 且在每一个闭的子扇形区域: $\overline{\Delta_{\delta'}} = \{z \in \mathbb{C} \mid |\arg z| \leqslant \delta' < \delta\}$ 上是一致有界的;

(b) 存在常数 $C > 0$, 对任意的 $\sigma > 0$, $\tau \neq 0$, 有

$$\|R(\sigma + \mathrm{i}\tau, A)\| \leqslant \frac{C}{|\tau|}; \tag{7.4.1}$$

(c) 存在 $0<\delta<\dfrac{\pi}{2}$, 成立

$$\rho(A)\supset\Sigma_\delta=\left\{\lambda\in\mathbb{C}\backslash\{0\};|\arg\lambda|<\frac{\pi}{2}+\delta\right\}\cup\{0\},\tag{7.4.2}$$

以及存在常数 $M>0$, 使得

$$\|R(\lambda,A)\|\leqslant\frac{M}{|\lambda|},\quad\forall\lambda\in\Sigma_\delta;\tag{7.4.3}$$

(d) $T(t)$ 关于 $t>0$ 是可微的 (即关于 $t>0$ 可以求任意阶导数) 并且存在常数 $C>0$ 使得

$$\|AT(t)\|\leqslant\frac{C}{t},\quad\forall t>0.\tag{7.4.4}$$

证明 (a) $\Longrightarrow$ (b) 设 $0<\delta'<\delta$, 以及存在常数 $C_1>0$, 使得 $\|T(z)\|\leqslant C_1$, $\forall z\in\overline{\Delta_{\delta'}}=\{z\in\mathbb{C}||\arg z|\leqslant\delta'\}$. 根据定理 7.2.13 的注, 可知对任意的 $x\in X$ 和 $\sigma>0$, 成立

$$R(\sigma+\mathrm{i}\tau,A)x=\int_0^\infty \mathrm{e}^{-(\sigma+\mathrm{i}\tau)t}T(t)x\mathrm{d}t.$$

利用 $T(z)$ 的解析性以及在 $\overline{\Delta_{\delta'}}$ 上的一致有界性, 当 $\tau>0$ 时, 可以把积分路径从正实轴移到射线 $\{z=\rho\mathrm{e}^{-\mathrm{i}\delta'}|0<\rho<\infty\}$; 当 $\tau<0$ 时, 把积分路径从正实轴移到射线 $\{z=\rho\mathrm{e}^{\mathrm{i}\delta'}|0<\rho<\infty\}$, 其中 $0<\delta'<\delta<\dfrac{\pi}{2}$, 则积分值不变, 并且当 $\tau>0$ 时,

$$\begin{aligned}\|R(\sigma+\mathrm{i}\tau,A)x\|&\leqslant\int_0^\infty|\mathrm{e}^{-(\sigma+\mathrm{i}\tau)\rho\mathrm{e}^{-\mathrm{i}\delta'}}|\|T(\rho\mathrm{e}^{-\mathrm{i}\delta'})\|\mathrm{d}\rho\\&=C_1\|x\|\int_0^\infty\mathrm{e}^{-\rho(\sigma\cos\delta'+\tau\sin\delta')}\mathrm{d}\rho\\&=\frac{C_1\|x\|}{\sigma\cos\delta'+\tau\sin\delta'}\\&\leqslant\frac{C_1\|x\|}{\tau\sin\delta'}=\frac{C_1\|x\|}{|\tau|\sin\delta'}.\end{aligned}$$

当 $\tau<0$ 时,

$$\begin{aligned}\|R(\sigma+\mathrm{i}\tau,A)x\|&\leqslant\int_0^\infty|\mathrm{e}^{-(\sigma+\mathrm{i}\tau)\rho\mathrm{e}^{\mathrm{i}\delta'}}|\|T(\rho\mathrm{e}^{\mathrm{i}\delta'})\|\mathrm{d}\rho\\&=C_1\|x\|\int_0^\infty\mathrm{e}^{-\rho(\sigma\cos\delta'-\tau\sin\delta')}\mathrm{d}\rho\\&=\frac{C_1\|x\|}{\sigma\cos\delta'-\tau\sin\delta'}\\&\leqslant\frac{C_1\|x\|}{-\tau\sin\delta'}=\frac{C_1\|x\|}{|\tau|\sin\delta'}.\end{aligned}$$

综上所述, 取 $C = \dfrac{C_1}{\sin\delta'}$, 可知, 对任意的 $\sigma > 0$, $\tau \neq 0$, 成立

$$\|R(\sigma + \mathrm{i}\tau, A)\| \leqslant \frac{C}{|\tau|}.$$

此即为式 (7.4.1).

(b) $\Longrightarrow$ (c)　由于 A 是一致有界的 C_0 半群 $T(t)$ 的无穷小生成元, 故成立

$$\|R(\lambda, A)\| \leqslant \frac{M_1}{\mathrm{Re}\lambda}, \quad \mathrm{Re}\lambda > 0.$$

另外, 由 (b) 知当 $\mathrm{Re}\lambda > 0$, $\mathrm{Im}\lambda \neq 0$ 时, 成立

$$\|R(\lambda, A)\| \leqslant \frac{C}{|\mathrm{Im}\lambda|}.$$

因此存在常数 $M_2 > 0$, 使得对任意的 $\lambda \in \mathbb{C}$, $\mathrm{Re}\lambda > 0$, 成立

$$\|R(\lambda, A)\| \leqslant \frac{M_2}{|\lambda|}.$$

对任意的 $\sigma > 0$, $R(\lambda, A)$ 在 $\sigma + \mathrm{i}\tau$ 处的 Taylor 展开式为

$$\begin{aligned} R(\lambda, A) &= \sum_{j=0}^{\infty} \frac{1}{j!} \frac{\mathrm{d}^j}{\mathrm{d}\lambda^j} R(\lambda, A)\big|_{\lambda=\sigma+\mathrm{i}\tau} (\lambda - \sigma - \mathrm{i}\tau)^j \\ &= \sum_{j=0}^{\infty} (-1)^j R(\sigma + \mathrm{i}\tau, A)^{j+1} (\lambda - \sigma - \mathrm{i}\tau)^j. \end{aligned} \tag{7.4.5}$$

上述证明过程中用到

$$\frac{\mathrm{d}^j}{\mathrm{d}\lambda^j} R(\lambda, A) = (-1)^j j! R(\lambda, B)^{j+1}, \quad \forall j \in \mathbb{N}.$$

事实上, 这由归纳法和预解集的下述性质:

$$R(\lambda, A) - R(\mu, A) = (\mu - \lambda) R(\lambda, A) R(\mu, A) \Longrightarrow \frac{\mathrm{d}}{\mathrm{d}\lambda} R(\lambda, A) = -R(\lambda, A)^2$$

可得到. 当 $\|R(\sigma + \mathrm{i}\tau, A)\| |\sigma + \mathrm{i}\tau - \lambda| \leqslant K < 1$ 时, 式 (7.4.5) 中的级数收敛. 在式 (7.4.5) 中取 $\lambda = \mathrm{Re}\lambda + \mathrm{i}\tau$, 可得

$$\begin{aligned} \|R(\sigma + \mathrm{i}\tau, A)\| |\sigma + \mathrm{i}\tau - \lambda| &= \|R(\sigma + \mathrm{i}\mathrm{Im}\lambda, A)\| |\sigma - \mathrm{Re}\lambda| \\ &\leqslant \frac{C}{|\mathrm{Im}\lambda|} |\sigma - \mathrm{Re}\lambda|. \end{aligned}$$

于是当

$$|\sigma - \mathrm{Re}\lambda| \leqslant \frac{K |\mathrm{Im}\lambda|}{C} \tag{7.4.6}$$

时, 式 (7.4.5) 中的级数收敛. 从而

$$\rho(A) \supset \left\{\lambda \in \mathbb{C} \middle| |\sigma - \mathrm{Re}\lambda| \leqslant \frac{K|\mathrm{Im}\lambda|}{C}\right\}. \tag{7.4.7}$$

当 $\mathrm{Re}\lambda = \sigma$ 时, 显然式 (7.4.6) 成立, 由于 $\sigma > 0$ 是任意的, 故由式 (7.4.7) 可得

$$\rho(A) \supset \{\lambda \in \mathbb{C} | \mathrm{Re}\lambda > 0\}. \tag{7.4.8}$$

另外, 当 $\mathrm{Re}\lambda \leqslant 0$ 且 $\mathrm{Im}\lambda \neq 0$ 时, 由式 (7.4.6) 可得

$$\sigma + |\mathrm{Re}\lambda| = \sigma - \mathrm{Re}\lambda = |\sigma - \mathrm{Re}\lambda| \leqslant \frac{K|\mathrm{Im}\lambda|}{C} \Longleftrightarrow \frac{\sigma}{|\mathrm{Im}\lambda|} + \frac{|\mathrm{Re}\lambda|}{|\mathrm{Im}\lambda|} \leqslant \frac{K}{C}.$$

特别地, 取 $\sigma = \dfrac{K|\mathrm{Im}\lambda|}{2C} > 0$, 可知

$$\frac{|\mathrm{Re}\lambda|}{|\mathrm{Im}\lambda|} \leqslant \frac{K}{2C}.$$

结合式 (7.4.7) 得

$$\rho(A) \supset \left\{\lambda \in \mathbb{C} \middle| \frac{|\mathrm{Re}\lambda|}{|\mathrm{Im}\lambda|} \leqslant \frac{K}{2C}, \mathrm{Re}\lambda \leqslant 0, \mathrm{Im}\lambda \neq 0\right\}.$$

在上式中取 $\delta = \arctan\dfrac{K}{2C} \in \left(0, \dfrac{\pi}{2}\right)$, 其中 $0 < K < 1$, 并结合式 (7.4.7), 可得

$$\rho(A) \supset \left\{\lambda \in \mathbb{C} \middle| |\arg\lambda| < \frac{\pi}{2} + \delta, \lambda \neq 0\right\} := \Sigma_\delta.$$

因此, 对任意的 $\lambda \in \Sigma_\delta$, 由式 (7.4.5) (其中 $\tau = \mathrm{Im}\lambda$), 可得

$$\begin{aligned}\|R(\lambda, A)\| &\leqslant \sum_{j=0}^{\infty} \|R(\sigma + \mathrm{i}\tau, A)\| (\|R(\sigma + \mathrm{i}\tau, A)\| |\sigma + \mathrm{i}\tau - \lambda|)^j \\ &\leqslant \frac{C}{|\mathrm{Im}\lambda|} \sum_{j=0}^{\infty} K^j = \frac{C(1-K)^{-1}}{|\mathrm{Im}\lambda|}.\end{aligned} \tag{7.4.9}$$

此外, 由于式 (7.4.6) 中的 $\sigma > 0$ 是任意的, 在式 (7.4.6) 中令 $\sigma \to 0^+$, 得

$$|\mathrm{Re}\lambda| \leqslant \frac{K|\mathrm{Im}\lambda|}{C}.$$

从而,

$$\begin{aligned}|\mathrm{Im}\lambda|^2 &= |\lambda|^2 - |\mathrm{Re}\lambda|^2 \\ &\geqslant |\lambda|^2 - \frac{K^2|\mathrm{Im}\lambda|^2}{C^2} \\ &> |\lambda|^2 - \frac{|\mathrm{Im}\lambda|^2}{C^2},\end{aligned}$$

进而成立

$$|\mathrm{Im}\lambda| \geqslant \frac{C|\lambda|}{\sqrt{1+C^2}} \Longrightarrow \frac{C}{|\mathrm{Im}\lambda|} \leqslant \frac{\sqrt{1+C^2}}{|\lambda|}.$$

结合式 (7.4.9), 可知

$$\|R(\lambda, A)\| \leqslant \frac{C(1-K)^{-1}}{|\mathrm{Im}\lambda|} \leqslant \frac{\sqrt{1+C^2}}{(1-K)|\lambda|} =: \frac{M}{|\lambda|}, \quad \forall \lambda \in \Sigma_\delta.$$

由于已假定 $0 \in \rho(A)$, 故 A 满足 (c).

(c) $\Longrightarrow$ (d) 假定 A 满足条件 (c), 利用前面的定理 7.3.8, 成立

$$T(t) = \frac{1}{2\pi \mathrm{i}} \int_\Gamma \mathrm{e}^{\lambda t} R(\lambda, A) \mathrm{d}\lambda,$$

其中积分路径 Γ 是 Σ_δ 中的两条射线组成: $\rho \mathrm{e}^{\mathrm{i}\vartheta}$, $\rho \mathrm{e}^{-\mathrm{i}\vartheta}$, $\vartheta \in \left(\frac{\pi}{2}, \frac{\pi}{2}+\delta\right)$, 积分路径的方向规定为沿 Γ 移动时 $\mathrm{Im}\lambda$ 递增. 注意到, 上述积分在算子范数意义下是收敛的, 进一步关于 t 微分可得

$$T'(t) = \frac{1}{2\pi \mathrm{i}} \int_\Gamma \lambda \mathrm{e}^{\lambda t} R(\lambda, A) \mathrm{d}\lambda, \quad t > 0,$$

并且成立

$$\begin{aligned} \|T'(t)\| &\leqslant \frac{1}{2\pi} \int_\Gamma |\lambda| \mathrm{e}^{t \mathrm{Re}\lambda} \|R(\lambda, A)\| |\mathrm{d}\lambda| \\ &\leqslant \frac{1}{\pi} \int_0^\infty M \mathrm{e}^{t\rho\cos\vartheta} \mathrm{d}\rho = \frac{M}{\pi t \cos\vartheta}, \quad t > 0. \end{aligned}$$

说明 $T(t)$ 关于 $t > 0$ 是可微的, 并且成立

$$\|AT(t)\| = \|T'(t)\| \leqslant \frac{C}{t}, \quad t > 0. \tag{7.4.10}$$

(d) $\Longrightarrow$ (a) 假定 $T(t)$ 关于 $t > 0$ 是可微的, 则下述等式成立

$$\frac{\mathrm{d}^n T(t)}{\mathrm{d}t^n} = \left(AT\left(\frac{t}{n}\right)\right)^n = \left(T'\left(\frac{t}{n}\right)\right)^n, \quad t > 0, \quad n \in \mathbb{N}. \tag{7.4.11}$$

利用归纳法可以证明式 (7.4.11). 事实上, 由于 A 是 $T(t)$ 的无穷小生成元, 故 $n = 1$ 时, 成立 $T'(t) = AT(t)$. 假定式 (7.4.11) 对 n 和 $t > 0$ 成立, 则

$$\begin{aligned} \frac{\mathrm{d}^n T(t)}{\mathrm{d}t^n} &= \left(AT\left(\frac{t}{n}\right)\right)^n \\ &= \left(T\left(\frac{t-s}{n}\right) AT\left(\frac{s}{n}\right)\right)^n \\ &= T(t-s)\left(AT\left(\frac{s}{n}\right)\right)^n, \quad t \geqslant s > 0. \end{aligned}$$

在上式两边关于 $t>0$ 微分可得

$$\frac{\mathrm{d}^{n+1}T(t)}{\mathrm{d}t^{n+1}}=AT(t-s)\Big(AT\left(\frac{s}{n}\right)\Big)^n,\quad t\geqslant s>0.$$

特别地, 在上式中取 $s=\dfrac{nt}{n+1}$, 成立

$$\frac{\mathrm{d}^{n+1}T(t)}{\mathrm{d}t^{n+1}}=AT\left(t-\frac{nt}{n+1}\right)\left(AT\left(\frac{t}{n+1}\right)\right)^n=\left(AT\left(\frac{t}{n+1}\right)\right)^{n+1}.$$

说明式 (7.4.11) 是成立的. 由式 (7.4.10), (7.4.11) 可知

$$\left\|\frac{\mathrm{d}^nT(t)}{\mathrm{d}t^n}\right\|=\left\|\left(T'\left(\frac{t}{n}\right)\right)^n\right\|\leqslant\left\|T'\left(\frac{t}{n}\right)\right\|^n\leqslant\left(\frac{nC}{t}\right)^n.$$

由于 $n^n\leqslant n!\mathrm{e}^n$, $n\in\mathbb{N}$. 从而成立

$$\frac{1}{n!}\left\|\frac{\mathrm{d}^nT(t)}{\mathrm{d}t^n}\right\|\leqslant\left(\frac{\mathrm{e}C}{t}\right)^n,\quad t>0,n\in\mathbb{N}.\tag{7.4.12}$$

利用算子序列定义:

$$T(z):=T(t)+\sum_{n=1}^{\infty}\frac{1}{n!}\frac{\mathrm{d}^nT(t)}{\mathrm{d}t^n}(z-t)^n.\tag{7.4.13}$$

对任意 $k\in(0,1)$, 当 $|z-t|\leqslant\dfrac{kt}{\mathrm{e}C}$ 时, 利用式 (7.4.12) 成立

$$\left|\frac{1}{n!}\frac{\mathrm{d}^nT(t)}{\mathrm{d}t^n}(z-t)^n\right|\leqslant\left(\frac{\mathrm{e}C}{t}\right)^n\left(\frac{kt}{\mathrm{e}C}\right)^n=k^n,\quad n\in\mathbb{N}.$$

从而式 (7.4.13) 中的序列在算子范数意义下是收敛的, 说明 $T(z)$ 的定义是有意义的且 $T(z)$ 在

$$\left\{z\in\mathbb{C};|z-t|\leqslant\frac{kt}{\mathrm{e}C},t>0\right\}$$

内是解析的. 进而在

$$\bigcup_{t>0}\left\{z\in\mathbb{C};|z-t|\leqslant\frac{kt}{\mathrm{e}C}\right\}$$

内是解析的. 注意到 $\dfrac{kt}{\mathrm{e}C}<t,\forall t>0$. 从而 $T(z)$ 在下述区域内是解析的:

$$\left\{z\in\mathbb{C};|\arg z|\leqslant\arctan\frac{k}{\mathrm{e}C}\right\}.$$

由于 $k\in(0,1)$ 的任意性, 故 $T(z)$ 在下述开区域 $\varDelta$ 内是解析的:

$$\varDelta=\left\{z\in\mathbb{C};|\arg z|<\arctan\frac{1}{\mathrm{e}C}\right\}.$$

显然, $T(z)|_{z=t}=T(t)$, 即 $T(z)$ 确实把 $T(t)$ 延拓到扇形 Δ 上, 从而 $T(t)$ 是实解析半群.

令 $L(z)=T(z+t)-T(z)T(t)$, $z\in\Delta$, $t>0$. 则 $L(z)$ 在 Δ 内是解析的, 并且 $L(s)=T(s+t)-T(s)T(t)\equiv 0$, $\forall s,t>0$. 从而对于 $z\in\Delta$, $t>0$, 成立

$$L(z)=\sum_{n=0}^{\infty}\frac{1}{n!}\frac{\mathrm{d}^nL(t)}{\mathrm{d}t^n}(z-t)^n\equiv 0.$$

即

$$T(z+t)=T(z)T(t),\quad \forall z\in\Delta, t>0.$$

令 $N(z)=T(z_1+z)-T(z_1)T(z)$, $z,z_1\in\Delta$, 则 $N(z)$ 在 Δ 内是解析的, 并且

$$N(t)=T(z_1+t)-T(z_1)T(t)\equiv 0,\quad \forall t>0.$$

从而对于任意 $z\in\Delta$, $t>0$, 成立

$$N(z)=\sum_{n=0}^{\infty}\frac{1}{n!}\frac{\mathrm{d}^nN(t)}{\mathrm{d}t^n}(z-t)^n\equiv 0,$$

即

$$T(z_1+z)=T(z_1)T(z),\quad \forall z,z_1\in\Delta.$$

另外, 对任意的 $x\in X$, 由于已证 $T(t)$ 是实解析半群, 结合式 (7.4.13) 知

$$\begin{aligned}\lim_{\Delta\ni z\to 0}(T(z)x-x)=&T(t)x-x+\lim_{\Delta\ni z\to 0}\sum_{n=1}^{\infty}\frac{1}{n!}\frac{\mathrm{d}^nT(t)}{\mathrm{d}t^n}x(z-t)^n\\=&T(t)x-x+\sum_{n=1}^{\infty}\frac{1}{n!}\frac{\mathrm{d}^nT(t)}{\mathrm{d}t^n}x(0-t)^n\\=&T(t)x-x+\lim_{s\to 0^+}\sum_{n=1}^{\infty}\frac{1}{n!}\frac{\mathrm{d}^nT(t)}{\mathrm{d}t^n}x(s-t)^n\\=&T(t)x-x+\lim_{s\to 0^+}(T(s)x-T(t)x)\\=&T(t)x-x+(T(0)x-T(t)x)=0,\quad t>0.\end{aligned}$$

上述讨论表明利用算子序列定义的 $T(z)$ 确实是解析半群.

对任意闭的子扇形区域 $\overline{\Delta_\varepsilon}$:

$$\overline{\Delta_\varepsilon}=\left\{z\in\mathbb{C};|\arg z|\leqslant\arctan\left(\frac{1}{\mathrm{e}C}-\varepsilon\right)\right\},$$

其中 $\varepsilon>0$ 为任意小的常数. 式 (7.4.13) 中定义的 $T(z)$ 的解析区域相应为

$$\left\{z\in\mathbb{C};|z-t|\leqslant\left(\frac{1}{\mathrm{e}C}-\varepsilon\right)t,t>0\right\}.$$

再利用式 (7.4.12), (7.4.13) 可得

$$\begin{aligned}\|T(z)\| \leqslant & \|T(t)\| + \sum_{n=1}^{\infty}\left|\frac{1}{n!}\frac{\mathrm{d}^nT(t)}{\mathrm{d}t^n}(z-t)^n\right| \\ \leqslant & M + \sum_{n=1}^{\infty}\left(\frac{\mathrm{e}C}{t}\right)^n\left(\left(\frac{1}{\mathrm{e}C}-\varepsilon\right)t\right)^n \\ = & M + \sum_{n=1}^{\infty}(1-\varepsilon\mathrm{e}C)^n \\ = & M + \frac{1-\varepsilon\mathrm{e}C}{\varepsilon\mathrm{e}C} \leqslant M + \frac{1}{\varepsilon\mathrm{e}C}.\end{aligned}$$ □

下面的结论给出了实解析半群的一个刻画.

定理 7.4.2 设 A 为 Banach 空间 X 上的 C_0 半群 $T(t)$ 的无穷小生成元, 满足 $\|T(t)\| \leqslant M\mathrm{e}^{\omega t}$, $M \geqslant 1$, $\omega \geqslant 0$, 则 $T(t)$ 是解析半群当且仅当存在常数 $C > 0$, $\Lambda \geqslant 0$, 使得

$$\|AR(\lambda, A)^{n+1}\| \leqslant \frac{C}{n\lambda^n}, \quad \forall \lambda > n\Lambda, \quad n \in \mathbb{N}. \tag{7.4.14}$$

证明 令 $T_1(t) = \mathrm{e}^{-\omega t}T(t)$, 则 $A_1 = A - \omega I$ 为其相应的无穷小生成元, 且 $\|T_1(t)\| \leqslant M$, $(0,\infty) \subset \rho(A_1)$. 记 $T_2(t) = \mathrm{e}^{-\varepsilon t}T_1(t)$, $\varepsilon > 0$. 容易验证 $A_2 = A_1 - \varepsilon I$ 为 $T_2(t)$ 的无穷小生成元, 且 $\|T_2(t)\| \leqslant \mathrm{e}^{-\varepsilon t}\|T_1(t)\| \leqslant M$. 注意到

$$-A_2 = -(A_1 - \varepsilon I) = (\omega+\varepsilon)I - A, \quad (\omega,\infty) \subset \rho(A).$$

说明 $0 \in \rho(A_2)$. 由于 $T(t)$ 解析等价于 $T_2(t) = \mathrm{e}^{-(\varepsilon+\omega)t}T(t)$ 解析. 故利用定理 7.4.1 知 $T(t)$ 是解析的当且仅当存在常数 $C > 0$, 使得

$$\|A_2T_2(t)\| \leqslant \frac{C}{t}, \quad \forall t > 0.$$

注意到

$$A_2T_2(t) = (A - (\omega+\varepsilon)I)\mathrm{e}^{-(\varepsilon+\omega)t}T(t) \Longleftrightarrow AT(t) = (\omega+\varepsilon)T(t) + A_2T_2(t)\mathrm{e}^{(\omega+\varepsilon)t}.$$

从而对于给定的任意常数 $\omega_1 > \omega \geqslant 0$, 成立

$$\begin{aligned}\|AT(t)\| \leqslant & (\omega+\varepsilon)\|T(t)\| + \|A_2T_2(t)\|\mathrm{e}^{(\omega+\varepsilon)t} \\ \leqslant & (\omega+\varepsilon)M\mathrm{e}^{\omega t} + \frac{C}{t}\mathrm{e}^{(\omega+\varepsilon)t} \\ = & \big((\omega+\varepsilon)Mt\mathrm{e}^{-\varepsilon t} + C\big)\frac{1}{t}\mathrm{e}^{(\omega+\varepsilon)t} \\ \leqslant & \frac{C_1}{t}\mathrm{e}^{\omega_1 t}.\end{aligned}$$

上述讨论表明 $T(t)$ 是解析的当且仅当存在常数 $C_1 > 0, \omega_1 > 0$, 使得

$$\|AT(t)\| \leqslant \frac{C_1}{t} \mathrm{e}^{\omega_1 t}, \quad \forall t > 0. \tag{7.4.15}$$

如果 A 满足式 (7.4.14), 则对任意的 $\lambda > n\Lambda$ 以及 $x \in D(A)$, 成立

$$\|AR(\lambda, A)^{n+1}x\| = \|R(\lambda, A)^{n+1}Ax\| \leqslant \frac{C}{n\lambda^n}\|x\|.$$

在上式中选择 $0 < t < \dfrac{1}{\Lambda}$ 并取 $\lambda = \dfrac{n}{t}$, 则有 $\lambda > n\Lambda$ 以及

$$\left\|A\left(\frac{n}{t}R\left(\frac{n}{t}, A\right)\right)^{n+1}x\right\| = \left\|\left(\frac{n}{t}R\left(\frac{n}{t}, A\right)\right)^{n+1}Ax\right\| \leqslant \frac{C}{t}\|x\|, \quad \forall x \in D(A). \tag{7.4.16}$$

利用定理 7.3.9, 即

$$T(t)x = \lim_{n\to\infty}\left(\frac{n}{t}R(\frac{n}{t}, A)\right)^n x, \quad \forall x \in X,$$

以及式 (7.3.56) :

$$\lim_{n\to\infty}\left(\frac{n}{t}R\left(\frac{n}{t}, A\right)\right)x = x, \quad \forall x \in X.$$

可推知

$$T(t)x = \lim_{n\to\infty}\left(\frac{n}{t}R\left(\frac{n}{t}, A\right)\right)^{n+1}x, \quad \forall x \in X, \quad t > 0.$$

由于 A 是闭算子, 因此在式 (7.4.16) 中令 $n \to \infty$, 可得

$$\|AT(t)x\| \leqslant \frac{C}{t}\|x\|, \quad \forall x \in D(A), \quad 0 < t < \frac{1}{\Lambda}.$$

由于 $D(A)$ 在 X 中是稠密的, 以及 $AT(t)$ 是闭算子, 因此上式对任意的 $x \in X$ 也成立, 即

$$\|AT(t)x\| \leqslant \frac{C}{t}\|x\|, \quad \forall x \in X, \quad 0 < t < \frac{1}{\Lambda}.$$

从而有

$$\|AT(t)\| \leqslant \frac{C}{t}, \quad 0 < t < \frac{1}{\Lambda}. \tag{7.4.17}$$

如果 $\Lambda = 0$, 则第一部分的充分性证明结束. 故下面的证明讨论中总假定 $\Lambda > 0$. 设

$t \geqslant \dfrac{1}{\varLambda}$, 则存在 $k \in \mathbb{N}$, 使得 $\dfrac{k}{\varLambda} \leqslant t < \dfrac{k+1}{\varLambda}$. 利用式 (7.4.16) 和半群的性质可得

$$\begin{aligned}
\|AT(t)\| &= \left\|AT\left(\frac{t}{k+1}\right)\left(T\left(\frac{t}{k+1}\right)\right)^k\right\| \\
&\leqslant \left\|AT\left(\frac{t}{k+1}\right)\right\|\left\|T\left(\frac{t}{k+1}\right)\right\|^k \\
&\leqslant \left(M\mathrm{e}^{\frac{\omega t}{k+1}}\right)^k \frac{C(k+1)}{t} \\
&= \frac{CM^k(k+1)\mathrm{e}^{\frac{k\omega t}{k+1}}}{t} \\
&\leqslant \frac{CM^{\Lambda t}(\Lambda t+1)\mathrm{e}^{\omega t}}{t} \\
&\leqslant \frac{C_1}{t}\mathrm{e}^{\omega_1 t}, \quad C_1 > 0, \quad \omega_1 > 0.
\end{aligned} \tag{7.4.18}$$

结合式 (7.4.17), (7.4.18) 可知式 (7.4.15) 成立, 从而由定理 7.4.1 知 $T(t)$ 是解析的.

下面证明必要性. 假定 $T(t)$ 是解析的, 从而式 (7.4.15) 成立. 在下面的等式两边关于 λ 求任意 n 阶导数:

$$R(\lambda, A)x = \int_0^\infty \mathrm{e}^{-\lambda t}T(t)x\mathrm{d}t, \quad x \in X$$

可得

$$R(\lambda, A)^{(n)}x = (-1)^n n! R(\lambda, A)^{n+1}x = (-1)^n \int_0^\infty t^n \mathrm{e}^{-\lambda t}T(t)x\mathrm{d}t, \quad x \in X.$$

进一步利用式 (7.4.15), 成立

$$n!\|AR(\lambda, A)^{n+1}x\| \leqslant C_1\left(\int_0^\infty t^{n-1}\mathrm{e}^{-(\lambda-\omega_1)t}\mathrm{d}t\right)\|x\| = \frac{C_1(n-1)!}{(\lambda-\omega_1)^n}\|x\|, \quad x \in X.$$

从而当 $\lambda > n\varLambda$

$$\|AR(\lambda, A)^{n+1}x\| \leqslant \frac{C_1}{n(\lambda-\omega_1)^n} = \frac{C_1}{n\lambda^n}\left(1-\frac{\omega_1}{\lambda}\right)^{-n} \leqslant \frac{C_1}{n\lambda^n}\left(1-\frac{\omega_1}{n\varLambda}\right)^{-n}, \quad n \in \mathbb{N}.$$

注意到

$$\lim_{n\to\infty}\left(1-\frac{\omega_1}{n\varLambda}\right)^{-n} = \mathrm{e}^{\frac{\omega_1}{\varLambda}}.$$

因此存在 $C_2 > 0$, 使得

$$\|AR(\lambda, A)^{n+1}x\| \leqslant \frac{C_2}{n\lambda^n}, \quad n \in \mathbb{N}.$$

□

7.5　分数次阶算子

本节主要研究某些无界线性算子的分数次阶及其相关性质. 具体讲, 主要专注于这样一类算子 A 的分数次阶: $-A$ 是定义在 Banach 空间上的一个解析半群的无穷小生成元. 本节的主要结论将被用来研究半线性发展方程的解的性质.

需要指出的是, 在本节的讨论中, 对与算子 A, 总作如下的假定.

A 是稠定的闭线性算子, 且

$$\rho(A) \supset \varSigma^+ = \{\lambda \in \mathbb{C}; 0 < \omega < |\arg \lambda| \leqslant \pi\} \cup V, \quad \omega < \frac{\pi}{2}, \tag{7.5.1}$$

其中 V 是复平面 $\mathbb{C}$ 中原点处的一个邻域. 此外还要求

$$\|R(\lambda, A)\| \leqslant \frac{M}{1+|\lambda|}, \quad \lambda \in \varSigma^+. \tag{7.5.2}$$

由于 $\rho(A)$ 是复平面 $\mathbb{C}$ 中的开集, 因此如果 $0 \in \rho(A)$, 则一定存在原点处的一个邻域 V, 使得 $V \subset \rho(A)$. 故在假定 (7.5.1) 中, 可以用 $\{0\}$ 来代替 V. 由式 (7.5.1) 知

$$\rho(-A) \supset \{\mu \in \mathbb{C}; -(\pi-\omega) < \arg \mu \leqslant \pi - \omega\} \cup \{0\}.$$

利用定理 7.4.1 可知, 在 Banach 空间 X 上存在解析半群 $T(t)$, $\|T(t)\| \leqslant M\mathrm{e}^{\eta t}$, $M \geqslant 1, \eta \geqslant 0$, 使得 $-A$ 是其无穷小生成元. 由于 $(0,\infty) \in \rho(-A)$, 可知 $\eta = 0$ 以及 $\|T(t)\| \leqslant M$. 如果 $0 \in \rho(A)$, 利用 $\rho(A)$ 是复平面 $\mathbb{C}$ 中的开集可知, 存在 $\delta > 0$, 使得 $(-\delta, \delta) \subset \rho(-A)$, 故 $(-\delta, \infty) \subset \rho(-A)$, 进一步有 $(0, \infty) \subset \rho(\delta I - A)$. 注意到 $\delta I - A$ 是解析半群 $\mathrm{e}^{\delta t}T(t)$ 的无穷小生成元, 且满足 $\|\mathrm{e}^{\delta t}T(t)\| \leqslant M$, $\|A\mathrm{e}^{\delta t}T(t)\| \leqslant M_1 t^{-1}$, 即

$$\|T(t)\| \leqslant M\mathrm{e}^{-\delta t}; \tag{7.5.3}$$

$$\|AT(t)\| \leqslant M_1 t^{-1}\mathrm{e}^{-\delta t}. \tag{7.5.4}$$

下面验证: 对任意的 $m \in \mathbb{N}$, 成立

$$\|A^m T(t)\| \leqslant M_m t^{-m}\mathrm{e}^{-\delta t}. \tag{7.5.5}$$

由于 A 和 $T(t)$ 是可以交换的, 故 $A^m T(t) = A^m\left(T\left(\frac{t}{m}\right)\right)^m = \left(AT\left(\frac{t}{m}\right)\right)^m$. 利用式 (7.5.4), 可得

$$\|A^m T(t)\| \leqslant \left\|AT\left(\frac{t}{m}\right)\right\|^m \leqslant \left(M_1 \frac{m}{t}\mathrm{e}^{-\frac{\delta t}{m}}\right)^m = M_m t^{-m}\mathrm{e}^{-\delta t}.$$

此即为式 (7.5.5).

对任意的 $\alpha > 0$, 定义

$$A^{-\alpha} = \frac{1}{2\pi i}\int_C z^{-\alpha}(A - zI)^{-1}dz, \tag{7.5.6}$$

其中积分路径 $C \subset \rho(A)$, 由 $\infty e^{-i\vartheta}$ 到 $\infty e^{i\vartheta}$, $\omega < \vartheta < \pi$ 并且 $C \cap (-\infty, 0] = \varnothing$. 以原点为心, R 为半径作球 $B_R(0)$, 记 $C_R = C \cap B_R(0)$, 则 $C = C_R \cup (C\backslash C_R)$. 当 R 充分大时, 有

$$\begin{aligned}
\left\|\int_{C\backslash C_R} z^{-\alpha}(A - zI)^{-1}dz\right\| \leqslant& \int_{C\backslash C_R} |z|^{-\alpha}\|(A - zI)^{-1}\||dz| \\
\leqslant& 2M\int_R^\infty \frac{dr}{(1+r)r^\alpha} \\
\leqslant& 2M\int_R^\infty \frac{dr}{r^{(1+\alpha)}} \leqslant C; \\
\left\|\int_{C_R} z^{-\alpha}(A - zI)^{-1}dz\right\| \leqslant& \int_{C_R} |z|^{-\alpha}\|(A - zI)^{-1}\||dz| \\
\leqslant& M\int_{C_R} |z|^{-\alpha}(1 + |z|)^{-1}|dz| \\
\leqslant& 2\pi M\int_0^R r^{-\alpha}dr \leqslant C.
\end{aligned}$$

再结合式 (7.5.6) 知 $\|A^{-\alpha}\| \leqslant C$, $\forall \alpha > 0$.

对于 $0 < \alpha < 1$, 在式 (7.5.6) 中将路径 C 分解为负实轴的上层 ($\arg\lambda = \pi$) 和下层 ($\arg\lambda = -\pi$), 则利用式 (7.5.6) 可得

$$\begin{aligned}
A^{-\alpha} =& \frac{1}{2\pi i}\Big(\int_0^\infty (te^{i\pi})^{-\alpha}(A - te^{i\pi}I)^{-1}e^{i\pi}dt \\
&+ \int_\infty^0 (te^{-i\pi})^{-\alpha}(A - te^{-i\pi}I)^{-1}e^{-i\pi}dt\Big) \\
=& \frac{1}{2\pi i}\Big(\int_0^\infty t^{-\alpha}e^{-i\alpha\pi}(A + tI)^{-1}(-dt) \\
&+ \int_\infty^0 t^{-\alpha}e^{i\alpha\pi}(A + tI)^{-1}(-dt)\Big) \\
=& \frac{1}{2\pi i}\int_0^\infty t^\alpha\left(e^{i\alpha\pi} - e^{-i\alpha\pi}\right)(A + tI)^{-1}dt \\
=& \frac{\sin\pi\alpha}{\pi}\int_0^\infty t^{-\alpha}(A + tI)^{-1}dt,
\end{aligned}$$

即

$$A^{-\alpha} = \frac{\sin\pi\alpha}{\pi}\int_0^\infty t^{-\alpha}(A + tI)^{-1}dt, \quad 0 < \alpha < 1. \tag{7.5.7}$$

下面给出 $A^{-\alpha}$ 另外的一种等价表示, 即

$$A^{-\alpha}=\frac{1}{\Gamma(\alpha)}\int_0^{\infty}t^{\alpha-1}T(t)\mathrm{d}t. \tag{7.5.8}$$

验证 (7.5.7) $\Longrightarrow$ (7.5.8). 事实上, 前面已经证明

$$(A+tI)^{-1}=\int_0^{\infty}\mathrm{e}^{-st}T(s)\mathrm{d}s,\quad t>0. \tag{7.5.9}$$

因此利用式 (7.5.7), (7.5.9) 可得

$$\begin{aligned}A^{-\alpha}=&\frac{\sin\pi\alpha}{\pi}\int_0^{\infty}t^{-\alpha}\Big(\int_0^{\infty}\mathrm{e}^{-st}T(s)\mathrm{d}s\Big)\mathrm{d}t\\ =&\frac{\sin\pi\alpha}{\pi}\int_0^{\infty}T(s)\Big(\int_0^{\infty}t^{-\alpha}\mathrm{e}^{-st}\mathrm{d}t\Big)\mathrm{d}s\\ =&\frac{\sin\pi\alpha}{\pi}\int_0^{\infty}s^{\alpha-1}T(s)\mathrm{d}s\Big(\int_0^{\infty}t^{-\alpha}\mathrm{e}^{-t}\mathrm{d}t\Big)\\ =&\frac{\sin\pi\alpha}{\pi}\Gamma(1-\alpha)\int_0^{\infty}s^{\alpha-1}T(s)\mathrm{d}s\\ =&\frac{1}{\Gamma(\alpha)}\int_0^{\infty}s^{\alpha-1}T(s)\mathrm{d}s.\end{aligned}$$

此即为式 (7.5.8). 这里用到 Γ 函数的一个性质:

$$\Gamma(\alpha)\Gamma(1-\alpha)=\frac{\pi}{\sin\pi\alpha},\quad\forall 0<\alpha<1.$$

(7.5.8) $\Longrightarrow$ (7.5.7)　利用式 (7.5.8), (7.5.9), 可知

$$\begin{aligned}\int_0^{\infty}\lambda^{-\alpha}(\lambda I+A)^{-1}\mathrm{d}\lambda=&\int_0^{\infty}\lambda^{-\alpha}\Big(\int_0^{\infty}\mathrm{e}^{-tA}\mathrm{e}^{-\lambda t}\mathrm{d}t\Big)\mathrm{d}\lambda\\ =&\int_0^{\infty}\mathrm{e}^{-tA}\Big(\int_0^{\infty}\lambda^{-\alpha}\mathrm{e}^{-\lambda t}\mathrm{d}\lambda\Big)\mathrm{d}t\\ =&\int_0^{\infty}t^{\alpha-1}\mathrm{e}^{-tA}\mathrm{d}t\Big(\int_0^{\infty}s^{-\alpha}\mathrm{e}^{-s}\mathrm{d}s\Big)\\ =&\Gamma(1-\alpha)\int_0^{\infty}t^{\alpha-1}\mathrm{e}^{-tA}\mathrm{d}t\\ =&\Gamma(1-\alpha)\Gamma(\alpha)A^{-\alpha}\\ =&\frac{\pi}{\sin\pi\alpha}A^{-\alpha}.\end{aligned}$$

此即为式 (7.5.7).

尽管式 (7.5.8) 的推导过程中要求 $0<\alpha<1$, 但式 (7.5.8) 中的结论对于 $\alpha\geqslant 1$ 也是有意义的, 可以看成是对 (7.5.7) 定义的推广. 因此今后将式 (7.5.8) 作为 $A^{-\alpha}$ 的定义, 其中 $\alpha>0$ 可以是任意的. 此外还定义 $A^0=I$.

引理 7.5.1 对任意的 $\alpha,\beta\geqslant 0$, 成立

$$A^{-(\alpha+\beta)}=A^{-\alpha}A^{-\beta}.$$

证明 设 $\alpha,\beta\geqslant 0$, 利用式 (7.5.8) 可知

$$\begin{aligned}
A^{-\alpha}A^{-\beta}=&\frac{1}{\Gamma(\alpha)\Gamma(\beta)}\int_0^\infty\int_0^\infty t^{\alpha-1}s^{\beta-1}T(t)T(s)\mathrm{d}t\mathrm{d}s\\
=&\frac{1}{\Gamma(\alpha)\Gamma(\beta)}\int_0^\infty\int_0^\infty t^{\alpha-1}s^{\beta-1}T(t+s)\mathrm{d}s\mathrm{d}t\\
=&\frac{1}{\Gamma(\alpha)\Gamma(\beta)}\int_0^\infty\int_t^\infty t^{\alpha-1}(\lambda-t)^{\beta-1}T(\lambda)\mathrm{d}\lambda\mathrm{d}t\\
=&\frac{1}{\Gamma(\alpha)\Gamma(\beta)}\int_0^\infty\int_0^\infty t^{\alpha-1}(\lambda-t)_+^{\beta-1}T(\lambda)\mathrm{d}\lambda\mathrm{d}t\\
=&\frac{1}{\Gamma(\alpha)\Gamma(\beta)}\int_0^\infty\Big(\int_0^\infty t^{\alpha-1}(\lambda-t)_+^{\beta-1}\mathrm{d}t\Big)T(\lambda)\mathrm{d}\lambda\\
=&\frac{1}{\Gamma(\alpha)\Gamma(\beta)}\int_0^\infty\Big(\int_0^\lambda t^{\alpha-1}(\lambda-t)^{\beta-1}\mathrm{d}t\Big)T(\lambda)\mathrm{d}\lambda\\
=&\frac{1}{\Gamma(\alpha)\Gamma(\beta)}\int_0^\infty \lambda^{\alpha+\beta-1}T(\lambda)\mathrm{d}\lambda\Big(\int_0^1 t^{\alpha-1}(1-t)^{\beta-1}\mathrm{d}t\Big)\\
=&\frac{B(\alpha,\beta)}{\Gamma(\alpha)\Gamma(\beta)}\int_0^\infty \lambda^{\alpha+\beta-1}T(\lambda)\mathrm{d}\lambda\\
=&\frac{1}{\Gamma(\alpha+\beta)}\int_0^\infty \lambda^{\alpha+\beta-1}T(\lambda)\mathrm{d}\lambda\\
=&A^{-(\alpha+\beta)},
\end{aligned}$$

其中当$\lambda>t$ 时, $(\lambda-t)_+=\lambda-t$; 当 $\lambda\leqslant t$ 时, $(\lambda-t)_+=0$. 上述证明过程中用到 B 函数和 Γ 函数的关系式: $\mathrm{B}(\alpha,\beta)=\dfrac{\Gamma(\alpha)\Gamma(\beta)}{\Gamma(\alpha+\beta)}$, $\forall\alpha,\beta>0$. □

引理 7.5.2 对任意的 $\alpha\geqslant 0$, 存在常数 $C=C(\alpha)>0$, 使得 $\|A^{-\alpha}\|\leqslant C$.

证明 利用假设条件 (7.5.1), (7.5.2) 知, $\|A^{-1}\|\leqslant M$, $M\geqslant 1$, 以及定义: $A^0=I$. 从而 $\|A^{-\alpha}\|\leqslant M$, $\alpha=0,1$. 对于 $0<\alpha<1$, 利用式 (7.5.2), (7.5.4), (7.5.7) 可得

$$\begin{aligned}
\|A^{-\alpha}\|\leqslant&\Big|\frac{\sin\pi\alpha}{\pi}\Big|\int_0^1 t^{-\alpha}\|(A+tI)^{-1}\|\mathrm{d}t\\
&+\Big|\frac{\sin\pi\alpha}{\pi}\Big|\int_1^\infty t^{-\alpha}\|(A+tI)^{-1}\|\mathrm{d}t\\
\leqslant&\Big|\frac{\sin\pi\alpha}{\pi}\Big|\int_0^1 t^{-\alpha}(1+t)^{-1}\mathrm{d}t\\
&+\Big|\frac{\sin\pi\alpha}{\pi}\Big|\int_1^\infty t^{-\alpha}(1+t)^{-1}\mathrm{d}t
\end{aligned}$$

$$\begin{aligned}&\leqslant\frac{|\sin\pi\alpha|}{\pi}\int_0^1 t^{-\alpha}\mathrm{d}t+\frac{|\sin\pi\alpha|}{\pi}\int_1^\infty t^{-1-\alpha}\mathrm{d}t\\&\leqslant\frac{|\sin\pi\alpha|}{\pi(1-\alpha)}+\frac{|\sin\pi\alpha|}{\pi\alpha}.\end{aligned}$$

对于 $\alpha>1$, 利用关于 $A^{-\alpha}$ 的定义式 (7.5.8) 可知

$$\begin{aligned}\|A^{-\alpha}\|&\leqslant\frac{1}{\Gamma(\alpha)}\int_0^\infty t^{\alpha-1}\|T(t)\|\mathrm{d}t\\&\leqslant\frac{M}{\Gamma(\alpha)}\int_0^\infty t^{\alpha-1}\mathrm{e}^{-\delta t}\mathrm{d}t\\&=\frac{M\delta^{-\alpha}}{\Gamma(\alpha)}\int_0^\infty s^{\alpha-1}\mathrm{e}^{-s}\mathrm{d}s\\&=M\delta^{-\alpha}.\end{aligned}$$

□

引理 7.5.3　对任意的 $x\in X$, 成立

$$\lim_{\alpha\to0}A^{-\alpha}x=x.$$

证明　设 $x\in D(A)$. 由于 $0\in\rho(A)$, 故 $y=Ax\in X$, $x=A^{-1}y$. 利用式 (7.5.3), 式 (7.5.8), 对任意的 $k\in\mathbb{N}$, $0<\alpha<1$, 成立

$$\begin{aligned}\|A^{-\alpha}x-x\|&=\|A^{-1-\alpha}y-A^{-1}y\|\\&=\Big\|\int_0^\infty\Big(\frac{t^\alpha}{\Gamma(\alpha+1)}-1\Big)T(t)y\mathrm{d}t\Big\|\\&\leqslant C_1\|y\|\int_0^k\Big|\frac{t^\alpha}{\Gamma(\alpha+1)}-1\Big|\mathrm{e}^{-\delta t}\mathrm{d}t+C_2\|y\|\int_k^\infty t\mathrm{e}^{-\delta t}\mathrm{d}t.\end{aligned}\tag{7.5.10}$$

对任意给定的 $\varepsilon>0$, 取充分大的 $k=k(\varepsilon)$, 使得

$$C_2\int_k^\infty t\mathrm{e}^{-\delta t}\mathrm{d}t<\varepsilon.$$

另外, 由于

$$\lim_{\alpha\to0}\Big(\frac{l^\alpha}{\Gamma(\alpha+1)}-1\Big)=0\quad\text{a.e. } t\in(0,k),$$

以及

$$\Big|\frac{t^\alpha}{\Gamma(\alpha+1)}-1\Big|\mathrm{e}^{-\delta t}\leqslant C(1+k)\mathrm{e}^{-\delta t}\in L^1(0,k).$$

利用 Lebesgue 控制收敛定理可得

$$\lim_{\alpha\to0}\int_0^k\Big|\frac{t^\alpha}{\Gamma(\alpha+1)}-1\Big|\mathrm{e}^{-\delta t}\mathrm{d}t=0.$$

结合式 (7.5.10) 可知

$$\lim_{\alpha\to 0}\|A^{-\alpha}x-x\|\leqslant\|y\|\varepsilon=\|Ax\|\varepsilon,\quad x\in D(A).$$

由 ε 的任意性知

$$\lim_{\alpha\to 0}\|A^{-\alpha}x-x\|=0,\quad x\in D(A).$$

对任意的 $x\in X$, 由于 $\overline{D(A)}=X$, 故存在 $x_n\in X$, 使得 $\lim\limits_{n\to\infty}\|x_n-x\|=0$. 利用引理 7.5.2 知

$$\begin{aligned}\|A^{-\alpha}x-x\|\leqslant&\|A^{-\alpha}(x-x_n)\|+\|A^{-\alpha}x_n-x_n\|+\|x_n-x\|\\ \leqslant&(1+C)\|x_n-x\|+\|A^{-\alpha}x_n-x_n\|.\end{aligned}$$

从而

$$\lim_{\alpha\to 0}\|A^{-\alpha}x-x\|\leqslant(1+C)\|x_n-x\|,\quad x\in X.$$

在上式右端令 $n\longrightarrow\infty$ 即得

$$\lim_{\alpha\to 0}\|A^{-\alpha}x-x\|=0,\quad x\in X.\qquad\square$$

在 $A^{-\alpha}$ 的定义中, $A^0=I$, 结合引理 7.5.1、引理 7.5.2 可知, 对任意的 $t\geqslant 0$, A^{-t} 满足有界 C_0 算子半群的定义, 故下述结论成立.

推论 7.5.4　对任意的 $t\geqslant 0$, A^{-t} 是一个有界的 C_0 算子半群.

引理 7.5.5　在式 (7.5.8) 中定义的 $A^{-\alpha}$ $(\alpha\geqslant 0)$ 是单映射.

证明　由于 $0\in\rho(A)$, 故 A^{-1} 是单映射. 进而对任意的 $n\in\mathbb{N}$, $A^{-n}=\underbrace{A^{-1}A^{-1}\cdots A^{-1}}_{n}$ 也是单映射. $\alpha=0$ 时, 引理显然成立. 令 $A^{-\alpha}x=0$, $\alpha>0$. 取整数 $n>\alpha$. 利用引理 7.5.1 和 $A^{-\alpha}$ 的定义 (见式 (7.5.8)) 可得

$$A^{-n}x=A^{\alpha-n}A^{-\alpha}x=A^{\alpha-n}0=\frac{1}{\Gamma(n-\alpha)}\int_0^\infty t^{n-\alpha}T(t)0\mathrm{d}t=0.$$

从而 $x=0$, 说明 $A^{-\alpha}$ $(\alpha>0)$ 是单映射. $\square$

基于引理 7.5.5, 可以定义正指数的分数阶算子 A^α $(\alpha>0)$, 即 $A^\alpha:=(A^{-\alpha})^{-1}$, $\alpha>0$, 以及 $A^0=I$. 下面介绍 A^α $(\alpha>0)$ 的一些简单的性质.

定理 7.5.6　(a) 设 $\alpha\in\mathbb{R}^1$. A^α 是闭算子且 $D(A^\alpha)=R(A^{-\alpha})$, 这里 $D(A^\alpha)$, $R(A^{-\alpha})$ 分别表示算子 A^α 的定义域和值域.

(b) 设 $\alpha\geqslant\beta>0$. 则 $D(A^\alpha)\subset D(A^\beta)$.

(c) 设 $\alpha\geqslant 0$. 则 $\overline{D(A^\alpha)}=X$.

(d) 设 $\alpha,\beta\in\mathbb{R}^1$. 记 $\gamma=\max\{\alpha,\beta,\alpha+\beta\}$, 则 $A^{\alpha+\beta}x=A^\alpha A^\beta x$, $\forall x\in D(A^\gamma)$.

证明 当 $\alpha \leqslant 0$ 时, 利用引理 7.5.2、引理 7.5.5 知, $A^\alpha = A^{-|\alpha|}$ 是有界的且是单映射, 因此 (a) 成立. 若 $\alpha > 0$, 利用 A^α 的定义知, $A^\alpha = (A^{-\alpha})^{-1}$ 是可逆的, 因此 $0 \in \rho(A^\alpha)$, 说明 A^α 是闭算子并且 $D(A^\alpha) = R(A^{-\alpha})$, 即 (a) 成立.

对于 $\alpha \geqslant \beta > 0$. 利用引理 7.5.1 知, $A^{-\alpha} = A^{-\beta}A^{-(\alpha-\beta)}$, 即对任意的 $x \in D(A^\alpha) = R(A^{-\alpha})$, 成立 $A^{-\alpha}x = A^{-\beta}A^{-(\alpha-\beta)}x$. 说明 $D(A^\alpha) \subset R(A^{-\beta}) = D(A^\beta)$, 即 (b) 成立.

利用前面的定理 7.2.4 知, 对任意的 $n \in \mathbb{N}$, 成立 $\overline{D(A^n)} = X$. 因此对于 $\alpha \geqslant 0$, 存在 $n \in \mathbb{N}$, 使得 $n \geqslant \alpha$, 利用结论 (b) 知 $D(A^n) \subset D(A^\alpha)$, 从而 $X = \overline{D(A^n)} \subset \overline{D(A^\alpha)}$. 说明 $X = \overline{D(A^\alpha)}$, 即 (c) 成立.

不妨假定 $\alpha, \beta > 0$, 其余情形可类似讨论证明. 设 $x \in D(A^\alpha A^\beta)$, 则 $x \in D(A^\beta)$, $A^\beta x \in D(A^\alpha)$, 以及 $D(A^\alpha A^\beta) \subset D(A^\beta)$. 记 $y = A^\alpha A^\beta x$, 则 $A^\beta x = A^{-\alpha}y$, $x = A^{-\beta}A^{-\alpha}y = A^{-(\alpha+\beta)}y$. 说明 $x \in R(A^{-(\alpha+\beta)}) = D(A^{\alpha+\beta})$, 即 $D(A^\alpha A^\beta) \subseteq D(A^{\alpha+\beta})$, 并且 $A^{\alpha+\beta}x = y = A^\alpha A^\beta x$.

另外, 若 $x \in D(A^{\alpha+\beta})$, 记 $y = A^{\alpha+\beta}x$, 则 $x = A^{-(\alpha+\beta)}y = A^{-(\beta+\alpha)}y = A^{-\beta}A^{-\alpha}y$, $A^\beta x = A^{-\alpha}y$, $A^\alpha A^\beta x = y$. 说明 $x \in D(A^\alpha A^\beta)$, 即 $D(A^{\alpha+\beta}) \subseteq D(A^\alpha A^\beta)$, 并且 $A^{\alpha+\beta}x = y = A^\alpha A^\beta x$.

上述讨论表明 $D(A^{\alpha+\beta}) = D(A^\alpha A^\beta)$, 且 $A^{\alpha+\beta} = A^\alpha A^\beta$. 另外, 利用 γ 的定义和 (b) 的结果知 $D(A^\gamma) \subseteq D(A^{\alpha+\beta})$. 说明 (d) 成立.

下面介绍算子 A^α $(0 < \alpha < 1)$ 的一个显示表达式.

定理 7.5.7 假定 $0 < \alpha < 1$, 则成立

$$A^\alpha x = \frac{\sin \pi\alpha}{\pi}\int_0^\infty t^{\alpha-1}A(tI+A)^{-1}x\mathrm{d}t, \quad x \in D(A^\alpha). \tag{7.5.11}$$

证明 已知 $0 < 1-\alpha < 1$, 利用式 (7.5.7) 可得

$$A^{-(1-\alpha)}y = \frac{\sin \pi\alpha}{\pi}\int_0^\infty t^{\alpha-1}(tI+A)^{-1}y\mathrm{d}t, \quad y \in X. \tag{7.5.12}$$

注意到 $A(tI+A)^{-1} = I - t(tI+A)^{-1}$, $t > 0$. 结合假设条件式 (7.5.2) 可得

$$\begin{aligned}
&\left\|\int_0^\infty t^{\alpha-1}A(tI+A)^{-1}y\mathrm{d}t\right\| \\
\leqslant &\int_0^1 t^{\alpha-1}\|\big(I - t(tI+A)^{-1}\big)y\|\mathrm{d}t + \int_1^\infty t^{\alpha-1}\|A(tI+A)^{-1}y\|\mathrm{d}t \\
\leqslant &\int_0^1 t^{\alpha-1}\big(1 + t\|(tI+A)^{-1}\|\big)\|y\|\mathrm{d}t + \int_1^\infty t^{\alpha-1}\|(tI+A)^{-1}Ay\|\mathrm{d}t
\end{aligned}$$

$$
\begin{aligned}
&\leqslant \int_0^1 t^{\alpha-1}\left(1+\frac{Mt}{1+t}\right)\|y\|\mathrm{d}t + \int_1^\infty t^{\alpha-1}\frac{M}{1+t}\|Ay\|\mathrm{d}t \\
&\leqslant (1+M)\|y\|\int_0^1 t^{\alpha-1}\mathrm{d}t + M\|Ay\|\int_1^\infty t^{\alpha-2}\mathrm{d}t \\
&= \frac{(1+M)\|y\|}{\alpha} + \frac{M\|Ay\|}{1-\alpha}, \quad y \in D(A).
\end{aligned}
$$

说明对于 $y \in D(A)$, $\int_0^\infty t^{\alpha-1}A(tI+A)^{-1}y\mathrm{d}t$ 是有意义的.

对于 $x \in D(A^\alpha)$, 有 $A^{\alpha-1}x \in D(A)$. 又由于 A 是闭算子, 利用式 (7.5.12) 可得

$$
A^\alpha x = A(A^{\alpha-1}x) = \frac{\sin \pi\alpha}{\pi}\int_0^\infty t^{\alpha-1}A(tI+A)^{-1}x\mathrm{d}t, \quad x \in D(A^\alpha). \qquad \square
$$

定理 7.5.8 设 $0 < \alpha < 1$, 存在常数 $C_0 = C_0(\alpha) > 0$, 使得对任意的 $x \in D(A)$, 以及 $\rho > 0$, 成立

$$
\|A^\alpha x\| \leqslant C_0(\rho^\alpha\|x\| + \rho^{\alpha-1}\|Ax\|) \tag{7.5.13}
$$

和

$$
\|A^\alpha x\| \leqslant 2C_0\|x\|^{1-\alpha}\|Ax\|^\alpha. \tag{7.5.14}
$$

证明 利用假设条件 (7.5.2), 对任意的 $x \in D(A)$ 以及 $\rho > 0$, 成立

$$
\begin{aligned}
\|A^\alpha x\| \leqslant &\frac{\sin \pi\alpha}{\pi}\int_0^\rho t^{\alpha-1}\|\big(I - t(tI+A)^{-1}\big)x\|\mathrm{d}t \\
&+ \frac{\sin \pi\alpha}{\pi}\int_\rho^\infty t^{\alpha-1}\|A(tI+A)^{-1}x\|\mathrm{d}t \\
\leqslant &\frac{\sin \pi\alpha}{\pi}\int_0^\rho t^{\alpha-1}\big(1 + t\|(tI+A)^{-1}\|\big)\|x\|\mathrm{d}t \\
&+ \frac{\sin \pi\alpha}{\pi}\int_\rho^\infty t^{\alpha-1}\|(tI+A)^{-1}Ax\|\mathrm{d}t \\
\leqslant &\int_0^\rho t^{\alpha-1}\Big(1+\frac{Mt}{1+t}\Big)\|x\|\mathrm{d}t + \int_\rho^\infty t^{\alpha-1}\frac{M}{1+t}\|Ax\|\mathrm{d}t \\
\leqslant &(1+M)\|x\|\int_0^\rho t^{\alpha-1}\mathrm{d}t + M\|Ax\|\int_\rho^\infty t^{\alpha-2}\mathrm{d}t \\
= &\frac{(1+M)\rho^\alpha\|x\|}{\alpha} + \frac{M\rho^{\alpha-1}\|Ax\|}{1-\alpha} \\
\leqslant &C_0(\rho^\alpha\|x\| + \rho^{\alpha-1}\|Ax\|).
\end{aligned}
$$

此即为式 (7.5.13). 当 $x = 0$ 时, 式 (7.5.13) 显然成立. 当 $x \neq 0$ 时, 在式 (7.5.13) 中

取 $\rho = \dfrac{\|Ax\|}{\|x\|}$ 可得

$$\|A^\alpha x\| \leqslant C_0\Big(\Big(\frac{\|Ax\|}{\|x\|}\Big)^\alpha \|x\| + \Big(\frac{\|Ax\|}{\|x\|}\Big)^{\alpha-1} \|Ax\|\Big) = 2C_0\|x\|^{1-\alpha}\|Ax\|^\alpha,$$

即式 (7.5.14) 成立. □

推论 7.5.9　假定 B 是一个闭的线性算子, 满足 $D(B) \supset D(A^\alpha)$, $0 < \alpha \leqslant 1$, 则存在常数 $C_1, C_2 > 0$, 使得

$$\|Bx\| \leqslant C_1\|A^\alpha x\|, \quad \forall x \in D(A^\alpha), \tag{7.5.15}$$

以及对任意的 $\rho > 0$, 成立

$$\|Bx\| \leqslant C_2(\rho^\alpha\|x\| + \rho^{\alpha-1}\|Ax\|), \quad \forall x \in D(A). \tag{7.5.16}$$

证明　由于 $D(B) \supset D(A^\alpha)$ 以及 $A^{-\alpha} : X \longrightarrow D(A^\alpha)$, 可知 $T := BA^{-\alpha} : X \longrightarrow X$ 是有定义的. 下面证明集合 $\varGamma(T) = \{(x, Tx) | x \in X\}$ 是 $X \times X$ 中的闭集. 设

$$\lim_{n\to\infty} (\|x_n - x\| + \|Tx_n - y\|) = 0.$$

引理 7.5.2 表明 $\|A^{-\alpha}\| \leqslant C$, $0 < \alpha \leqslant 1$. 因此

$$\lim_{n\to\infty} \|A^{-\alpha}(x_n - x)\| \leqslant C \lim_{n\to\infty} \|x_n - x\| = 0.$$

利用假设条件: B 是一个闭的线性算子, 可得

$$\lim_{n\to\infty} \|T(x_n - x)\| = \lim_{n\to\infty} \|BA^{-\alpha}(x_n - x)\| = 0.$$

说明 $y = Tx$, $\varGamma(T) = \{(x, Tx) | x \in X\}$ 是闭集. 利用闭图像定理知 $T = BA^{-\alpha}$ 是有界的, 即 $\|BA^{-\alpha}\| \leqslant C_1$. 从而对任意的 $0 < \alpha \leqslant 1$, 成立

$$\|Bx\| = \|BA^{-\alpha}A^\alpha x\| \leqslant \|BA^{-\alpha}\|\|A^\alpha x\| \leqslant C_1\|A^\alpha x\|, \quad \forall x \in D(A^\alpha).$$

此即为式 (7.5.15). 利用式 (7.5.13), (7.5.15), 对任意的 $\rho > 0$, 成立

$$\|Bx\| \leqslant C_1\|A^\alpha x\| \leqslant C_1C_0(\rho^\alpha\|x\| + \rho^{\alpha-1}\|Ax\|), \quad \forall x \in D(A).$$

此即为式 (7.5.16). □

下面的定理给出了一个关于 $D(B) \supset D(A^\alpha)$ 的充分条件.

定理 7.5.10 假定 B 是一个闭的线性算子, 满足 $D(B)\supset D(A)$. 如果对于某个 $\gamma\in(0,1)$, 以及任意的 $\rho\geqslant\rho_0>0$, 使得

$$\|Bx\|\leqslant C(\rho^{\gamma}\|x\|+\rho^{\gamma-1}\|Ax\|),\quad \forall x\in D(A), \tag{7.5.17}$$

则成立

$$D(B)\supset D(A^{\alpha}),\quad \forall\alpha\in(\gamma,1].$$

证明 设 $x\in D(A^{1-\alpha})$, $0<\gamma<\alpha\leqslant 1$, 则 $A^{-\alpha}x\in D(A)\subset D(B)$. 注意到 B 是一个闭的线性算子, 结合 $A^{-\alpha}$ 的定义, 可以断言:

$$BA^{-\alpha}x=\frac{1}{\Gamma(\alpha)}B\int_0^{\infty}t^{\alpha-1}T(t)x\mathrm{d}t=\frac{1}{\Gamma(\alpha)}\int_0^{\infty}t^{\alpha-1}BT(t)x\mathrm{d}t. \tag{7.5.18}$$

只需验证式 (7.5.18) 中最右端的积分是有限的即可. 事实上, 由式 (7.5.3), (7.5.4), (7.5.17), 成立

$$\begin{aligned}
&\Big\|\int_0^{\infty}t^{\alpha-1}BT(t)x\mathrm{d}t\Big\|\\
\leqslant&\int_0^{\infty}t^{\alpha-1}\|BT(t)x\|\mathrm{d}t\\
\leqslant&C\int_0^{\rho_0^{-1}}t^{\alpha-1}\rho^{\gamma}\|T(t)x\|\mathrm{d}t+C\int_{\rho_0^{-1}}^{\infty}t^{\alpha-1}\rho^{\gamma-1}\|AT(t)x\|\mathrm{d}t\\
\leqslant&CM\|x\|\int_0^{\rho_0^{-1}}t^{\alpha-1}t^{-\gamma}\mathrm{e}^{-\delta t}\mathrm{d}t+CM_1\|x\|\int_{\rho_0^{-1}}^{\infty}t^{\alpha-1}\rho_0^{\gamma-1}t^{-1}\mathrm{e}^{-\delta t}\mathrm{d}t\\
\leqslant&C\|x\|.
\end{aligned}$$

说明式 (7.5.18) 成立, 并且

$$\|BA^{-\alpha}x\|\leqslant C\|x\|,\quad \forall x\in D(A^{1-\alpha}).$$

由定理 7.5.6 中的 (c) 结果知, $\overline{D(A^{1-\alpha})}=X$. 因此对任意的 $x\in X$, 存在 $x_k\in D(A^{1-\alpha})$, 使得 $\lim\limits_{k\to\infty}\|x_k-x\|=0$. 利用三角不等式可得

$$\|BA^{-\alpha}x\|\leqslant\|BA^{-\alpha}(x-x_k)\|+\|BA^{-\alpha}x_k\|\leqslant\|BA^{-\alpha}(x-x_k)\|+C\|x_k\|. \tag{7.5.19}$$

由于 $BA^{-\alpha}$ 是闭的线性算子, 故 $\lim\limits_{k\to\infty}\|BA^{-\alpha}(x-x_k)\|=0$. 因此在式 (7.5.19) 中令 $k\to\infty$, 可得到

$$\|BA^{-\alpha}x\|\leqslant C\|x\|,\quad \forall x\in X.$$

从而对任意的 $z\in D(A^{\alpha})=R(A^{-\alpha})$, 存在 $y\in X$, 满足 $z=A^{-\alpha}y$, 从而 $Bz=BA^{-\alpha}y$ 有意义, 并且 $\|Bz\|=\|BA^{-\alpha}y\|\leqslant C\|y\|$. 说明 $D(A^{\alpha})\subset D(B)$. □

定理 7.5.11　假定 $-A$ 是解析半群 $T(t)$ 的无穷小生成元. 如果 $0 \in \rho(A)$, 则

(a) 对任意的 $\alpha \geqslant 0$ 及 $t > 0$, 成立 $T(t): X \longrightarrow D(A^\alpha)$.

(b) 对任意的 $x \in D(A^\alpha), \alpha \geqslant 0$, 成立 $T(t)A^\alpha x = A^\alpha T(t)x$, $t > 0$.

(c) 对任意的 $t > 0, \alpha \geqslant 0$, 算子 $A^\alpha T(t)$ 是有界的, 且成立

$$\|T(t)A^\alpha\| \leqslant M_\alpha t^{-\alpha} \mathrm{e}^{-\delta t}, \quad \forall t > 0.$$

(d) 设 $0 < \alpha \leqslant 1$, $x \in D(A^\alpha)$, 则成立

$$\|T(t)x - x\| \leqslant C_\alpha t^\alpha \|A^\alpha\|, \quad \forall t > 0.$$

证明　由于 $-A$ 是解析半群 $\{T(t)\}_{t>0}$ 的无穷小生成元, 因此对任意的 $x \in X$ 及 $t > 0$, 成立 $\dfrac{\mathrm{d}^n}{\mathrm{d}t^n} T(t)x = (-A)^n T(t)x$, $n \in \mathbb{N}$. 说明 $T(t)x \in D(A^n)$, $\forall t > 0, n \in \mathbb{N}$. 进一步可得, $T(t): X \longrightarrow \bigcap\limits_{n=0}^{\infty} D(A^n)$. 此外, 利用定理 7.5.6 (b) 中的结果知 $\bigcap\limits_{n=0}^{\infty} D(A^n) \subset D(A^\alpha)$, $\forall \alpha \geqslant 0$. 故成立 $T(t): X \longrightarrow D(A^\alpha)$, $\forall \alpha \geqslant 0, t > 0$. 即 (a) 成立.

设 $x \in D(A^\alpha)$, $\alpha \geqslant 0$, 则存在 $y \in X$, 使得 $x = A^{-\alpha} y$. 结合 $A^{-\alpha}$ 的定义, 成立

$$T(t)x = T(t)A^{-\alpha}y = \frac{1}{\Gamma(\alpha)} \int_0^\infty s^{\alpha-1} T(s)T(t)y \mathrm{d}s = A^{-\alpha}T(t)y = A^{-\alpha}T(t)A^\alpha x.$$

说明 $T(t)A^\alpha x = A^\alpha T(t)x$, $t > 0$, 即 (b) 成立.

利用定理 7.5.6 (a) 中的结果知 A^α 是闭的线性算子, 结合 $T(t)$ 是连续线性算子, 因此 $A^\alpha T(t)$ 是闭的线性算子. 再由本定理 (a) 中的结果知 $D(A^\alpha T(t)) = X$. 利用闭图像定理知, $A^\alpha T(t)$ 是有界的. 当 $\alpha = 0$ 时, 结论显然成立. 对于 $\alpha > 0$, 存在 $n \in \mathbb{N}$, 使得 $n - 1 < \alpha \leqslant n$. 利用式 (7.5.5), 成立

$$\begin{aligned}
\|A^\alpha T(t)\| =& \|A^{\alpha-n} A^n T(t)\| \\
\leqslant& \frac{1}{\Gamma(n-\alpha)} \int_0^\infty s^{n-\alpha-1} \|A^n T(s+t)\| \mathrm{d}s \\
\leqslant& \frac{M_n}{\Gamma(n-\alpha)} \int_0^\infty s^{n-\alpha-1} (s+t)^{-n} \mathrm{e}^{-\delta(s+t)} \mathrm{d}s \\
\leqslant& \frac{M_n t^{-\alpha} \mathrm{e}^{-\delta t}}{\Gamma(n-\alpha)} \int_0^\infty w^{n-\alpha-1} (1+w)^{-n} \mathrm{d}w \\
\leqslant& \frac{M_n t^{-\alpha} \mathrm{e}^{-\delta t}}{\Gamma(n-\alpha)} \Big(\int_0^1 w^{n-\alpha-1} \mathrm{d}w + \int_1^\infty w^{-\alpha-1} \mathrm{d}w \Big) \\
\leqslant& M_\alpha t^{-\alpha} \mathrm{e}^{-\delta t}, \quad t > 0,
\end{aligned}$$

即 (c) 成立.

设 $0<\alpha\leqslant 1$, $x\in D(A^\alpha)$. 利用本定理 (b), (c) 中的结果, 成立

$$\begin{aligned}\|T(t)x-x\| &= \left\|\int_0^t AT(s)x\mathrm{d}s\right\|\\ &= \left\|\int_0^t A^{1-\alpha}T(s)A^\alpha x\mathrm{d}s\right\|\\ &\leqslant C\int_0^t s^{\alpha-1}\|A^\alpha x\|\mathrm{d}s\\ &= C_\alpha t^\alpha\|A^\alpha x\|,\quad t>0,\end{aligned}$$

即 (d) 成立. □

7.6 半群理论的简单应用

本节中讨论算子半群方法在求解抛物型方程初边值问题的应用. 利用算子半群方法求解发展型方程定解问题, 通常有以下几个步骤: 首先将具体的偏微分方程定解问题化成抽象的发展型方程处置问题, 如

$$\begin{cases}\dfrac{\mathrm{d}u}{\mathrm{d}t}+Au=0,\\ u(0)=u_0,\end{cases}\tag{7.6.1}$$

其中算子 A 一般是一个微分算子, 并且通过其定义域的规定已把解应满足的边界条件的要求包括在内. 其次说明算子 A 满足一定的条件, 从而能作出一个算子半群 $\{S(t)\}_{t\geqslant 0}$, 它以 $-A$ 为无穷小生成元. 这样抽象发展方程初值问题的解就可以用 $S(t)u_0$ 表示, 再回到原始的定解问题, 即得所需之解.

假定 Ω 是 $\mathbb{R}^n$ 中的有界光滑区域, 以下讨论系数仅依赖于变量 x 的抛物型方程

$$\frac{\partial u}{\partial t}+L_0u=f(x,t),\quad (x,t)\in\Omega\times(0,T),\tag{7.6.2}$$

其中

$$L_0u=-\left(\sum_{i,j=1}^n\frac{\partial}{\partial x_i}\left(a_{ij}(x)\frac{\partial u}{\partial x_j}\right)+\sum_{i=1}^n b_i(x)\frac{\partial u}{\partial x_i}+c(x)u\right).$$

初始条件与边界条件分别给定如下

$$u(x,0)=u_0(x),\tag{7.6.3}$$

$$u|_{\partial\Omega\times(0,T)}=0.\tag{7.6.4}$$

此外, 还设系数函数满足: $a_{ij}, b_i, c \in C(\overline{\Omega})$, $a_{ij} = a_{ji}$, 且一致椭圆型条件成立: 存在常数 $\alpha > 0$, 使得

$$\sum_{i,j=1}^{n} a_{ij}(x)\xi_i\xi_j \geqslant \alpha|\xi|^2, \quad \forall \xi \in \mathbb{R}^n.$$

记 $D = \{u|u \in H_0^1(\Omega), L_0 u \in H\} = H_0^1(\Omega) \cap H^2(\Omega)$, 则成立如下定理.

定理 7.6.1　在上述关于方程 (7.6.2) 的系数的假定下, 设 $u_0 \in D, f = 0$, 则问题 (7.6.2)—(7.6.4) 存在唯一的解 $u \in C^1([0,T), L^2(\Omega)) \cap C([0,T), D)$.

证明　若对 (7.6.2) 的未知函数 u 作变换 $u = \mathrm{e}^{\lambda t} v$, 则

$$\frac{\partial v}{\partial t} - \sum_{i,j=1}^{n} \frac{\partial}{\partial x_i}\Big(a_{ij}(x)\frac{\partial v}{\partial x_j}\Big) - \sum_{i=1}^{n} b_i(x)\frac{\partial v}{\partial x_i} + (\lambda - c(x))v = f\mathrm{e}^{-\lambda t}. \tag{7.6.5}$$

若记

$$L_\lambda v = -\sum_{i,j=1}^{n} \frac{\partial}{\partial x_i}\Big(a_{ij}(x)\frac{\partial v}{\partial x_j}\Big) - \sum_{i=1}^{n} b_i(x)\frac{\partial v}{\partial x_i} + (\lambda - c(x))v,$$

由式 (5.2.3) 知, 存在 $\lambda_0 > 0$, 使得对任意的 $\lambda > \lambda_0$, 成立

$$\mathrm{Re}(L_\lambda v, v) \geqslant \alpha \parallel v \parallel_{H^1}^2, \quad \forall v \in H_0^1(\Omega).$$

由于在变换 $u = \mathrm{e}^{\lambda t} v$ 下, 方程 (7.6.2)—(7.6.4) 解的存在唯一性与方程 (7.6.5) 及初边值条件 $v|_{t=0} = u_0(x)$, $v|_{\partial\Omega\times(0,T)} = 0$ 的解的存在唯一性是等价的, 所以不妨一开始就假定, 对某个常数 $\alpha > 0$, 成立

$$\mathrm{Re}(L_0 u, u) \geqslant \alpha \parallel u \parallel_{H^1}^2 . \tag{7.6.6}$$

记 A 为定义在 D 上的微分算子 L_0, 即 $A = L_0$. 于是就只需讨论抽象发展方程的初值问题 (7.6.1). 显然, 若算子 A 满足定理 7.2.7 中的条件, 则 $u = S(t)u_0$ 即为所求的解, 本定理即得证. 故以下验证 A 满足定理 7.2.7 中的那些条件.

首先, $C_c^\infty(\Omega) \subset D = H_0^1(\Omega) \cap H^2(\Omega)$, 这里 $D = D(A)$ 为 A 的定义域. 而 $C_c^\infty(\Omega)$ 在 $L^2(\Omega)$ 中稠密, 即对任意的 $w \in L^2(\Omega)$, 存在序列 $w_N \in C_c^\infty(\Omega) \subseteq D$, 使得 $w_N \longrightarrow w$ ($L^2(\Omega)$), 说明 D 在 $L^2(\Omega)$ 中稠密.

记 $G(A) = \{(x, Ax)|x \in D\}$, 设有序列 $\{u_N\} \subseteq D \subset L^2(\Omega)$, 使得

$$u_N \longrightarrow u, \quad Au_N \longrightarrow w \ \text{ 在 } \ L^2(\Omega) \ \text{ 范数意义下}.$$

利用式 (7.6.6) 可知,

$$\begin{aligned}&\|A(u_N - u_M)\|_{L^2(\Omega)}\|u_N - u_M\|_{L^2(\Omega)}\\ \geqslant\ &(A(u_N - u_M), u_N - u_M) \geqslant C \parallel u_N - u_M \parallel_{H^1}^2,\end{aligned}$$

从而, $u_N \to u(H^1(\Omega))$ 成立. 由于 $\{u_N\} \subseteq D \subset H_0^1(\Omega)$, 故 $u \in H_0^1(\Omega)$.

注意到, 对任意的 $\varphi \in H_0^1(\Omega)$, 成立

$$\begin{aligned}|\langle L_0(u_N-u),\varphi\rangle| =& \left|\sum_{i,j=1}^{n}\int_\Omega a_{ij}(x)\frac{\partial(u_N-u)}{\partial x_j}\frac{\partial\varphi}{\partial x_i}\mathrm{d}x\right.\\&\left.+\int_\Omega\left(\sum_{i=1}^{n}b_i(x)\frac{\partial(u_N-u)}{\partial x_i}+c(x)(u_N-u)\right)\varphi\mathrm{d}x\right|\\ \leqslant&\sum_{i,j=1}^{n}\|a_{ij}\|_{L^\infty(\Omega)}\left\|\frac{\partial(u_N-u)}{\partial x_j}\right\|_{L^2(\Omega)}\left\|\frac{\partial\varphi}{\partial x_i}\right\|_{L^2(\Omega)}\\&+\left(\sum_{i=1}^{n}\|b_i\|_{L^\infty(\Omega)}\left\|\frac{\partial(u_N-u)}{\partial x_i}\right\|_{L^2(\Omega)}\right.\\&\left.+\|c\|_{L^\infty(\Omega)}\|u_N-u\|_{L^2(\Omega)}\right)\|\varphi\|_{L^2(\Omega)}\\ \leqslant& C\|u_N-u\|_{H^1(\Omega)}\|\varphi\|_{H^1(\Omega)};\end{aligned}$$

进而有

$$\begin{aligned}\|A(u_N-u)\|_{H^{-1}(\Omega)}=&\|L_0(u_N-u)\|_{H^{-1}(\Omega)}\\=&\sup_{\varphi\in H_0^1(\Omega)\setminus\{0\}}\frac{|\langle L_0(u_N-u),\varphi\rangle|}{\|\varphi\|_{H_0^1(\Omega)}}\\ \leqslant& C\|u_N-u\|_{H^1(\Omega)}.\end{aligned}$$

所以

$$\lim_{N\to\infty}\|A(u_N-u)\|_{H^{-1}(\Omega)}=0,$$

另外, 由于已经假设

$$\lim_{N\to\infty}\|Au_N-w\|_{L^2(\Omega)}=0,$$

故由连续嵌入: $L^2(\Omega)\hookrightarrow H^{-1}(\Omega)$, 可知

$$\lim_{N\to\infty}\|Au_N-w\|_{H^{-1}(\Omega)}\leqslant C\lim_{N\to\infty}\|Au_N-w\|_{L^2(\Omega)}=0.$$

利用极限的唯一性知, $Au=w\in L^2(\Omega)$, 所以 $u\in D$, 即 $(u,Au)\in G(A)$, A 是闭算子.

由式 (7.6.6) 知,

$$\mathrm{Re}(Au,u)=\mathrm{Re}(L_0u,u)\geqslant\alpha\parallel u\parallel_{H^1}^2,\quad\forall u\in D(A).$$

说明 A 为增生算子. 利用椭圆型方程解的存在性和正则性定理知, 在式 (7.6.6) 下, 对任意 $g\in L^2(\Omega)$, 存在 $\lambda\geqslant 0$, 使 $(\lambda+L_0)u=g$ 存在唯一的解 $u\in H_0^1(\Omega)$, 且

$u \in H^2(\Omega)$, 从而 $u \in D(A) = H_0^1(\Omega) \cap H^2(\Omega)$. 因此, $\lambda + A = \lambda + L_0$: $D(A) \longrightarrow L^2(\Omega)$ 是满映射. 从而 $(0, \infty) \subset \rho(-A)$.

于是由定理 7.2.7 可得到一个压缩算子半群 $S(t)$, 使得 $-A$ 为其无穷小生成元, 这样问题 (7.6.2)—(7.6.4) 的解可以用 $S(t)u_0$ 表示, 且由定理 7.2.7 知, 当 $u_0 \in D$ 时, $u(x,t) = S(t)u_0 \in C^1([0,T), L^2(\Omega))$, 并且成立

$$S(t)u_0 = u_0 + \int_0^t S(\tau)Au_0 \mathrm{d}\tau, \quad u_0 \in D.$$

注意到, $A : D \longrightarrow L^2(\Omega)$, $Au_0 \in L^2(\Omega), \forall u_0 \in D$. 由定理 7.2.4 知, 对于 $t \geqslant 0$, $\displaystyle\int_0^t S(\tau)Au_0 \mathrm{d}\tau \in D$, $\forall u_0 \in D$. 再利用上述等式, 对任意的 $t \geqslant 0$, 成立

$$S(t)u_0 \in D, \quad \forall u_0 \in D.$$

利用椭圆型方程: $L_0 w = f$, $w \in H_0^1(\Omega)$ 的正则性估计:

$$\|w\|_{H^2(\Omega)} \leqslant C(\|w\|_{L^2(\Omega)} + \|f\|_{L^2(\Omega)}),$$

并注意到 $S(t)u_0 \in H_0^1(\Omega)$ 满足: $L_0[S(t)u_0] = -\partial_t[S(t)u_0]$, 可得

$$\begin{aligned}
&\|S(t_1)u_0 - S(t_2)u_0\|_D \\
=&\|S(t_1)u_0 - S(t_2)u_0\|_{H^1(\Omega)} + \|S(t_1)u_0 - S(t_2)u_0\|_{H^2(\Omega)} \\
\leqslant&2\|S(t_1)u_0 - S(t_2)u_0\|_{H^2(\Omega)} \\
\leqslant&C(\|\partial_t[S(t_1)u_0 - S(t_2)u_0]\|_{L^2(\Omega)} \\
&+ \|S(t_1)u_0 - S(t_2)u_0\|_{L^2(\Omega)}), \quad \forall t_1, t_2 \geqslant 0.
\end{aligned}$$

由于已证得 $S(t)u_0 \in C^1([0,T), L^2(\Omega))$, 故由上式可知,

$$S(t)u_0 \in C([0,T), D), \quad u_0 \in D.$$

上述讨论表明, $u(t,x) \in C([0,T), D) \cap C^1([0,T), L^2(\Omega))$.

再证唯一性, 即要证明

$$\begin{cases}
\dfrac{\mathrm{d}u}{\mathrm{d}t} + Au = 0, \\
u|_{t=0} = 0
\end{cases}$$

的 $C^1([0,T), L^2(\Omega)) \cap C([0,T), D)$ 解必为零解. 事实上,

$$\begin{aligned}
\frac{\mathrm{d}}{\mathrm{d}t}\|u(t)\|_{L^2(\Omega)}^2 &= \frac{\mathrm{d}}{\mathrm{d}t}(u(t), u(t))_{L^2(\Omega)} \\
&= 2\mathrm{Re}(u'(t), u(t))_{L^2(\Omega)} \\
&= -2\mathrm{Re}(Au, u)_{L^2(\Omega)} \leqslant 0.
\end{aligned}$$

于是

$$\| u(t) \|_{L^2(\Omega)}^2 \leqslant \| u(0) \|_{L^2(\Omega)}^2 = 0,$$

即 $u \equiv 0$, 唯一性成立. □

对于非齐次化情形, 即方程 (7.6.2) 中 $f \not\equiv 0$ 的情形, 有如下定理.

定理 7.6.2 设方程 (7.6.2) 中的系数 $a_{ij}(x)$, $b_i(x)$, $c(x)$ 同定理 7.6.1 中的假定, 初始时刻的函数 $u_0 \in D$, $f \in C^1([0,T), L^2(\Omega))$, 则问题 (7.6.2)—(7.6.4) 存在唯一的解 $u \in C^1([0,T), L^2(\Omega)) \cap C([0,T), D)$.

证明 根据齐次化原理可以猜测, 所讨论问题的解应当具有如下形式

$$u(t) = S(t)u_0 + \int_0^t S(t-\tau)f(\tau)\mathrm{d}\tau, \tag{7.6.7}$$

下面验证:

$$g(t) = \int_0^t S(t-\tau)f(\tau)\mathrm{d}\tau,$$

满足 $g(0) = 0$, 以及方程

$$\frac{\mathrm{d}g}{\mathrm{d}t} + Ag = f.$$

利用 $g(t)$ 的表达式, 可知, $g(0) = 0$. 此外,

$$\begin{aligned}
\frac{1}{h}\Big(g(t+h) - g(t)\Big) &= \frac{1}{h}\Big(\int_0^{t+h} S(t+h-\tau)f(\tau)\mathrm{d}\tau - \int_0^t S(t-\tau)f(\tau)\mathrm{d}\tau\Big) \\
&= \frac{1}{h}\Big(\int_0^{t+h} S(z)f(t+h-z)\mathrm{d}z - \int_0^t S(z)f(t-z)\mathrm{d}z\Big) \\
&= \int_0^t S(z)\frac{1}{h}\Big(f(t+h-z) - f(t-z)\Big)\mathrm{d}z \\
&\quad + \frac{1}{h}\int_t^{t+h} S(z)f(t+h-z)\mathrm{d}z.
\end{aligned}$$

由于 $f(t) \in C^1([0,T), L^2(\Omega))$, 所以在上式中, 当 $h \longrightarrow 0$ 时, $g'(t)$ 存在, 且

$$g'(t) = \int_0^t S(z)f'(t-z)\mathrm{d}z + S(t)f(0) \in C([0,T), L^2(\Omega)).$$

另外

$$\begin{aligned}
\frac{1}{h}\Big(g(t+h) - g(t)\Big) &= \frac{1}{h}\Big(\int_0^t S(t+h-\tau)f(\tau)\mathrm{d}\tau - \int_0^t S(t-\tau)f(\tau)\mathrm{d}\tau\Big) \\
&\quad + \frac{1}{h}\int_t^{t+h} S(t+h-\tau)f(\tau)\mathrm{d}\tau \\
&= \frac{1}{h}(S(h) - I)g(t) + \frac{1}{h}\int_0^h S(h-z)f(z+t)\mathrm{d}z.
\end{aligned}$$

令 $h \longrightarrow 0^+$, 可知 $\dfrac{1}{h}(S(h)-I)g(t)$ 极限存在, 即

$$g'(t)=\lim_{h\to 0^+}\frac{1}{h}(S(h)-I)g(t)+f(t).$$

这里用到

$$\begin{aligned}&\lim_{h\to 0^+}\frac{1}{h}\int_0^h S(h-z)f(z+t)\mathrm{d}z\\=&\lim_{h\to 0^+}S(h-\xi_h)f(h+t)=f(t),\quad \xi_h\in[0,h].\end{aligned}$$

说明 $g(t)\in D(A)$, 且通过取极限得

$$g'(t)=-Ag(t)+f(t)\in C([0,T),H),$$

此即 (7.6.7).

注意到 $g(t)\in H_0^1(\Omega)$ 满足: $L_0[g(t)]=-\partial_t[g(t)]+f(t)$, 可得

$$\begin{aligned}&\|g(t_1)-g(t_2)\|_D\\=&\|g(t_1)-g(t_2)\|_{H^1(\Omega)}+\|g(t_1)-g(t_2)\|_{H^2(\Omega)}\\\leqslant&2\|g(t_1)-g(t_2)\|_{H^2(\Omega)}\\\leqslant&C(\|\partial_t[g(t_1)-g(t_2)]\|_{L^2(\Omega)}+\|f(t_1)-f(t_2)\|_{L^2(\Omega)}\\&+\|g(t_1)-g(t_2)\|_{L^2(\Omega)}),\quad \forall t_1,t_2\geqslant 0.\end{aligned}$$

由于已证得 $g(t)\in C^1([0,T),L^2(\Omega))$, 故由上式可知, $g(t)\in C([0,T),D)$. 从而式 (7.6.7) 中的 u 满足:$u\in C^1([0,T),L^2(\Omega))\cap C([0,T),D)$. 在式 (7.6.7) 两边关于 t 求导, 可得

$$\begin{aligned}u'(t)=&\frac{\mathrm{d}}{\mathrm{d}t}\Big(S(t)u_0+\int_0^t S(t-\tau)f(\tau)\mathrm{d}\tau\Big)\\=&AS(t)u_0+S(0)f(t)+\int_0^t AS(t-\tau)f(\tau)\mathrm{d}\tau\\=&A\Big(S(t)u_0+\int_0^t S(t-\tau)f(\tau)\mathrm{d}\tau\Big)+f(t)\\=&Au(t)+f(t)\\=&L_0u(t)+f(t).\end{aligned}$$

另外, $u(0)=S(0)u_0=u_0$. 说明 u 是问题 (7.6.2)—(7.6.4) 的解. □

注　在上面的讨论中我们要求方程 (7.6.2) 左边的系数与变量 t 无关, 这种方程称为时齐的, 定理 7.6.1、定理 7.6.2 只能用于时齐方程定解问题的讨论.

回忆本节中微分算子的定义及其定义域:

$$A=L_0=-\sum_{i,j=1}^{n}\frac{\partial}{\partial x_i}\Big(a_{ij}(x)\frac{\partial}{\partial x_j}\Big)-\sum_{i=1}^{n}b_i(x)\frac{\partial}{\partial x_i}-c(x),$$

以及

$$D(A)=\{u|u\in H_0^1(\varOmega),Au\in L^2(\varOmega)\}=H_0^1(\varOmega)\cap H^2(\varOmega).$$

定理 7.6.1、定理 7.6.2 的结论是在初始函数具有较高的正则性的前提下 (即 $u_0\in D(A)$) 得到的. 事实上, 利用解析半群理论, 可知算子 $-A$ 是某个解析半群的无穷小生成元 (详细证明见文献 [20]), 从而可以降低初始函数的正则性要求, 同时还可以得到解的更高正则性.

习 题 7

1. 设 X 是 Banach 空间, $B:X\longrightarrow X$ 是有界线性算子. 令 $T(t)=\mathrm{e}^{tB}=\sum_{m=0}^{\infty}\frac{(tB)^m}{m!}$. 证明

(1) 级数 $\sum_{m=0}^{\infty}\frac{(tB)^m}{m!}$ 对 t 的任意有限区间是一致收敛的, 它定义了 X 上的一个有界线性算子族.

(2) $\{T(t)\}_{t\geqslant 0}$ 是一致连续半群, 即满足: ① $T(0)=I$; ② $T(t+s)=T(t)T(s)$, $\forall t,s\geqslant 0$; ③ $\lim_{t\to 0^+}\|T(t)-I\|=0$.

(3) B 是 $T(t)$ 的无穷小生成元, 且 $\lim_{h\to 0^+}\frac{T(h)-I}{h}=B$.

2. 设 A 是 C_0 半群 $T(t)$ 的无穷小生成元. $T(t)$ 满足 $\|T(t)\|\leqslant M$, $\forall t\geqslant 0$. 又设 $x\in D(A^2)$. 证明:

(1) $T(t)x-x=tAx+\int_0^t(t-s)T(s)A^2x\mathrm{d}s$, $\forall t\geqslant 0$;

(2) $\|Ax\|\leqslant\frac{2M}{t}\|x\|+\frac{Mt}{2}\|A^2x\|$;

(3) $\|Ax\|^2\leqslant 4M^2\|A^2x\|\|x\|$.

3. 令 $X=\{f|f(x)\text{在}\mathbb{R}^1\text{内有界且一致连续}\}$. 对任意的 $f\in X$, 定义

$$(T(t)f)(x)=f(x+t);$$

$$(Bf)(x)=f'(x);$$

$$D(B)=\{f|f,f'\in X\}.$$

证明:

(1) $T(t)$ 是 C_0 半群, $\|T(t)\|\leqslant 1$;

(2) B 是 $T(t)$ 的无穷小生成元;

(3) 若 $f, f', f'' \in X$, 则

$$\sup_{x\in\mathbb{R}^1}|f'(x)| \leqslant 4\sup_{x\in\mathbb{R}^1}|f''(x)|\sup_{x\in\mathbb{R}^1}|f(x)|.$$

4. 设 $T(t)$ 是 Banach 空间 X 上的 C_0 半群. 证明:

(1) 若 $f \in C((0,\infty), X)$, 则

$$\lim_{h\to 0} T(t+h)f(t+h) = T(t)f(t).$$

(2) 若 $T(t)$ 以 $-A$ 为无穷小生成元, $f(t): t \longrightarrow X$ 关于 $t>0$ 可微且 $f(t) \in D(A)$, 则 $\forall 0<s<t$, $T(t-s)f(s)$ 关于 s 可微, 并且成立

$$\frac{\mathrm{d}}{\mathrm{d}s}\big(T(t-s)f(s)\big) = T(t-s)f'(s) + AT(t-s)f(s).$$

5. 设 $T(t)$ 是 Banach 空间 X 上的 C_0 半群, $\|T(t)\| \leqslant M\mathrm{e}^{\omega t}$, $t>0$, ω 是实数. 定义

$$R(\lambda) = \int_0^{+\infty} \mathrm{e}^{-\lambda t}T(t)x\mathrm{d}t, \quad \forall x \in X, \quad \mathrm{Re}\lambda > \omega.$$

证明:

(1) $\forall x \in X$, 成立

$$\lim_{\lambda\to+\infty} \lambda R(\lambda)x = x.$$

(2) 假定 B 是 $T(t)$ 的无穷小生成元, 则

$$R(\lambda)Bx = BR(\lambda)x, \quad \forall x \in D(B), \quad \mathrm{Re}\lambda > \omega.$$

6. 设 $X = L^2(\Omega)$, Ω 为 $\mathbb{R}^n$ 中的有界区域. 定义算子 A:

$$A = -\Delta, \quad D(A) = H^2(\Omega) \cap H_0^1(\Omega).$$

证明:

(1) A 是闭稠定算子;

(2) $(Au, u)_{L^2(\Omega)} \geqslant 0$, $\forall u \in D(A)$;

(3) 存在 C_0 算子半群 $T(t)$, 以 $-A$ 为无穷小生成元, 且 $\|T(t)\| \leqslant 1$.

参 考 文 献

[1] Adams R A. Sobolev Space. New York: Academic Press, 1975.

[2] Agmon S, Douglis A, Nirenberg L. Estimates near the boundary for solutions of elliptic partial differential equations satisfying general boundary conditions. I. Comm. Pure Appl. Math., 1959, 12: 623–727; Ⅱ. Comm. Pure Appl. Math., 1964, 17: 35–92.

[3] Brezis H, Lieb E. A relation between pointwise convergence of functions and convergence of functionals. Proceedings of the American Mathematical Society, 1983, 88: 486–490.

[4] Cazenave T. Semilinear Schrodinger equations. Courant Lecture Notes in Mathematics, 10. New York University, Courant Institute of Mathematical Sciences, New York; American Mathematical Society, Providence, RI, 2003.

[5] Galdi G P. An Introduction to the Mathematical Theory of the Navier-Stokes Equations. Vol. I. Linearized steady problems; Vol. II. Nonlinear steady problems. New York: Springer-Verlag, 1994.

[6] 陈恕行. 现代偏微分方程导论. 北京：科学出版社, 2005.

[7] Dive P. Attraction des ellipsoides homogènes et réciproques d' un théorème de Newton. Bull. Soc. Math. France, 1931, 59: 128–140.

[8] Evans L C. Partial Differential Equations (Graduate Studies in Mathematics vol 19)(Providence, RI: American Mathematical Society). Oxford: Oxford University Press, 1998.

[9] Gilbarg D, Trudinger N S. Elliptic Partial Differential Equations of Second Order. New York: Springer-Verlag, 1983.

[10] Caffarelli L, Kohn R, Nirenberg L. First order interpolation inequalities with weights. Compositio Math., 1984, 53(3): 259–275.

[11] Lieb E. Sharp constants in the Hardy-Littlewood-Sobolev inequality and related inequalities. Annals of Mathematics, 1983, 118: 349–374.

[12] Han Q, Lin F. Elliptic partial differential equations. Amer. Math. Soc., Rhode Island, 2000.

[13] Lions P L. The concentration-compactness principle in the calculus of variations. The locally compact case, Part I, Ann. Inst. H. Poincaré, Anal. Non Linéaire., 1984, 1: 109–145.

[14] Nikliborc W. Eine Bemerkung über die Volumpotentiale. Math. Z., 1932, 35: 625–631.

[15] 齐民友, 吴方同. 广义函数与数学物理方程. 北京：高等教育出版社, 1999.

[16] Strauss W. Existence of solitary waves in higher dimensions. Communications in Mathematical Physics, 1977, 55: 149–162.

[17] Sogge D. Fourier Integrals in Classical Analysis. Cambridge: Cambridge University Press, 1993.

[18] Galdi G P. An Introduction to the Mathematical Theory of the Navier-Stokes Equations. Vol. I. Linearized steady problems; Vol. II. Nonlinear steady problems. New York: Springer-Verlag, 1994.

[19] Mazja V G. Sobolev Spaces. Heidelberg: Springer-Verlag, 1985.

[20] Pazy A. Semigroups of Linear Operators and Applications to Partial Differential Equations. New York: Springer-Verlag, 1983.

[21] 张恭庆, 林源渠. 泛函分析讲义. 北京：北京大学出版社, 1986.

[22] Talenti G. Best constants in Sobolev inequality. Ann. Mat., 1976, 110: 353–372.

[23] Temam R. Navier-Stokes Equations. North-Holland, 1977.

[24] Troisi M. Teoremi di inclusione per spazi di Sobolev non isotropi. Ricerche Mat., 1969, 18: 3–24.

[25] 王明新. 索伯列夫空间. 北京：高等教育出版社, 2013.

[26] 王明新. 算子半群与发展方程. 北京：科学出版社, 2008.

[27] 王术. Sobolev 空间与偏微分方程引论. 北京：科学出版社, 2009.

[28] 伍卓群, 尹景学, 王春鹏. 椭圆与抛物型方程引论. 北京：科学出版社, 2003.

[29] 叶其孝, 李正元, 王明新, 吴雅萍. 反应扩散方程引论 (第 2 版). 北京：科学出版社, 2011.

[30] 朱长江, 邓引斌. 偏微分方程教程. 北京：科学出版社, 2005.

索　引

《现代数学基础丛书》已出版书目

(按出版时间排序)

1 数理逻辑基础(上册) 1981.1 胡世华 陆钟万 著
2 紧黎曼曲面引论 1981.3 伍鸿熙 吕以辇 陈志华 著
3 组合论(上册) 1981.10 柯 召 魏万迪 著
4 数理统计引论 1981.11 陈希孺 著
5 多元统计分析引论 1982.6 张尧庭 方开泰 著
6 概率论基础 1982.8 严士健 王隽骧 刘秀芳 著
7 数理逻辑基础(下册) 1982.8 胡世华 陆钟万 著
8 有限群构造(上册) 1982.11 张远达 著
9 有限群构造(下册) 1982.12 张远达 著
10 环与代数 1983.3 刘绍学 著
11 测度论基础 1983.9 朱成熹 著
12 分析概率论 1984.4 胡迪鹤 著
13 巴拿赫空间引论 1984.8 定光桂 著
14 微分方程定性理论 1985.5 张芷芬 丁同仁 黄文灶 董镇喜 著
15 傅里叶积分算子理论及其应用 1985.9 仇庆久等 编
16 辛几何引论 1986.3 J.柯歇尔 邹异明 著
17 概率论基础和随机过程 1986.6 王寿仁 著
18 算子代数 1986.6 李炳仁 著
19 线性偏微分算子引论(上册) 1986.8 齐民友 著
20 实用微分几何引论 1986.11 苏步青等 著
21 微分动力系统原理 1987.2 张筑生 著
22 线性代数群表示导论(上册) 1987.2 曹锡华等 著
23 模型论基础 1987.8 王世强 著
24 递归论 1987.11 莫绍揆 著
25 有限群导引(上册) 1987.12 徐明曜 著
26 组合论(下册) 1987.12 柯 召 魏万迪 著
27 拟共形映射及其在黎曼曲面论中的应用 1988.1 李 忠 著
28 代数体函数与常微分方程 1988.2 何育赞 著
29 同调代数 1988.2 周伯壎 著

30 近代调和分析方法及其应用 1988.6 韩永生 著
31 带有时滞的动力系统的稳定性 1989.10 秦元勋等 编著
32 代数拓扑与示性类 1989.11 马德森著 吴英青 段海鲍译
33 非线性发展方程 1989.12 李大潜 陈韵梅 著
34 反应扩散方程引论 1990.2 叶其孝等 著
35 仿微分算子引论 1990.2 陈恕行等 编
36 公理集合论导引 1991.1 张锦文 著
37 解析数论基础 1991.2 潘承洞等 著
38 拓扑群引论 1991.3 黎景辉 冯绪宁 著
39 二阶椭圆型方程与椭圆型方程组 1991.4 陈亚浙 吴兰成 著
40 黎曼曲面 1991.4 吕以辇 张学莲 著
41 线性偏微分算子引论(下册) 1992.1 齐民友 许超江 编著
42 复变函数逼近论 1992.3 沈燮昌 著
43 Banach 代数 1992.11 李炳仁 著
44 随机点过程及其应用 1992.12 邓永录等 著
45 丢番图逼近引论 1993.4 朱尧辰等 著
46 线性微分方程的非线性扰动 1994.2 徐登洲 马如云 著
47 广义哈密顿系统理论及其应用 1994.12 李继彬 赵晓华 刘正荣 著
48 线性整数规划的数学基础 1995.2 马仲蕃 著
49 单复变函数论中的几个论题 1995.8 庄圻泰 著
50 复解析动力系统 1995.10 吕以辇 著
51 组合矩阵论 1996.3 柳柏濂 著
52 Banach 空间中的非线性逼近理论 1997.5 徐士英 李 冲 杨文善 著
53 有限典型群子空间轨道生成的格 1997.6 万哲先 霍元极 著
54 实分析导论 1998.2 丁传松等 著
55 对称性分岔理论基础 1998.3 唐 云 著
56 Gel'fond-Baker 方法在丢番图方程中的应用 1998.10 乐茂华 著
57 半群的 S-系理论 1999.2 刘仲奎 著
58 有限群导引(下册) 1999.5 徐明曜等 著
59 随机模型的密度演化方法 1999.6 史定华 著
60 非线性偏微分复方程 1999.6 闻国椿 著
61 复合算子理论 1999.8 徐宪民 著
62 离散鞅及其应用 1999.9 史及民 编著
63 调和分析及其在偏微分方程中的应用 1999.10 苗长兴 著

64　惯性流形与近似惯性流形　2000.1　戴正德　郭柏灵　著
65　数学规划导论　2000.6　徐增堃　著
66　拓扑空间中的反例　2000.6　汪　林　杨富春　编著
67　拓扑空间论　2000.7　高国士　著
68　非经典数理逻辑与近似推理　2000.9　王国俊　著
69　序半群引论　2001.1　谢祥云　著
70　动力系统的定性与分支理论　2001.2　罗定军　张　祥　董梅芳　编著
71　随机分析学基础(第二版)　2001.3　黄志远　著
72　非线性动力系统分析引论　2001.9　盛昭瀚　马军海　著
73　高斯过程的样本轨道性质　2001.11　林正炎　陆传荣　张立新　著
74　数组合地图论　2001.11　刘彦佩　著
75　光滑映射的奇点理论　2002.1　李养成　著
76　动力系统的周期解与分支理论　2002.4　韩茂安　著
77　神经动力学模型方法和应用　2002.4　阮炯　顾凡及　蔡志杰　编著
78　同调论——代数拓扑之一　2002.7　沈信耀　著
79　金兹堡-朗道方程　2002.8　郭柏灵等　著
80　排队论基础　2002.10　孙荣恒　李建平　著
81　算子代数上线性映射引论　2002.12　侯晋川　崔建莲　著
82　微分方法中的变分方法　2003.2　陆文端　著
83　周期小波及其应用　2003.3　彭思龙　李登峰　谌秋辉　著
84　集值分析　2003.8　李　雷　吴从炘　著
85　数理逻辑引论与归结原理　2003.8　王国俊　著
86　强偏差定理与分析方法　2003.8　刘　文　著
87　椭圆与抛物型方程引论　2003.9　伍卓群　尹景学　王春朋　著
88　有限典型群子空间轨道生成的格(第二版)　2003.10　万哲先　霍元极　著
89　调和分析及其在偏微分方程中的应用(第二版)　2004.3　苗长兴　著
90　稳定性和单纯性理论　2004.6　史念东　著
91　发展方程数值计算方法　2004.6　黄明游　编著
92　传染病动力学的数学建模与研究　2004.8　马知恩　周义仓　王稳地　靳　祯　著
93　模李超代数　2004.9　张永正　刘文德　著
94　巴拿赫空间中算子广义逆理论及其应用　2005.1　王玉文　著
95　巴拿赫空间结构和算子理想　2005.3　钟怀杰　著
96　脉冲微分系统引论　2005.3　傅希林　闫宝强　刘衍胜　著
97　代数学中的 Frobenius 结构　2005.7　汪明义　著

98 生存数据统计分析 2005.12 王启华 著
99 数理逻辑引论与归结原理(第二版) 2006.3 王国俊 著
100 数据包络分析 2006.3 魏权龄 著
101 代数群引论 2006.9 黎景辉 陈志杰 赵春来 著
102 矩阵结合方案 2006.9 王仰贤 霍元极 麻常利 著
103 椭圆曲线公钥密码导引 2006.10 祝跃飞 张亚娟 著
104 椭圆与超椭圆曲线公钥密码的理论与实现 2006.12 王学理 裴定一 著
105 散乱数据拟合的模型方法和理论 2007.1 吴宗敏 著
106 非线性演化方程的稳定性与分歧 2007.4 马 天 汪守宏 著
107 正规族理论及其应用 2007.4 顾永兴 庞学诚 方明亮 著
108 组合网络理论 2007.5 徐俊明 著
109 矩阵的半张量积:理论与应用 2007.5 程代展 齐洪胜 著
110 鞅与 Banach 空间几何学 2007.5 刘培德 著
111 非线性常微分方程边值问题 2007.6 葛渭高 著
112 戴维-斯特瓦尔松方程 2007.5 戴正德 蒋慕蓉 李栋龙 著
113 广义哈密顿系统理论及其应用 2007.7 李继彬 赵晓华 刘正荣 著
114 Adams 谱序列和球面稳定同伦群 2007.7 林金坤 著
115 矩阵理论及其应用 2007.8 陈公宁 著
116 集值随机过程引论 2007.8 张文修 李寿梅 汪振鹏 高 勇 著
117 偏微分方程的调和分析方法 2008.1 苗长兴 张 波 著
118 拓扑动力系统概论 2008.1 叶向东 黄 文 邵 松 著
119 线性微分方程的非线性扰动(第二版) 2008.3 徐登洲 马如云 著
120 数组合地图论(第二版) 2008.3 刘彦佩 著
121 半群的 S-系理论(第二版) 2008.3 刘仲奎 乔虎生 著
122 巴拿赫空间引论(第二版) 2008.4 定光桂 著
123 拓扑空间论(第二版) 2008.4 高国士 著
124 非经典数理逻辑与近似推理(第二版) 2008.5 王国俊 著
125 非参数蒙特卡罗检验及其应用 2008.8 朱力行 许王莉 著
126 Camassa-Holm 方程 2008.8 郭柏灵 田立新 杨灵娥 殷朝阳 著
127 环与代数(第二版) 2009.1 刘绍学 郭晋云 朱 彬 韩 阳 著
128 泛函微分方程的相空间理论及应用 2009.4 王 克 范 猛 著
129 概率论基础(第二版) 2009.8 严士健 王隽骧 刘秀芳 著
130 自相似集的结构 2010.1 周作领 瞿成勤 朱智伟 著
131 现代统计研究基础 2010.3 王启华 史宁中 耿 直 主编

132　图的可嵌入性理论(第二版)　2010.3　刘彦佩　著
133　非线性波动方程的现代方法(第二版)　2010.4　苗长兴　著
134　算子代数与非交换 L_p 空间引论　2010.5　许全华　吐尔德别克　陈泽乾　著
135　非线性椭圆型方程　2010.7　王明新　著
136　流形拓扑学　2010.8　马　天　著
137　局部域上的调和分析与分形分析及其应用　2011.6　苏维宜　著
138　Zakharov 方程及其孤立波解　2011.6　郭柏灵　甘在会　张景军　著
139　反应扩散方程引论(第二版)　2011.9　叶其孝　李正元　王明新　吴雅萍　著
140　代数模型论引论　2011.10　史念东　著
141　拓扑动力系统——从拓扑方法到遍历理论方法　2011.12　周作领　尹建东　许绍元　著
142　Littlewood-Paley 理论及其在流体动力学方程中的应用　2012.3　苗长兴　吴家宏　章志飞　著
143　有约束条件的统计推断及其应用　2012.3　王金德　著
144　混沌、Mel′nikov 方法及新发展　2012.6　李继彬　陈凤娟　著
145　现代统计模型　2012.6　薛留根　著
146　金融数学引论　2012.7　严加安　著
147　零过多数据的统计分析及其应用　2013.1　解锋昌　韦博成　林金官　编著
148　分形分析引论　2013.6　胡家信　著
149　索伯列夫空间导论　2013.8　陈国旺　编著
150　广义估计方程估计方法　2013.8　周　勇　著
151　统计质量控制图理论与方法　2013.8　王兆军　邹长亮　李忠华　著
152　有限群初步　2014.1　徐明曜　著
153　拓扑群引论(第二版)　2014.3　黎景辉　冯绪宁　著
154　现代非参数统计　2015.1　薛留根　著
155　三角范畴与导出范畴　2015.5　章　璞　著
156　线性算子的谱分析(第二版)　2015.6　孙　炯　王　忠　王万义　编著
157　双周期弹性断裂理论　2015.6　李　星　路见可　著
158　电磁流体动力学方程与奇异摄动理论　2015.8　王　术　冯跃红　著
159　算法数论(第二版)　2015.9　裴定一　祝跃飞　编著
160　偏微分方程现代理论引论　2016.1　崔尚斌　著
161　有限集上的映射与动态过程——矩阵半张量积方法　2015.11　程代展　齐洪胜　贺风华　著
162　现代测量误差模型　2016.3　李高荣　张　君　冯三营　著
163　偏微分方程引论　2016.3　韩丕功　刘朝霞　著